KB051564

허튼소리에 신경 쓰지 마라,

여기 과학이 있다

허튼소리에 신경 쓰지 마라,

여기 과학이 있다

인류 앞에 놓인 피할 수 없는 도전에 대한 과학적 해답

루크 오닐 지음

양병찬 옮김

초사흘달

외로운 사람들을 돌보는 데 평생을 바친

나의 누이 헬렌을 위해

시작하며

"인생의 그 무엇도 두렵지 않다,
결국에는 이해될 것들일 뿐이니.
지금은 더 많은 것을 이해해야 할 때다,
덜 두려워할 수 있도록."

마리아 스크워도프스카 퀴리Maria Skłodowska-Curie

《허튼소리에 신경 쓰지 마라, 여기 과학이 있다》를 펼쳐 든 것을 환영한다. 이 제목에는 책의 내용이 정확히 담겨 있다. 바로 인류가 직면한 커다란 문제들의 이면에 숨어 있는 과학에 관한 이야기다. 자기 삶의 통제권, 백신 접종, 비만, 우울증, 약물 중독, 마약 합법화, 인종 차별, 성 고정관념, 무의미한 직업, 기후 위기, 존엄한 죽음, 미래…… 이런 이슈들에 나뿐 아니라 (바라건대) 독자 여러분도 흥미를 느끼리라 생각한다. 나는 과학적 소양을 기반으로 각 이슈에 대한 과학적 근거를 조사했다. 영화 〈마션The Martian〉에 나오는 맷 데이먼의 표현을 빌리자면 "과학 지식을 빡세게 사용해" 이슈들을 파헤쳤다. 어이쿠, 명색이 대중 과학책인데 무례한 단어가 벌써 두 개('허튼소리', '빡세게')나 나왔다. 그것도 서론에서!

　과학이 위대한 까닭은 실험에서 얻은 '정보'와 여러 과학자가 독립적으로 검증하고 궁극적으로 재현한 '실험'과 '데이터'를 기반으로 하기 때문이다. 과학자들은 경쟁심이 강하고 과학적 논쟁을 좋아하며 함께 일할 때 시너지 효과를 내는 데 있어서 타의 추종을 불허한다. 최고의 지성은 진실을 원한다. 과학은 가짜 뉴스의 해독제다. 그러니 지금이야말로 과학이 필요한 때다. SARS-CoV-2 바이러스로 인한 질병인 코로나바이러스감염증-19(코로나19) 사태를 겪으며 우리는 모두 놀라움을 금치 못했다. 이 팬데믹으로 우리에게는 과학이 필요하다는 사실이 여실히 드러났고, 나는 악성 바이러스라는 특별한 렌즈를 통해 몇 가지 주제를 파헤치고자 한다. 나의 목표는 과학을 길잡이 삼아 이 모든 이슈의 진실에 최대한 가까이 다가가는 것이다.

　과학자가 된다는 것은 회의론자가 된다는 뜻이다. 그들이 서로 논쟁하는 것은 바로 이 때문이다. 최근에 나는 매사추세츠공과대학교(MIT)에서 발간하는 《테크 엔지니어링 뉴스*Tech Engineering News*》 1924년 호에서 훌륭한 인용문을 읽었다(회의론자인 나는 이 글을 쓰기 전에 MIT 소식지 과월호를 다시 확인했다). "과학적으로 훈련된 사고방식의 뚜렷한 특징은 원인과 결과를 연관시키는 능력이다. 과학자들은 지식을 얻고 응용하는 데 만족하지 않고 그 이유를 찾는다. 그들은 늘 불안하고, 혼란하고, 과민한 상태에 있다. 더욱이 그들은 '왜?'라는 의문을 해결하고자 하는 성향과 의지를 자연스레 드러낸다." 불안, 혼란, 과민! 멋지게 들리지 않는가? 하지만 이 인용문의 핵심은 '과학자들은 원인과 결과를 연관시키는 데 몰두한다'는 것이다. 다

시 말해서 과학자들은 상관관계correlation와 인과관계causation의 연결
고리를 밝히는 데 초점을 맞춘다. 질병과 백신 간의 상관관계와 인
과관계, 체중 감량과 식단 간의 상관관계와 (바라건대) 인과관계, 정
신 건강 개선과 항우울제 간의 상관관계와 인과관계, 범죄 행위와
유전적 변이 간의 상관관계와 인과관계, 공감 능력과 성별 간의 상
관관계와 인과관계, 기후 변화와 인간 활동 간의 상관관계와 인과
관계…….

　상관관계와 인과관계는 과학에서 매우 중요한 문제다. A와 B 사
이에 상관관계가 있을 수 있지만, 그렇다고 해서 둘 중 하나가 다른
것의 원인이라고 해석할 수는 없다. 예컨대 흡연과 암 사이에는 상
관관계가 있다. 담배 회사들은 오랫동안 이것이 단지 상관관계일
뿐이라고 주장하다가 결국에는 '흡연이 암을 유발한다'는 인과관계
를 반박할 수 없게 되었다. 인과관계는 엄격한 통계와 연관성이 드
러나는 메커니즘을 통해 증명할 수 있다. 흡연의 경우, 그 메커니즘
의 출발점은 담배 연기 속의 화학물질이다. 이 화학물질은 특정한
단백질을 생성하는 유전자에 변이를 일으키고, 그렇게 생성된 단백
질이 암을 유발한다. 흡연이 암을 유발한 사례는 1953년에 과학자
들이 담배 타르를 칠한 생쥐에게 종양이 생겼음을 보여 주면서 수
집되기 시작했다. 여러 연구를 통해 이런 관찰이 확인되고 확장되
어 메커니즘적 연관성이 제시되었다. 게임 끝. 이로 인해 담배 회사
들은 공황 상태에 빠졌고, 급기야 뉴욕 플라자 호텔에 비밀리에 모
여 나쁜 평판에 맞대응하기 위한 캠페인을 시작했다. 이 일은 '역사
상 가장 놀라운 기업형 사기'라는 별명을 얻었다.[1]

상관관계와 인과관계가 어떻게 얽힐 수 있는지 보여 주는 또 다른 예는 '신생아 수'와 '인근에 둥지를 튼 황새의 수' 사이의 상관관계를 밝힌 연구다.[2] 이 연구는 섣부른 결론을 내리지 말아야 한다는 점을 설명하기 위해 수행되었다. 연구자들은 둘 사이에 상관관계가 있음을 발견했고, 이 상관관계는 엄격한 통계 검정을 통과했다. 그럼 '황새가 아기를 물어 온다'는 속담이 맞는 걸까? 덤벙대지 마시라. 상관관계가 도출된 것은 '황새가 큰 마을 주변에 둥지를 틀고 있었는데, 그곳에서 아기가 많이 태어났다'는 사실 때문이었다.

그러니까 상관관계가 있긴 했지만, '황새가 아기를 물어 왔기 때문에' 그런 건 아니었다. 상관관계는 마을의 크기와 관련이 있었다. 마을이 클수록 (황새가 둥지를 틀 만한) 굴뚝이 많았고, 굴뚝이 많을수록 황새도 많았으며 신생아도 많았을 뿐이다. 황새가 아기를 물어 온다는 주장을 평가할 최종 증거는 어쩌면 황새가 정말로 아기를 물어 오는지 관찰함으로써 그 메커니즘을 확인하는 것일 수도 있다. 일반인들은 이 고충을 모를 것이다. 하지만 나는 과학자로서 조그만 가능성이라도 염두에 두기 위해 열린 마음(심지어 약간 미친 상태)을 유지해야 한다. 정말 대단한 과학자들은 수평적 사고*를 할 수 있어서 종종 미치기도 한다. 심지어 '영국의 광우병 발생 지역'과 '브렉시트Brexit**투표자들의 거주 지역'을 연관시킨 연구도 있었다.[3] 풍

---

* 이미 확립된 패턴에 따라 논리적으로 접근하는 것이 아니라 통찰력이나 창의성을 발휘하여 기발한 해결책을 찾는 사고 방법.
** 영국을 의미하는 Britain과 탈출을 의미하는 Exit의 합성어로, 영국이 유럽연합에서 탈퇴함을 이르는 말.

자적인 이 연구를 보고 우리 과학자들은 웃고 또 웃었다. 하지만 잠깐은 모두가 자못 진지한 표정을 지었더랬다.

사람들은 과학자들이 회의적이라는 사실을 별로 알고 싶어 하지 않는다. 그들은 자기 깃발을 깃대에 매다는 데 과학자들이 손에 쥔 증거를 이용하고 싶을 뿐이다. 일화적 경험과 성급한 결정은 과학의 적이며, 과학자들에게 필요한 것은 실험·데이터·통계 그리고 신중한 대응이다. 안타깝게도 이러한 기준은 정치인이나 미디어 편집자, 심지어 과학 저널의 편집자가 원하는 것과 다를 수 있고, 바로 여기서 문제가 시작되기도 한다. 도널드 트럼프Donald Trump가 하이드록시클로로퀸hydroxychloroquine(말라리아 치료제)을 코로나19 치료제로 옹호한 일은 정치와 과학이 만날 때 어떤 일이 벌어질 수 있는지 보여 주는 끔찍한 사례 중 하나다. 트럼프는 정치적인 이유로 코로나19를 신속히 치료하고 싶어 했다. 그는 하이드록시클로로퀸이 코로나19 치료제임을 증명하는 "훌륭하고 강력한 증거"가 있다고 주장했다. 아울러 "잃을 게 뭐가 있나요?"라고 물었고, 미국 의사협회 회장 퍼트리샤 해리스Patricia Harris 박사는 "당신의 생명"이라고 응수했다.

하이드록시클로로퀸은 심장에 해로울 수 있는데, 심장 손상을 수반할 수 있는 질병인 코로나19에 대하여 이 약물을 시험한 적이 없었다. 그래서 의사들은 하이드록시클로로퀸을 사용하는 데 매우 신중한 태도를 보였다. 저명한 면역학자이자 트럼프 행정부의 코로나바이러스 대응팀 수석 위원이었던 앤서니 파우치Anthony Fauci 박사는 이렇게 말했다. "관련 데이터는 기껏해야 연관성을 시사할 뿐이다. 과학적인 측면에서 효과가 있다고 단정할 수는 없다." 당신은 누구에게 동의하는가? 당신이 과학자라면 고려할 것은 한 가지밖에 없다. 바로 데이터다. 데이터가 정치보다 우선해야 한다.

과학의 핵심은 숙고다. 직감으로 대응하는 것과 달리, 숙고하면 진실이 어디에 있는지 파악하는 데 도움이 된다. 가짜 뉴스에 취약해지는 이유는 선입견 탓이 아니라 (어릴 적에 선생님이 말씀하셨듯이) 생각을 게을리하기 때문이다.

이 책에서 다루는 주제는 대부분 심각한 문제다. 우리가 잘못된 결정을 내리면 결국 지구를 파괴하게 된다. 또는 임상시험에 참여한 사람들의 생명을 앗아갈 수도 있다. 이러한 문제에 맞닥뜨렸을 때 과학은 우리의 결정에 어떻게 영향을 미칠까? 각 장에서 데이터와 실험(과학자들은 둘 다 좋아한다)을 통해 제시한 답이 여러분에게 도움이 되길 바란다. 나는 도출된 결론을 뒷받침할 최상의 증거를 제공하고자 최선을 다했다. 사실을 직접 확인하고 싶다면 그렇게 해도 좋다. 내가 뭔가 잘못 알고 있을지도 모르니 증거를 제시하며 바로잡아 주기 바란다. 그게 올바른 방식이다. 우리는 버스 옆면에 난무하는 번드르르한 광고 문구가 아니라 과학을 신뢰해야 한다.

각 장을 시작할 때, 나는 여러분이 주제를 미리 알 수 있게끔 내가 사랑하는 예술가, 작가, 코미디언 들의 명언을 인용했다. 마칠 때는 나만의 결론을 제시했는데, 각 장의 핵심을 요약한 것이니 시간이 없다면 대충 훑어봐도 좋다. 아니면 큰맘 먹고 더 깊이 파고들어, 나를 그와 같은 결론으로 이끈 과학적 근거를 찾아봐도 좋겠다.

이런 중대한 문제를 숙고하는 당신에게 이 책이 정보를 주고 도움이 되기를 바란다. 특히 당신과 관련 있는 주제라면 자기 삶에 대해 긍정적으로 생각하기를 당부한다. 당신이 이 주제들을 좀 더 편안하게 느꼈으면 좋겠지만, 우리는 불안해하도록 진화했기 때문에 그리 쉽지 않을 것이다. 사실 불안은 우리가 타고난 본성의 일부다. 그러니 부디 과학을 통해 깨달음을 얻고 과학을 진정한 친구로 삼아, 우리가 향하는 미래에 대해 긍정적으로 생각하자. 우리는 과학에 입각한 대화와 도전을 통해서만 발전할 수 있다.

　독자 중에는 과학자도 있을 것으로 예상하는데, 그중에는 사회적 소통을 중시하는 참여파도 있을 테고 자연의 이치를 구명하는 데 매진하는 학구파도 있을 것이다. 만약 당신이 참여파라면 과학자로서의 서약을 재확인하고, 학구파라면 과학이 위대한 이유를 다시 한번 되새기는 이 임무에 동참해 주기 바란다. 둘 사이의 어딘가에 속하는 중도파일지라도 나는 당신을 진심으로 환영한다. 이 책을 통해 우리는 매우 중요한 질문들을 함께 풀어 나갈 수 있다. 그리고 모두가 과학자가 되어야 하는 이유를 알게 될 것이다. 과학자는 항상 질문을 던지고, 문제를 해결하려고 노력하며, 궁극적으로 어둠을 빛으로 바꾼다.

차례

1장

자유의지

당신이 내린 결정은 누구의 뜻인가?

"우리는 자동 조종 장치에 의해 작동되어
결국에는 집, 가족, 직장 등 모든 것을 갖게 된다.
그런데도 잠깐 멈춰 서서
'내가 어떻게 여기까지 왔을까?'라고
자문하는 법이 없다."

데이비드 번David Byrne의 노래
〈일생에 한 번Once in a Lifetime〉 중에서

당신은 아마도 당신이 선택해서 이 책을 읽고 있다고 생각할 것이다. 또 당신이 자유롭다고 생각할 것이다. 당신은 인생을 살아가면서 여러 가지 선택지를 검토하여 무엇을 할지 결정하는 것처럼 보인다. 어느 축구팀을 응원할까? 어떤 직업을 가질까? 결혼을 할까 말까? 아기를 가질까 말까? 학교를 자퇴하고, 코걸이를 하고, 소박한 삶을 살겠다고 다짐할까?

　겉으로 보기에 우리는 자기 운명을 통제하면서 자율적인 삶을 영위하는 것 같다. 그러나 한 꺼풀 벗겨 보면 그렇게 간단하지 않다. 어쩌면 뇌 속의 기생충이 당신의 행동을 통제하고 있을 수도 있다. 또는 음모론자들의 말마따나 당신은 어릴 때부터 '생산적인 납세 시민'이 되도록 통제받아 왔는지도 모른다. 장담하건대 당신은 소셜미디어에 놀아나고 있지만, 그것을 알면서도 희희낙락한다. 안 그런가? 문제의 진실은 당신의 삶을 지배하는 것이 자유의지free will가 아니라 차갑고 무심한 우주의 무작위적인 통계적 변동random statistical fluctuation이라는 것이다. 어쩌면 구글이 범인일지도 모른다. 여기저기서 독자들의 환호성(옳소! 옳소!)이 들리는 듯하다. 코로나19 팬데믹 시기에 무슨 일이 일어났는지 생각해 보라. 코로나바이러스의 유전체에 일어난 무작위적인 통계적 변동으로 말미암아 당신의 많은 계획이 물거품이 되었다. 하지만 아직 늦지 않았다. 이제 우리가 그놈과의 전쟁에서 승리하고 있으니, 당신은 삶의 통제권을 되찾고 진정으로 자유로워질 수 있다. 그렇지 않은가?

　자유의지는 서양 문명에서 중요한 개념이다. 그것은 방해받지 않고 다양한 옵션 중에서 선택할 수 있는 능력을 의미한다. 많은 철학자가 삼삼오오 짝을 지어 이 개념에 대해 논쟁을 벌여 왔다. 어떤 면에서 자유의지는 철학의 핵심 문제다.[1] 일부 현대 철학자들은 수 세기 동안 이 논의가 거의 제자리걸음이었다고 불평하며 우울해한다. 어쩌면 철학자들은 이 문제를 더 탐구할 자유의지를 잃었는지도 모른다. 우리는 모두 자유롭다는 느낌이 강해서, 자유의지가 존재한다고 직관적으로 믿는 경향이 있다. 스피노자Spinoza의 생각은 이러했다. "우리는 우리의 행동을 의식하고 있지만(그리고 이것을 자유의지로 해석하지만), 그 행동이 결정되는 원인은 의식하지 못한다." 우리에게 일어나는 모든 일이 선행 조건에 따라 결정된다면 우리는 자신의 미래를 정확하게 예측할 수는 있을지언정 전혀 통제할 수 없다. 모든 것이 미리 결정되어 있으니 말이다. 철학자들이 이 문제를 놓고 고민하는 이유를 이제 알겠는가?

　만약 안정된 가정에서 전문직에 종사하는 부모 밑에서 자라 특정 유형의 학교에 진학한 다음 평판이 좋은 대학교에 들어갔다면, 당신은 이 모든 전제 조건이 형성한 환경에서 전문 직업을 갖고 미리 결정된 삶을 살아갈 가능성이 크다. 만약 미국의 아미시Amish 공동체같이 엄격한 율법을 가진 종교 공동체의 일원이라면, 당신은 해당 율법에 부합하는 삶을 살며 성장할 것이다. 율법에 따라 다른 아미시인과 결혼하고 절대로 자가용차를 소유하지 않을 테니, 사실상 자유의지는 없다고 봐야 한다. 일부 종교에서는 우리가 '예정된' 세상에 살고 있다고 믿는다. 루터교에서는, 기독교인은 이미 정해진 삶을 살고 있으며 하나님을 찾는 사람들에게 사후 구원이 예정되어 있다고 믿는다. 칼뱅주의자들은 좀 더 극단적인 견해를 취하여, 하나님은 지구가 창조되기도 전에 구원받을 사람들을 선택했다고 믿는다. 당신의 영혼이 선택받지 않았다면 운이 나쁜 것이다. 아무리 착하게 살아도 구원받지 못할 테니까.

불만에 찬 청소년들의 영웅인 독일의 철학자 니체Friedrich Nietzsche는 자유의지를 전혀 믿지 않았을뿐더러 그의 저서로 판단하건대 자유의지에 대한 다양한 가르침에 신경질적인 반응을 보였다.[2] 그는 자유의지를 남성(여성에 대해서는 별다른 언급을 하지 않았다)의 자존심 문제로 치부하고, 자유의지라는 개념 자체를 "터무니없는 바보짓"이라고 불렀다. 니체는《즐거운 학문Die fröhliche Wissenschaft》(1882)에서 "신은 죽었다"라고 선언했지만, 인간이 잘못 행동할 때 자유의지가 신(만약 존재한다면)의 책임을 어떻게 면제해 주는지도 썼다. 즉, 인간에게 자유의지가 있다면 자신의 행동에 책임을 져야 하므로 신을 탓할 수 없다는 것이었다. 니체는 우연의 신봉자이기도 해서, 우리에게 일어나는 일은 대부분 우리가 결정하는 것이 아니라 우연에 의해 지배된다는 견해를 가지고 있었다. 그의 주요 논거 중 하나는 "만약 인간과 신 모두 적극적으로 선한 일이 일어나기를 원한다면 왜 인간사에 악이 계속 존재하는가?"라는 것이었다. 이 의문은 다음과 같은 물음으로 이어졌다. "자유의지는 어디에 있으며, 우리는 왜 그 힘을 빌려 더 많은 일을 하지 않는가?"

독일의 철학자이자 전 세계 청소년의 영웅인 프리드리히 니체(1844~1900)는 "신은 죽었다", "산다는 것은 고통이다"라고 말했다. 그는 또 "음악이 없다면 인생은 실수일 것이다"라고 말했는데, 저스틴 비버*가 니체의 책을 읽었는지 궁금하다.

그래서 과학이 이 문제에 뛰어들었다. 물리학자들은 자연의 법칙을 연구하고, 이 법칙을 이용해 자연의 모든 것을 예측할 수 있다. 그러므로 게임의 규칙을 안다면 제1 원칙을 통해 모든 후속 사건, 심지어 인간과 관련된 사건도 완전히 예측할 수 있어야 한다. 이것은 뉴턴Isaac Newton의 위대한 통찰 중 하나였다. 과학으로는 사전 조건만 알면 미래를 예측할 수 있다. 특정한 무게의 포탄을 특정한 힘으로 발사할 경우, 방정식을 사용하여 정확한 탄착점을 예측할 수 있다. 앞으로 일어날 일을 예측하는 능력(일반적으로 수학을 이용한다)은 많은 사람이 과학을 우선시하게끔 했다. 한 가지 문제는 으스스한 양자 세계에서는 확률

---

* 저스틴 비버Justin Bieber는 한 인터뷰에서 "음악을 발견하지 못했다면 내 인생은 망했을 것"이라고 말했다.

을 기반으로 예측이 이루어진다는 것인데, 이는 만사가 일정한 법칙에 따라 결정된다는 개념에 반대된다. 어떤 철학자들은 양자 세계와 자유의지가 어떻게든 얽혀 있다고 제안했지만, 이를 설명하는 것은 나의 수준을 훨씬 뛰어넘는 일이다. 그리고 일부 물리학자들은 모든 결정이 두 개의 대체 우주로 이어진다는 평행우주론을 주장하기도 한다.[3] 그렇다면 왜 걱정인가? 당신은 어딘가에서 여러 개의 대안적 삶을 살고 있을 텐데 말이다.

아이작 뉴턴(1642~1727)은 자연의 모든 운동을 하나의 통합된 이론으로 설명함으로써 과학 혁명에 혁혁한 공을 세웠다.

　신경과학자들은 사람들이 결정을 내리고 행동하게 만드는 것이 무엇인지 연구했고, 결과적으로 자유의지는 존재하지 않는다는 데 동의했다.[4] 1980년대에 신경과학자 벤저민 리벳Benjamin Libet이 수행한 실험이 이 결과를 뒷받침하는 좋은 예다.[5] 리벳은 실험에 참여한 사람들에게 손목을 언제 튕길지 무작위로 선택하도록 요청한 후 뇌의 전기적 활동을 측정했다. 구체적으로는 자발적 근육 운동이 일어나기 전의 뇌 활동인 준비 전위readiness potential라는 것을 측정했다. 준비 전위가 후속 신체 동작(이 경우 손목을 튕기는 동작)을 예측하는 지표라는 것은 이미 알려진 사실이었다. 리벳이 궁금해했던 것은 '의식적으로 움직이려는 의도를 갖기 전에 뇌의 활동을 기록할 수 있는가?'였다.

리벳은 피험자들에게 자신이 곧 움직일 거라고 느낀 시간(즉, 자신이 움직이려 한다는 의식을 갖게 된 시점)을 기록하도록 요청했다. 실험 결과, '곧 움직이려 한다'고 의식적으로 인식하기 전에 뇌 활동이 먼저 일어났다. 그러니까 움직이겠다는 의도를 표명한 것은 뇌가 움직이기로 결정한 뒤의 일이었지만, 당사자는 이를 인식하지 못했다. 피험자는 자신이 손목을 튕기기로 결정했다고(즉, 자유의지를 행사했다고) 생각했으나 그의 움직임은 무의식적으로 제어되고 있었던 것이다. 이 무의식적 제어subconscious control가 어떻게 다른 행동으로 확장될 수 있는지는 알려지지 않았고 실험 설계와 해석 모두 논란의 여지가 있지만, 리벳의 실험은 여전히 매혹적인 연구로 남아 있다.

리벳의 실험을 사회적 행동에도 적용할 수 있을까? 당신이 술집에서 마음에 드는 사람을 발견하고 대화를 시작한다고 가정해 보자. 당신은 대화를 나누기 위해 그 사람에게 다가가 작업을 더 진행하기로 '결정했다'고 생각하겠지만, 어쩌면 당신의 뇌가 방금 준비전위를 발사했을지도 모른다. 그렇다면 결정을 내린 것은 당신이 아니라 당신의 뇌라고 할 수 있다. 이 문제는 신경과학계의 최고 관심사 중 하나인데, 일부 실험의 설계 문제로 아직 결론이 나지 않은 상태다.[6]

우리는 성인이 된 후의 생활 대부분을 하기 싫은 일을 하고 필요 없는 물건을 사느라 돈을 낭비하는 데 할애한다. 지구촌 주민의 절반 이상이 굶주리고 있다는 사실을 알면서도 너무 많이 먹는다. 자유의지가 실재한다면 우리가 더 나은 결정을 내릴 거라고 장담할

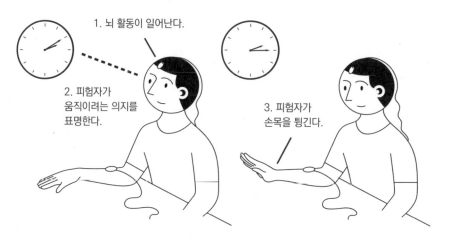

벤저민 리벳의 자유의지 실험. '곧 움직이려 한다'는 인식보다 뇌의 활동이 앞선다.

수 있을까? 우리가 결정을 내리는 방식은 '외부 사건'과 '내부 세계'의 복잡한 조합에 의해 좌우된다. 우리에게 영향력을 행사하는 요인은 방대한데, 그중에서 특히 중요한 것은 인간의 진화된 본성, 유전, 호르몬, 성장 환경, 우리에게 노출된 사물이며, 심지어 최근에 섭취한 음식도 영향을 미칠 수 있다. 스웨덴의 한 연구는 위胃가 비었을 때 소화계에서 생성되는 그렐린ghrelin이라는 호르몬이 쥐를 훨씬 더 충동적으로 만든다는 것을 증명했다.[7] 우리 역시 배고플 때는 상황을 고려해 장기적으로 이득이 되는 결정을 내리기보다는 즉각적인 만족을 얻는 결정을 내리는 경향이 있다고 보고한 연구도 많다.[8] 당신 스스로는 자유의지를 행사해 결정을 내리고 있다고 생각하겠지만, 실제로는 배가 고프고 그렐린이 행동을 바꾸도록 당신을 조종해서 결정을 내리게 된 것이다.

심리학자들은 결정을 내리기 전에 몇 가지 사항을 염두에 두라고 조언한다. 첫째, 충분히 숙고하라. 숙고하면 시야가 넓어진다. 둘째, 뭔가에 압도당하거나 에너지가 부족하다고 느낄 때는 절대로 결정을 내리지 마라. 그런 상태에서 내린 결정은 나중에 후회를 부르는 경우가 많다. 셋째, 배가 부를 때 결정을 내리는 것이 가장 좋다.[9] 아울러 아일랜드에는 '남자는 여자와 상의하지 않고는 절대 결정을 내려서는 안 된다'는 속담이 있다. 이 속담의 앞부분을 '과학자와 상의하지 않고는'으로 바꿔도 된다. 내 아내 마거릿은 뛰어난 생화학자다. 나는 종종 과학적 문제를 그녀와 상의하곤 한다(현명하죠?). 과학은 통계, 검증할 수 있는 출처, 증거를 기반으로 한 결론을 사용하여 의사 결정에 명확한 도움을 주려고 노력한다. 현수막에 뭔가를 잔뜩 적는 정치인들과는 하늘과 땅 차이이다.

　이렇듯 우리가 어떤 행동을 할지 결정할 때, 배가 고프거나 피곤한 정도에 따라 결과가 달라질 수 있다. 그런데 우리 몸속에 우리를 조종하는 기생충이 있다면 어떨까? 고양이에서 흔히 볼 수 있는 기생충인 톡소플라스마 곤디*Toxoplasma gondii*[10]는 미생물학자들에게 매우 흥미로운 생물이다. 이 기생충은 전 세계적으로 인간을 포함한 수십억 종의 뇌를 감염시키지만, 성충 단계의 톡소플라스마를 지원할 수 있는 동물은 고양이밖에 없다. 톡소플라스마에게 고양이는 '사랑의 오두막집'이나 마찬가지다. 이 기생충이 일단 사람이나 동물에게 옮으면(고양이의 배설물 또는 감염된 동물을 먹음으로써) 잠복성 낭종(물혹)의 형태로 평생 숙주의 몸에 남아 있을 수 있다. 이 물혹은 주로 뇌, 심장, 근육에서 발견되는데, 감염된 생쥐에게는 이상한 일이 일어난다. 생쥐의 행동이 극적으로 바뀌어 무모해지고 실제로 고양이 냄새에 끌려서 대체로 쥐에게 불리한 결말로 막을 내리게 된다. 기생충이 생쥐의 행동을 조종해 고양이에게 맛있는 간식을 제공하고 번식하기 좋은 보금자리도 얻다니! 이것은 '고양이-생쥐-기생충'의 복잡한 상호 작용을 보여 주는 사례로, 다윈이 좋아했을 만한 주제다.

톡소플라스마에 감염된 인간은 공격성이 폭발하는 경향이 있다.[11] 그런가 하면 잠복 감염자는 인지 테스트에서 더 좋은 성적을 거둔다.[12] 감염 수준은 국가마다 다른데, 아일랜드인은 약 7%가 감염됐고, 브라질인은 67%가 감염된 것으로 나타났다.[13] 혹시 이것이 브라질 사람들을 더 화끈하게 만든 게 아닐까? 또 감염된 남성과 여성은 서로 다른 반응을 보인다. 남성은 위험을 덜 회피하지만 독단적인 성향을, 여성은 더 외향적인 성향을 보이게 된다.[14] 다시 말하지만 당신은 자유의지에 따라 행동한다고 생각할지 몰라도 알고 보면 당신 뇌에 있는 기생충의 졸卒일 수 있다.

또는 통계적 확률이 지배하는 세상의 졸일 수도 있다. 우리는 어떤 일이 일어났을 때 종종 "그 일이 일어날 확률이 얼마나 될까?"라고 말한다. 또 우연의 일치나 (겉보기에) 무작위적인 사건이 우리의 삶을 결정하는 것에 놀라곤 한다. "가판대에서 신문을 집어 들어 그 일자리 광고를 읽지 않았다면 지원서를 제출하지 않았을 텐데"라거나 "그 파티에 가지 않았다면 이 사람을 만나 결혼하는 일도 없었을 텐데"라고 말이다. 물론 '가지 않은 길'이 모든 차이를 만들었을 수도 있지만, 어떤 일은 일어날 확률을 고려할 때 생각만큼 예측 불가능한 일이 아닐 수도 있다.

생쥐가 톡소플라스마에 감염되면 고양이에게 끌리게 된다. 그러면 기생충이 고양이에 옮아 번식할 수 있다. 혹시 고양이를 좋아하는 사람에게도 이 기생충이 있을까?

우리가 우연의 일치를 경험하고 놀라는 것은 확률에 대한 이해가 부족한 탓이다. 당신과 생일이 같은 사람을 만나면 "와! 엄청난 우연의 일치네!"라고 말할 수 있지만, 이런 일이 일어날 확률은 365분의 1이다. 여기, 흥미로운 수학 문제가 있다. 두 사람의 생일이 같을 가능성이 50:50이 되려면 한 방에 얼마나 많은 사람이 있어야 할까? 정답은 겨우 23명이다.[15] 지구상에는 80억 명의 인구가 살고 있다. 모집단의 크기가 이 정도라면 전 세계 어딘가에서 '가능성이 터무니없이 희박한 일'이 얼마든지 벌어질 수 있다. 수많은 사람이 로또 복권을 구매하면 그중 누군가는 당첨될 텐데, 이는 전혀 놀라운 일이 아니다. 그저 대박이 당첨자의 몫일 뿐이다.

바이올렛 제섭Violet Jessup이라는 여성에게 일어난 일이 특별해 보

---

* 검산해 보자. 23명의 생일이 모두 다를 확률(P')은 $\frac{365}{365} \times \frac{364}{365} \times \frac{363}{365} \times \frac{362}{365} \times \cdots\cdots \times \frac{343}{365}$ 이다. 그러므로 23명 중에 생일이 겹치는 사람이 있을 확률(P)은 $1-P'$이다. 엑셀에 입력해 보면 P=0.51이다.

이는 것은 그녀가 유명한 3대 침몰선에 살아남았기 때문이다.[16] 바이올렛은 1911년 올림픽호가 HMS 호크호와 충돌했을 때 올림픽호에 탑승해 있었다. 이듬해인 1912년, 그녀는 타이태닉호 침몰 사고에서도 살아남았다. 그리고 1916년에 침몰한 브리태닉호에서도 살아남았다. 어떻게 이럴 수 있을까? 역사상 가장 유명한 세 번의 침몰 사고에서 한 여성이 연거푸 살아남을 확률은 아주 희박하지 않을까? 그렇다. 그녀가 화이트 스타 라인White Star Line이라는 해운회사에서 근무했고, 이 세 척의 배에 배정된 간호사였다는 사실을 알기 전까지는 말이다.

이 모두가 의미하는 바는 모든 일이 확률에 따라 일어날 테니 그냥 내버려두라는 것이다. 당신이 실제로 로또를 사거나 새로운 친구를 만난다는 희망을 품고 동호회에 가입하면 운명이 바뀔 수도 있다. 다만 둘 다 당신의 자유의지를 표현하는 것처럼 보이지만 사실은 그렇지 않다. 광고가 항상 당신을 겨냥하고 있으며 '나도 대박을 맞을 수 있다'는 사행심과 '누구나 여분의 현금으로 복권을 사도 된다'는 생각 때문에 당신은 로또에 끌리게 된다. 로또를 사는 선택을 통제하기란 거의 불가능에 가깝다. 로또에 끌리는 당신의 성향은 부모님 중 한 명으로부터 부분적으로 물려받은 '중독적 성격'의 일부일 수도 있다. 사실 중독은 자유의지의 증거로 여겨지기도 한다. 중독이 기존의 선택 능력(가령 특정 약물을 복용하지 않겠다는 의지)을 앗아가기 때문이다. 그러나 관점을 달리하면 중독된 사람들도 (금단의 고통을 피하고 약물의 쾌락을 누리기 위해) 매일 선택을 하고 있다고 볼 수 있다. 그러므로 자유의지는 중독자들이 자신의 처지를 합

침몰하지 않는 바이올렛 제섭(1887~1971).
바이올렛은 그 유명한 올림픽호,
타이태닉호, 브리태닉호 침몰 사고에서
살아남았다. 그녀는 이 세 척의 배를
소유한 해운회사에서 일하던 간호사였다.

리화하려는 구실에 불과하다.* 새로운 동호회에 가입하면 새로운
친구를 쉽게 사귈 수도 있지만, 이는 같은 부류의 사람들이 많이 모
여 있기 때문일 가능성이 크다. 당신이 그 동호회에 관심을 보이게
된 것은 어린 시절부터 이미 예정된 일일 수도 있다. 특정한 동호회
에 가입한 것이 불가피한 선택이었을 수도 있고, 당신의 인생사가
그 동호회로 당신을 이끌었을 수도 있다.

　그러면 (일어날 확률이 있는) 무작위적 사건과 우리의 역사나 유전

---

* 　로버트 새폴스키, 《*Determined: A Science of Life Without Free Will*》(Penguin Press, 2023)

적 구성, 심지어 우리 몸속 기생충에 의해 내리는 결정을 제외하고, 또 무엇이 우리의 삶을 통제할까? 평균적인 하루를 생각해 보자. 당신은 침대에서 일어나(7시간 숙면 후), 무엇을 먹을지 선택하고(구기자 열매가 추가된 섬유질 기반 시리얼), 무엇을 입을지 고르고(오늘 중요한 회의가 있으니 깔끔한 정장), 출근 전에 헬스장에 가고(스마트워치 핏빗Fitbit이 그렇게 하라고 시킨 것은 말할 것도 없고, 운동하면 업무 효율이 높아진다는 글을 읽었으니까), 출근하고(돈을 벌고 자아실현을 위해), 퇴근길에 친구들과 와인 한 잔을 마시고(딱 한 잔만), 〈왕좌의 게임Game of Thrones〉을 몰아 보면서 스트레스를 푼다. 당신은 하루를 보내면서 끊임없이 결정을 내리는데, 그러한 결정의 근거는 무엇일까?

대부분은 어디선가 읽거나 들은 조언에 근거한다. 물론 남의 말에 휘둘리지 않기로 마음먹은 사람도 있겠지만, 대다수가 웬만하면 조언에 귀를 기울인다. 하루에 과일과 채소를 다섯 번 먹어야 하고, 그러지 않으면 온갖 끔찍한 일이 벌어질 거라는 말을 들으면 숫자에 얽매이게 될 수 있다.[17] 여성은 일주일에 14단위alcohol unit*, 남성은 21단위 이상의 알코올을 섭취하지 말라는 이야기가 있다. 하루에 최소한 7시간은 자야 한다거나, 일주일에 다섯 번 30분씩 운동해야 한다는 말도 있다. 이러한 숫자들이 우리에게 매우 유익하다는 것은 과학적으로 잘 뒷받침되어 있다. 그러니 이를 따르는 것은 이치에 맞다. 수백만 명의 사람이 이 수치를 따르려고 노력하며, 대개는 떨어져 나갔다가 다시 마차에 올라타곤 한다. 이 같은 건강 기반 활

---

* 알코올의 '단위'에 대해서는 6장의 설명을 참조하라.

동과 관련하여 인간의 행동을 관찰하는 외계인이 있다면, 지구인들이 자유의지를 행사하기보다는 일종의 '상부 지시'에 따라 행동한다는 결론을 내릴 것이다.

만약 어린이들이 특정한 방식으로 양육된다면, 자유의지에 따른 선택만큼이나 양육으로 지배된 특성을 띤 성인으로 성장할 것이다. 이런 믿음은 많은 종교의 핵심에 자리 잡고 있다. 아리스토텔레스Aristoteles는 "일곱 살 이전의 아이를 나에게 보여 주면 나중에 커서 어떤 사람이 될지 알아맞히겠다"는 유명한 말을 남겼다. (예수회를 창설한 성 이그나티우스 로욜라St. Ignatius Loyola는 이 말을 표절했다.)** 하지만 자라서 성인이 된 사람은 자신의 모든 결정이 (실제로는 예정된 것이었지만) 의식적으로 내린 것이었다고 생각할 수 있다. 미국 전역의 유치원생 나이부터 25세 사이의 700명을 대상으로 수행한 연구에서, 어린이의 사회적 기술social skill과 20년 후의 성공 사이에 유의미한 상관관계가 있는 것으로 나타났다.[18] 누가 시키지 않아도 또래와 협력하고 다른 사람을 도울 줄 아는 어린이는 사회성이 부족한 어린이보다 25세까지 대학 학위를 취득할 가능성이 훨씬 컸다. 이 연구의 시사점은 아이들이 정서적·사회적 기술을 개발하도록 돕는 일이 곧 미래 성공의 열쇠라는 것이다.

또 다른 연구에서는, 워킹맘의 딸이 전업주부인 엄마를 둔 또래보다 가방끈이 더 길고 관리직에 종사할 가능성이 크며 돈을 더 많이 (최대 23%) 버는 것으로 나타났다.[19] 워킹맘의 아들은 나중에 가사와

** 이그나티우스 로욜라는 "나에게 어린이를 7년만 맡겨 달라. 그 후에는 누가 데려가든지 상관하지 않겠다"고 말한 것으로 유명하다. 어린이 교육이 그만큼 중요하다는 뜻이다.

육아에 더 많이 참여했다. 그리고 '당근이지No Shit, Sherlock'라는 제목
이 어울리는 연구에서는 부모의 소득이 높을수록 자녀의 학교 성적
이 높았고, 특히 대학 진학을 희망하는 학생들이 치르는 표준 입시
시험인 SAT 점수에서 더욱 그러했다.[20] 대학 진학에 관한 또 다른
주요 예측 인자는 어릴 때 부모에게 받은 격려였다. 이것은 한 사람
이 다른 사람에게 기대하는 것이 자성 예언self-fulfilling prophecy으로 작
용할 수 있다는 피그말리온 효과Pygmalion effect로 잘 알려져 있다.[21]

광고주들은 어린 시절에 받은 영향이 성인이 된 후의 선택을 좌우
할 수 있다는 사실을 악용한다. 미국의 여러 연구에 따르면, 패스트
푸드나 달콤한 음료 광고에 노출된 7세 미만의 어린이는 이런 식품
에 길들어 끊기가 어렵다고 한다. 3~5세 어린이에게 똑같은 음식을
줬을 때, 맥도날드 포장지에 든 것이 더 맛있다고 인식한다는 것이
다.[22] 세계보건기구(WHO)는 거대 식품 기업들이 규제의 허점을 교
묘히 이용하여 유튜브와 페이스북* 광고를 통해 어린이들에게 패스
트푸드를 광고하고 있다고 밝혔다.[23] 영국의 최근 연구에 따르면 16
세 미만 청소년의 75%가 소셜미디어에서 이런 광고에 노출되고 있
다.[24] 이는 심각한 문제이며, WHO는 어린 시절에 패스트푸드와 단
음료에 노출되는 것이 현재 유행하는 비만의 주요 원인임이 명백하
다고 결론지었다.[25]

영국에서는 지방이나 설탕 함량이 높은 제품은 '시청자의 75%가

---

* 세계 최대의 사회관계망 서비스 기업인 페이스북은 2021년 10월 28일, 회사 이름을 '메타Meta'로
바꾼다고 발표했다. 다만 페이스북, 인스타그램, 왓츠앱 등 기존에 운영하던 개별 플랫폼 이름이 바뀐
것은 아니며, 이를 소유한 모회사 이름만 변경되었다.

성인인 경우'에만 광고할 수 있으며,[26] 최근 아일랜드에서 실시한 여론 조사에서는 응답자의 71%가 어린이를 대상으로 한 패스트푸드 광고를 완전히 금지하는 데 찬성했다.[27] 패스트푸드 광고 금지 운동에 참여한 한 전직 광고 책임자는 "정크푸드 광고는 젊은이들의 감정과 선택을 조종하는 괴물이 되었다"라고 말했다.[28] 어린이를 대상으로 한 패스트푸드 마케팅과 아동 비만 사이에 인과관계가 있다는 결정적인 증언이다. 더 큰 문제는 지방과 설탕 섭취가 충동성 증가를 포함한 행동 변화를 유발할 수 있으며,[29] 이는 훨씬 더 나쁜 의사결정으로 이어질 가능성이 크다는 것이다.

광고주를 통제하려는 싸움은 앞서 언급한 '상부 지시'가 하달되는 소셜미디어로 옮겨 갔다. 소셜미디어는 비교적 최근에 등장했으나 우리 삶에 미치는 영향력이 기하급수적으로 커지고 있다. 우리가 '소셜미디어에 접속하는 데 사용하는 기기'에 우리 삶의 통제권을 넘겨주고 있다는 것이 압도적인 증거다. 즉, 스마트폰이 우리의 삶과 의식 속에 깊숙이 들어와 있으며, 우리의 수면에 큰 지장을 주고 있다. 언뜻 보기에 우리가 스마트폰을 통제하는 것 같아도(그냥 끄면 되므로) 많은 사람이 아이폰에 중독된 나머지 계속해서(잠자야 할 때를 포함해서) 아이폰을 확인한다. 한 여론 조사에서 무려 40%의 10대 청소년이 하룻밤에 두 번 이상 스마트폰을 확인한다고 응답했다.[30] 이는 명백히 드러난 모든 부정적 결과(불안 및 우울증 위험 증가 등)와 더불어 심각한 수면 장애를 겪고 있다는 뜻이다.

소셜미디어가 우리를 조종하는 가장 사악한 경로는 광고다. 페이스북이나 구글과 같은 회사의 경제 모델은 노골적으로 명백하며 엄청난 수익을 창출한다. 이 회사들은 사용자 정보를 수집한 다음, 가능성이 큰 고객 목록을 표적화targeting하려는 광고주에게 판매한다. 좋은 일 아닌가? 실제로 보고 싶은 광고를 보고, 정말 원하는 제품을 구매하게 해 주니 말이다. 음, 하지만 그렇지 않다. 광고주가 사용자에 대한 모든 종류의 정보, 그러니까 사용자가 광고주에게 알릴 생각이 없는 정보(예컨대 매주 금요일 저녁 온라인으로 피자를 주문하는 것으로 보아 이탈리아 음식을 좋아하는 게 틀림없다)까지 파악할 수 있다는 증거가 계속 쌓이고 있다.

　사람들은 소셜미디어에서 무의식적으로 자신의 성격이나 정치적 성향 등 많은 것을 드러낸다. 최근의 연구에서 연구진은 페이스북 사용자의 '좋아요'를 조사해 사람들을 '외향적' 또는 '내향적'으로 분류했다.[31] 그런 다음, 각 그룹에 알맞은 맞춤형 광고를 게재했다. 뷰티 회사를 예로 들면, 내향적인 사람에게는 "아름다움은 저절로 드러나는 것이 아닙니다"와 같은 문구를, 외향적인 사람에게는 "스포트라이트를 사랑하고 순간을 느껴 보세요"와 같은 문구를 담은 광고를 내보냈다. 이 캠페인은 350만 명의 사용자에게 도달했고, 1만 346회의 클릭을 유도했으며, 궁극적으로 390회의 구매를 이끌었다. 자신의 성격 유형에 맞는 광고를 본 사람들은 구매 가능성이 54% 더 높았다. 이러한 기법을 심리적 대중 설득psychological mass persuasion이라고 한다.

　뷰티 제품 판매는 한 예일 뿐, 도박에 중독될 위험이 있는 사람들에게 도박 광고를 내보낸다면 어떻게 될까? 또는 러시아의 비밀 정보원이 개입하여, 공감을 표시할 것 같은 사람들에게 광고나 메시지를 보내 문제를 일으킨다면 어떻게 될까? 이 모든 경우에 무엇을 하고 어떻게 대처해야 할지 판단하기 어렵다. 소셜미디어를 통해 자신을 드러냈다면 언제든 악용될 소지가 있다.

　이 문제는 민주주의의 관점에서 볼 때 특히 중요하다. 2016년 미국 대통령 선거 당시, 러시아 정보 당국이 소셜미디어를 통해 미국 여론을 조작했으며 영국의 케임브리지 애널리티카Cambridge Analytica 도 선거에 영향을 미쳤다는 의혹이 제기된 바 있다. 케임브리지 애널리티카는 (주로 소셜미디어에서 수집한) '데이터 분석'과 '선거 과정의 전략적 커뮤니케이션'을 접목한 컨설팅 회사였다. 이 회사는 트럼프 캠프에서 500만 파운드를 받고 부동층 유권자를 공략하도록 지원했는데,[32] 회사의 웹사이트에는 다음과 같은 홍보 문구가 적혀 있었다. "우리는 2억 2000만 명 이상의 미국인에 대해 최대 5,000개의 데이터 포인트를 수집하고, 100개 이상의 데이터 변수를 사용하여 목표 고객 그룹을 모델링해 생각이 비슷한 사람들의 행동을 예측합니다."

　이 회사가 2016년 브렉시트 국민 투표를 앞두고 탈퇴 캠페인과 영국독립당을 지원했다는 증거도 있다. 케임브리지 애널리티카는 수백만 명의 페이스북 사용자들로부터 동의 없이 데이터를 수집하고, 그 정보를 분석해 브렉시트 찬성 광고의 표적을 골랐다는 의혹을 받고 있다.[33] 이후 페이스북은 데이터 스캔들에 휘말려 50억 달러의 벌금을 부과받았으며, 사용자를 제대로 보호하지 않았다는 비난을 받았다.[34] 이 논란으로 케임브리지 애널리티카는 2018년에 문을 닫게 되었다.

　케임브리지 애널리티카 사건은 디지털 정치 캠페인(매우 정교한 메시지로 사람들을 표적화하는 것)을 핵심 전략으로 삼는 정치 단체가 증가하는 데 따른 한 가지 현상일 뿐이다. 그리고 케임브리지 애널리티카가 유일한 문제도 아니다. 버락 오바마Barack Obama와 힐러리 클린턴Hillary Clinton도 행동 프로파일링behavioural profiling 회사를 고용했으니 말이다. 중요한 것은 '디지털 정치 캠페인이 과연 효과가 있을까?' 하는 물음이다. 사이버 보안의 세계적 전문가인 사이먼 무어스Simon Moores는 빅데이터 분석을 통한 행동 모델링이 이미 변곡점을 지났다는 견해를 밝혔다. "우리는 오웰George Orwell(좌파), 카프카Franz Kafka(중도파), 헉슬리Aldous Huxley(우파)가 팽팽한 3파전을 벌이는 미래를 예상할 수 있다"라고 그는 말한다.[35] 그렇다면 우리는 투표소에 가서 자유의지가 전혀 없이 투표하게 되는 걸까?

　케임브리지 애널리티카 사건 같은 기사를 읽을 때면 우리가 자신의 삶을 얼마나 통제할 수 있는지 궁금해진다. 우리가 알고리즘에 조종당하고 있다는 느낌이 들기 때문이다. 만국의 아이폰 사용자여 단결하라! 우리가 잃을 것은 기기뿐이다.* 또는 메타 데이터 채굴자를 피하고 그들의 손아귀에서 벗어나는 망 기반 서비스net-based service를 시도하라.

　우리가 내리는 결정과 우리가 영위하는 삶이 무엇이든, 우리 인생의 많은 일은 우리의 통제권 밖에 있음이 분명하다. 우리는 심각한

---

*　카를 마르크스Karl Marx와 프리드리히 엥겔스Friedrich Engels의 공저 《공산당 선언Manifest der Kommunistischen Partei》의 마지막에 나오는 글귀를 패러디한 것이다. "프롤레타리아가 잃을 것은 속박의 사슬밖에 없다. 그들은 세계를 얻을 것이다. 만국의 노동자여 단결하라."

질병, 사랑하는 사람과의 이별, 사고, 거시 경제의 침체, 기근, 전쟁과 같은 사건에 대해 운명을 탓한다. 물론 건강을 돌보고 전문가의 조언을 따른다면 이러한 일이 발생할 위험을 줄일 수 있다. 하지만 무엇보다 소셜미디어의 지배에서 벗어나는 것이 관건이다. 올바른 결정을 내리려면 과학을 사용해야 한다. **그러니 밤새도록 소셜미디어에 몰두하여 시차 적응이 안 된 상태에서 다음 날 라스베이거스에서 낯선 사람과 만나 결혼하지 말라. 언젠가는 우리 삶에 대한 통제권을 되찾고 더 밝은 세상을 맞이하게 될 것이다. 자, 이제 이 책을 계속 읽어 나가기로 하자. 계속, 계속, 계속, 당신이 원하는 것을 이루기 위해.**

2장

백신 접종

그렇게까지
겁먹을 이유가 있을까?

"내가 이 곡을 썼을 때
아무도 연주하지 않을 줄 알았다."

이언 듀리Ian Dury의 노래
〈스파스티쿠스 아우티스티쿠스Spasticus Autisticus〉 중에서

나에게는 두 아들 스티비와 샘이 있는데, 둘 다 연령대별로 필요한 백신을 하나도 빠짐없이 접종받았다. 이유는 간단하다. 나는 내 아이들을 사랑하며 보호하고 싶다. 어떤 의심도 두려움도 없다.

　면역학자를 괴롭히고 싶다면 당신의 자녀에게 백신을 접종하지 않았다고 말하면 된다. 전염병 백신은 의학 역사상 다른 어떤 단일 개입intervention보다도 많은 생명을 구했다.[1] 백신은 전 세계적으로 매년 200만~300만 명의 생명을 지킨다. 이것은 과학적 사실이다.[2] 백신 접종 전 미국에서는 약 50만 명이 홍역에 걸렸고, 그로 인해 10명 중 3명이 영구적인 청력 손상을 입었다.[3] 그런데도 어린이의 예방 접종을 거부하는 부모와 보호자가 점점 많아지고 있으니, 심각한 문제다. 사람들의 건강이 주요 관심사인 WHO는 2019년 세계 보건을 위협하는 10대 요인 중 하나로 백신 주저 현상vaccine hesitancy을 꼽으며, 이 현상이 인플루엔자(독감), 에볼라바이러스, 항생제만큼이나 우리의 건강에 위험하다고 덧붙였다.[4] 이제 바이러스 악당 패거리의 최신 멤버로 코로나19를 유발하는 코로나바이러스인 SARS-CoV-2가 추가되었다. (그런데 백신 거부자들은 코로나19 앞에서 매우 조용해졌다. 겁쟁이들 같으니라고!)

　백신 주저 현상은 맨 처음에 어떻게 일어났을까? 백신 접종을 지지하는 증거가 압도적인데, 어떻게 의학의 위대한 발전 가운데 하나가 많은 사람에게 그렇게 문제가 되었을까? 백신 접종을 꺼리는 부모들에게 '그로 인해 당신의 자녀가 병에 걸릴 위험이 있을 뿐 아니라 다른 사람들까지도 위험에 빠뜨리고 있다'는 사실을 과연 이해시킬 수 있을까? 그리고 코로나19는 어떤 변화를 불러왔을까? 1918년의 스페인독감 이후 가장 큰 팬데믹을 겪는 동안 백신 접종을 주저하는 사람들의 마음이 조금이라도 돌아섰을까?

　어떤 면에서 보면 백신에 대한 불신을 이해할 만도 하다. 한 젊은 엄마가 사랑스럽고 건강한 아기를 품에 안고 진료실에 들어간다. 그녀는 아프지도 않은 아기의 몸에 주삿바늘을 꽂고 싶지 않다고 의사에게 말한다. 또 무시무시한 부작용에 관한 이야기를 들었으며, 그런 일이 일어나는 것을 절대로 용납할 수 없다고 덧붙인다. 내 친구들도 마찬가지였다. MMR(홍역, 볼거리, 풍진) 백신에 대한 공포가 최고조에 달했을 때, 내 친구들은 나에게 전화를 걸어 아이들에게 백신을 접종해야 하는지 물었다. 법학 학위와 경영학 학위를 가진 친구들이었는데 말이다. 내 대답은 명백히 '예스'였다. 친구들은 근거가 뭐냐고 다그쳐 물었다. 그 근거는 아래와 같다.

　홍역을 예로 들어 보자. 이 질병은 전염성이 매우 강한 바이러스

에 의해 발생한다. 초기 증상은 발열(40℃까지 올라갈 수 있고, 어린이에
게 경련을 일으킬 수 있다), 콧물, 기침, 눈의 염증이다. 그런 다음 편평
한 붉은 발진이 나타나 전신에 퍼진다. 흔한 합병증으로는 설사와
귀 감염이 있다. 드물게 실명과 사망으로 이어질 수 있으며 1,000명
중 1~2명이 목숨을 잃는다.[5] 감염자와 생활 공간이나 학교를 공유
하는 사람들은 10명 중 9명꼴로 홍역에 걸린다. 1980년에는 260만
명이 홍역으로 사망했는데, 그중 대부분이 5세 미만이었다. 전 세계
적인 예방 접종 계획에 따라 2014년에는 사망자가 7만 3,000명으로
감소했다.[6] 홍역 백신은 괄목할 만한 효과를 거뒀다. 미국의 경우 백
신 접종 전에는 해마다 300만~400만 건의 홍역이 발생했으나 백신
접종 후에는 이 수치가 거의 0으로 떨어졌다.[7] 질병과 평생 가는 합
병증, 심지어 사망까지 초래할 수 있는 홍역이었지만, 팔에 맞는 주
사 한 방으로 예방하게 된 것이다.

또 다른 바이러스 질환인 소아마비polio(급성회백수염 또는 척수성소
아마비)*도 살펴보자. 감염된 사람에게는 인후통과 발열 등 가벼운
증상이 나타났다가 금방 가라앉을 수 있다. 그러나 감염자 150명당
1명꼴로 바이러스가 신경계에 침입하여 심각한 장애를 일으킬 수
있다. 초기 증상으로는 두통, 요통, 기면(졸음증), 과민반응 등이 있
다. 어떤 사람들에게는 마비가 찾아오는데, 먼저 근육이 약해지고
축 늘어지다가 종국에는 완전히 마비된다. 바이러스는 일반적으로
대변이나 구강 대 구강mouth-to-mouth으로 전염된다.

---

* 소아마비에는 뇌성소아마비와 척수성소아마비가 있는데, 전자는 선천 또는 후천 뇌 장애로 인하여
일어나고, 후자는 폴리오바이러스에 의한 급성 감염증으로 일어난다.

유명한 로커 이언 듀리는 일곱 살 때 소아마비에 걸렸는데, 1949년 소아마비가 유행하던 시기에 영국의 휴양 도시인 사우스엔드온시의 한 수영장에서 감염됐다고 확신했다. 풍토병 지역(즉, 바이러스가 흔한 지역)에서는 그 누구도 바이러스를 피할 수 없었기에 모든 부모가 소아마비를 두려워했다. 작가 리처드 로즈Richard Rhodes는 다음과 같이 썼다. "소아마비는 전염병이었다. 어느 날 갑자기 두통이 생기고 한 시간 후에는 마비가 왔다. 부모들은 여름마다 소아마비가 나타나는 시점을 확인하려고 주의를 기울였다. 한 아이가 걸리고 또 다른 아이가 걸렸다. 우리는 모두 다른 아이들을 피해 실내에 머물렀다. 그때는 여름이 겨울처럼 느껴졌다."

소아마비 백신 역시 괄목할 만한 효과를 거뒀다. 백신을 접종하기 전에 미국에서는 매년 약 1만 5,000~2만 건의 마비성 소아마비가 발생했다. 백신 접종 후에는 어떻게 되었을까? 그 수치가 10건 미만으로 떨어졌다.[8] 마비되는 사람도, 겨울 같은 여름도 더는 없었다. 2002년에 유럽은 소아마비 퇴치 지역으로 선포되었고, 현재도 그 상태를 유지하고 있다. 오늘날 소아마비에서 벗어나지 못한 나라는 단 두 곳, 파키스탄과 아프가니스탄뿐이다.

안전하고 효과적인 백신을 개발하면 그간의 공포와 고통, 죽음의 원인이 되었던 전염병을 종식할 수 있다는 것은 분명한 사실이다. 그렇다면 백신이라고 불리는 이 놀라운 물질의 정체는 무엇일까? 백신은 '질병에 대한 면역을 제공하는 생물학적 제제preparation'를 뜻한다. 면역immunity이라는 용어는 '면제'를 의미하는 라틴어 임무니스immunis에서 유래했다. 로마 시대에 임무니스는 일반적으로 특정 로

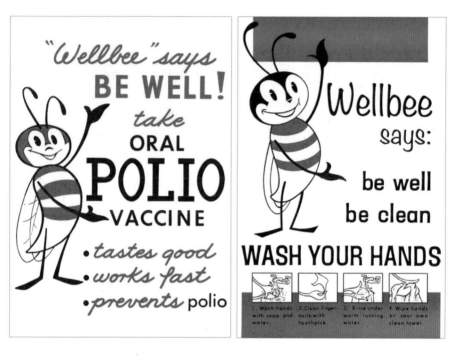

1960년대 미국에서 공중 보건 증진을 위한 마스코트로 활약한 웰비Wellbee.
포스터에서 소아마비 예방 접종(왼쪽)과 손 씻기(오른쪽)를 독려하고 있다.

마 시민(귀환 군인 등)에게 부여된 면세권을 의미했다. 감염병에 대한
면역이란 재발 위험에서 해방되는 것을 의미한다. 이러한 현상은
고대에 이미 눈길을 끌었다. 질병에 걸렸던 사람들은 재발하는 일
이 거의 없었기에 그 병에 처음 걸린 사람들을 돌보아 주곤 했다. 면
역 개념에 대한 최초의 기록물은 기원전 430년에 그리스의 역사가
투키디데스Thucydides가 작성한 것으로 추정되는데, 그는 전염병이
창궐했을 때의 풍경을 다음과 같이 기술했다. "질병에서 회복한 사
람들은 병자와 죽어가는 사람들을 극진히 보살폈다. 그들은 질병의

진행 과정을 훤히 알고 있었고, 똑같은 질병에 두 번 걸릴 걱정이 없었기 때문이다." 그 시대에 면역은 마법이나 '신이 내린 것'으로 여겨졌다.

면역에 대한 초기 임상 기록은 이슬람 의사인 알 라지al-Razi의 저서에서 찾아볼 수 있다. 그는 이 책에서 천연두에 노출되었을 때 지속적 면역lasting immunity이 생기는 과정을 설명했다. 천연두는 전염성이 강한 데다 감염된 사람의 3분의 1이 사망하고 3분의 1은 심각한 장애를 겪게 되는 무서운 병이었다. 하지만 마지막 3분의 1은 면역계가 효과적으로 싸운 덕분에 무사했다.

천연두를 예방하기 위한 노력은 백신의 역사와 면역학에서 중요한 의미를 지닌다. 감염을 예방하는 방법을 알아냈기 때문이다. 기원전 1000년경 중국인들은 천연두 환자의 피부 병변에서 채취한 마른 딱지를 흡입해 약간의 예방 효과를 얻었다. 인도와 동아프리카에서는 바늘을 사용하여 천연두 병변의 물질을 피부에 주입하는 방식으로 예방 접종을 했는데, 1721년에 메리 워틀리 몬터규Mary Wortley Montagu 부인에 의해 서양에 소개되었다.[9]

메리 부인은 비범한 여성이었다. 공작의 딸이었던 메리는 클롯워시 스케핑턴Clotworthy Skeffington이라는 아일랜드 귀족과 결혼할 예정이었다. 하지만 불쌍한 클롯워시는 바람을 맞았고, 메리는 튀르키예 주재 영국 대사가 된 에드워드 워틀리 몬터규Edward Wortley Montagu와 눈이 맞아 함께 달아났다. 튀르키예에 머무는 동안 그녀는 천연두 접종 방법을 기록했다. 증상이 가벼운 환자의 물집에서 고름을 채취한 다음, 감염되지 않은 사람의 피부에 상처를 내고 바르는 방

메리 워틀리 몬터규(1689~1762)는 천연두 병변의 고름을 이용하는 예방 접종법을 지지했다. 이 방법은 에드워드 제너가 우두를 이용하는 면역법을 발견하는 데 중요한 토대가 되었다.

식이었다. 그녀는 자신의 두 자녀에게 이 방법으로 접종을 했다. 그리고 영국 사람들의 관심을 끌기 위해 뉴게이트 교도소에서 사형을 기다리던 죄수 7명에게 사형 대신 예방 접종을 받을 기회를 주었다. 이후 7명 모두 살아남아 석방되었다. 천연두로 사망한 오빠가 있었고 자신이 천연두에서 살아남은 만큼, 그녀에게 천연두는 매우 의미 있는 질병이었을 것이다. 그러나 이 방법으로 접종할 때는 간혹 살아 있는 감염성 바이러스가 포함되기도 해서 실제로 천연두에 걸리는 사람들도 있었다.

　1798년, 영국 남서부 글로스터셔의 의사였던 에드워드 제너Edward Jenner는 훨씬 더 안전한 방법으로 접종을 시도했다. 사람들에게 의도적으로 우두cowpox를 감염시키는 것이었는데, 이는 가벼운 감염 증상을 일으키긴 했으나 천연두 예방에 놀라운 효과가 있었다. 우두를 이용하려는 아이디어는 아마도 소젖을 짜던 착유부 중에 피부가 아름답고 매끄러운 사람이 많다는 관찰에서 시작됐을 것이다. 착유부들의 피부가 아름답고 매끄러운 까닭은 천연두에 거의 걸리지 않아 피부에 마맛자국*이 없었기 때

---

*　천연두를 앓고 난 후 딱지가 떨어진 자리에 생긴 얽은 자국.

문일 것이다. 그런데 그들은 젖을 짜던 소에게서 우두가 옮았을 것이다. 그렇다면 우두에 감염된 덕분에 천연두에 걸리지 않았다고 추론할 수 있다. 당시에 이렇게 우두를 이용하여 천연두를 예방하려고 시도한 연구자가 적어도 5명은 되었는데, 그중에는 제너의 이웃이자 그에게 아이디어를 제공한 것으로 추정되는 벤저민 제스티Benjamin Jesty라는 농부도 있었다.[10] 나중에 제너가 백신 접종으로 유명해져 3만 파운드의 포상금을 받자, 제스티는 보상을 요구하여 황금 랜싯lancet** 두 개를 사례로 받았다.

　여러 연구자 중 제너에게 공로가 돌아간 것은 부분적으로 제임스 핍스James Phipps라는 여덟 살짜리 소년에게 수행한 실험 덕분이었다. 제너는 세라 넬메스Sarah Nelmes라는 착유부의 손에 생긴 우두 물집에서 고름을 짜내 핍스에게 접종했다. 핍스는 미열이 났다. 그러고 나서 천연두 병변 물질(아마도 천연두 예방 접종에 사용하던 것)을 핍스에게 주사했더니 아무 증상도 나타나지 않았다. 통상적이었다면 가벼운 감염 증상을 일으켰을 텐데 말이다. 제너가 공로를 인정받은 것이 바로 이 지점이다. 한 사람의 우두 고름을 다른 사람에게 사용할 수 있으며, 그렇게 접종받은 소년이 병원체에 노출되고도 질병에 걸리지 않았음을 실험으로 증명했기 때문이다. 이후 제너는 11개월 된 아들 로버트를 포함하여 23건의 사례를 더 조사해 후속 연구를 수행했다. 이는 의학에서 매우 중요한 과정으로, 일화적 임상 경험을 여러 환자를 대상으로 반복해서 연구하는 것이다.

─────────────

** 양날의 끝이 뾰족한 의료용 칼.

제너가 사용한 '백신 접종vaccination'이라는 용어는 소를 뜻하는 라틴어 박카vacca에서 유래했다. 그런데 뜻밖에도 오늘날 과학자들은 제너가 소를 감염시킨 마두horsepox를 실험에 사용했을 수도 있다고 짐작한다. 그리고 제너도 그렇게 알고 있었던 것으로 보인다. 그렇다면 백신 접종이 아니라, 말을 뜻하는 라틴어 에퀴equi를 붙여 '에퀸 접종equination'이라고 불러야 하지 않을까? 우두 백신의 원래 출처가 무엇이든 간에, 백신 접종은 영국에서 널리 채택되었다. 이윽고 제너는 유럽 전역에서 유명해졌다. 러시아 황후는 감사의 표시로 그에게 다이아몬드 반지를 보냈다. 나폴레옹은 프랑스와 영국이 전쟁 중인데도 개의치 않고 "이 사람의 요청은 아무것도 거절할 수 없다"라고 말했다.

그러나 오늘날 백신 접종 반대 운동의 전조로, 그 시절에도 많은 사람이 천연두 예방 접종에 반대하는 목소리를 냈다.[11] 성직자들은 천연두가 '신이 주신 삶과 죽음'에 관한 현상이며, 이 신성한 의도를 뒤엎으려는 시도는 모두 신성 모독이라고 느꼈다. 일부 종교인들은 신이 가난한 사람들을 도태시키기 위해 천연두를 내렸다고 생각했다. 의사들도 초기 백신 반대 운동에 동참했다. 많은 의사가 천연두 돌팔이 치료로 생계를 유지해 왔는데, 백신이 그들의 생계를 위협했기 때문이다. 그즈음 의학 저널에 이상한 보고서가 나오기 시작했다. 백신 접종이 아이들에게 '음매' 하며 울기, 네 발로 뛰어다니기 같은 소의 형질을 전염시킬 수 있다는 내용이었다. 심지어 예방 접종이 아이들을 소로 만들었다는 터무니없는 주장이 널리 퍼졌다.

1906년, 자연 치료사natural therapist로 알려진 로라 리틀Lora Little은

에드워드 제너(1749~1823)가 아기에게 천연두 백신을 접종하고 있다.
제너는 우두로 천연두를 예방할 수 있음을 실험으로 증명한 공로를 인정받았다.

예방 접종이 '의사, 백신 제조업체, 정부가 꾸민 사기극'이라고 주장했다. 그녀는 강제로 백신을 접종한 후 사망한 일곱 살짜리 아들의 비극적인 사례(실제로는 디프테리아로 사망했다)를 포함하여 300건에 달하는 천연두 백신 부작용 사례를 짚었다. 영국에서는 이름을 대면 알 만한 사람들이 백신 접종에 반대했다. 심지어 조지 버나드 쇼 George Bernard Shaw는 백신 접종을 "특이하게 더러운 주술"이라고 묘사하며 반대했다. 오늘날 일어나고 있는 일의 또 다른 전조로, 천연두 예방 접종을 거부한 부모들은 벌금을 물거나 감옥에 가야 했다. 이렇듯 백신 거부자는 새로운 유형의 사람이 아니며, 그들을 처벌하려는 시도 역시 새로운 것이 아니다.

　제너가 성공한 이후로 다른 백신들도 등장했다. 1880년대에 프랑스의 과학자 루이 파스퇴르Louis Pasteur는 농장 동물을 괴롭히는 전염병(닭 콜레라, 탄저병)에 대응할 백신을 개발했다. 1891년에 제너를 기리는 뜻에서 '백신 접종'이라는 용어를 감염병 예방 접종을 설명하는 데 더 널리 사용하자고 제안한 사람이 바로 파스퇴르였다. 1884년에는 광견병, 1890년에는 파상풍, 1896년에는 장티푸스, 1897년에는 흑사병으로도 알려진 선페스트bubonic plague(가래톳페스트)에 대한 백신이 잇따라 개발되었다. 흑사병은 14세기에 유럽 인구의 60%가 사망할 정도로 큰 재앙이었지만, 백신을 개발함으로써 마침내 정복했다. 1800년대 후반부터 백신 접종은 국가적 자부심의 문제가 되었고, 각국은 끔찍한 질병으로부터 자국민을 보호한다고 자랑했다. 20세기에 들어와 새로운 백신이 대거 등장했다. 당시 많은 나라에서 매년 최소한 1만 명의 사망자를 내던 결핵을 비롯해 디프테리아, 성홍열, 황열병, 인플루엔자, 소아마비, 홍역, 볼거리(유행성귀밑샘염), 풍진, 수막염, B형간염 등 수백만 명의 목숨을 앗아갔던 질병들을 백신의 힘을 빌려 하나씩 퇴치했다.

이쯤 되면 의학에 가장 크게 이바지한 것으로 백신을 꼽는 이유가 너무나 명백하다. 제너의 연구 뒤로 '이 경이로운 것이 어떻게 작동하는가?' 하는 물음이 과학계 초미의 관심사가 되었다. 한때는 천연두 백신 접종을 불확실한 민간요법으로 간주하기도 했지만, 제너와 파스퇴르의 연구는 면역학이라는 분야를 탄생시켰다. '천연두를 예방하기 위한 우두 접종'의 효능은 백신이 어떻게 작용하는지에 관한 첫 번째 단서를 제공했다. 이제 우리는 우두가 천연두바이러스와 유사하지만, 천연두를 일으키지는 않는다는 사실을 안다. 이 말은 우두를 주사하면 천연두와 비슷하지만 가벼운 증상이 나타나고,

인체는 그것에 대항하는 면역 반응을 가동하여 경미한 감염을 치료한다는 의미다. 그런 다음 나중에 정말로 천연두바이러스가 들어오면, 이전에 우두에 노출되어 훈련된 면역계가 '우두와 유사한 부분'을 인식하여 천연두를 물리친다. 만약 인체가 우두에 노출된 적이 없다면 면역계가 천연두를 인식하여 처치하도록 훈련되지 않았을 테니 천연두가 활개를 치며 질병을 일으킬 것이다.

비유를 위해 자신들이 응원하는 축구팀의 유니폼을 입은 훌리건 hooligan(극성팬)들이 나이트클럽에 입장하려 한다고 가정해 보자. 난동을 우려한 경비원들이 그들을 가로막을 것이다. 다음번에는 더 많은 훌리건 무리가 같은 유니폼을 입고 나타나는데, 어쩌면 무기를 소지하고 있을지도 모른다. 유니폼으로 그들을 알아본 경비원들이 이번에도 즉시 입장을 막을 것이다. 즉, 우두와 천연두는 똑같은 유니폼을 입지만, 천연두가 더 강력한 무기로 무장하고 있으며 더 심각한 질병을 일으킬 수 있다. 우두와 천연두는 동일한 바이러스 계열에 속하므로 면역계의 같은 부분에서 인식할 수 있다.

오늘날의 백신은 주로 두 가지 유형으로 나뉜다. 하나는 죽었거나 비활성화된 감염성 유기체(응원하는 팀의 유니폼을 입은 점잖은 팬)이고, 다른 하나는 이것을 정제하여 만든 제품(사람은 없고 유니폼만 있는 상태)이다. 파스퇴르는 비활성화 방법을 고안한 과학자였다. 그는 당시 가금류 산업에서 유행하던 전염병인 닭 콜레라를 연구하고 있었다. 한 실험에서 그는 콜레라균이 섞인 배양액을 닭에게 감염시켰는데, 이 배양액은 상한 채로 방치되어 있었다. 이후에 신선한 콜레라균으로 닭을 감염시키려고 다시 시도했을 때, 파스퇴르는 닭들이 이미 콜레라에 단련되어 있음을 알아차렸다. 손상된 콜레라균은 어떤 식으로든 약해져서 질병을 일으키지는 않았지만, 건강한 균과 같은 구성 요소를 공유하고 있었을 것이다. 이 때문에 닭의 면역계가 작동해 더 치명적인 진짜 균에 대응할 훈련을 마쳤을 것이다. 그리하여 최초의 백신은 '손상된 닭 콜레라균'과 유사했다. 이렇게 화학물질이나 열에 의해 비활성화된 병원체를 이용하는 백신을 일반적으로 약독화 백신attenuated vaccine이라고 한다. 소아마비, A형간염, 광견병, 황열병, 홍역, 볼거리, 풍진, 인플루엔자, 장티푸스에 대항하는 백신이 여기에 포함된다.

조너스 소크Jonas Salk는 화학물질인 포르말린(폼알데하이드 수용액)으로 폴리오바이러스를 비활성화했고, 앨버트 세이빈Albert Sabin은 감염된 동물에서 독성이 덜한 약독화 버전의 폴리오바이러스를 발견했다. 두 가지 다 소아마비 예방에 효과적이었다. 장티푸스 백신은 트리니티 칼리지 더블린에서 의학을 공부한 암로스 라이트Almroth Wright가 개발했다. 이 백신은 제1차 세계 대전에서 수만 명의 목숨을 구했는데, 백신이 도입되기 전에는 전투 중 사망한 병사보다 장티푸스로 사망한 병사가 더 많았다. 결핵 백신으로는 BCG(B는 결핵균이 속한 분류군인 바실루스속Bacillus을 뜻하고, C와 G는 개발자 이름 칼메트Calmette와 게랑Guerin의 머리글자이다)가 수십 년 동안 사용되고 있으며, 아일랜드에는 1950년대에 도로시 스토포드 프라이스Dorothy Stopford Price가 도입해 많은 생명을 구했다.

다양한 백신이 감염원의 구성 요소로 만들어진다. 이런 백신의 한 유형에는 '변성 독소toxoid'라고 부르는 비활성화된 독성 성분이 들

프랑스의 미생물학자이자 화학자인 루이 파스퇴르(1822~1895)는
광견병, 탄저병, 콜레라 백신을 개발했다.

어 있을 수 있는데, 파상풍과 콜레라 백신이 여기에 포함된다. 또 한
가지 유형인 서브유닛 백신subunit vaccine은 감염원의 단백질을 사용
해 만든다. B형간염, 인플루엔자, 자궁경부암 백신이 여기에 해당한
다.[12] 인플루엔자는 노약자, 병약자, 영유아 등 약한 사람들을 사망
에 이르게 할 수 있어서 보건 당국이 특별히 관심을 기울인다. 인플
루엔자에는 A, B, C, D의 네 가지 유형이 있으며, 모두 바이러스 외
피에 혈구응집소hemagglutinin(H)와 뉴라미니데이스neuraminidase(N)라
는 단백질을 보유하고 있다. H와 N의 종류는 다양하고, 바이러스는
계절에 따라 변할 수 있으므로 보건 당국은 때마다 다른 유형의 인
플루엔자 백신을 제공한다.

연구자들은 열대열원충Plasmodium falciparum이라는 기생충에 의해
발생하는 말라리아와 인간면역결핍바이러스(HIV)에 의해 발생하
는 후천면역결핍증(AIDS)과 같은 질병의 백신을 개발하기 위해 부
단히 노력하고 있다. 말라리아의 경우는 일부 진전이 있지만, 이러
한 질병들은 백신 개발이 특히 어렵다고 알려져 있다.[13] 최근에 성공
한 백신 가운데 하나는 에볼라 백신으로, 에볼라는 바이러스에 의
해 발생하는 질병이다. 인체 내부 및 외부 출혈, 장기부전 등의 증상
을 일으키며, 서아프리카 일부 지역에서 사망률이 최대 90%에 달했
을 정도로 매우 치명적이다. 이에 따라 2013년 에볼라 등장 이후 백
신 개발에 대대적인 노력을 쏟아 2015년에 최초의 에볼라 백신을
개발했으며, 새로운 백신을 계속 연구하고 있다.[14]

코로나19의 경우, 바이러스가 전 세계로 퍼져 가던 2020년 4월
무렵에 최소 41개의 후보 물질이 개발되고 있었다.[15] 일반적으로 백

신을 개발할 때는 부작용이 있는지 꼼꼼히 확인한 다음, 임상시험을 통해 실제로 효과가 있는지 다시 확인해야 하므로 시간이 오래 걸릴 수밖에 없다. 그러나 코로나19 백신은 이례적으로 짧은 기간에 개발해 이듬해인 2021년부터 대대적으로 접종을 시작했다.* 당시 연구자들은 죽은 바이러스, 약독화된 생바이러스, (바이러스가 세포에 침투하는 데 사용하는) 스파이크 단백질을 포함한 바이러스 구성 요소 등 가능성 있는 모든 전략을 시험했는데, 여기에는 스파이크 단백질을 코딩하는 바이러스의 RNA(mRNA)도 포함되었다. mRNA 백신을 팔 근육에 주사하면, 인체가 스파이크 단백질을 만들고 면역계가 (스파이크 단백질에 결합하는) 항체를 만들어 바이러스가 세포에 침투하는 것을 막을 수 있다. 이렇게 형성된 항체는 실제 바이러스로부터 우리를 보호해 준다.

　백신의 주요 성분은 약독화된 미생물 또는 그 일부이지만, 보강제adjuvant라고 부르는 구성 요소 역시 중요하다. 보강제는 면역 반응을 강화하는 화학물질로, 대부분의 백신은 이 성분이 없으면 효과가 없다. 보강제는 자동차 엔진에 시동을 걸기 위해 사용하는 점프 리드와 비슷하다. 널리 사용되는 보강제로는 수산화알루미늄(백반)이라는 화학물질이 있고,[16] A형간염 백신에 사용되는 MPLmonophosphoryl lipid A이라는 화학물질도 있다. 이런 물질들은 면

---

* 이전에는 백신을 개발하는 데 10년 이상 걸렸지만, 화이자-바이오엔텍Pfizer-BioNTech과 모더나Moderna가 코로나19에 맞서기 위해 개발한 mRNA 백신은 11개월 만에 완성되어 출시되었다. 그리고 mRNA 백신의 근간이 되는 방법을 발견한 생화학자 커털린 커리코Katalin Kariko와 면역학자 드루 와이스먼Drew Weissman은 이 공로를 인정받아 2023년 노벨 생리의학상을 받았다.

역 반응을 자극하는데, MPL은 (면역 세포 활성화를 촉진하는) TLR4라는 면역계 단백질을 자극한다. 연구자들은 AIDS와 말라리아 등 아직 정복하지 못한 질병에 대한 백신을 강화하는 것을 목표로 새로운 보강제를 연구하고 있다. 기쁘게도, 백신의 효능을 높이려면 면역계의 어떤 부분을 강화해야 하는지를 결정하는 연구에 큰 진전이 있었다.

그런데 보강제를 비롯한 첨가제는 백신이 해로울 수 있다는 우려를 키웠다. 백신 접종이 줄어드는 것을 백신 주저 현상이라고 하며, 구체적으로는 접종 서비스를 이용할 수 있는데도 미루거나 거부하는 현상을 일컫는다. 백신 주저 현상은 전 세계 90% 이상의 국가에서 보고되었다. 예컨대 영국에서는 MMR 백신의 접종률이 91.2%까지 떨어졌는데, 이는 2011~2012년 이후 가장 낮은 수준이다.[17] 백신이 일부 개인에게 해로울 수 있다는 것은 의심의 여지가 없지만 그럴 가능성은 매우 낮다. 또 백신 접종이 인류에게 제공하는 압도적인 혜택을 고려할 때, 이상 반응 때문에 백신을 사용하지 않는 것은 설득력이 부족하다. 하지만 백신으로 인한 피해가 '악영향을 받은 사람'이나 '이상 반응을 보인 자녀의 부모'에게는 분명 충격적일 수 있다. 그렇다면 백신의 유해성은 실제로 어느 정도일까?

백신의 부작용이 얼마나 드문지 밝힌 최신 연구가 있다. 지난 12년 동안 미국에서는 1억 2600만 도스dose의 홍역 백신이 투여되었다. 미국에는 백신으로 피해를 본 사람들을 보상하기 위해 운영하는 사전 대책 프로그램이 있는데, 이 기간에 284명이 '백신 접종으로 인한 피해 보상'을 청구했고 그중 143건이 보상을 받았다.[18] 따라

서 홍역 백신으로 피해를 볼 확률은 81만 8,119분의 1이라고 할 수
있다. 이 결과는 백신을 접종받지 않은 어린이가 홍역으로 사망할
확률이 500분의 1이고, 영양실조 어린이의 경우 사망률이 10분의 1
로 증가하는 것과 대조적이다. 또 홍역에 걸렸을 때 영구적인 청력
상실로 이어질 수 있는 귀 감염이 발생할 확률이 10분의 3인 것과도
대조적이다.[19] 전체적으로 수억 명의 미국인에게 수십억 도스의 백
신이 투여되었지만, 피해 보상이 필요한 사람은 6,600명에 불과했
으며 41억 5000만 달러가 보상금으로 지급되었다. 미국 질병통제
센터의 추정에 따르면 백신은 미국에서 2100만 건 이상의 입원과
73만 2,000명의 아동 사망을 예방했다.[20] 이 어린이들 모두 백신 덕
분에 아직 살아 있다.

물론 백신은 팔의 통증이나 미열과 같은 가벼운 부작용을 일으킬
수 있다. 이보다 조금 더 심각한 부작용으로는 MMR 백신에 대한
경련(어린이 4,000명 중 1명꼴로 발생)[21]과 인유두종바이러스(HPV) 백
신 연구에서 나타난 실신(약 20만 명의 여아를 대상으로 한 연구에서 24건
발생)[22]이 있다. 때때로 어린이들이 백신을 접종받은 직후 질병에 걸
린다는 이유로 걱정하는 사람들도 있는데, 이는 대부분 우연의 일
치다. 그 예로 영아돌연사증후군을 들 수 있다. 이것은 백신 접종과
무관하며 백신을 접종받지 않은 어린이들에게도 동일한 비율로 발
생한다.

1998년, 앤드루 웨이크필드Andrew Wakefield 박사가 'MMR 백신이
자폐증과 관련이 있다'는 내용의 논문을 발표하면서 백신 반대 운동
이 큰 탄력을 받았다.[23] 이 연구로 부모들이 겁을 먹고 자녀에게 백

신을 접종하지 않아 많은 어린이가 심각한 질병을 앓았고 심지어 사망에 이르렀을 가능성이 크다. 웨이크필드의 연구에서는 대상 환자 수가 적었다는 점을 포함하여 수많은 결함이 발견되었다. 또 웨이크필드는 백신 제조업체를 고소하려는 변호사로부터 돈을 받았는데, 이는 MMR 백신과 자폐증을 연관 지은 그의 논문과 관련하여 중대한 이해 충돌에 해당한다. 의학 저널 《랜싯 *The Lancet*》은 2010년에 이 논문을 철회했고, 영국의 국가의료평의회는 웨이크필드를 제명했다. 평의회는 웨이크필드가 '환자의 최선의 이익'에 반하는 행동을 했으며 연구 과정에서 정직하지 않았다고 결론지었다. 《영국의학저널 *British Medical Journal*》은 논문 일부가 조작되었다는 점을 들어 그의 연구가 '정교한 사기'라고 비판했다.

그런가 하면 웨이크필드는 자폐증의 징후를 보이는 어린이를 기니피그로 삼아 대장 내시경과 고통스러운 허리천자 lumbar puncture 등의 침습적 절차를 시행한 것으로 밝혀졌다. 심지어 어린이 파티에 가서 일부 어린이들에게 혈액 샘플을 채취하는 대가로 5파운드를 지급했다. 많은 과학자가 MMR 백신과 자폐증의 연관성을 찾으려고 더욱 세밀하게 검토했지만, 연관성이 없음을 보여 주는 연구 결과가 잇따라 발표되었다. 마침내 미국의 질병통제센터와 소아과학회 그리고 신약에 대하여 최종 승인을 내리는 정부 기관인 식품의약국(FDA)은 MMR 백신이 안전하다고 발표했다.[24]

백신에 대한 두려움은 바비 케네디 Bobby Kennedy*의 아들인 로버

---

* 존 F. 케네디의 동생인 로버트 F. 케네디의 애칭.

트 F. 케네디 주니어Robert F. Kennedy Jr.에 의해 촉발되었는데, 그는 "백신 첨가제인 티메로살thimerosal에 함유된 수은 때문에 사람들이 병에 걸리고 있다"고 주장했다. 참고로 케네디에게는 자폐증을 앓는 아들이 있다. 그와 영화배우 로버트 드 니로Robert De Niro는 "티메로살이 100% 안전하다는 것을 증명하는 사람에게 10만 달러의 상금을 주겠다"고 제안했다. 엄밀히 말해서 이것은 거의 불가능하다. 물이 100% 안전하다는 것을 증명할 수 있을까? 2014년의 한 총설 논문에서는 125만 명이 넘는 어린이를 대상으로 한 10개의 개별 연구를 검토하여 'MMR 백신 또는 티메로살과 자폐증 발생 사이에는 아무런 관련이 없다'는 결론을 내렸다.[25] 나에게는 이 정도면 충분하다. 웨이크필드는 여전히 자신의 연구 결과를 옹호하고 있으며, 크롭 서클crop circle** 강박증 환자, 화성을 방문했다고 주장하는 여성, 자신이 세 번 죽었다가 다시 태어났다고 주장하는 남성과 함께 콘스파이어-시Conspire-Sea***에서 강연을 했다고 한다.[26]

　백신 반대 운동가들은 계속해서 백신에 반대하는 주장을 펼치고 있다. 이 때문에 홍역이 다시 유행하고 있으며, 그 여파로 2019년 아일랜드에서는 홍역 환자가 2배 이상으로 증가했다.[27] 유니세프(UNICEF)의 보고에 따르면, 2010년부터 2017년 사이에 전 세계적으로 1억 6900만 명의 어린이가 홍역 백신 1차 접종 시기를 놓쳤다고 한다. 그로 인해 98개국에서 홍역 발병 사례가 증가했다. 이런 문

** 곡물 밭에 나타나는 원인 불명의 원형 무늬. 일부 사람들은 외계인이 만든 것이라고 주장한다.
***유사 과학 사상가들이 공해상에서 크롭 서클부터 마인드 컨트롤까지 모든 것을 논의하는 7일간의 유람선 여행.

제를 해결하기 위해 20세기 초에 대대적으로 천연두 백신 접종 캠페인을 벌였을 때처럼 자녀에 대한 백신 접종을 법적 의무 사항으로 규정해야 할까? 일부에서는 인권 침해의 소지가 있다고 주장하지만, 이미 우리가 이런 종류의 의무를 널리 받아들이고 있다고 말하는 사람들도 있다. 예컨대 안전띠는 지라(비장)를 파열시켜 몸에 해를 입힐 수 있음에도 의무적으로 착용해야 한다. 음주 운전 금지 법규와 마찬가지로 의무적인 백신 접종은 공공의 이익을 위한 공중 보건 대책이다.

부모가 자녀에게 백신을 접종해야 하는 이유를 알기 위해 집단 면역herd immunity에 대해 살펴보자. 홍역바이러스를 막으려면 백신을 접종받은 사람이 95% 이상이어야 한다. 그러면 홍역바이러스는 숨을 곳이 없어진다.[28] 이것이 집단 면역의 효과다. 만약 당신이 자녀에게 백신을 접종하지 않으면 면역계가 약해진 사람들을 위험에 빠트릴 수 있다. 가령 장기를 이식받았거나 류머티즘성관절염과 같은 자가 면역 질환을 앓고 있어서 면역 억제제를 복용하는 사람, 당뇨병 또는 심장 질환을 앓는 사람은 물론이고, 단순히 나이가 많은 사람들도(다른 모든 기능과 마찬가지로 나이가 들수록 면역계의 민첩성이 떨어지기 마련이므로) 위험해질 수 있다. 물론 이러한 고위험군도 백신을 접종받을 수 있지만, 집단 면역은 감염 위험을 줄이는 또 다른 안전장치가 된다. 코로나19는 특히 고령자와 기저 질환자들에게 더 심각하게 나타나므로,[29] 백신 접종과 집단 면역은 고위험군을 SARS-CoV-2로부터 보호하는 데 더욱 중요하다.

백신에 반대하는 부모들의 마음을 돌리려면 어떻게 해야 할까?

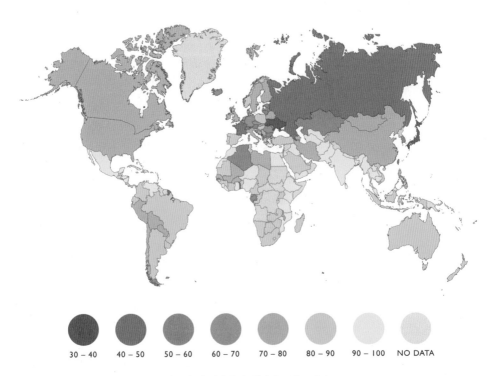

백신이 안전하다고 믿는 사람들의 비율(%). 출처: 웰컴 글로벌 모니터Welcome Global Monitor

가장 좋은 방법은 의사가 (모든 의사와 환자 간 상호 작용과 마찬가지로) 주저하는 부모나 보호자에게 공감과 겸손으로 다가가는 것이다. 단도직입적으로 백신이 안전하다고 주장하는 대신 그들이 걱정하는 부분을 인정하고 충분히 설명해 주어야 한다. 정서적인 공감대를 형성하기 위해 개인적인 이야기를 공유하는 것도 좋다.

　인기 아동 작가 로알드 달Roald Dahl은 일곱 살배기 딸이 홍역에 걸렸던 경험을 독자들에게 들려주었다. 그는 딸이 회복하여 침대에 앉아 있는 줄 알고 아이와 함께 수수깡으로 농장 동물을 만들기 시작했다. 그러던 중 아이가 손가락 움직임을 조정하는 데 어려움을 겪는 것을 알아차렸다. 한 시간 후 아이는 의식을 잃었고 12시간 후 사망했다. 이 사건은 홍역 백신이 개발되기 1년 전에 일어났다. 접종을 주저하는 부모에게 이 이야기를 들려주거나 로알드 달이 딸을 잃고 쓴 에세이를 보여 주면, 단순히 사실을 나열해 설명하는 것보다 더 효과적으로 작용할 가능성이 있다.

한편으로는 공포감이 상황을 악화시킬 수 있다며 이 방법에 반대하는 의견도 있다. 2015년의 한 연구[30]에서는 315명의 참여자를 세 그룹으로 나누어, 한 그룹에는 'MMR 백신과 자폐증 사이의 연관성'을 주장하는 정보를 보여 주었다. 다른 그룹에는 백신과 관련이 없는 과학 정보를 제공했고, 세 번째 그룹에는 볼거리나 홍역 또는 풍진으로 고통받는 어린이들의 사진을 보여 주었다. 그 결과, 세 번째 그룹이 다른 두 그룹보다 백신을 더 호의적으로 여겼으며, 이는 더 좋은 결과로 이어졌다. 그러나 다른 연구에서는 사람들에게 끔찍한 감염 사진을 보여 주고 비극적인 이야기를 들려주었더니 백신을 꺼리게 되었다. 만에 하나 해를 끼칠 수도 있는 행동(이 경우 백신 접종)을 하는 것이 하지 않는 것보다 더 나쁘다고 여긴 탓인데, 이런 생각은 후자의 경우를 '부모의 잘못'이 아니라 '아이의 숙명'으로 간주하기 때문이다.

백신 주저 현상을 극복할 또 다른 접근 방법은 다양한 근거를 제시하는 것이다. 이때, 의사나 과학자가 함부로 판단하지 않는 것이 중요하다. 되도록 과학자들 간에 합의된 사항을 인용하는 것이 좋다. 예를 들어 "의학자의 90%는 백신이 안전하며, 모든 부모가 자녀에게 백신을 접종해야 한다는 데 동의한다"[31]거나 "백신보다 홍역으로 뇌 손상을 입을 가능성이 1만 배 더 크다"는 식으로 설명하면 신화를 폭로하기 위해 또 다른 신화를 반복하는 악순환을 피할 수 있다.

코로나19와의 전쟁이 한창일 때, 미국 국립알레르기전염병연구소의 앤서니 파우치 소장은 미 의회 청문회에 출석해, 백신 주저 현상을 초래하는 주요 문제로 '잘못된 정보'를 꼽았다. 인터넷에 떠도는 백신 반대론은 대중에게 두려움과 의구심을 심어 줄 수 있다. 백신을 꺼리는 부모는 백신을 수용하는 부모보다 온라인에서 정보를 검색하는 데 더 적극적이다. 이에 따라 페이스북은 "잘못된 백신 정보를 공유하는 그룹과 페이지를 추천 알고리즘에서 제거하겠다"고 발표했다. 백신 순응도를 높이려는 의료 전문가들은 페이스북의 조치를 매우 중요한 움직임으로 평가했다. 백신 접종의 이점을 설명하는 근거 기반 정보evidence-based information의 확산을 촉진할 수 있기 때문이다.

그렇다면 이러한 근거 기반 정보는 우리에게 무엇을 알려 줄까? 전반적으로 보면 심각한 알레르기 반응은 백신 접종 100만 도스 중 1도스꼴로 발생한다. 백신 접종과 관련하여 제기된 몇 가지 우려 사항[32]을 짚고 넘어가자.

우려: 백신을 너무 많이 접종하면 아기의 면역계가 압도될 수 있다.

실제: 어린이들이 이전보다 더 많은 백신을 접종받고 때로는 복합적으로 접종받는 것은 사실이다. 하지만 전반적으로 각 백신에 포함된 물질의 양이 이전보다 훨씬 적기 때문에 실제로 전체적인 노출량은 더 적다. 백신에 포함된 물질의 양은 아이들이 매일 자연계

에서 노출되는 양과 비교하면 오히려 미미한 수준이다.

우려: 아기의 면역계는 미성숙하므로 일부 백신 접종을 늦추는 것이 더 안전할 수 있다.

실제: 사실이 아니다. 백신 접종을 늦추면 감염 위험이 증가하고, MMR 백신의 경우 열성경련febrile seizure 위험이 증가할 수 있다.

우려: 어쨌거나 백신에는 화학물질과 독소가 들어 있지 않나?

실제: 백신에는 알루미늄이나 폼알데하이드와 같은 성분이 함유되어 있지만, 아이들이 환경에서 흡수하는 것보다 훨씬 더 낮은 수준이다.

우려: 일부 백신의 부작용은 실제 질병보다 더 심각한 것 같다.

실제: 모든 백신은 10~15년이 걸리는 엄격한 안전성 시험을 거친다. 미국의 FDA와 유럽의약청(EMA)은 모든 시험을 모니터링하고 자세히 검토한 후, 모든 것이 정상일 경우에만 승인한다. 영리를 추구하는 회사 편에서 생각해도, 질병을 예방한답시고 더 심각한 문제를 일으킬 수 있는 제품에 투자하지는 않을 것이다.

어떤 방법도 소용없다면 백신을 접종하지 않는 행위를 불법으로 규정해야 할 수도 있다. 미국에서는 부모가 백신 접종을 하지 않은 자녀를 학교에 보내려면 의학적 또는 종교적 이유로 면제를 받아야 한다. 이 규정은 백신 접종률을 확실히 높이는 것으로 나타났다. 프랑스는 어린이들이 학교에 들어가기 전에 접종받아야 할 백신 11가지를 의무화했다. 가혹한 조치일 수도 있지만, 어쩌면 이것이 어린이들을 보호하는 가장 좋은 방법일지도 모른다. 코로나19가 인류의 건강과 세계 경제에 끼친 막대한 피해를 생각할 때, 이러한 조치의 필요성은 앞으로 더욱 두드러질 것으로 보인다. '백신이 없는 상태에서 들이닥친 심각한 감염'의 결과는 이제 명백해졌다. 대규모 격리, 일상 활동 중단, 공익을 위한 '강제적이지만 용인된' 인권 침해가 바로 그것이다.

수백만 명의 생명을 지키는 데 혁혁한 공을 세운 덕분에 백신 연구는 계속 빠르게 진행되고 있다. 연구자들은 암을 포함한 모든 종류의 질병에 대항하는 새로운 백신을 개발하기 위해 엄청난 노력을 쏟고 있다. 자궁경부암을 예방하는 HPV 백신은 이미 출시되었다. 이 외에 다른 많은 암도 백신으로 예방할 수 있는 날이 온다고 상상해 보라. 미국에서는 HPV로 인해 매년 3만 2,100건의 자궁경부암이 발생하는 것으로 추정되는데, 미국 질병통제센터는 HPV 백신이 그중 90%를 예방할 수 있다고 밝혔다. 그렇다면 매년 2만 9,000명의 미국 여성이 암에서 해방된다는 계산이 나온다.

말라리아와 AIDS 백신, 코로나19와 결핵에 대항하는 새롭고 더나은 백신을 개발하기 위해 심혈을 기울이고 있는 가운데, 많은 전염병이 여전히 중요한 의제로 남아 있다. 하지만 진전이 이루어지고 있으며 앞날은 밝아 보인다. **다시 강조하건대, 나의 아이들은 연령대별로 필요한 백신을 하나도 빠짐없이 접종받았다. 모든 국가의 모든 보건 기관이 아이들에게 백신을 접종할 것을 적극적으로 권장한다.**

3장

신약 개발

신약은 왜 그리 비싸며,
그 비용은
누가 부담하는가?

"내가 너무 못되게 굴어서
약이 고생한다."

무하마드 알리Muhammad Ali

나는 직장에서 의학을 연구하며 많은 시간을 보낸다. 나의 연구 과제는 염증inflammation이다. 염증이란 우리 몸이 손상되지 않게 보호하고, 손상된 조직을 복구하는 과정을 말한다. 그런데 때때로 염증이 우리 자신을 공격하여 류머티즘성관절염, 크론병, 다발경화증, 파킨슨병과 같이 고통스럽고 심신을 쇠약하게 하는 질병을 유발할 수 있다는 게 문제다. 이 모든 질병은 우리 몸에 염증을 일으키고 심하게 손상을 입히는데, 그 증상이 상상을 초월한다. 다행히 이러한 질병을 치료할 약물을 찾는 노력에 진전이 보인다. 이 밖에도 비근한 예로 코로나19를 생각해 보라. 이루 헤아릴 수 없는 백신 후보, 항바이러스제, 항염증 치료제를 빠르게 개발하고 시험하지 않았는가! 이는 과학자와 의약품 개발자들이 의욕만 있다면 해결책을 찾기 위해 대대적인 노력을 쏟을 수 있음을 보여 준다. 비록 느리기 짝이 없지만, 신약 개발은 희망적인 사업이다.

겉으로 보기에 의학의 미래는 모두에게 유망한 듯하다. 수십만 명의 과학자와 의사가 새로운 치료법을 찾거나 인류를 괴롭히는 질병을 예방하는 방법을 찾는다는 한 가지 목표 아래 수십 년 동안 노력해 왔다. 지금 이 순간, 기존의 치료법이 신통치 않거나 마땅한 치료법이 없던 다양한 질병을 다스릴 신약이 승인되고 있다. 그보다 훨씬 더 많은 신약이 파이프라인(석유 회사와 제약 회사가 모두 사용하는 용어다) 안에서 대기하고 있으며, 새로운 정제tablet부터 주사제, 문제있는 유전자를 수정하는 기술, 장기 교체에 이르기까지 온갖 종류의 치료법이 이제 손을 뻗으면 닿을 곳에 있다. 하지만 한 가지 의문이 고개를 든다. 누구나 알면서도 애써 외면하는 그 문제는 '이 모든 비용을 누가 부담할 것인가?'이다. 당신은 그 돈을 낼 의향이 있나? 그렇다손 치더라도 지급할 능력은 있나? 아니라면 정부가 대신 비용을 부담해야 할까? 만약 그렇다면 의료 서비스는 어떻게 진행되는 걸까? 당신과 자녀의 생명에 어떻게 가격을 매겨야 할까?

모든 사람의 인생은 다양한 종류의 기복과 도전으로 가득 차 있으며, 제각기 다른 경로를 밟는다. 인생은 우여곡절의 연속이라고 치부할 수도 있다. 하지만 건강에 관한 문제는 그 무엇보다 불공평하다. 종국에는 모두가 노화라는 궁극적인 난관에 봉착하여 시달리게되지만, 그 사이에 누구는 심각한 질병에 걸리고 누구는 그렇지 않다. 질병에 대한 과학적 이해가 전혀 없었던 고대에는 누가 병에 걸리고 누가 안 걸리는지, 그 발병 특성을 합리화하려고 애썼다. 누군가 저주를 건다는 둥, 신이 나쁜 사람에게 벌을 내린다는 둥, 질병을 막을 요량으로 온갖 미신이 만연했다.

아일랜드의 오래된 미신 중에는 감염을 막기 위해 손목에 박하 다발을 묶는 의식이 있다. 누군가 열병으로 죽으면 다른 식구들을 보호하기 위해 양 떼를 집 안에 들여야 한다. 아픈 사람의 침대는 북쪽에서 남쪽으로 배치해야 한다. 만약 당신이 쿠훌린Cuchulainn*이라면 셰인 맥고완Shane McGowan**이 그랬던 것처럼 발치에는 펀치 한 잔을, 머리맡에는 천사상을 놓아야 한다. 성 블라시오St. Blaise는 인후통(그리고 틀림없이 인후염으로 고통받았을 양털 빗질꾼)의 수호성인이었다. 우리 조상들은 절망적인 상황에서 수많은 질병의 수호성인들을 닥치는 대로 소환했다. 성 아가타St. Agatha는 유방암, 성 알폰사St. Alphonsa는 발에 생기는 병, 성 크리스티나St. Christina는 정신병(그녀는 위대했음이 틀림없다), 성 우르시치누스St. Ursicinus는 뻣뻣한 목, 다소 비뚤어지긴 했지만 성 올라프St. Olaf는 어려운 결혼 생활(여러 가지 건강상 위험이 있다)의 수호성인이고, 성 엑스페디토St. Expeditus는 미루는 습관의 수호성인이다(내가 이 책을 쓰는 동안 정기적으로 기도한 수호성인이기도 하다). 이쯤 되면 이 성인들이 최초의 의료 전문가였나 싶은 궁금증이 생길 수밖에 없다. 금식(건강상 이점이 많다)[1]과 돼지고기 먹지 않기(기생충 감염 방지) 등 일부 종교적 관습도 어쩌면 질병과 싸우는 과정에서 비롯됐을 수 있다.

일생에 일어날 수 있는 모든 일 중에서 우리는 질병을 가장 두려워한다. 질병은 엄청난 걱정을 유발하며, 직장 구하기나 파트너 찾기처럼 우리가 일정 부분 통제할 수 있는 다른 걱정들과는 차원이

---

* 아일랜드 북부 얼스터 지방의 영웅으로, 많은 전설의 주인공이다.
** 영국계 아일랜드 펑크 록 밴드인 '더 포그스'의 리드 싱어.

다르다. 모든 유형의 암, (파킨슨병과 알츠하이머병을 포함한) 퇴행성 신경 질환, 또는 여러 염증성 질환을 진단받으면 우울증이 따라오기도 한다. 우울증은 암 환자의 25%, 파킨슨병 환자의 50%, 심장마비 환자 3명 중 1명에게 영향을 미친다.[2] 이러한 우울증은 (염증성 질환의 경우처럼) 뇌에 영향을 미치는 근본적인 발병 과정에서 비롯될 수도 있지만, 진단 후의 불안과 통제력 상실에 대한 반응인 경우가 더 많다. 후자의 대표적인 예가 AIDS를 유발하는 HIV 진단을 받은 사람들의 반응이다. 항레트로바이러스antiretroviral 치료법이 등장하기 전에는 HIV 양성 판정을 받은 사람들의 우울증 비율이 31%에 달했다.[3] 치명적인 질병에 대한 불안감과 치료법이 없다는 사실이 우울증 비율을 높인 주요 원인이었다. 항레트로바이러스 치료법이 개발된 후 이 비율은 급격히 하락했다. 하지만 우울증은 여전히 치료하기 어려운 '질병의 조용한 파트너'로 남아 있다. 그도 그럴 것이 우울감은 (예후가 불확실하거나 너무나 확실한) 끔찍한 질병의 진단에 대한 논리적 반응이기 때문이다.

　생물의학 연구의 목표는 놀랍도록 간단하다. 질병을 과학적으로 설명하고, 이 정보를 사용하여 진단을 내리고, 효과적인 치료법을 제시하거나 가능하면 질병의 발생을 예방하는 것이다. 이 목표를 이미 달성한 질병도 많으며, 이러한 추세라면 과학의 힘을 빌려 더 많은 질병으로부터 인간을 보호할 수 있을 것으로 기대된다. 2장에서 이야기했듯 백신은 면역계를 이용하여 질병을 예방하는 최고의 방법이다. 모든 질병에 대하여 백신을 개발할 수 있다면 얼마나 좋을까!

언뜻 보면 간단한 것 같아도 이 목표를 달성하기는 매우 어렵다. 돌이켜보면 달에 가기는 쉬웠지만, (존 F. 케네디John F. Kennedy의 유명한 말처럼) 달을 목표로 선택한 것은 어렵기 때문이었다. 물론 기후 변화를 막는 것도 어려운 도전이다. 그렇다면 신약 개발의 난이도는 어느 정도일까? 이 일에는 질병에 따라 여러 전문 분야의 과학자(면역학, 생화학, 유전학, 신경과학, 분자생물학, 약리학, 생물정보학, 세포생물학 등), 화학자(약물을 만드는 과학자), 각 분야의 전문의, 임상시험 전문가, 규제 전문가(모든 일이 제대로 수행됐는지 확인)가 참여한다. 이 모든 노고에 대한 비용을 누군가는 부담해야 하므로 납세자, 자선가나 자선 재단, 금융가, 벤처 캐피털리스트, 제약 회사, 사업 개발자, 변호사 등 모두가 힘을 합쳐야 한다. 이처럼 수많은 전문성과 기술을 보유한 사람들이 얽히고설켜 매우 복잡한 생태계를 형성한다. 이들을 모두 수용하려면 하나의 마을은 어림도 없고 큰 도시가 필요하다.

이 모든 복잡성을 고려할 때, 신약 개발에서 임상시험을 거쳐 승인에 이르기까지 드는 비용은 모두 얼마나 될까? 당연히 많이, 아니 천문학적인 비용이 든다. 2003년에서 2013년 사이에 98개 회사의 신약 개발 비용을 분석해 보니, 의약품을 시장에 출시하여 비용을 회수할 때까지 들어간 비용이 평균 26억 달러였다.[4] 이는 1970년대의 14.5배, 1980년대의 6.3배에 해당한다. 비용이 이렇게 많이 증가한 이유로는 임상시험의 복잡성 증가, 규제로 인한 부담 증가, 실패율 높은 영역에 대한 집중도 증가(실패한 신약에 들어간 비용은 성공한 신약에 배분된다), 최종 지불자(보험 회사 등)의 요구(약효에 관한 증거 제출 등) 증가를 들 수 있다. 이러니 막대한 비용이 들 수밖에! 1억 5000만 달러에 불과했던 최초의 아이폰 개발 비용과 비교해 보라.[5] 돈을 벌고 싶다면 제약보다는 전자 제품에 투자하는 것이 좋다.

제약 회사는 실제로 연구·개발(R&D)에 막대한 돈을 투자하며, 그 목적은 신약을 생산하는 것이다. 스위스의 제약 회사 로슈Roche는 매년 평균 84억 달러를 연구에 지출하는데,[6] 이는 세계 최고의 의료 연구 지원 기관인 미국 국립보건원이 지출하는 전체 예산의 25%에 해당한다. 2018년에 영국 의학연구평의회의 전체 연구비는 10억 달러를 조금 넘었다. 이는 주요 제약 회사 한 곳이 연구에 지출하는 비용의 5분의 1에 불과하다.[7] 물론 제약 회사의 연구 비용에 임상시험 비용이 포함되어 있기는 하지만, 생물의학 연구에 정부보다 제약 회사가 훨씬 더 많은 돈을 쓴다는 것은 공공연한 사실이다. 그리고 회사 이윤의 일부는 주주들에게 배당금으로 지급되지만, 그중 상당 부분은 연구에 다시 투자된다. 따라서 이윤이 감소할 경우 신약 개발 연구에 투입되는 자금이 줄어들 우려가 있는데, 이 문제는 논란의 여지가 있다.[8] 가장 이상적인 방법은 공공 연구 기관이 제약 회사와 협력하는 것이다. 실제로 정부와 업계가 공동 투자자로서 '환자를 위한 신약 개발'이라는 궁극적인 목표를 달성하기 위해 협력하는 사례가 점점 늘고 있다.

신약 개발을 위한 활동과 지출 내용을 분석하기 위해 비용을 자세히 살펴보면 몇 가지 흥미로운 특징을 발견할 수 있다.[9] 먼저, 신약 발굴은 시간이 가장 오래 걸리는 단계로, 회사가 특정 질병에서 약물을 투여할 표적을 찾아내거나 다른 사람이 찾아낸 표적을 연구한 후, 이를 겨냥하는 약물을 만드는 단계다. 이 단계에는 일반적으로 (특정한 인간 질병과 유사한 특징을 가진) 질환 모델 동물disease-model animal을 대상으로 신약을 시험하는 과정이 포함된다. 암, 관절염, 염증성 장 질환, 퇴행성 신경 질환 등 다양한 질병에 대응하는 동물 모델이 있다. 동물 모델은 현재 대다수 약물에 대한 정부 규제 요건을 충족하는 데 필요하지만, 논란의 여지가 있어서 (인간에게 적용했을 때의 궁극적인 효능을 예측하는 데 도움이 되는) 인간의 조직 및 세포로 대체하는 작업이 활발히 진행되고 있다. '전임상'이라고도 불리는 이 단계는 3년에서 20년까지 걸릴 수 있으며, 비용은 수백만 달러에서 수십억 달러에 달할 수 있다.

　일단 신약을 발굴하면 회사는 신약 승인 신청서를 제출한다. 신청서가 접수되면 회사는 임상시험 단계로 넘어갈 수 있다. 임상시험을 거친 신약을 미국이나 유럽 시장에 출시하려면 미국의 FDA나 그에 상응하는 유럽의약청의 승인을 받아야 한다. FDA는 미국에서 판매되는 식품과 의약품의 안전성을 보장하기 위해 1906년에 설립되었는데, 1902년 미주리주 세인트루이스에서 디프테리아 백신으로 13명의 어린이가 사망한 사건이 부분적으로 설립 계기가 되었다.[10] 특히 1937년, 엘릭시르 설파닐아마이드Elixir Sulfanilamide라는 항생제에 독성이 검증되지 않은 용매가 배합되는 바람에 100명 이상이 사망한 사건 이후, 미국에서 판매되는 제품의 '불순물'을 검사하는 것이 FDA의 첫 번째 목표가 되었다. 이 사건으로 FDA는 의약품의 안전성을 인증하고 의료 전문가의 감독하에서만 의약품을 사용하도록 지시·감독할 수 있는 권한을 부여받았다. FDA의 규제 때문

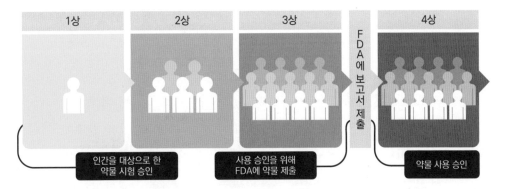

FDA는 신약 임상시험을 4단계로 나누어 진행하도록 규정하고 있다. 단계가 진행됨에 따라 점점 더 많은 환자가 임상에 참여하며, 3상에서 효능과 안전성이 확인되면 약물을 사용하도록 승인한다. 4상에서는 이미 출시된 약물을 모니터링하는데, 이 과정을 완료하는 데만 10년 이상 걸릴 수 있다.

에 의약품 출시에 걸리는 기간이 지나치게 길어진다는 주장과 더불어, FDA와 제약 회사 및 환자 사이에 긴장이 고조되는 일도 종종 생긴다. 이런 우려는 AIDS가 유행하는 동안 HIV 활동가 단체가 FDA에 진행 속도를 높이라고 압력을 가하면서 절정에 달했다. FDA는 이 같은 비판에 대응하여 '최상 경로 제도Critical Path Initiative'*를 도입함으로써 문제를 어느 정도 해결했다.

　FDA는 승인 전까지 3단계의 임상시험을 의무화하고 있다. 이것은 가장 안전한 방법으로 여기는 '단계적 강화 과정'이다. 임상 1상은 안전성에 관한 것으로, 건강한 사람들에게 시험용 약물을 투여하고 모든 이상 반응을 꼼꼼히 모니터링한다. 이상 반응으로는 두통이나 메스꺼움 또는 간 효소의 심각한 변화가 나타날 수 있는데,

---

*　어떤 프로젝트를 최단 시간에 가장 적은 비용으로 완수하기 위해 따라야 하는 절차를 '최상 경로 critical path'라고 한다.

후자는 신약이 간(우리 몸에서 독소가 대사되는 곳)에 해를 끼칠 수 있음을 시사한다. 2상은 해당 질병을 앓고 있는 환자들을 대상으로 약물의 효능을 처음으로 시험하는 단계로, 일반적으로 수십 명의 환자로 구성된 치료군과 수십 명의 건강한 사람으로 구성된 대조군이 참여한다. 마지막으로 3상은 시험 대상을 대폭 늘려 2상을 반복하는데, 치료군과 대조군에 각각 수천 명이 참여할 때도 있다. 3상에서 모든 것이 순조롭게 진행되면 FDA는 해당 약물을 시판하도록 승인한다. 제약 회사는 약물이 출시된 후에 수많은 환자가 신약을 복용하는 현장에서 어떤 일이 일어나는지 관찰한다. 이를 4상이라고 한다. 시험 약물은 이상과 같은 복잡하고 기나긴 과정의 어느 단계에서든 실패하여 탈락할 수 있다.

이 모든 과정에 비용이 든다.[11] 2상에서는 질병에 따라 5000만 달러 이상이 들 수 있으며, 3상에서는 수억 달러가 들 수 있다. FDA는 신약 승인 신청서 접수와 관련하여 최대 200만 달러를 제약 회사에 청구하는데, 이는 환자들이 신약을 구경하기도 전에 드는 비용이다. 게다가 이 까다로운 신청 절차를 실제로 통과하는 약물은 극소수에 불과하다.[12] 신약이 연구실에서 환자에게 도달하기까지는 약 12년이 걸리며, 시험을 거친 약물 중에서도 5~10%만이 환자에게 전달된다. 제약 회사마다 어림잡아 수백 가지 약물을 개발 중일 텐데, 실패로 인한 손실은 결코 만회할 수 없다. 그러니 성공한 약물에서 얻은 이익으로 손실을 충당할 수밖에 없을 것이다.

신약 성공률에 대한 최근의 상세한 분석을 보면 간담이 서늘해질 것이다. 업계에서는 승인 가능성likelihood of approval(LOA)이라는 용어를 사용하는데,[13] 임상 1상에서 시험한 약물의 LOA는 겨우 9.6%였다. (신약 개발 업종에 종사하려면 강철 같은 정신력이 필요하다!)

각론으로 들어가서, 1상에 진입한 약물 중에서 2상으로 넘어가는 것은 63.2%였다. 사실 1상은 안전성 시험일 뿐이므로, 일반적으로 동물(원숭이 등)을 대상으로 먼저 시험하기 때문에 다른 단계보다 성공 가능성이 크다. 2상에 진입한 약물 중에서 3상으로 넘어가는 것은 30.7%다. 2상은 약물이 환자에게 처음 투여되는 단계로, 이 단계에서 여러 가지 이유로 탈락할 수 있다. 일반적인 이유는 약물의 효능이 부족하기 때문이다. 이런 결과는 종종 중요한 요인으로 생각했던 표적에 관한 가설이 잘못되었거나 설득력이 부족해서 생긴다. 때로는 용량이 잘못되었거나 환자가 반응하지 않을 수도 있다. 상황에 따라서는 비즈니스적인 결정이 앞서기도 한다. 예컨대 (경쟁사가 먼저 개발했다면) 신약의 상업성이 떨어질 수도 있고, 3상 시험에 들어갈 막대한 비용 때문에 회사가 주저할 수도 있다. 이런저런 이유로 약물이 3상을 통과할 확률은 58.1%다. 만약 통과한다면 FDA의 승인을 받아 마침내 시장에 출시될 확률은 85%다. 우리는 마침내 전체적인 LOA가 9.6%,* 그러니까 약 10분의 1이라는 확률에 도달했다.

자, 이제 고민해 보자. 당신이라면 경마에 출전하는 말에 10대 1의 배당률로 수백만 달러(임상 1상까지 가는 데 드는 비용)를 걸겠는가? 제약 회사는 비슷한 배당률로 여러 마리의 말에 베팅할 것이므로,

---

* 검산해 보자. 0.632×0.307×0.581×0.85=0.096 맞다!

그중 한 마리가 우승할 가능성이 커질 것이다. 이런 상황은 신생 바이오테크 업체에 투자한 벤처 캐피털리스트에게도 적용된다. 그리고 우리는 이처럼 상당한 소모전이 벌어지는 게임에서 대박이 터지는 것을 간혹 본다.

　그렇다면 문제는 배당률로 귀결된다. 다시 말해서 신약 개발의 LOA를 높이려면 어떻게 해야 할까? 과학이 그 방법을 제시하고 있다. 신약 개발 과정에서 업계와 학계의 상대적인 역할을 성공 가능성이라는 측면에서 조사한 흥미로운 결과가 있다.[14] 미국에서 1980년에 제정된 '바이-돌법Bayh-Dole Act'에 따라 대학은 '정부 지원 연구를 통해 달성한 성공'에 대해 특허를 취득하고 이익을 얻을 수 있게 되었다. 즉, 신약이 시장에 출시되면 대학은 제약 회사와의 라이선스 계약과 그에 따른 로열티 수입으로 수익을 창출할 수 있다. 이 법안은 대학이 신약 개발 연구에 뛰어들게 하는 자극제가 되었고, 이후 정부가 대학에 지급하는 보조금을 삭감함에 따라 학술 활동을 지원하려면 대학이 수입을 늘려야만 하는 구조가 되었다. 1998년에서 2007년 사이에 FDA가 승인한 252개의 신약 중 191개는 제약 회사에서, 61개는 대학이나 주로 학자들이 설립한 소규모 바이오테크 회사에서 개발되었다. 학계는 종종 대형 제약 회사에 새로운 아이디어와 개념을 제공하며, 학계와 업계 간의 관계는 계속해서 성장·발전하고 있다. 학계가 신약 개발의 LOA를 높이는 데 이바지하고 있는 것은 사실이지만, '학계가 발굴한 표적이나 약물이 비교적 성공 가능성이 크다'는 증거는 아직 없다. 그러나 최근 연구에서 전체적인 LOA는 14%로 상승한 것으로 나타났다.[15]

LOA는 정밀의학precision medicine이라는 새로운 접근 방법을 통해서도 높일 수 있다. 질병에 걸린 환자마다 개개인의 증상을 정확히 파악하여 치료할 수 있을까? 이론적으로는 유전자나 인체 내 단백질의 정확한 차이를 알면 가능하다. 심지어 증상이 나타나기 전에도 질병을 치료할 수 있을 것이다. 하지만 현실에서 다양한 질병을 일으키는 원인을 찾아내기는 매우 어렵다. 현재 신약 개발 사업에서 '쉽게 딸 수 있는 열매'로 간주하는 일부 질병은 특정 질환의 문제점을 정확히 파악한 다음 그에 따라 치료하는 것이 가능했다. 간단한 예로 세균에 의해 발생하는 감염병을 들 수 있는데, 해결책은 세균을 죽이는 항생제를 투여하는 것이다. 또 다른 예는 인슐린 결핍으로 인한 1형당뇨병으로, 인슐린을 보충하면 해결된다. 이러한 발견으로 수백만 명의 생명을 구했다.

좀 더 복잡한 질병을 치료할 때는 생체 지표biomarker를 이용하면 유용하다. 이것은 질병이 진행되는 동안 일어나는 신체의 변화를 알 수 있는 지표를 뜻하는데, 약물 투여 후 생체 지표가 교정되면 효능이 있다고 짐작할 수 있다. 이 방법은 HER2양성유방암HER2-positive breast cancer과 같은 특정 유형의 암에 특히 유용하다.[16] 유방 종양에서 HER2라는 단백질이 검출된 경우를 HER2 양성이라고 하는데, 유방암에 걸린 여성 5명 중 1명이 HER2 양성이었다. 종양에 (생체 지표인) HER2 단백질이 있으면 이것을 표적으로 하는 약물로 치료할 수 있다. HER2 양성 환자에게 허셉틴Herceptin이라는 약물을 투여하면 질병이 진행되는 속도가 늦춰지고, 전반적으로 환자의 수명을 연장할 수 있다. 중요한 것은 허셉틴이 HER2양성유방암 환자에게

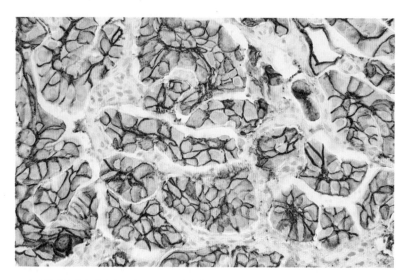

유방암 환자에게서 채취한 조직. HER2 단백질이 갈색으로 염색되어 있다.
HER2 양성이라는 말은 환자가 HER2를 겨냥하는 약물에 반응할 가능성이 크다는 의미다.

만 효과가 있다는 사실이다. 최근 분석에 따르면 임상시험의 약 5%
에서 생체 지표가 이용되고 있다.[17] 생체 지표를 이용하면 임상시험
의 LOA가 25.9%로 상승한다. 이것은 배당률이 10대 1에서 4대 1로
늘어난 것을 의미하며, 여전히 홈런은 아니지만 올바른 방향으로
나아가고 있음을 시사한다. 지금도 생체 지표에 관한 연구가 빠르
게 진행되고 있으니, 앞으로 LOA를 더욱 높일 수 있을 것이다.

  이 모든 노력은 마침내 특정 질병에 효과가 있는 신약을 우리에게
안겨 줄 것이다. 그중 상당수는 앞으로 몇 년 안에 등장할 것이다.
그런데 엄청난 노력과 개발 비용을 생각할 때, 제약 회사는 새로운
치료제 값으로 얼마를 청구할 수 있을까?

  '새로운 치료법의 비용을 얼마로 책정할 것인지'와 '누가 값을 치

를 것인지' 그리고 '앞으로 어떤 일이 일어날 것인지'를 설명하는 좋은 방법은 특정 질병의 사례를 살펴보는 것이다. 먼저 살펴볼 질병인 레베르선천성흑암시Leber congenital amaurosis(LCA)는 어린이의 실명을 유발하는 희소 유전질환이다. 어린이 4만 명 중 1명이 이 질환을 앓고 있으며, 18개의 유전자가 이 질병과 관련된 것으로 알려져 있다.[18] 해당 유전자에 결함이 있으면 광수용체(망막에서 빛을 감지하는 세포)가 비정상적으로 발달하게 된다. LCA의 한 유형은 RPE65라는 유전자와 관련이 있는데, 2017년에 FDA는 이 유형의 LCA에 대한 유전자 치료법을 승인했다.[19] 제약 회사가 치료법을 개발하기 시작한 것이 2007년이었으니, 최종적으로 진료 현장에 도달하기까지 얼마나 긴 시간이 걸렸는지 알 수 있다. 어쨌거나 이 치료법은 우여곡절 끝에 치명적인 질병에 걸린 어린이의 실명을 예방하는 데 성공했다.

이 치료법은 유전병에 대한 획기적인 접근 방법으로, 수많은 유전적 질환 치료법의 선구자로 평가받는다. 제품명이 럭스터나Luxturna인 이 치료제는 스파크 테라퓨틱스Spark Therapeutics라는 제약 회사가 만든다. 스파크는 럭스터나의 정가를 85만 달러(한쪽 눈에 42만 5,000달러)로 책정했다. 이렇게 엄청난 약값을 어떻게 감당해야 할까? 스파크는 몇 년에 걸쳐 나눠 내거나 치료에 실패할 경우 이미 낸 금액을 돌려주는 옵션을 제안했다. 그러나 의약품 가격을 조사하는 기관인 임상경제검토연구소는 약값을 50~75% 낮춰야 한다고 발표했다.[20] 연구소는 '10~20년간의 치료 혜택'을 가정하고, 이를 '환자를 치료하지 않을 때 의료 시스템과 경제 전반에 초래할 비용'과 비교

함으로써 약값의 정당성을 조사했다. 미국의 임상경제검토연구소와 영국의 국립보건임상연구원 같은 기관은 환자를 보호하고 의약품 가격의 정당성을 확보하기 위해 존재한다. 스파크는 미국 정부 및 민간 건강 보험사들과 가격 협상을 벌이고 있다. 럭스터나는 환자들에게 큰 돌파구가 될 수 있는 치료제다. 이러한 논의는 앞으로 일어날 일에 대한 시금석이므로, 모든 환자가 새로운 치료제를 부담 없이 사용할 수 있도록 보장하는 묘책이 나오기를 희망한다.

약값 책정의 어려움을 보여 주는 두 번째 예로 낭성섬유증cystic fibrosis 치료제를 들 수 있다. 최근 새로운 치료법을 찾는 노력에 괄목할 만한 진전이 있었다. 낭성섬유증은 주로 폐에 영향을 미치는 유전병이지만 췌장, 간, 신장, 장에도 영향을 미친다. 신생아 3,000명 중 1명이 낭성섬유증을 앓고 있다. 장기적으로는 호흡 곤란과 빈번한 폐 감염이 문제가 될 수 있고, 이는 결국 폐부전과 사망으로 이어진다. 낭성섬유증은 CTFR라는 단백질 유전자의 변이로 인해 발생한다. CTFR는 폐의 세포 표면에서 세포 외부의 염분 균형을 조절하는 역할을 한다. 변이 단백질은 이 기능을 수행하지 못하므로 폐의 체액이 끈끈하고 조밀해진다. 이렇게 된 체액은 폐에 압력을 가하고, 염증을 일으키는 세균이 증식하기 좋은 환경을 만든다. 인간의 모든 유전자는 두 개가 한 쌍으로, 어머니와 아버지로부터 유전자 사본을 각각 한 개씩 물려받는다. 그 결과로 변이 유전자와 정상 유전자를 각각 한 개씩 가진 사람은 보인자carrier로 남지만, 변이 유전자 두 개를 보유한 사람은 변이 단백질이 제구실을 못 해서 낭성섬유증에 걸리게 된다.

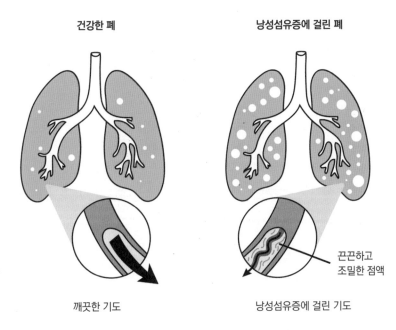

| 건강한 폐 | 낭성섬유증에 걸린 폐 |

끈끈하고
조밀한 점액

깨끗한 기도　　　　　　　　　낭성섬유증에 걸린 기도

낭성섬유증. 폐의 염분 균형이 깨지면 점액이 끈끈하고 조밀해져서 세균이 쉽게 증식하고
염증과 폐 손상을 유발한다. 최신 치료제로 염분 균형을 회복할 수 있다.

　　낭성섬유증은 유전병이어서 사람들은 유전자 치료법이 효과가
있을 거라는 희망을 항상 품어 왔다. 그런데 결함 있는 유전자를 정
상 유전자로 교체하는 것이 가능할까? 한 가지 대안은 폐 이식이지
만, 적절한 기증자가 부족하다는 문제가 있다. 그러나 미국의 제약
회사 버텍스 파마슈티컬스Vertex Pharmaceuticals는 '낭성섬유증 환자의
삶의 질 향상'을 목표로 하는 비영리 단체 낭성섬유증재단과 손잡고
이바카프토Ivacaftor라는 새로운 약물을 개발하여 2012년에 FDA의
사용 승인을 받았다.[21]

　　이바카프토는 특정 변이를 가진 환자에게 효과가 있다. 이 약물은

변이 단백질에 결합하여 기능을 향상함으로써 변이 단백질이 제 기능을 하도록 도와준다. 이바카프토는 임상시험에서 상당한 효능을 보였다. 약제비는 연간 31만 1,000달러로 다른 희소병 치료제와 비슷한 수준으로 비싸다.[22] 《미국의학협회지 Journal of the American Medical Association》는 사설에서 "가격이 터무니없다"고 직격탄을 날렸다.[23] 아울러 자선 재단이 약물 개발을 지원했으며, 국립보건원의 공적 자금 지원 연구가 CTFR 단백질 및 낭성섬유증에 대하여 중요한 초기 통찰을 제공했다는 점을 지적했다. 이에 대해 버텍스는 FDA의 승인을 받기까지 연구 기간이 14년이나 걸렸고, 자금 대부분을 자체적으로 조달했다는 내용의 성명을 발표했다.[24] 그리고 보험이 없고 가구 소득이 15만 달러 미만(약제비의 절반)인 미국인에게는 이 약을 무료로 제공하겠다고 밝혔다. 한편 낭성섬유증재단은 버텍스에 1억 5000만 달러의 자금을 지원하고 로열티 권리를 가져왔는데, 이 권리를 33억 달러에 되팔아 추가 연구에 사용하고 있다.[25]

영국의 한 연구에서는 '삶의 질 보정 수명 quality adjusted life year (QALY)'이라는 개념을 이용하여 약값의 정당성을 평가했다. QALY값이란 질병이 환자의 삶에 끼치는 부담을 고려하여 기대 여명 life expectancy을 재평가한 것이다. 환자의 남은 수명을 1년마다 재평가하여 0에서 1까지의 점수로 나타내는데, 0점은 '질병으로 인한 사망'을, 1점은 '건강한 상태로 1년간 생존'을 의미한다. 낭성섬유증 환자는 해가 갈수록 QALY값이 줄어들고, 슬프지만 결국에는 질병 때문에 생을 마감하게 된다. 만약 신약이 효능이 있다면 환자의 QALY값 감소세가 둔화하거나 완전히 중단됨(질병 완치)으로써

QALY값 누계가 증가할 것이다. 이바카프토는 환자의 QALY값 감소세를 둔화하는 효능이 입증되었다. 이 연구의 저자는 이바카프토가 환자에게 주는 혜택(QALY값 누계 증가)을 인정하고, 이에 따라 높은 가격이 정당하다고 결론지었다.[26]

그 후 버텍스의 두 번째 약물인 오캄비Orkambi가 승인되었다.[27] 오캄비는 이바카프토와 또 다른 약물 루마카프토Lumacaftor를 조합한 것인데, 아일랜드 낭성섬유증 환자의 80%를 차지하는 'F508D 변이' 환자에게 효과적인 것으로 나타났다. F508D 변이를 가진 사람들의 증상은 '이바카프토에만 반응하는 변이'를 가진 사람들과 차원이 다르다. 이들의 경우 CTFR 단백질이 두 가지 방법으로 손상된다. 세포 표면에서 제 역할을 못 할뿐더러, 세포 표면에 아예 도달하지도 못한 채 세포 내부에 머물러 있게 된다. 오캄비를 투여하면 루마카프토가 변이 단백질을 걷어차 세포 표면으로 내보내고, 이바카프토가 맡은 바 임무를 수행함으로써 변이 단백질이 제대로 작동하게 해 준다. 한마디로 더블 펀치를 날리는 것이다. 오캄비의 가격은 미국에서 연간 25만 9,000달러다.[28]

마지막으로 트리카프타Trikafta*라는 버텍스의 세 번째 약물이 승인되었다. 이것은 이바카프토, 엘렉사카프토Elexacaftor, 테자카프토

---

* 트리카프타는 낭성섬유증 환자 90%에게 새로운 삶을 선사했다. 트리카프타 개발을 주도한 세 화학자 사빈 하디다Sabine Hadida, 폴 네굴레스쿠Paul Negulescu, 프레드릭 반 고르Fredrick Van Goor는 결함 있는 단백질의 기능을 돕는 다양한 약물을 결합해 치료제를 개발한 공로로 과학계에서 '상금이 가장 두둑한 상'으로 알려진 '2024 브레이크스루상'과 300만 달러의 상금을 받았다. 브레이크스루상은 2012년에 제정되었으며, 러시아계 이스라엘 억만장자 유리 밀너Yuri Milner와 메타의 최고경영자 마크 저커버그Mark Zuckerberg 등 여러 인터넷 기업가들이 후원하고 있다.

Tezacaftor라는 세 가지 약물의 조합이다.[29] 트리카프타의 효능은 오캄비의 5배이며, 미국 내 정가는 연간 31만 1,000달러다.[30] 최근 아일랜드 정부는 "아일랜드 낭성섬유증 환자들에게 약제비를 환급하기로 버텍스와 합의했다"고 발표했다.[31] 이에 따라 약 800명의 트리카프타 투여 대상자(F508D 변이 보유자)가 큰 혜택을 받게 되었다. 따라서 낭성섬유증이라는 질병에 대한 전망은 상상할 수 없을 만큼 개선될 것으로 보인다.

그런데 낭성섬유증은 희소병이다. 만약 더 흔한 질병에 대하여 새롭고 매우 효과적인 치료법이 나온다면 어떻게 될까? 제약 회사는 신약의 가격을 책정할 때 '시장이 감당할 만하다'고 생각하는 선에서 가치를 추정한다. 하지만 블록버스터급으로 혁신적인 신약(이미 출시된 치료제의 유사품이 아닌, 주요 질병에 대한 새로운 치료제)이라면 높은 가격을 요구할 수 있다. 제약 회사 길리어드Gilead가 만든 C형간염 치료제 소발디Solvadi가 이런 사례에 해당한다. C형간염은 간을 감염시켜 돌이킬 수 없는 손상을 입힐 뿐 아니라 간암 발병 소지를 높이는 위험한 바이러스 질환이다.[32] 전 세계적으로 C형간염에 걸린 사람은 1억 5000만 명에 달하며, 이 때문에 매년 40만 명이 사망하고 있다.

길리어드는 C형간염 바이러스를 죽이는 약을 개발했는데, 임상시험에서 놀라운 효과를 보였다. FDA의 승인을 받은 후 길리어드가 책정한 약값은 1정당 1,000달러, 풀코스 치료비complete treatment course는 8만 4,000달러였다.[33] 이후 시장 경쟁으로 가격을 내리게 됐는데, 이런 현상은 언제나 바람직하다. 경쟁사인 애브비AbbVie는 경

쟁 제품을 출시하고 가격을 2만 6,400
달러로 정했다. 더욱 최근에는 이집트
의 제약 회사 파르코 파마슈티컬스Pharco
Pharmaceuticals가 길리어드의 약물과 라
비다스비르Ravidasvir라는 또 다른 약물을
병용하는 임상시험을 했는데,[34] 2상과 3
상에서 환자의 97%를 치료하는 것으로
나타났다. 이는 소발디의 단일 요법보다
높은 수치다. 파르코는 이 병용 요법의
예상 가격을 환자당 총 300달러로 책정
함으로써 사회적 관심을 모았다.

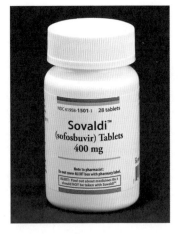

'소발디'는 바이러스 질환인
C형간염을 치료한다. 출시 당시에는
엄청나게 비쌌으나 경쟁이 치열해지면서
가격이 상당히 낮아졌다.

   이집트는 한때 세계에서 C형간염 발
생률이 가장 높은 나라였다.* 이집트의 보건부 장관 아델 엘아와디
Adel El-Awadi는 이집트의 C형간염 환자 모두에게 길리어드의 약품을
정가대로 투여한다면 국가의 보건의료 예산이 바닥날 거라고 엄살
을 부렸다. 그러고는 길리어드와 담판을 지어 정가의 1%, 즉 99%
할인된 금액으로 구매 협상을 타결했다. C형간염 치료제의 가격 수
준이 현재 상태로 유지된다면 전 세계적으로 300만 명만 치료받을
수 있지만,[35] 경쟁사들이 시장에 진입하면서 상황이 달라진다면 수
백만 명의 생명을 구할 수 있을 것이다.

   일단 제약 회사가 정가를 정하면 시장 상인과 흥정하듯 가격을 협

---

* 그러나 각고의 노력 끝에 결실을 보았다. 2023년 10월 9일, WHO는 이집트를 'C형간염 퇴치 국
가'로 공식 인정했다.

상할 수 있다.[36] 이와 관련하여 제약 회사는 다양한 단체와 기관에 리베이트rebate(사례금이나 혜택)를 제공하기도 하는데, 리베이트 대상에는 고용주가 후원하는 복지제도, 환자들이 개인적으로 가입하는 건강 보험, 또는 실제로 비용을 부담하는 정부 보건 기관 등이 포함된다. 약국도 리베이트를 받을 수 있다. 가격 협상은 여러 수준에서 이루어질 수 있으며, 지속적인 모니터링도 필요하다. 신약이 시장에 출시되면 기존의 약값은 내려가기 마련이지만, 이에 아랑곳하지 않고 이미 시판 중인 의약품의 가격을 올리는 제약 회사들도 있기 때문이다.

실제로 터무니없이 가격을 인상한 심각한 사례가 있다. 마일란 Mylan이라는 회사가 에피펜EpiPen의 가격을 100달러 미만에서 600달러 이상으로 500%나 인상한 것이다.[37] 에피펜은 에피네프린 epinephrine(아드레날린) 자동 주사기로, 급성 알레르기 반응을 보이는 사람들의 생명을 구하는 데 사용된다. 또 다른 예로 2002년부터 2013년까지 (생명을 구하는 또 다른 의약품인) 인슐린의 가격이 3배로 올랐다.[38] 그리고 2012년부터 2019년까지 애브비의 류머티즘성관절염 치료제인 휴미라Humira의 가격이 1만 9,000달러에서 6만 달러로 인상되었다.[39] 이렇듯 브랜드 의약품의 가격이 물가 상승률을 훨씬 뛰어넘는 속도로 인상되는 것이 지금의 현실이다.

최근 조사에서 아일랜드와 다른 국가 간의 흥미로운 차이점이 몇 가지 드러났다.[40] 아일랜드 환자는 복제약generic drug에 대해 국제 평균의 6배가 넘는 비용을 지급하고 있다. 복제약은 오리지널 의약품(특허를 받은 원래의 신약)과 정확히 동일한 화학물질을 함유하는 의

약품이며, 오리지널 의약품의 특허 기간이 만료되어야만 시판할 수
있다. 의약품 특허는 20년 동안 유지되지만, 여기에는 특허 승인 후
신약이 병원에 공급되는 데 걸리는 기간(평균 6년)이 포함된다. 따라
서 특허로 보호받는 기간은 사실상 평균 14년이며, 제약 회사는 이
기간에 비용을 회수하고 이익을 낼 요량으로 가격 책정권을 행사하
게 된다. 전체적으로 아일랜드의 약값은 세계 16위를 차지했다. 그
리고 아일랜드의 브랜드 의약품 가격은 평균보다 약간 저렴했다.
아일랜드 보건국은 다른 14개국과 힘을 합쳐 각 제약 회사와 가격
을 협상해 브랜드 의약품에 대한 비용을 지급한다. 결론적으로, 아
일랜드의 약값은 그리 비싸지 않은 편이며, 보건국은 모든 사람이
필요한 치료제에 접근할 수 있도록 나름으로 노력하고 있다고 볼
수 있다. 한 가지 문제는 신약에 대한 접근성인데, 아일랜드 정부는
신약 승인 및 가격 합의 지연으로 비난을 받고 있다.[41] 아일랜드의
약제비 청구 총액은 2018년에 25억 유로로 증가했으며, 이는 점점
더 큰 문제로 대두되고 있다.[42] 환자들이 새로운 의약품과 치료법에
접근할 수 있도록 하려면 약값 인하가 필수다.

　　신약 개발과 가격에 대한 미래 전망은 어떨까? 지난 10년 동안
FDA는 해마다 20~25개의 신약을 승인했다. 하지만 2018년에는
59개의 신약을 승인했는데, 앞으로도 계속 이 정도 수준으로 승인
할 것으로 보인다.[43] FDA가 승인한 신약에는 편두통, 다양한 암(여
러 종류의 백혈병 포함), 자궁내막염의 통증, 화학요법 환자의 메스꺼
움, 심각한 뇌전증에 대한 새로운 치료제가 포함되어 있다. 지난 몇
년 동안 새롭게 승인된 중요한 치료법으로는 종양에 대항하는 면역

계를 동원해 치료하는 암면역요법cancer immunotherapy과 다양한 희소
병에 대한 유전자 치료법이 있다. 다시 말하지만, 이 약들은 모두 비
싸다. 스위스의 제약 회사 노바티스Novartis는 최근 척수성근위축증
spinal muscular atrophy이라는 마비성 질환에 대한 새로운 유전자 치료
제인 졸겐스마Zolgensma를 발표했다. 이 약물은 임상시험에서 놀라
운 효능을 보였다. 노바티스는 이 약물 1회 요법의 가격을 210만 달
러로 책정할 예정이라고 밝혔다.[44] 약품 가격이 이렇게 엄청난 까닭
은 이 질병에 걸린 사람이 거의 없어서 극소수의 환자들이 신약 개
발 비용을 분담해야 하기 때문이다. 사정이 이렇다 보니 졸겐스마
는 현재 가장 비싼 치료법의 자리를 차지하고 있다.

　모든 신약은 환자에게 도움이 되지만, 예외 없이 높은 가격에 출
시되고 있다. 만약 아일랜드 보건국이 극소수의 중증 질환자에게
막대한 비용을 지출한다면 (훨씬 더 많은 사람이 혜택을 받을 수 있는) 다
른 분야에 대한 지출이 줄어들지 않을까? 의사도 환자를 치료할 때
항상 결정을 내려야 하며, 특별한 제한 사항이 있는 경우에도 사정
은 마찬가지다. 일례로 코로나19 팬데믹 기간에는 인공호흡기의 수
가 충분하지 않아서 의사들은 때때로 '인공호흡기를 누구에게 씌
울 것인지' 결정해야 했다. 보건국은 예산을 어떻게 사용할지 결정
해야 하며, 이는 고가의 신약 앞에서 점점 더 어려운 과제가 될 것이
다. 가용 자금은 무한하지 않으므로 (평생 상당한 비용을 감당해야 할 수
도 있는) 새로운 치료법을 마주한 환자는 의료비를 고려하여 절충점
을 찾아야 한다. 이와 관련하여 의료경제학자들은 한 가지 해결 방
안을 제시한다. 그것은 기본 의료 시스템에 필요한 '최소 의약품 핵

심 목록core list of minimum medicine'을 마련하여 가장 효과적이고 안전하고 가성비 높은 의약품을 우선순위에 따라 나열하는 것이다.[45] 그런 다음 신약이 출시되면 이 목록에 추가하면 된다.

　어떤 관점에서 보든 우리 모두에게 흥미진진하고 도전적인 시간이 다가오고 있다. **어려운 결정을 내려야 하겠지만, 궁극적으로 모든 의학 연구는 경제력과 상관없이 모두가 혜택받을 수 있는 새로운 치료법을 제시하게 될 것이다.** 어떤 독자들은 그럴 가능성이 얼마나 되겠느냐고 반문할지도 모르겠다. 이것은 수십 년 동안 선진국과 개발도상국 모두에서 의료계를 끈질기게 괴롭혀 온 질문이니 말이다. 그렇지만 어떻게든 신약이 필요한 모든 사람이 돈 걱정 없이 신약을 이용할 수 있는 날이 빨리 왔으면 좋겠다.

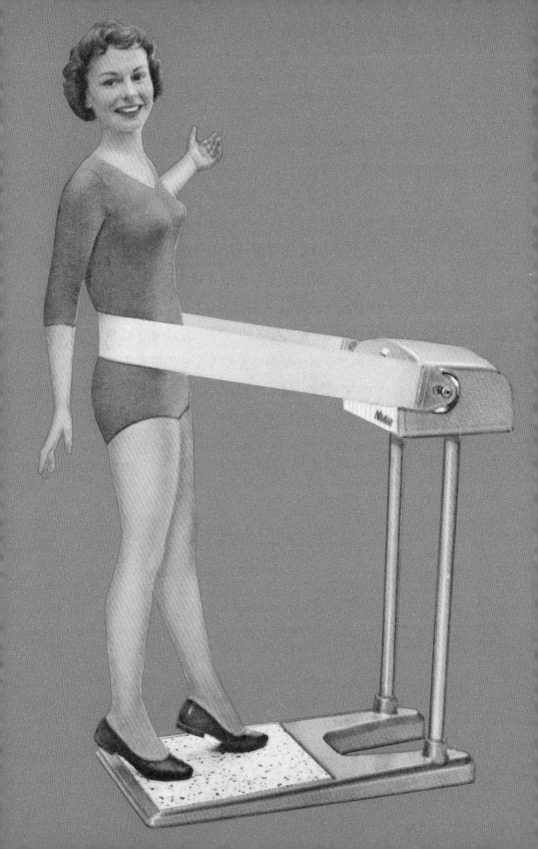

4장

비만

덜 먹고
더 많이 운동하는 것보다
좋은 방법은?

"책에 나온 다이어트를 다 시도해 봤어요.
심지어 책에 없는 다이어트도 시도해 봤어요.
홧김에 책을 먹어 봤죠.
대다수 식단보다 맛있더군요."

돌리 파튼Dolly Parton

나는 다이어트를 해 본 적이 없다. 솔직히 말해서 나는 약간 과체중이다('약간'이라는 게 중요하다). 그런데 대부분이 그렇지 않나? 체중 감량을 돕는 업체인 웨이트워처스 아일랜드WeightWatchers Ireland에는 10만 명의 회원이 있는데,[1] 그중 95%가 여성이다. 아일랜드 여성의 거의 절반이 과체중이며, 대다수가 체중 감량을 원한다. 전 세계 다이어트 산업은 해마다 수십억 유로를 벌어들이지만, 그들이 선전하는 다이어트 방법이 장기적으로 효과가 있거나 단순히 칼로리(열량) 섭취를 줄이는 것보다 더 효과적이라는 과학적 증거는 거의 없다. 아일랜드 남성은 상황이 더 심각하다. 66%가 나처럼 과체중이니 말이다.[2] 더욱 걱정스러운 점은 아일랜드 어린이들이 한창 칼로리를 소모해야 하는 시기임에도 4명 중 1명이 과체중이라는 것이다.[3] 아일랜드는 유럽에서 비만율이 높기로 손꼽히는 국가 중 하나이며, 현재 성인 4명 중 1명이 비만으로 분류되고 있다.[4]

전 세계 사람들이 과체중 또는 비만이 되어 가고 있다. 1975년 이후 세계적으로 비만이 거의 3배나 증가했다. 마지막으로 상세한 평가를 시행한 2016년에는 성인 19억 명이 과체중이었고, 이 가운데 6억 5000만 명이 비만이었다.[5] 큰 문제다. 무엇이 잘못되고 있으며, 바로잡기 위해 무엇을 할 수 있을까?

먼저 과체중 또는 비만의 뜻을 정의해야 한다. 영양학자들은 이런 용어를 정의하는 방법으로 체질량 지수body mass index(BMI)라는 개념을 사용한다. BMI에 대한 아이디어를 처음 제시한 사람은 벨기에의 사회학자이자 통계학자 아돌프 케틀레Adolphe Quetelet다.[6] 그는 인간의 체형과 몸집이 다양하다는 사실을 잘 알았던 만큼 다양한 인간 특성에 대하여 평균을 정의하는 방법에 관심이 있었다. (키가 큰 사람이 작은 사람보다 체중이 더 나가지만, 그렇다고 반드시 과체중인 것은 아니므로 체중만으로는 근거가 충분하지 않았던 모양이다.) 그는 키와 몸무게를 고려하여 사람의 체질량을 측정하는 방법으로 BMI(원래 용어는 '케틀레 지수')를 고안했다. 그리고 BMI라는 용어를 개인의 건강 상태를 나타내는 지표로 사용한 사람은 미국의 생리학자 앤셀 키스Ancel Keys다. 그는 1972년에 몇 가지 지표를 비교·검토하여 BMI를 선정하고, 학계 경쟁자들의 비판(과학계에서는 드문 일이 아니다)에 대응하여 "완벽히 만족스럽지는 않더라도, 상대적 비만의 지표로서 웬만한 상대적 체중 지수만큼 쓸만하다"라며 옹호했다.

BMI는 사람의 체중(kg)을 신장(m)의 제곱으로 나눈 값이다.[7] BMI가 18.5 미만이면 저체중이고, 18.5~25 범위에 있으면 정상 체중이다. BMI가 25~30이면 과체중이고, 30 이상이면 비만이므로 문

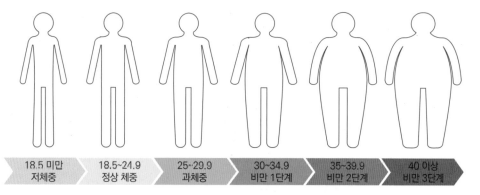

18.5 미만 저체중	18.5~24.9 정상 체중	25~29.9 과체중	30~34.9 비만 1단계	35~39.9 비만 2단계	40 이상 비만 3단계

BMI는 사람의 몸무게(kg)를 키(m)의 제곱으로 나누어 계산한다. BMI가 30이 넘으면 코로나19로 사망할 위험이 더 크다.

자 그대로 문제가 있는 것이다. 비만은 BMI에 따라 세 단계로 분류 되는데, BMI가 30~35이면 1단계, 35~40이면 2단계, 40 이상이면 3단계다.

두 번째 척도는 허리둘레로, 과체중 또는 비만 여부를 평가하는 데 BMI만큼 유용하다. (허리둘레에 관해서는 뒤에서 다시 이야기하겠다.)

BMI나 허리둘레를 측정하는 것이 중요한 이유는, 과체중이거나 비만한 사람들은 정상 체중인 사람들보다 각종 질병에 걸릴 위험이 훨씬 더 크기 때문이다.[8] 관련 질병에는 관상동맥질환, 2형당뇨병, 고혈압, 골관절염, 뇌졸중, 우울증, 유방암과 대장암을 포함한 최소 10가지 암, 그리고 코로나19가 포함된다. 게다가 과체중과 비만은 전반적인 사망 위험을 상당히 높인다. 90만 명을 대상으로 한 2009 년의 연구에서, 과체중 또는 저체중인 사람은 BMI가 정상 체중 범 위인 사람보다 사망률이 높았다.[9] 주요 사망 원인은 심장마비, 뇌졸 중, 암이었다. 전반적으로 과체중인 사람들은 정상 체중인 사람들보다 이러한 질병으로 사망할 확률이 약 50% 더 높았다. 어느덧 과체중은 예방할 수 있는 주요 사망 원인으로서 흡연을 앞질렀다.[10]

과체중의 또 다른, 더 교활한 측면은 신체상body image*과 관련이 있다. 소녀와 여성, 그리고 점점 더 많은 소년과 젊은 남성들이 날씬해져야 한다는 엄청난 압력에 시달리고 있다. 그러나 역사를 돌이켜보면 항상 그랬던 것은 아니다. 고대 이집트에서 완벽하게 여긴 여성의 몸매는 날씬하고 어깨가 좁은 모습이었다. 고대 그리스에서는 남성의 몸을 미학적으로 더 보기 좋게 여겼고, 여성은 외모에 크게 신경 쓰지 않는 편이어서 약간 과체중인 경향이 있었다. 이탈리아 르네상스 시대에는 여성의 풍만한 몸매를 다산과 풍요의 상징으로 여겨 훨씬 더 선호했다. 빅토리아 시대에는 허리는 잘록하고 다른 신체 부위는 풍만한 몸매가 권장되는 바람에, 여성들이 빳빳한 고래수염 코르셋에 몸을 구겨 넣어야 하는 어처구니없는 상황이 발생했다.

1920년대에는 중성적인 여성의 외모를 바람직하게 여겼다. 제2차 세계 대전 이후에는 풍만한 몸매가 다시 유행하면서 또 다른 변화가 일어났는데, 실제로 1950년대의 여성들은 '바람직한' 몸매를 만들기 위해 체중 증량 보조제를 먹기도 했다. 1960년대부터는 점점 더 날씬한 쪽으로 스타일이 바뀌기 시작했다. 이에 따라 다이어트 및 격렬한 운동과 함께 미용을 위한 축소 수술이 점점 인기를 얻었다. 이러한 경향이 지금까지 계속되고 있으며, 한 평론가의 말처

---

* 자기 신체에 대해 가지는 주관적 심상.

럼 "외모로 평가되고 억압받는 횡포"에서 벗어나지 못한 여성들에게 더 큰 고통을 안기고 있다.[11]

소녀와 여성의 외모를 중시하는 경향은 여전하다. 생활용품 기업 유니레버Unilever가 시행한 설문 조사에서는 여성 중 겨우 4%만이 자신이 아름답다고 생각하는 것으로 나타났다.[12] 또 다른 연구에 따르면 여성 91%가 자기 신체에 대체로 만족하지 않으며, 40%는 자기가 인지한 결점을 교정하기 위해 성형 수술을 심각하게 고려한 적이 있다고 한다.[13] 또 97%는 자기 신체상에 대해 매일 한 번 이상 부정적인 생각을 한다고 응답했다. 그리고 소셜미디어가 상황을 더욱 악화시켜, 자신을 다른 사람과 비교하는 인간의 본능적인 성향을 강화하고 있다. 이 모든 것은 심각한 결과로 이어지는데, 부분적으로는 10대 청소년의 불안과 우울증을 확산하고 나아가 거식증과 폭식증 같은 심각한 섭식 장애의 위험을 키운다. 남성은 여성보다 덜하지만 20~40%가 자신의 신체에 대하여 불만을 표출하는 것으로 나타났다.[14]

미디어는 여성을 묘사하는 방식을 바꿔야 한다. 이것은 10대 소녀들을 돕기 위해 노력하는 단체들의 장기적인 목표이기도 하다.[15] 소녀들의 자존감을 높이는 것도 핵심 과제지만, 유감스럽게도 이러한 목표를 달성하기는 어려운 것으로 입증되었다.

과체중이나 비만은 의학적으로나 심리적으로나 심각한 문제다. 배우이자 코미디언인 제임스 코든James Corden은 최근 자신이 진행하는 심야 토크쇼에서 '체중과의 싸움'이 심리에 미치는 영향을 강조했다. 그는 열심히 노력했는데도 한 번도 체중을 조절할 수 없었다

〈거울 앞의 비너스Venus à son miroir〉,
페테르 파울 루벤스Peter Paul Rubens(1577~1640)

며 "좋은 날과 나쁜 달"을 보냈다고 말했다. 제임스는 '뚱뚱하다고 핀잔주기fat-shaming'가 다시 유행해야 한다고 말한 미국의 또 다른 토크쇼 진행자 빌 마허Bill Maher를 비판했다. 마허는 과체중인 사람들은 자제력이 부족하다고 비난한 적이 있다. 코든은 이것을 괴롭힘으로 규정하고, 괴롭힘은 결코 효과가 없으며, 사람들에게 자괴감을 느끼게 할 뿐이라고 말했다. 즉, 코든은 비만에 대한 낙인을 언급한 것이었다.

최근 다방면에 걸친 국제 전문가 그룹이 비만에 대한 낙인을 없애려는 노력의 하나로 공동 성명을 발표했다. 그 목표는 "체중 낙인에 대한 교육을 장려하여, 현대 과학 지식과 일맥상통하는 '비만에 대한 새로운 공적 서사public narrative'가 자리매김하도록 하는 것"이다.[16] 이렇게 함으로써 우리는 '뚱뚱하다고 핀잔주기'를 끝내는 올바른 방향으로 한 걸음 더 나아갈 수 있다.

그렇다면 사람들이 과체중이나 비만이 되는 원인은 무엇일까? 여기에는 과식과 운동 부족이라는 명백한 이유가 있다. 과식부터 살펴보자. 칼로리를 얼마만큼 섭취하면 과하지 않고 적당할까? 이에 관해 신뢰할 수 있는 권장량이 있다. 우리는 생명을 유지하기 위해 매일 최소한의 음식을 섭취해야 한다. 음식은 근육을 만들고, 신체를 유지하며, 뇌와 다른 신체 기관이 계속 작동하는 데 필요한 에너지를 제공한다. 영양학자들은 우리가 먹는 음식을 탄수화물(설탕 등), 지방(버터 등), 단백질(동물의 고기와 식물에 함유)이라는 세 가지 주요 식품군으로 나눈다. 또 비타민과 미네랄이 든 음식도 반드시 섭취해야 하는데, 이런 영양소는 상처를 입었을 때 혈액 응고를 돕거나(비타민 K), 뼈를 튼튼하게 하거나(비타민 D), 각종 효소(소화 효소 등)가 올바로 작용하도록 돕는(비타민 B군) 등 우리 몸의 다양한 기능이 제대로 작동하는 데 필요하다.

식품의 에너지 함유량은 우리가 섭취해야 하는 음식의 양을 정하는 척도로 이용된다. 국제단위계는 에너지를 J(줄) 단위로 표시한다. 일부 국가에서는 음식의 에너지를 kJ(킬로줄)로 표시하지만, 더 오래된 측정 단위인 Cal(칼로리) 또는 kcal(킬로칼로리)라는 단위도 사용한다(헷갈리게도 Cal=kcal이다). 유럽연합(EU)에서는 식품에 kJ과 kcal를 모두 표시하고, 캐나다와 미국에서는 kcal만 사용한다. 1kcal의 정의는 '물 1kg의 온도를 1℃ 높이는 데 필요한 열에너지의 양'이다. 식품에 든 탄수화물, 지방, 단백질의 양을 알면 칼로리를 계산할 수 있는데, 식품 라벨에 각각의 영양소 함유량이 무게로 표시되어 있으므로 이것을 이용해 총칼로리를 계산할 수 있다. 지방과 알코올은 1g당 칼로리 함유량이 각각 8.8kcal와 6.9kcal로 가장 많다. 단백질과 탄수화물의 칼로리 함유량은 1g당 약 4kcal다. 또는 봄베 열량계bomb calorimeter라는 장치를 사용해 음식을 태운 다음 열량계 주변의 물 온도가 얼마나 변하는지를 측정하는 방법도 있다.

하루에 섭취해야 하는 권장 칼로리는 나이와 운동 수준에 따라 달라지므로 생각보다 계산이 복잡하다. 예컨대 현재 최적으로 여기는 1일 권장 칼로리는 남성이 2,500kcal, 여성은 2,000kcal인데,[17] 이는 31~50세의 성인이 하루에 2~6km 거리를 5~6km/h의 속도로 걷는다는 가정하에 계산한 것이다. (보라, 내가 방금 복잡하다고 말했잖은가!) 그러니 연령대와 운동 수준이 다르면 이야기가 달라진다. 하지만 방금 언급한 수치는 전체 인구의 평균에 해당한다고 볼 수 있다. 우리의 뇌는 우리가 섭취하는 에너지의 20%를 사용하며, 나머지는 다른 신체 기관들이 사용한다. 우리가 섭취하는 에너지가 하루 권장 칼로리에서 너무 벗어나면, 한편으로는 영양실조에 걸릴 수 있으며 다른 한편으로는 과체중 또는 비만이 될 위험이 있다.

운동 부족과 과식 외에 비만의 세 번째 이유가 있다. 바로 유전적 민감성genetic susceptibility이다.[18] 유전자를 비만의 중요한 원인으로 지목하는 증거가 계속 늘고 있으며, 객관성과 설득력 또한 높다. 일란성 쌍둥이를 대상으로 한 연구에서 비만의 70~80%가 유전적 요인에 기인하는 것으로 밝혀졌다.[19] 비만과 관련 있는 유전자 변이를 가진 사람은 체중 조절에 훨씬 더 많은 어려움을 겪을 수 있다. 비만의 유전적 영향력은 키의 유전적 영향력만큼이나 크고, 유전자와 관련된 많은 질병보다도 관련이 깊다. 최근 비만의 유병률이 증가한 이유는, 유전적 요인으로 비만해지기 쉬운 사람들이 현대적인 생활 방식(고칼로리 식품을 쉽게 구할 수 있는 상황 포함)에 의해 과식이나 운동 부족으로 귀결되는 탓일 가능성이 크다. 비만한 사람들은 유전적 위험을 내포하고 있을 뿐 아니라 '의지력이 부족하고 게으르다'고 손가락질받는 이중의 부담을 안고 있다.

비만이 대물림될 수 있음을 관찰한 사례는 1997년에 아일랜드 의사 스티븐 오라일리Stephen O'Rahilly가 수행한 연구에서 찾아볼 수 있다. 오라일리는 고도 비만인 4세 소년을 관찰하던 중,[20] 소년의 가족력을 고려할 때 비만이 유전됐을 수도 있겠다고 짐작했다. 이 소년에게 성인 1일 권장 섭취량의 절반인 1,125kcal의 시험용 음식을 주었더니, 폭풍 흡입을 하고는 더 달라고 요청했다. 알고 보니 소년은 렙틴leptin이라는 단백질을 코딩하는 유전자에 결함이 있어서 신체가 렙틴을 만들어 내지 못했다. 렙틴은 식욕 억제 호르몬이다. 소년이 렙틴 주사를 맞자 식욕이 정상으로 돌아와 음식을 더 요구하지 않았다. 이 연구는 비만에 유전적 요인이 개입할 수 있다는 생각을 뒷받침한 중요한 사례가 되었다. 더불어 식욕을 자발적으로 통제할 수 있다는 빌 마허의 주장을 단번에 무너뜨렸다. 이 소년의 경우 식욕은 전적으로 렙틴 수치에 지배받았다. 즉, 체내에 렙틴이 적을수록 더 많은 음식을 먹게 된다.

렙틴은 우리 몸의 지방 세포에서 만들어진다. 우리가 지방을 섭취하면 지방 세포가 몸에 축적되어 렙틴을 분비하고, 렙틴은 뇌로 전달되어 음식을 그만 먹으라고 알려 준다. 그런데 체중이 줄면 지방 세포 수가 감소한다. 그러면 식사 후에 렙틴 생성량이 줄어들고, 이번에는 식욕이 증가하여 음식을 더 많이 먹게 된다. 마치 온도 조절기thermostat와 비슷하지만, 온도가 아니라 지방을 조절하므로 지방조절기fat-o-stat라고 부를 수 있겠다. 요컨대 지방이 많으면 렙틴이 많아지고, 렙틴이 많으면 음식을 덜 먹게 된다. 반대로 지방이 적으면 렙틴도 적어지고, 렙틴이 적으면 음식을 더 많이 먹게 된다. 그렇다면 렙틴 시스템은 두 가지 이유로 진화했다고 추론할 수 있다. 하나는 우리가 너무 야윈 나머지 위험에 처하는 상황을 방지하기 위해서였을 것이다. 또 하나는 비만해지지 않게 하기 위해서였을 것이다. 살이 너무 찌면 이동성이 떨어져 포식자 앞에서 취약해지거나, 앞에서 나열한 각종 질환에 걸릴 위험이 커질 테니 말이다.

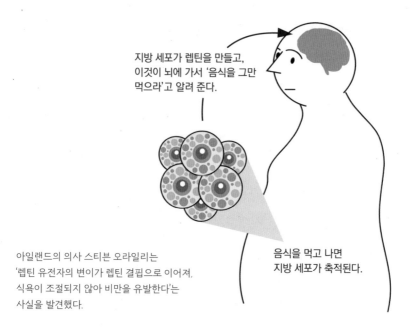

지방 세포가 렙틴을 만들고, 이것이 뇌에 가서 '음식을 그만 먹으라'고 알려 준다.

음식을 먹고 나면 지방 세포가 축적된다.

아일랜드의 의사 스티븐 오라일리는 '렙틴 유전자의 변이가 렙틴 결핍으로 이어져, 식욕이 조절되지 않아 비만을 유발한다'는 사실을 발견했다.

그러나 비만의 원인으로 유전적 렙틴 결핍은 드문 일이고, 식욕과 관련된 단백질을 코딩하는 다른 유전자의 차이가 더 흔하다. 오라일리의 최초 발견 이후 비만을 유발하는 다른 유전자들이 많이 발견되었다.[21] 이러한 유전자는 모두 식욕이나 포만감과 관련이 있는데, 여기에는 뇌에서 렙틴을 감지하는 수용체도 포함된다. 유전적 변화로 렙틴 수용체가 손상되거나 아예 없는 경우, 인체는 렙틴에 반응하지 않는다. 따라서 이 때문에 비만해진 사람은 렙틴을 주사해도 반응하지 않으므로 체중이 줄지 않는다.

이 밖에 비만과 관련된 유전자 변이에는 MC4R(비만 인구의 5%를 차지), FTO, ADIPOQ, PCSK1, PPAR-γ라는 단백질을 코딩하는 유전자가 포함된다. 비만 위험과 관련 있는 유전적 변이는 적어도 50

개가 넘는 것으로 밝혀졌다. 비만한 사람들은 이들 유전자와 다른 유전자의 다양한 조합을 가질 가능성이 있는데, 개별 유전자는 미미한 역할을 할지라도 서로 결합하면 위험이 커질 수 있다. 따라서 이 분야에는 더 많은 연구가 필요하다. 궁극적으로는 사람들의 유전적 위험을 시험한 다음 어떤 유전자에 결함이 있는지 파악하고 그것을 교정함으로써 비만 위험을 줄일 수 있을 것이다. 하지만 그런 날이 오려면 아직 멀었다.

그러면 당신이 과체중 또는 비만에 해당하거나 그런 위험에 처해 있다고 느낀다면 지금 당장 어떻게 해야 할까? 외과적 수술도 한 방법이지만, 이 방법은 비만한 상태가 오래되어 행동을 교정하거나 식이요법을 쓰는 등의 일상적 접근 방법에 반응하지 않는 사람들에게만 적합하다. 가장 일반적인 외과적 개입은 베리아트릭bariatric이라는 수술로, 실제로 위胃를 일부분 제거하여 크기를 줄이는 것이다. 이 수술은 BMI가 40 이상인 사람에게만 승인되었지만 2형당뇨병, 수면무호흡증, 고혈압 등 비만 관련 질환을 앓고 있다면 BMI가 30 이상인 사람들에게도 도움이 될 수 있다는 연구 결과가 나오고 있다.[22] 다소 극단적이긴 해도 병적인 비만 환자에게는 베리아트릭 수술이 생명을 구하는 방법이 될 수 있다. 최대 80%의 사례에서 2형당뇨병을 완화할 수 있으며, 많은 경우 수면무호흡증도 치료할 수 있기 때문이다.

특정 약물도 비만 치료에 효과가 있는 것으로 나타났다.[23] 펜터민 Phentermine은 노르에피네프린norepinephrine(노르아드레날린) 분비를 늘려 음식을 덜 먹게 한다. 로카세린Lorcaserin은 식욕을 조절하는 뇌 영역의 세로토닌 2C 수용체5-HT2C receptor에 작용하여 식욕을 낮출 수 있다. 메트포르민Metformin, 리라글루타이드Liraglutide 등 2형당뇨병 치료에 사용되는 일부 약물도 식욕에 영향을 미치고 체중을 감량하는 것으로 나타났다. 오를리스타트Orlistat*는 장에서 지방이 흡수되는 양을 줄여 준다. 그 밖에도 새로운 치료법이 개발되고 있는데, 이러한 약물 중 일부는 부작용을 일으킬 수 있으므로 신중하게 사용해야 한다. 비만을 관리하기 위해 개발 중인 약물 가운데 일부는 초기 임상시험 단계에서 베리아트릭 수술 결과와 동등한 성과를 거둬 주목을 받고 있다.**

하지만 사람들 대다수가 다이어트로 체중 감량의 여정을 시작한다. 다이어트는 '체중에 영향을 미치기 위해 규정된 방식으로 음식을 섭취하는 행위'를 뜻한다. 따라서 체중을 늘리려는 시도도 다이어트에 포함된다. 그러나 훨씬 더 일반적으로는 체중 감량을 위한 행위를 의미한다. 다이어트는 복잡하고 어려운 일이어서 영양사라는 자격을 갖춘 전문가가 필요하다. 영양실조에 걸릴 수 있는 노인,

---

* 2022년 11월 1일, 미국 소화기학회는 오를리스타트 성분 비만약인 제니칼Xenical의 사용을 금지했다. 제니칼은 지방 분해 효소인 리페이스의 기능을 억제함으로써 장에서 지방이 흡수되지 못하게 작용한다. 이 약을 투여했을 때 체중 감량 폭은 2.78%에 그쳤는데, 헛배부름, 기름 변, 매우 급한 변의, 변실금과 같은 증상이 나타나 치료를 중단하는 비율이 높았다. 이에 따라 학회는 이 약의 효용이 떨어진다고 보고 사용 금지 결정을 내린 것이다. 이 결정에 대해 한국의 비만 치료 전문가들은 "이번 권고는 안전성 문제에서 비롯된 것이 아니라 효과 및 환자 불편감에서 촉발된 데다, 지방식 비중이 적은 아시아권 식습관 및 저용량 투약 환경을 고려할 때 우려할 만한 수준은 아니다"라고 진단했다.
** 화제의 약물은 세마글루타이드Semaglutide라는 주사제다. 이 성분은 GLP-1이라는 호르몬을 모방함으로써 작용한다. 원래 2형당뇨병 치료제로 개발되었다가 임상시험 과정에서 식욕을 감소시키는 놀라운 부작용이 발견되어 2021년에 위고비Wegovy라는 비만 치료제로 다시 승인받았다. 한 연구에 따르면 1년 이상 세마글루타이드를 투여한 참여자의 절반이 체중을 15% 감량했고, 거의 3분의 1이 20%를 감량했다.

신생아, 영양 보충제가 필요하거나 급식관으로 위장에 음식물을 공급해야 하는 환자처럼 다양한 질병을 앓고 있는 사람들을 포함하여 많은 사람에게 영양학적 도움이 필요한 만큼 영양사의 역할은 매우 중요하다. 또 영양사는 섭식 장애가 있는 사람들을 돕는 데도 중요한 역할을 한다.

초창기 영양사 중 한 명인 영국의 뚱뚱한 의사 조지 체인George Cheyne은 자신의 체중을 감량하기 위해 우유와 채소만 먹는 식단을 짰다. 1724년에 출판한 그의 에세이에 이 식단이 자세히 설명되어 있다.[24]

최초의 대중적 식단이었던 '밴팅 다이어트The Banting'는 윌리엄 밴팅William Banting이 제안한 것이다. 밴팅의 직업은 (어쩌면 적절하게도) 장의사였다. 그는 《대중에게 보내는 비만에 관한 편지Letter on Corpulence, Addressed to the Public》라는 소책자를 통해 육류, 녹색 채소, 과일, 드라이 와인 한 잔으로 구성된 하루 네 끼 식사를 권장했다.[25] 그리고 설탕, 맥주, 우유, 버터는 피하라고 했다. 밴팅 다이어트에 관한 소책자는 2007년까지 계속 인쇄되었다.

칼로리 계산 열풍은 1918년에 미국 의사 룰루 헌트 피터스Lulu Hunt Peters가 쓴 《다이어트와 건강Diet and Health》이라는 책에서 시작되었다.[26] 그 후, 특히 1960년대부터 다이어트 열풍이 불기 시작하여 지금까지 계속되고 있다. 미국에서는 4500만 명으로 추산되는 사람들이 항상 다이어트를 하며 해마다 330억 달러를 체중 감량 제품에 지출한다. 그러는 동안에 아이러니하게도 전 세계에서 8억 명이 굶주리고 있다.[27] 인류는 정말 희한한 종種이다. 그렇지 않은가?

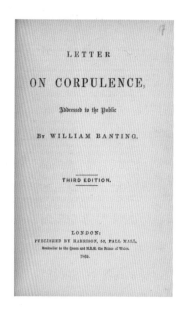

밴팅 다이어트를 소개한 소책자
《대중에게 보내는 비만에 관한 편지》.
밴팅 다이어트는 사상 최초의
저탄수화물 식단이다.

다이어트의 세계는 매우 다채롭다. 1970년대에는 온갖 종류의 다이어트가 유행했다. 끼니마다 자몽 반 개를 섭취하라고 권장한 '자몽 다이어트'가 있었는가 하면, 아침에 단백질 밀크셰이크를 마시고 점심에는 또 다른 밀크셰이크를 마시는 '슬림-패스트 다이어트'도 있었다. 2주 동안 하루에 700kcal만 섭취하는 '스카스데일Scarsdale 다이어트'는 안타깝게도 여자 친구의 총에 맞아 사망한 허먼 타노워Herman Tarnower 박사가 고안한 요법이다(이 다이어트와 사망 사이에 인과관계가 있는 것은 아니다).

1980년대에는 더 새로운 다이어트가 등장했다. '양배추 수프 다이어트'는 바나나, 탈지유와 함께 매일 양배추 수프 두 그릇을 마시는 방식이다. 무슨 냄새가 났을지 짐작이 간다. 30주 동안 《뉴욕타임스The New York Times》 베스트셀러 목록에 올랐던 '베벌리힐스 다이어트'는 10일 동안 한 가지 음식만 먹고 그다음 10일 동안 다른 음식을 먹는 방식으로 진행되었다. 1회차에는 과일, 2회차에는 탄수화물, 3회차에는 단백질이라니…… 매혹적이지만 실천하기는 어려웠다. 그러다가 1988년에 '유동식 다이어트'가 등장했다. 유동식liquid이란 알코올음료가 아니라 액상 단백질을 의미하는데, 오프라 윈프리Oprah Winfrey가 이 다이어트의 옹호자로 유명했다. 그녀는 체중을 많이 감량하긴 했지만, 나중에는 유동식 다이어트를 옹호한 것이 TV 방송에서 저지른 아주 큰 실수 중 하나라고 실토했다.[28]

1995년에는 제니퍼 애니스톤Jennifer Aniston이 '존Zone 다이어트'를 홍보했는데, 이것은 지방, 단백질, 탄수화물을 특정 비율로 배합해 섭취하는 방법이다. 2002년, '마크로비오틱macrobiotic 다이어트'가 등장했다. 귀네스 펠트로Gwyneth Paltrow가 지지한 이 다이어트는 육류, 유제품, 달걀, 가공식품, 설탕을 줄이는 대신 채소, 대두, 그 밖의 콩류를 많이 섭취하는 방식이다. 2007년에는 날음식만 먹는 '생식 다이어트'가 등장했다. 2012년에는 냉압착 과일cold-pressed fruit과 채소 주스가 크게 유행했는데, 이 방법은 체중 감량에는 아무런 도움이 되지 않았을지 몰라도 최소한 과일과 채소를 많이 섭취하게는 해 주었다.

그리고 2014년에는 '팔레오Paleo 다이어트'가 시작되었다. 제시카 비엘Jessica Biel과 우마 서먼Uma Thurman 같은 유명인들이 이 다이어트를 지지하며 원시인처럼 먹는 방법을 사람들에게 보여 주었다. 그런데 '원시인처럼 먹는다'는 게 무슨 뜻일까? 옛날 우리 조상들이 사냥과 채집을 해서 살아가던 때에 구할 수 있었던 음식만 먹는 것으로, 기본적으로 과일, 채소, 견과류, 약간의 육류를 균형 있게 섭취하는 것을 말한다. 왠지 섬뜩한 느낌이 든다. 우리 조상들이 과연 그것만 먹었을까? 예컨대 연구자들은 최근 우리 원시인 조상 중 일부가 식인 풍습을 행했다는 사실을 발견했는데……[29] 다행히도 인육은 적어도 지금까지는 팔레오 다이어트에 포함되지 않았다. 팔레오 다이어트 신봉자들은 지난 10년 동안 다양한 유행에 편승했다. 케일 먹기, 사골 국물 마시기, 입식 책상만 사용하기, 퀴노아 먹기, 스마트워치 착용하기, 여성이라면(심지어 남성이라도) 요니 에그Yoni egg* 구입하기…… 이 모든 것이 다이어트에 도움이 된다고 주장했지만, 이 중에서 확실한 과학적 근거를 갖춘 것은 하나도 없었다.

최근에는 '지중해식 다이어트'가 많은 관심을 끌고 있다.[30] 이 현상은 전 세계의 블루존blue zone에 사는 사람들을 대상으로 한 연구에서 비롯되었다. 블루존이란 사람들이 노년(종종 100세)까지 건강하게 사는 지역을 말하는데, 그중에서도 이탈리아의 아치아올리와 사르데냐가 광범위하게 연구되었다. 이 지역 사람들이 오래 사는 데는 가벼운 운동, 가족 및 지역 사회의 강한 유대감 등 여러 가지 이유가 있지만, 식단이 핵심적인 역할을 하는 것으로 평가된다. 식단에는 채소(특히 완두콩, 강낭콩 같은 콩류)가 최대 90%까지 풍부하게 들어 있고, 로즈메리 같은 허브와 올리브유도 포함된다. 이 식단의 핵심은 1인분의 양이 적고, 늦은 오후나 초저녁에 가장 적은 양의 식사를 하는 것이다. 이 지역에서 노년까지 사는 사람들은 과체중이나 비만이 거의 없으며 항상 적게 먹는다.[31] 일부 블루존에서는 하루 한 잔의 와인을 권장하기도 한다.

이제 나쁜 소식을 전할 차례다. 이러한 식단들의 효과를 과학적으로 설득력 있게 뒷받침하는 증거는 없다. 설령 효과가 있고 체중을 감량할 수 있다고 해도 계속해서 체중을 줄이기는 불가능하다. 그

---

* 질 안에 삽입하는 달걀 모양의 돌로, 생식 능력과 관능미를 강화하고 치유를 촉진한다고 알려져 있다.

리고 자몽 다이어트와 같은 일부 식단은 말도 안 되는 이야기다.

지금까지 언급한 다이어트 중 상당수는 저지방 다이어트, 저탄수화물 다이어트, 저칼로리 다이어트라는 세 가지 주요 유형 중 하나에 속한다. 하나씩 살펴보자.

먼저, 저지방 다이어트는 이름에서 알 수 있듯이 지방 섭취량을 극적으로 줄이는 식단을 일컫는다. 그러나 이런 유형의 식단이 줄이는 것은 본질적으로 '칼로리'가 아니라 '음식의 종류'일 뿐이다. 지방을 너무 많이 섭취하면 결국 체내에 축적되므로 '입술에서 1분, 엉덩이에 평생'이라는 말은 지당할 수 있다. 지방을 저장하는 주요 세포 유형을 지방 세포adipocyte라고 한다. 지방이 쌓이면 특히 위험한 부위는 허리 주위인데, 이 부위의 지방을 내장 지방visceral fat이라고 하며, 심각한 건강 문제의 위험을 '활발히' 키울 수 있어서 '활성 지방'이라고도 한다.[32] 허리둘레를 측정하는 것이 과체중 또는 비만 여부를 평가하는 데 유용한 이유 중 하나가 바로 내장 지방의 양을 측정할 수 있기 때문이다.

여성은 허리둘레가 35인치(약 89cm) 이상이면 건강 문제가 발생할 위험이 있다. 남성은 40인치(약 102cm) 이상이다. 다행스럽게도 내장 지방은 운동과 다이어트에 반응한다. 특히 저지방 식단으로 전환하면 더욱 효과가 좋다. 그리고 내장 지방에 관한 흥미로운 발견이 있다. 스트레스 호르몬인 코르티솔cortisol이 내장 지방의 양을 증가시킨다는 것이다. 바로 이 때문에 만성 스트레스를 비만의 위험 인자 중 하나로 꼽는다.[33] 2~12개월 동안 진행한 16건의 저지방 다이어트 임상시험 결과를 분석했더니 평균 3.2kg의 체중이 줄었는

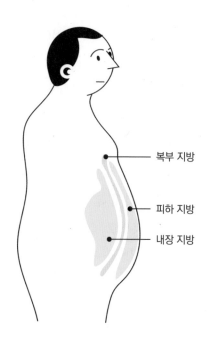

복부 지방

피하 지방

내장 지방

지방은 다양한 형태로 존재한다.
허리둘레를 불룩하게 만드는
내장 지방은 특히 위험한 지방이다.

데, 이 중 상당 부분이 내장 지방 감소에 기인한 것으로 나타났다.[34]
잘 설계된 저지방 다이어트를 한다면 허리둘레가 약간 줄어드는 것
을 느낄 수 있을 테고, 허리띠를 한 단계 조여야 할 수도 있다.

저탄수화물 다이어트는 탄수화물을 줄이고 단백질과 지방을 더
많이 섭취하는 식단이다. 이 다이어트를 선택했다면 곡물, 과일, 채
소 같은 탄수화물 공급원과 흰 빵, 파스타, 비스킷, 케이크, 가당 음
료 등 탄수화물이 든 다양한 가공식품 섭취를 줄여야 한다. 저탄수
화물 다이어트는 두 가지 방식으로 작동한다고 알려져 있다. 첫 번
째는 인체가 비상시에 대비해 영양분을 저장하느라 탄수화물을 지
방으로 전환하는 흥미로운 생화학에 의존하는 것이다. 따라서 탄
수화물 섭취를 줄이면 체내에 지방이 덜 쌓인다. 두 번째 메커니즘

은 인슐린과 관련 있다. 우리가 음식을 먹고 나면 췌장이 혈당 상승에 반응하여 인슐린을 분비한다. 이 호르몬은 세포가 혈당을 흡수하여 에너지원으로 사용하도록 도와준다. 반면에 배가 고프면 인슐린 수치가 낮아지므로 인체는 저장된 지방을 태워 에너지를 얻는다. 따라서 저탄수화물 식단은 인슐린 수치를 낮추고, (짜잔!) 지방을 더 많이 태울 것이다. 사람들 대부분은 탄수화물 섭취를 줄이면 체중을 줄일 수 있다. 일주일에 0.5~0.7kg을 감량하려면 하루에 500~750kcal를 줄여야 하는데,[35] 이는 청량음료 5캔, 감자 10개, 또는 빵 10조각에 해당하는 양이다.

2015년에 발표된 한 총설 논문에서, 단백질 함량이 높고 탄수화물 함량이 낮은 식단이 체중 감량에 어느 정도 도움이 되는 것으로 나타났다.[36] 여기에 흥미로운 메커니즘이 하나 더 있는데, 식단에 단백질이 많을수록 포만감을 빨리 느낀다는 것이다.[37] 포만감은 전적으로 장에서 혈액을 배출하는 주요 혈관 벽에 있는 뮤-오피오이드 μ-opioid 수용체*에 달렸다. 이 수용체가 활성화되면 음식을 더 먹으라는 신호를 뇌에 보낸다. 단백질(더 정확하게는 단백질에서 파생된 단편인 펩타이드)은 이 수용체의 활동을 억제함으로써 포만감을 느끼게 하고 식욕을 낮춘다. 저탄수화물 식단에는 육류, 생선, 유제품과 같은 다양한 단백질 공급원뿐 아니라 대두, 콩류 같은 식물 단백질 공급원도 포함된다. 일부 연구는 장기간에 걸친 고단백 식단이 신장 손상과 같은 문제를 일으킬 수 있음을 보여 주었다.[38] 그러나 저탄

---

*   이 수용체는 뇌에도 분포하는데, 뇌에 있는 뮤-오피오이드 수용체는 약물 중독과 관련이 있다. 자세한 내용은 6장을 참고하라.

수화물·고단백 식단이 적어도 단기적으로는 체중 감량에 도움이 될 수 있다는 것이 대부분의 연구 결과다.

인기 있는 저탄수화물·고단백 다이어트 중 하나는 미국의 심장학자 로버트 앳킨스Robert Atkins 박사의 이름을 딴 '앳킨스 다이어트'다. 앳킨스 다이어트의 기본은 앞에서 언급한 바와 같이 탄수화물 대신 이미 저장된 지방을 태우는 것이다. 케톤증ketosis으로 알려져 있는 이러한 전환은 두통, 피로, 변비, 입냄새를 유발할 수 있어 문제의 소지가 있다. 실제로 앳킨스 다이어트를 실천하는 사람 대부분이 체중을 감량하긴 하지만 이를 지속하기는 어렵다고 한다.[39]

마지막으로 흔한 저칼로리 다이어트가 있다. 이것은 식단의 균형을 유지하면서 총칼로리 섭취량을 줄이는 방식을 의미한다. 권장 목표는 하루에 500~1,000kcal만 섭취하는 것이다. 이렇게 하면 일주일에 0.5~1kg의 체중을 줄일 수 있다.[40] 미국에 본사를 둔 NIC는 저칼로리 식단에 대한 무작위 대조시험(치료법이 효과가 있는지 시험하는 최적 표준) 34건을 평가한 결과, 3~12개월에 걸쳐 총 체질량을 8%까지 줄일 수 있음을 발견했다.[41] 이 정도면 상당한 성과다. 허리둘레가 8% 줄어든다는 것은 청바지 치수가 한두 단계 줄어든다는 뜻이니 말이다.

그런가 하면 하루에 200~800kcal만 섭취하되, 앳킨스 다이어트처럼 주로 단백질과 지방에 의존하는 초저칼로리 다이어트도 있다. 이 방법은 사실상 신체를 기아 상태에 빠뜨림으로써 평균적인 사람은 일주일에 1.5~2.5kg을 감량하게 된다. '2-4-6-8'로 알려진 이 다이어트의 한 방법은 첫째 날에 200kcal, 둘째 날에 400kcal, 셋째 날에 600kcal, 넷째 날에 800kcal를 섭취하는 4일 주기를 따른다.[42] 그런 다음, 5일째에는 종일 단식을 하고 6일째부터 4일 주기를 다시 시작한다. 이렇게 하면 체중을 상당히 감량할 수 있지만, 반드시 영양사의 감독하에 비만 관리를 위해서만 적용해야 한다.

지금까지 살펴본 접근 방법 중 일부는 효과가 있다는 증거가 있지만, 다이어트가 끝나면 요요 현상이 일어나 체중이 다시 늘어나는 비율이 높다.

체중 감량에 도움이 되는 것 중 하나는 '주변의 지원'이다. 가장 좋은 예는 미국에 본사를 둔 웨이트워처스WeightWatchers다.[43] 이 회사는 체중 감량에 도움이 되는 다양한 제품과 서비스를 제공하는데, 이는 2018년에 15억 달러의 매출을 올린 매우 성공적인 사업이다. (같은 해에 건강과 웰빙에 초점을 맞춘 더 광범위한 목표를 반영하기 위해 'WW'로 브랜드를 변경했다.) 웨이트워처스 창업자인 진 니데치Jean Nidetch는 사업에 뛰어들기 전까지 내내 과체중이었다. 체중 감량을 위해 알약, 최면술, 유행하는 다이어트 등 온갖 방법을 시도했으나 번번이 실패했다. 한번은 뉴욕의 한 체중 감량 프로그램에 참여했다가 과체중 회원 6명을 규합하여 지원망을 조직하기로 했다. 그녀는 일주일에 한 번씩 체중을 측정하고, 공감, 친밀감, 상호 이해, 체험담과 아이디어 공유하기에 주력하는 시스템을 채택했다.

WW는 일시적으로 유행하다 사라지는 여느 다이어트와 달랐다. 이 다이어트는 음식의 칼로리를 포인트 제도로 활용함으로써 참여자가 스스로 영양가 있는 음식을 선택하고 양을 조절해 칼로리 섭취를 줄이는 것을 목표로 삼도록 장려하는 방식으로 운용된다. 많은 전문가가 WW를 지지하는 데는 이유가 있다. 첫째, 쓰레기 과학 junk science이나 '마법의 치료법'을 내세우지 않는다. 둘째, '먹지 말아야 할 것'보다 '무엇을 먹어야 하는지'에 초점을 둔다. 셋째, 사회적 관심이 다이어트를 지속하는 데 도움이 될 수 있기 때문이다.

그렇다면 WW의 프로그램이 과연 효과를 발휘할까? 2015년, 존스홉킨스대학교 의대 연구진이 의미 있는 연구를 수행했다.[44] 연구진이 4,200건의 연구를 검토했더니 상업용 체중 감량 프로그램 32개 중 11개만이 무작위 대조시험을 통해 엄격하게 연구된 것으로 나타났다. 비록 과학적으로 완벽하게 설계된 연구는 거의 없었지만, WW와 또 다른 체중 감량 회사인 제니 크레이그Jenny Craig가 분석에서 좋은 결과를 얻었다. 잘 통제된 임상시험을 12개월에 걸쳐 수행한 결과, 두 회사의 프로그램 모두 '참여자가 비참여자보다 체중 감량에 더 큰 효과를 거두었다'는 증거를 제시했다. 앳킨스 다이어트와 관련 있는 프로그램의 효과도 임상시험을 통해 뒷받침되었다.

그러나 비만이 자꾸 느는 추세를 어찌하면 좋을지 묻는다면 과학자들은 머리를 긁적이게 된다. 효과가 오래 유지되는 것으로 입증된 다이어트는 거의 없기 때문이다. 존스홉킨스 연구진의 조언에 따르면 의사가 과체중 환자를 WW나 제니 크레이그에 의뢰하는 방안을 고려해 볼 수는 있지만, 이러한 접근 방법의 실제 효과는 대조군보다 기껏해야 2~5% 나을 뿐이다.

모든 사람이 '덜 먹고 더 많이 운동해야 한다'는 조언을 따르기는 쉽지 않다. 비만 발생률은 기후 변화와 비슷한 양상으로 계속 증가하고 있다. 수명을 단축할 뿐 아니라 모든 질병의 위험을 높인다는 점에서 비만은 이 시대의 가장 큰 건강 문제 중 하나다. 2030년까지 미국의 성인 2명 중 1명이 비만이 될 것이며, 4명 중 1명은 고도 비만이 될 거라는 암울한 예측이 있다.[45] 비만 위험의 기초가 되는 유전학을 더 잘 이해하면 해답을 얻을 수 있을까? 그런 지식을 빌리면 자구책 없어 보이는 우리에게 진정으로 도움이 되는 신약(고만고만한 신약으로는 어림도 없다)을 개발할 수 있을까? 그렇게 되기를 바란다. 그렇지 않으면 미래의 지구는 과체중 인구와 굶주리는 인구가 병존하는 과열된 행성이 될 것이며, 두 그룹 모두 사상 유례없는 속도로 죽어갈 테니 말이다. **현재로서 결론은 매우 명확하다. 대다수 다이어트는 장기적으로 효과가 없으니 덜 먹고 더 많이 운동하는 것이 답이다.**

5장

우울증

마음의 염증도
치료할 수 있으니,
힘을 내 볼까요?

"불행보다 더 웃긴 건 없죠.
그건 나도 인정해요.
네, 네, 세상에서 제일 우스운 일이죠."

사뮈엘 베케트Samuel Beckett, 《막판Endgame》 중에서

나는 서른세 살 때 약간의 우울증을 겪었다. 첫째 아들이 막 태어 났고 건강에 대한 두려움이 조금 있었는데, 이 두 가지가 복합적으로 작용하여 아들 곁에 있어 주지 못할까 봐 걱정하고 미래에 대해 막연한 절망감을 느꼈던 것 같다. 불면증이 심했고 식욕도 없었으며 삶의 기쁨마저 사라졌다. 어린 아들을 품에 안고 '왜 나는 이 기쁨을 느끼지 못하는 걸까?', '내가 왜 울고 있는 걸까?' 생각하곤 했다. 그래도 운이 좋아서 출근도 못 할 만큼 심하지는 않았지만 나름대로 큰 충격을 받았다. 그래서 의사를 찾아가 항우울제와 수면 보조제를 처방받았다. 약물과 약간의 대화요법이 도움이 되었고, 4개월쯤 지나 안도감을 느끼며 우울증에서 벗어나기 시작했다. 안개가 걷히기 시작하던 그 순간이 지금도 생생하게 기억난다. 봄이 왔고, 나는 서느렇고 습한 아일랜드 날씨를 피해 스페인 남부의 말라가로 가족과 함께 짧은 휴가를 떠났다. 임대한 아파트 발코니에 앉아 아침 햇살을 받으며 장모님과 차 한 잔을 마시니 기분이 좋아졌다. 그 경험을 통해 나는 다른 사람들이 우울증으로 어떻게 고통받고 있는지에 대한 통찰을 얻었다. 나에게 무슨 일이 일어났으며, 왜 그렇게 많은 사람이 우울증으로 힘들어하는 걸까?

겉으로 보기에 우리는 과거 어느 때보다도 좋은 시대에 살고 있다. 오늘날 많은 국가에서 남성은 예전처럼 눈만 뜨면 들판이나 탄광에 가서 고된 노동을 하거나 전쟁터에서 죽어가는 등 '조용한 절망'*의 삶을 살지 않아도 된다. 적어도 서구 국가에서는 여성들이 임신과 출산, 영아 사망, 차별의 굴레에서 벗어나 원하는 만큼의 완전한 삶을 살 수 있게 되었다.

그런데 최근 설문 조사에서 청소년들의 가장 큰 관심사는 10대의 임신이나 흡연, 음주와 관련된 오래된 두려움이 아니라 불안과 우울증에 대한 두려움인 것으로 밝혀졌다.[1] 성인은 상당수(18%)가 일생에 한 번 이상 심각한 우울에피소드depressive episode(우울증이 심해져 상담이나 약물요법이 필요한 상태)를 경험한 것으로 나타났다.[2] 대학생의 경우는 정신 건강 문제에 관하여 도움을 구하는 학생 수가 늘고 있다. 아일랜드에서는 2010년에 학생 6,000명이 상담을 신청했는데 2018년에는 약 1만 2,000명으로 늘었다.[3] 미국에서는 학생들의 중등도moderate 및 중증severe 우울증 비율이 2007년 23.2%에서 2018년에는 무려 41.1%로 증가했다. 우울증이나 불안에 시달리는 학생의 비율이 35%를 넘는다는 연구 결과도 보고되고 있다.[4] 사정이 이

---

* 헨리 데이비드 소로Henry David Thoreau는 자신의 저서 《월든Walden》에서 다음과 같이 말했다. "사람들은 대부분 조용한 절망 속에서 살아간다."

러하다 보니 대학의 상담 서비스는 과부하 상태다.

자살이라는 총체적인 비극뿐 아니라 우울증으로 인한 고통의 정도를 고려할 때, 우울증은 우리가 가장 관심을 기울여야 할 심각한 문제다. 어디서부터 잘못되었기에 이렇게 끔찍한 지경에 이르렀을까? 건강, 깨달음, 자유에 대한 모든 약속이 안타깝게도 물거품이 되었다. 조상들처럼 조용한 절망 속에서 살지는 않더라도 상당수의 현대인이 다시금 절망적인 삶을 살고 있다.

그러나 너무 실망할 필요는 없다. 만약 우울한 기분을 느낀 적이 있다면, 당신은 좋은 친구들과 함께하는 셈이다. 당신은 캐롤라인 아헌(배우), 버즈 올드린(우주비행사), 한스 크리스티안 안데르센(작가), 말론 브랜도(배우), 케이트 부시(가수), 조니 캐시(가수), 레너드 코헨(가수), 찰스 다윈(과학자), 찰스 디킨스(작가), 밥 딜런(가수), 스티븐 프라이(배우), 레이디 가가(가수), 마틴 루서 킹(목사), 스티븐 킹(작가), 존 레넌(가수), 에이브러햄 링컨(정치인), 스파이크 밀리건(코미디언), 짐 모리슨(가수), 모리세이(가수), 돌로레스 오리오던(가수), 스팅(가수), 볼프강 아마데우스 모차르트(작곡가), 아이작 뉴턴(과학자), 브래드 피트(배우), 실비아 플라스(시인), 에드거 앨런 포(작가), 잭슨 폴록(화가), 세르게이 라흐마니노프(작곡가), 브루스 스프링스틴(가수)과 같은 클럽에 속해 있다. 그리고 이들은 모두 나의 영웅이다.

이들의 공통점은 임상적 우울증을 겪었다는 것인데, 우리는 스팅 Sting이 우울증에 걸린 이유를 완벽히 이해할 수 있다. 〈황금의 들판 Fields of Gold〉을 작곡한 사람이라면 누구라도 약물요법을 고려해야

1950년대 라디오 코미디쇼의 대본과 다수의 책을 집필한 아일랜드의 코믹 천재
스파이크 밀리건(1918~2002)을 기리는 벤치. 스파이크는 평생 양극성장애를 앓았지만
글쓰기와 연기로 수백만 명에게 기쁨을 선사했다.

했을 것이다. 그럼 브래드 피트Brad Pitt는 어떨까? 아니면 우리 모두
에게 많은 기쁨을 안겨준 동화 작가 안데르센Hans Christian Andersen은?
이 얘기는 우리에게 한 가지 사실을 말해 준다. 우울증은 사람을 가
리지 않는다고 말이다. 혹시 성공이 우울증을 부르거나 악화시킬
수 있다는 말을 들어본 적이 있는가?[5] 예컨대 회사의 최고경영자
(CEO)가 되면 우울증에 걸릴 수 있다고 한다. 실제로 CEO는 일반
대중보다 우울증 유병률이 2배나 높다고 알려져 있다.[6]

　그렇다면 우울증(주요우울장애)이란 정확히 무엇일까? 우울증은
'기분 저하'와 '의욕 상실'이 지속되는 상태를 뜻한다. 이 두 가지 특
징은 함께 나타난다. 즉, 우울증에 걸린 사람은 기분이 가라앉고, 평

소에 하던 일도 하고 싶지 않게 된다. 누군가 의사를 찾아와 우울증을 호소한다면 의사는 그에게 다양한 질문을 던질 것이다. 의사는 우울증을 판별하기 위해 핵심 지표를 사용하는데, 환자가 우울증으로 진단받으려면 다음 아홉 가지 증상 중 다섯 가지(단, ①-1과 ①-2의 증상 중 적어도 하나가 반드시 포함되어야 한다)를 최소한 2주 동안 거의 매일 겪어야 한다.

①-1 하루의 대부분 또는 거의 매일 느끼는 슬프거나 우울한 기분

①-2 한때 즐거웠던 일에 대한 즐거움 상실

② 체중이나 식욕의 큰 변화

③ 거의 매일 겪는 불면증 또는 과도한 수면

④ 다른 사람들이 알아차릴 정도의 신체적 불안

⑤ 거의 매일 겪는 피로 또는 기력 저하

⑥ 거의 매일 겪는 절망감이나 무가치감 또는 과도한 죄책감

⑦ 거의 매일 겪는 집중력 문제나 의사 결정 문제

⑧ 죽음이나 자살에 대한 반복적인 생각[7]

여기서 중요한 것은 증상이 지속되는 기간이다. 모든 사람이 때때로 이런 감정을 느끼지만 얼마 후 회복하기 때문이다. 우울증은 다시 찾아오기도 하지만 대다수는 우울증 없이 지내는 시간이 더 많을 것이다.

몇몇 척도를 사용하면 우울한 상태가 얼마나 심각한지 측정할 수 있다. 대표적으로 미국의 정신과 의사 아론 벡Aaron T. Beck이 작성한 벡우울척도-2판Beck Depression Inventory-II(BDI-II)과 9개 항목으로 구성된 우울증 평가 도구인 환자건강질문지-9Patient Health Questionnaire-9

(PHQ-9)* 등이 있다. 하지만 신체검사나 혈액검사, 신체를 스캔하는 등의 방법으로는 우울증을 진단할 수 없다. 갑상샘 호르몬 결핍이 우울증을 유발할 수 있으므로 갑상샘 호르몬을 측정해 일부 질환을 가려낼 수는 있지만, 우울증을 유발하는 혈류의 생화학 물질을 측정하는 검사는 없다.

따라서 항우울제의 효과는 오직 환자만이 평가할 수 있으며, 이 때문에 항우울제에 대한 임상시험이 어렵다. 환자의 보고(질문지에 답을 작성하는 것)는 불확실하기로 악명 높다. 환자가 양식을 잘못 작성하거나 자신의 감정을 과장 또는 축소하는 일이 더러 있기 때문이다. 하지만 검사자는 환자가 기술한 내용을 믿고 시험을 진행하는 수밖에 없다. 임상시험에서 항우울제의 효과가 미미하게 나타난 이유 중 하나는 환자의 보고가 부실했기 때문일 수 있다.

최근 분석에서는 항우울제의 효과 중 대부분이 위약 반응placebo response(플라세보 효과)에 기인한 것으로 나타났다.[8] 도대체 무슨 일이 일어나고 있는 걸까? 시험자와 대화하고 관심을 받는다는 것만으로도, 또는 임상시험에 참여하고 있다는 사실만으로도 환자의 기분이 좋아지는 것 같다. 우울증은 '뇌의 화학적 불균형의 결과'라는 믿음이 널리 퍼져 있는데, 그 불균형이 무엇이든 위약을 비롯한 다양한 비의료적 개입이나 약물요법 등의 방법으로 환자는 회복될 수 있다. 위약은 '개입하지 않는 것'이 아니라는 점이 중요하다. 환자가 직접적인 치료를 받지 않더라도 자신이 임상시험에 참여하고 있다

---

* 제약 회사 화이자의 지원으로 만든 우울증 평가 척도.

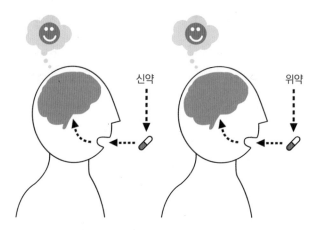

임상시험을 제대로 수행하려면 이중 맹검(환자와 연구자 모두 '누가 신약으로 치료받는지' 모르게 진행하는 것)과 위약 대조(모양과 맛이 시험 중인 약과 동일한 가짜 약을 치료받지 않은 환자에게 투여하는 것)를 거쳐야 한다.

는 것을 알기 때문에 위약은 '개입'에 해당한다.

　주요우울장애는 흔한 질병이다. 환자의 비율은 일본이 7%, 프랑스는 21%에 이르는 등 나라마다 다르다.[9] 연구에 따르면 대다수 국가에서 우울증 유병률이 8~18%라고 한다. 이는 100명이 있는 방에서 8~18명이 삶의 어느 시점에서 우울증으로 고통받게 된다는 뜻이다. 주요우울장애는 남성보다 여성에게 2배 흔한데, 이유는 분명하지 않다. 사람들은 30~40세에 첫 번째 우울증에 걸릴 가능성이 가장 크며 50~60세에 두 번째 정점에 도달한다. 파킨슨병, 뇌졸중, 다발경화증과 같은 기저 신경 질환이 있는 사람은 심장마비를 겪은 직후나 출산 후 첫 1년 동안에 우울증 위험이 상당히 증가한다. 산후우울증은 여성 10~15%가 겪는 심각한 질환인데,[10] '출산 과정과 그 후에 일어나는 호르몬 변화'와 '부모가 된다는 압박감'으로 발생하는 것으로 추정된다. 여러 연구에 따르면 노인은 우울증 발병률이 낮다. 정확한 이유는 알려지지 않았지만, 나이가 들수록 삶을 바라보는 관점이 넓어지고 사소한 일에 더는 신경 쓰지 않게 돼서 그렇다는 것이 한 가지 이론이다.

고대 그리스인들은 우울증이 담관(쓸갯길)과 관련 있다고 생각했다. 그리스인들은 흑담즙(검은 쓸개즙), 황담즙(노란 쓸개즙), 점액, 혈액이라는 네 가지 체액humour의 균형에 의해 우리의 정신 상태가 좌우된다고 생각했다. 그중에서도 균형이 깨지는 것을 싫어한 체액이 있었으니, 바로 흑담즙이었다. '검은색'을 뜻하는 그리스어 멜란melan은 '우울한 상태'를 뜻하는 멜랑콜리아melancholia라는 용어를 탄생시켰는데, 여기에는 흑담즙의 불균형이 우울증의 원인이라는 생각이 담겨 있다. 기분을 의미하는 '유머humour'라는 용어도 이 개념에서 유래했다.

하지만 우울증의 중심은 우리 뇌에 있다. 오늘날 우리는 '우울증에서 중요한 것은 마음이며, 마음은 뇌에 있다'는 사실을 알고 있다. 그러나 우리는 아직도 마음이 무엇인지 모른다. 간단하게 말하면 마음은 뇌 속의 뉴런(신경 세포)이 형성하는 복잡한 회로와 관련이 있지만, 신경과학자들은 '마음은 그보다 훨씬 더 복잡하다'며 섣불리 컴퓨터를 들먹이지 말라고 경고한다.

인간의 뇌에는 1000억 개의 뉴런이 있으며, 이것들은 모두 아우성치며 반복해서 발화firing한다. 뉴런으로 구성된 복잡한 생화학적 기계의 작동 메커니즘은 아직 밝혀지지 않았지만, 인간의 기억·지능·성격은 본질적으로 뉴런 사이의 상호 작용에서 비롯되는 것으로 생각된다. 이 같은 마음의 작용에 모종의 불균형이 발생하여 우울증으로 이어진다는 것이 이 질병에 대한 가정이다.

한 예로 우울증 환자의 뇌를 측정하려는 일련의 시도에서 몇 가지 차이점이 드러났다. 우울증 환자의 뇌는 가쪽뇌실(측뇌실)이라는 부분의 용적이 증가하고 시상, 해마, 이마엽(전두엽)과 같은 다른 영역의 용적은 감소하는 것으로 나타났다.[11] 이는 우울증 환자의 뇌 구조에 실제로 변화가 있음을 시사한다. 뇌 활동을 측정한 스캔 결과에서도 우울증 환자는 약간의 차이를 보였는데, 결과는 엇갈린다. 그래서 뇌 스캔은 우울증을 진단하거나 경과를 추적하는 데 일상적으로는 사용하지 않는다.

뉴런은 신경전달물질이라는 화학물질을 방출함으로써 서로 연결된다. 이러한 연결 고리를 시냅스라고 하며, 신경전달물질은 마치 릴레이 경주에서 한 주자(시냅스 앞 뉴런)가 다음 주자(시냅스 뒤 뉴런)에게 넘겨주는 바통과 같다. 세로토닌serotonin, 노르에피네프린, 아세틸콜린acetylcholine, 도파민dopamine, 글루탐산염glutamate 등이 바로 이 바통에 해당하는 물질들이다. 우리는 흔히 '일부 신경전달물질이 교란되므로 약물을 이용하여 회복시켜야 한다'고 이야기하지만, 우울증 환자의 신경전달물질이 비정상적이라거나 항우울제를 복용하면 정상화된다는 주장을 뒷받침하는 증거는 거의 없다. 어떤 면에서 이는 터무니없는 속설이다.

케임브리지대학교의 정신과 교수 에드워드 불모어Edward Bullmore가 자신의 저서 《염증에 걸린 마음The Inflamed Mind》에 쓴 것처럼, 우울증 환자가 정신과 의사에게 "나에게 무슨 문제가 있나요?"라고 물으면 정신과 의사는 교란된 뇌 화학물질과 약물로 이를 고치는 방법을 말해 줄 것이다. 하지만 환자가 "그런 화학물질을 측정해서 진단에 도움이 되거나 치료 효과가 있음을 증명할 수 있나요?" 하고 다그친다면 의사는 꼬리를 내릴 것이다.[12]

의사와 환자 모두 우울증에 관한 통설을 상당히 신뢰하는데, 이는 과학이 널리 퍼졌다고 볼 수 있는 21세기에 어울리지 않는 태도다. 물론 신경전달물질이 기분에 영향을 미친다는 증거가 있지만, 주로 동물 실험에서 밝혀졌거나 '세로토닌 같은 화학물질의 수치를 조절하는 단백질을 코딩하는 유전적 변이가 우울증과 연관될 수 있다'는 유전학에 기반을 둔 것이다. 의사가 환자의 우울증을 진단하고 해당 환자를 돕기 위한 행동 방침을 제시하는 데 사용할 만한 확실한 방법은 아직 없다.

세로토닌은 매혹적인 신경전달물질이다. 이것이 관심을 끄는 까닭은 '세로토닌 선택적 재흡수 억제제(SSRIs)'라는 약물이 우울증 치료법의 주류를 이루기 때문이다. 1990년대에 등장한 경이로운 약물 푸로작Prozac이 SSRI에 해당한다. 2017년에 미국에서는 거의 2200만 건에 달하는 푸로작 처방전이 발행되었는데, 이는 10년간 거의 변함이 없는 수치여서 푸로작의 인기가 시들지 않았음을 짐작할 수 있다.[13]

최근 연구에서 영국의 항우울제 처방 건수는 2008년 3600만 건에서 2018년 7090만 건으로 10년 사이에 거의 2배로 증가한 것으로 나타났다.[14] 주로 처방되는 항우울제는 SSRI이고, 다른 종류로는 '모노아민산화효소 억제제(MAOIs)'가 있다. MAOI는 뇌에서 세로토닌, 도파민, 노르에피네프린 같은 모노아민monoamine이 분해되는 것을 차단하는 약물이다. 아일랜드에서는 2009년 이후 항우울제 처방 건수가 3분의 2 증가했는데, 아일랜드에서 가장 흔한 것은 (또 다른 SSRI인) 렉사프로Lexapro로, 2017년에 60만 9,655건이 처방되었다.[15] 한마디로 엄청나게 많은 우울증 환자에게 엄청나게 많은 약이 처방되고 있다. 그런데 약이 과연 효과가 있을까? 그런 것 같다. 중등도 및 중증 우울증 환자의 우울증 점수가 전반적으로 50% 감소하는 등 일부 환자들에게는 확실히 효과가 있는 것으로 보인다.

세로토닌은 약 400억 개의 뇌세포에 영향을 미치는데, 여기에는 기분, 성욕, 식욕, 수면, 기억과 학습, 사회적 행동, 심지어 체온 조절에 관여하는 뇌세포도 포함된다. 그러나 살아 있는 뇌에서 세로토닌의 영향을 측정할 방법은 없다. 세로토닌의 변화가 뇌의 아주 작은 부분에서만 분명하게 나타날 수 있기 때문이다. 그리고 세로토닌 수치가 우울증이나 정신 질환과 연관되어 있다는 증거도 없다. 세로토닌 수치는 혈액에서 측정할 수 있고 우울증 환자의 혈중 세로토닌 농도가 낮다는 증거가 있긴 하지만, 이것은 우울증의 원인이 아니라 결과일 수도 있다. 요점은 SSRI가 뇌의 세로토닌 수준을 높임으로써 효능을 낸다고 추정할 수는 있지만, 정확히 어떻게 작동하는지는 아직 다 알지 못한다는 것이다. SSRI의 또 다른 미스터리 중 하나는 약효가 나타나기까지 한 달 이상 걸릴 수 있다*는 것이다. 운동 역시 우울증을 치료하는 방법으로 입증되었으나 운동이

---

* SSRI의 효과가 늦게 나타나는 이유에 대해서는 지니 스미스Ginny Smith의 《브레인 케미스트리 Overloaded》를 참고하라.

세로토닌 수치를 높인다는 증거는 없다.

　FDA는 임상시험을 체계적으로 검토하여 항우울제가 전반적으로 우울증을 52% 예방한다는 사실을 밝혀냈다.[16] 그리고 522건의 임상시험을 종합적으로 분석한 주요 연구에서는 항우울제가 위약보다 효과적인 것으로 드러났다.[17]

　살펴본 바와 같이, 뇌의 화학과 기능에 관한 연구는 지금껏 '우울증에 관한 물질적 설명'을 내놓지 못해 우리를 실망케 하고 있다. 우울증의 원인에 대해서도 아이디어는 있지만 명확한 결론이 없는 상태다. 다시 말하지만 우울증과 다른 질병 간의 차이는 극명하다. 예컨대 세균이나 바이러스 때문에 발생하는 감염병, 인슐린 부족으로 발생하는 1형당뇨병, 세포의 성장을 조절하거나 종양의 증식을 막는 유전자의 변이로 인한 암에 관해서는 방대한 지식이 축적되어 있다. 따라서 이러한 지식을 바탕으로 치료법을 적용할 수 있다. 하지만 우울증의 원인은 매우 다양하며,[18] 살면서 겪는 사건들이 중요한 역할을 한다. 여기에는 사별, 재정적 어려움, 실직, 의학적 진단, 괴롭힘, 강간, 사회적 고립, 실연, 큰 부상, 심지어 (앞에서 언급한 바와 같이) 성공도 포함된다. 사랑하는 사람을 잃든, 건강을 잃든, 자유를 잃든, 이러한 사건들은 상실감을 유발한다. 또는 우리를 걱정하게 만들고, 걱정은 지난 일을 자꾸 곱씹게 함으로써 우울에피소드로 귀결된다. 그리고 이 모든 것이 뇌에서 화학물질의 불균형을 유발한다. 그렇다면 우리는 약물로 이 불균형을 해소할 수 있을까? 거의 그럴 리 없어 보이지만, 우리가 생각해 낼 수 있는 최선의 설명은 고작 이 정도다.

대개는 시간이 지나면서 우울증이 완화되지만, 우리의 뇌가 새로운 환경에 적응하면서 우울한 감정을 다스리는 법을 터득하기도 한다. 그러나 치료를 받아야 하는 사람도 많으며, 무엇보다도 전문가의 도움을 받으라는 주변의 권고가 필요하다. 비록 정확한 원인이 알려지지 않았고 고통받는 사람의 뇌나 신체 상태를 측정할 수 없을지라도, 다른 질병처럼 우울증도 전문가의 도움이 유용하기 때문이다.

다양한 인생사가 우울증을 유발할 수 있지만 어린 시절의 역경, 특히 신체적 또는 성적 학대는 나중에 우울증을 유발할 수 있는 주요 예측 지표다. 알코올, 진정제, 흥분제(코카인, 암페타민 등) 같은 약물도 우울증을 유발하거나 악화시킬 수 있다. 이러한 약물은 뇌에 악영향을 미치고, 금단 기간에는 우리 뇌가 어떻게든 교란된 부분을 보상하기 마련이어서 이러한 보상이 우울증으로 이어질 수 있다고 본다. 즉, 약물이 불안과 관련 있는 신경전달물질 수준을 낮추는데, 금단 기간에 이러한 신경전달물질이 회복되면서 그 정도가 지나쳐 불안을 유발하는 것으로 보인다.

예를 들어 당신이 폭음한 다음 날 아침, 숙취에 시달리고 있다고 가정해 보자. 몸에서 알코올이 배출되어 행복감이 사라진 상태에서, 알코올 때문에 스위치가 꺼졌던 뇌의 일부(불안감을 유발하는 뇌 영역일 것으로 추측된다)가 반동적으로 더욱 활성화된다. 이에 따라 당신은 모든 것이 정상으로 돌아올 때까지 훨씬 더 불안하고 우울한 기분이 든다. 이 현상은 워낙 유명해서 글루탐산염 반동glutamate rebound이라는 이름을 얻었다.[19] 글루탐산염은 흥분성 신경전달물질

숙취 불안의 화학적 원리

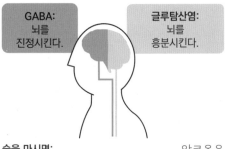

GABA:
뇌를
진정시킨다.

글루탐산염:
뇌를
흥분시킨다.

술을 마시면:
GABA가 증가하고
글루탐산염이
차단된다.

알코올은 억제성 신경전달물질인
가바(GABA) 수준을 높이고
흥분성 신경전달물질인 글루탐산염을
억제한다고 알려져 있다. 이렇게 되면
기분이 좋아진다. 하지만 밤새 술을
마신 후에는 뇌가 반격을 가한다.
즉, 글루탐산염이 다시 증가하는데,
도가 지나쳐 과잉 분비된다. 그 결과로
숙취의 증상 중 하나인 숙취 불안이
발생한다. 숙취를 의학 용어로
'베이살지아veisalgia'라고 하는데,
상사에게 출근할 수 없는 이유를
설명하고 싶을 때 유용한 구실로
써먹을 수 있다.

다음 날 아침:
뇌가 불균형을
바로잡으려고
노력한다.

글루탐산염 반동:
글루탐산염이 더 높은 수준으로
반등하여 불안을 유발한다.

인데, 알코올이 이 물질의 수준을 낮춤으로써 행복감을 선사하는
것으로 생각된다. 그러므로 술을 마시면 불안이 완화되지만, 술이
깨는 동안에는 글루탐산염이 더 높은 수준으로 반등하여 불안을 유
발하게 된다. 오죽하면 숙취로 인한 불안감을 의미하는 '숙취 불안

hangxiety'이라는 용어가 있겠는가!

수줍음이 많고 내성적인 사람들은 대담한 사람들보다 숙취 불안 증상이 심하다고 알려져 있다. 전반적으로 알코올은 우울증의 소인素因이 있는 사람에게 심각한 영향을 미치며, 알코올 중독자는 우울증에 걸리기 쉽다. 또 인생사로 말미암아 알코올 중독자가 될 수 있는데, 이 경우 알코올 때문에 기존의 우울증이 심해질 수도 있다.

우울증의 유전적 요인에 관한 연구도 활발히 진행되고 있다. 가족과 쌍둥이를 연구한 결과, 우울증에 걸릴 위험의 거의 40%가 유전자에 달린 것으로 나타났다.[20] 이는 유전적 요인이 우울증에 관여할 수 있음을 강력히 시사하는 결과로, 가까운 친척이 우울증을 앓았다면 본인도 우울증에 걸릴 가능성이 크다는 것을 의미한다.

일반 인구의 전반적인 우울증 위험은 4명 중 1명(25%) 정도지만, 부모가 우울증을 앓은 적이 있다면 위험은 3배(75%)로 증가하며, 우울증에 걸린 조부모의 손주도 위험이 증가한다.[21] 그리고 우울증을 앓은 형제자매가 있으면 우울증 위험은 2~3배(50~75%)로 증가한다. DNA를 100% 공유하는 일란성 쌍둥이는 50%만 공유하는 이란성 쌍둥이보다 '형제가 함께 우울증에 걸릴 확률'이 더 높다. 여기에는 두 유형의 쌍둥이가 모두 '같은 환경에서 자란다'는 합리적 가정이 있으므로, 이 결과가 더욱 중요한 의미를 띤다. 만약 환경적 요인이 100% 작용한다면 '쌍둥이 형제가 함께 우울증에 걸릴 확률'은 일란성이든 이란성이든 같을 텐데, 결과는 그렇지 않았기 때문이다. 그러나 부모나 (쌍둥이가 아닌) 형제자매가 우울증을 앓았다면 사정이 다르다. 이 경우에는 우울증을 조장하는 환경이 조성될 수 있으므로, 환경과 유전자가 복합적으로 영향을 미치게 된다. 종합하면, 우울증은 유전자와 환경이 복잡하게 상호 작용한 결과일 가능성이 크다.

우울증의 유전학은 매우 복잡해서 어떤 유전자가 관여하는지 정확히 파악하기 어렵다. 2019년에는 우울증 위험을 높이는 유전자 변이 102개가 확인되었다.[22] 5-HTTLPR, CRHR1, BDNF 등의 유전자에는 우울증 위험과 관련된 변이가 있으며, 이러한 변이를 가진 사람은 다른 변이를 가진 사람보다 우울증 위험이 더 크다는 주장이 제기되고 있다. 각 유전자의 기능을 고려할 때, 이 같은 변이가 우울증에 관여한다는 주장은 설득력이 상당히 높다. 5-HTTLPR 유전자는 세로토닌을 조절하는 것으로 알려져 있고, CRHR1은 인체가 스트레스에 반응하는 방식과 연관 있으며, BDNF는 뉴런의 성장을 돕기 때문이다. 한 이론에서는 뉴런 성장 장애가 우울증의 원인일 수 있다고 가정한다. 뇌 속의 뉴런은 끊임없이 사멸하는데, 최근 연구에 의하면 사멸한 뉴런은 새로 성장한 뉴런으로 교체된다고 한다. 따라서 이러한 교체 과정에 결함이 생기면 우울증으로 귀결될 수 있다. 그러나 후속 연구가 충분히 뒷받침되지 않아서 BDNF가 우울증에 관여한다고 단정할 수는 없다.

그렇다면 더욱 강력한 연구 결과에 눈을 돌려 보자. 2018년에 전세계 여러 연구소가 참여한 대규모 연구에서 총 2만 개의 유전자 중 44개가 우울증 위험을 높이는 것으로 확인되었다.[23] 이 수치는 중요하지만, 앞에서 언급한 2019년 연구와 동일한 도전 과제를 제시한다. 왜냐면 단일 유전자 변이가 우울증을 초래할 가능성이 매우 낮기 때문이다. 우울증에는 여러 유전자가 관련되며, 각 유전자는 전체 위험에 조금씩 관여하는 것으로 알려져 있다. 몇몇 유전자는 뇌 기능과 관련된 단백질을 코딩하므로, 이것들이 우울증과 관련 있다는 사실은 전혀 놀라운 일이 아니다. 그리고 이것은 우울증의 뿌리가 마음속에 있다는 또 다른 증거가 된다. 언젠가는 유전적 변이의 조합이 발견되어 우울증 위험을 예측하고 심지어 가능성 있는 치료법을 제시하는 데 사용될 수도 있다. 그러나 이러한 변이의 조합 역시 현실과 동떨어져 작용하는 것이 아니라, 특정한 환경이나 (우울증을 유발할 수 있는 다양한 방식으로 고통을 겪은) 특정한 사람과 연계될 때 우울증을 부를 가능성이 크다.

대학생들이 우울증에 걸릴 위험이 큰 이유를 분석하는 데 초점을 둔 연구도 많았다. 소셜미디어와 관련된 압박감, 학문적 성공을 바라는 개인과 가족의 기대, 수면의 질 저하 등이 위험 요인으로 작용한다고 한다. 한 연구에 따르면 대학생 중 거의 50%가 한밤중에 문자 메시지에 응답하기 위해 잠에서 깼다고 대답했다.[24]

우울증 치료법은 매우 다양하다. 영국에서는 SSRI를 비롯한 항우울제를 초기(특히 경도 우울증)에는 사용하지 말라고 권고한다. 위험(부작용)에 견줘 편익이 적기 때문이다. SSRI는 최소 6개월 동안 지속되는 중등도 또는 중증 우울증에 사용해야 한다. 약물요법 외에도 의사는 심리치료와 운동요법을 권할 수 있는데, 운동요법은 약물요법이나 대화요법만큼 효과적인 것으로 입증되었다. 또 우울증이 심각하고 다른 접근 방법에 반응하지 않을 때는 전기경련요법을 권할 수도 있다. 전기경련요법은 뇌에 전기 충격을 가하는 것으로,

다른 치료법에 반응하지 않는 환자들에게서 50%의 반응률을 보이는 등 일부 환자에게 놀라운 결과를 가져왔다. 이 요법은 특히 중증 우울증 환자에게 유용하지만, 정확히 어떻게 작용하는지는 불분명하다.

우울증에는 인지행동치료cognitive behavioural therapy가 가장 효과적이라는 증거가 많다.[25] 인지행동치료는 환자에게 자신의 사고 패턴에 도전하고 비생산적인 행동을 바꾸도록 가르치는 프로그램인데, 특히 재발하지 않도록 예방하는 데 효과가 있는 것으로 보인다. 이

지그문트 프로이트(1856~1939). 정신분석가들 사이에서는 정신분석학의 아버지로 불린다. 하지만 그의 이론을 뒷받침하는 과학적 근거는 발견되지 않았다.

런 프로그램으로 우울증 예방 효과를 보려면 60~90분 정도 걸리는 세션을 총 8회 이상 진행해야 한다. '우울증에 대처하기' 과정으로 알려진 네덜란드의 한 프로그램은 우울증 위험을 38%까지 줄이면서 주목할 만한 성공을 거두었다.[26]

프로이트Sigmund Freud가 개척한 정신분석은 치료사의 질문을 통해 환자의 무의식적인 갈등을 드러내고 해결하려는 접근 방법이다. 하지만 프로이트가 마음에 관해 생각해 낸 아이디어는 증거가 전혀 없다는 점을 분명히 짚고 넘어가야 한다. 무의식적인 마음을 탐지하기는 불가능하며, 그가 원초아id와 자아ego라는 개념을 창시한 것으로 유명한 '마음에 관한 이론' 중에서도 과학적으로 확인할 수 있

는 것은 하나도 없다. (프로이트는 아일랜드인들을 가리켜 정신분석이 통하지 않는 유일한 민족이라고 말한 것으로 알려져 있다.) 경도 및 중등도의 우울증에 관한 한, 심리치료가 적어도 약물요법만큼 유익하다는 증거가 있다. 그러나 어쩌면 심리치료와 인지행동치료는 단순히 위약 효과가 작용하는 또 다른 예일지도 모른다.

우울에피소드의 평균 지속 기간은 3개월이므로 터널 끝에는 항상 빛이 있다.[27] 다만 재발할 위험이 있다. 80%의 사람들이 일생에 적어도 한 번, 평균 네 번의 우울에피소드를 겪으며, 약 15%는 만성 재발로 고통받는다. 회복 후 4~6개월 동안 항우울제를 계속 복용하면 재발 위험을 70% 줄일 수 있다.

안타깝게도 우울증은 자살의 위험 요인 중 하나다. 자살한 사람 중 최대 60%가 기분 장애의 병력이 있지만, 외래 치료를 받은 우울증 환자의 전반적인 자살 위험은 2%로 매우 낮다. 입원 치료를 받은 환자는 자살 위험이 4%로 좀 더 높은데, 이는 자살 위험이 우울증의 중증도와 관련 있음을 시사한다. 성별에 따른 차이도 있다. 평생토록 우울증 병력이 있는 남성 중 약 7%가 자살로 사망하는 반면, 여성은 1%에 불과하다(그러나 자살 시도는 여성에게 더 흔하다).[28] 참고로 일반 인구의 자살률은 약 0.01%다.[29] 흥미롭게도 자살률은 대다수 국가에서 감소하고 있으며, 특히 2000년에서 2012년 사이에 러시아에서는 44%, 영국에서는 21%, 아일랜드에서는 38% 감소하는 등 눈에 띄는 감소세를 보였다.[30] 하지만 이러한 추세를 거스르는 국가도 있다. 미국에서는 해당 기간에 자살률이 24% 증가했는데, 정확한 이유는 아직 밝혀지지 않았다.

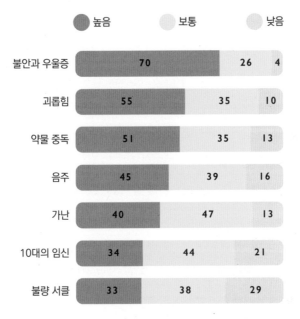

10대들이 보는 또래 친구들의 중요한 문제

각 항목에 대하여 자기가 사는 지역 사회 또래 친구들의 관심도가
어느 정도(높음, 보통, 낮음)에 해당하는지 응답한 청소년의 비율(%)

● 높음　　● 보통　　● 낮음

항목	높음	보통	낮음
불안과 우울증	70	26	4
괴롭힘	55	35	10
약물 중독	51	35	13
음주	45	39	16
가난	40	47	13
10대의 임신	34	44	21
불량 서클	33	38	29

13~17세 미국 청소년을 대상으로 한 설문 조사
(2018년 9월 17일~11월 25일)

조사 기관: 퓨리서치센터Pew Research Center

　중요한 것은 '우울증 발병률이 증가하고 있는가?' 하는 물음이다. 이와 관련하여 흔히 밀레니엄 세대라고 하는 1980~1990년대생 청년들의 정신 상태에 관한 연구가 여러 건 진행 중이다. 연구에 따르면 이 세대는 부모보다 교육 수준이 훨씬 높고, 쾌락주의적 성향이 적으며, 행실이 바른 것으로 나타났다. 하지만 아이러니하게도 스마트폰과 소셜미디어로 그 어느 때보다도 '연결된 세상'에서 밀레

니엄 세대는 이전 세대보다 '더 큰 외로움'을 느낀다고 한다. 저명한 여론 조사 기관인 퓨리서치센터는 2018년에 13~17세의 미국인 920명을 대상으로 또래 친구들의 문제에 대하여 설문 조사를 시행했다.[31] 이들의 가장 큰 걱정거리는 부모 몰래 술 마시다 들키는 일이나 원치 않는 임신 같은 문제가 아니었다. 그 대신 응답자의 70%가 '불안과 우울증'이 또래들의 가장 중요한 문제라고 대답했다. 또 50%는 '마약 중독에 대한 두려움'이 주요 관심사라고 대답했다. 그 밖에는 '부모를 실망케 하는 데 대한 두려움'과 '소셜미디어의 압력'을 걱정스러운 문제로 꼽았다.

앞으로 우울증 치료에서 진전을 볼 수 있는 부분은 어디일까? 이 분야 최고의 화제는 단연코 면역계의 새로운 역할에 관한 것으로, 면역계가 우울증을 유발한다는 생각이다. 이 소식을 접하면 누구나 처음에는 어안이 벙벙해질 것이다. 그도 그럴 것이 면역계의 역할은 (세균, 바이러스, 기생충을 찾아내 공격하는) 백혈구를 활용하여 감염과 싸우는 것이기 때문이다. 이처럼 유익한 시스템이 어째서 우울증을 유발하는 것일까?

면역계가 우울증을 유발한다는 생각은 사람들이 감기나 독감에 걸리면 식욕 부진, 사회적 위축(이불 속에 기어든다), 우중충한 기분(낮에 TV를 볼 때만 나빠진다) 같은 우울증 증상이 나타나는 경향이 있다는 사실에서 시작되었다. 이런 증상은 진화의 결과일 가능성이 크다. 그렇게 하면 건강을 회복하는 데 도움이 될 뿐 아니라, 다른 사람과의 접촉을 차단함으로써 '감염의 전파를 통한 지역 사회 전체의 붕괴'를 막을 수 있기 때문이다. 이 희한한 반응은 '질병 행동

sickness behaviour'으로 불리며, 감염병뿐 아니라 류머티즘성관절염이나 크론병과 같은 염증성 질환에서도 흔히 나타난다. 이러한 면역계 질환은 알 수 없는 이유로 자기 조직을 공격하는데, 관절염의 경우 관절이, 크론병의 경우 소화계가 표적이 된다. 그렇다면 여기서무슨 일이 일어나는 걸까?

질병 행동의 증상은 사이토카인cytokine이라는 면역 분자에 의해 유발된다. 사이토카인은 '면역계의 비상벨'로서 침입자가 나타나면 맞서 싸울 군대를 호출한다. 하지만 그중 일부는 질병 행동을 유발한다. 사이토카인의 하나인 인터페론interferon이 좋은 예다. 인터페론은 바이러스 감염에 반응하여 생성되는 분자로, 바이러스 사멸을 촉진하는 데 효과적이어서 때때로 C형간염과 같은 바이러스 감염 환자를 치료하는 데 사용된다. 그런데 의사들이 보기에 인터페론을 투여받은 환자는 우울증에 빠지는 경향이 있었다.

한편 류머티즘성관절염을 진료하던 의사들은 '레미케이드 하이Remicade High' 현상을 발견했다. 류머티즘성관절염 치료제 중 하나인 레미케이드는 TNF라는 또 다른 사이토카인을 차단함으로써 작용한다. TNF는 관절에 통증을 일으키거나 관절을 파괴하는 등 여러 관절염 증상을 유발하므로, TNF를 차단하면 이러한 증상이 완화되는 환자들이 있다. 그런데 의사들은 환자들이 레미케이드로 치료받고 나면 빠르게 기분이 좋아질 뿐 아니라, 더 많은 활력을 얻고 브레인 포그brain fog*가 사라지며 정서적으로 고양되는 것을 발견했다. 다

---

* 머리에 안개가 낀 것처럼 멍한 느낌이 지속되어 사고력과 집중력, 기억력이 저하되고 피로감과 우울감을 느끼는 현상.

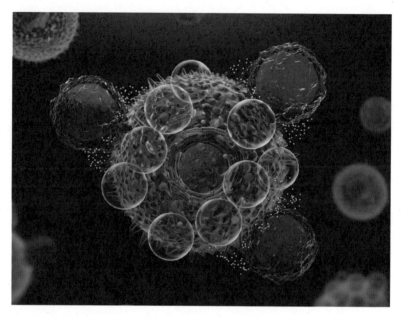

사이토카인(작은 노란색 점)은 면역계에서 만들어지는 메신저 분자로, 감염과 싸우는 데
도움이 된다. 그러나 그중 일부는 우울증을 유발할 수 있다. 따라서 더 나은 항우울제를
개발하려는 노력에 사이토카인이 새로운 표적이 될 수 있다.

시 말해 이 현상은 TNF가 질병 행동의 원인임을 시사한다. 의사들
은 지금껏 관절염과 같은 질병에 수반되는 우울증의 원인을 '관절이
아프고, 이전에 즐거움을 느끼던 일(운동 등)을 하지 못하기 때문'이
라고 생각해 왔다. 그러나 잘못된 생각이었다. TNF가 뇌에도 영향
을 미치고 질병 행동을 촉진한다는 사실이 밝혀진 것이다.

감염병에 수반되는 우울증(질병 행동)은 감염 확산을 막고 환자가
휴식을 취하게 할 목적으로 진화한 것이지만, 염증성 질환에서는
문제가 된다. 사이토카인이 질병 행동과 염증성 질환이라는 두 가
지 증상을 동시에 유발하기 때문이다. 이 모든 현상은 사이토카인

이 우울증과 싸우기 위한 새로운 표적임을 강력하게 시사한다.

그렇다면 감염이나 염증성 질환이 없는 사람에게 발생하는 '일반적인' 우울증에도 사이토카인이 관여할 수 있을까? 우울증의 주요 위험 요인인 스트레스가 실제로 연결 고리 역할을 할 수 있다. 스트레스는 감염이나 부상과 마찬가지로 우리 몸에 염증을 일으키는 것으로 밝혀졌는데, 이 염증이 특정 사이토카인을 늘려 우울증을 유발하는 또 다른 경로를 만들어 내기 때문이다. 스트레스 반응은 부분적으로 위험에 대응하기 위해 진화했으므로, 스트레스와 사이토카인 사이의 연관성은 진화에 기인한 것으로 보인다. 즉, (호랑이와 마주친 것처럼) 위험한 상황에 맞닥뜨리면 다칠 가능성이 있으므로, 우리의 면역계는 부상으로 발생할지 모르는 감염을 물리치고 회복할 수 있게끔 대비한다. 문제는 오늘날 우리가 마주치는 스트레스 요인이 호랑이가 아니라 화난 상사나 말썽꾼 친구, 또는 짜증 난 배우자의 위협일 수 있다는 것이다. 면역계는 이러한 스트레스 요인을 호랑이에 맞먹는 것으로 해석하여 사이토카인 반응을 일으키고, 이것이 결국 우울증으로 이어질 수 있다.

우울증이 '마음의 염증'이라는 생각은 큰 관심을 끌고 있으며, 사이토카인 표적화가 얼마나 유용한지 알아보는 임상시험이 진행 중이다. 어쩌면 강력한 과학적 증거를 바탕으로 완전히 새로운 종류의 항우울제를 탄생시킬 수 있을 것이다. 그런 약물이 개발된다면 우울증 치료 분야에서 거둔 30년 만의 쾌거로 평가될 것이다. 새로운 치료법에 대한 전망과는 별도로, 면역계와 우울증의 연관성에 관한 연구는 기존 연구의 문제점에 대하여 새로운 통찰을 제시하고 있다. 우울증 위험과 관련된 44개 유전자 중 일부는 면역계에 존재하는데, 이는 면역 요소에 대한 추가 정보를 제공하고 우울증 치료를 위해 면역 인자를 표적화하려는 시도에 정당성을 더한다.

면역계 단백질은 우울증 진단에도 유용할 수 있다. 한 연구에서 자살 생각이 많은 주요우울장애 환자는 자살 생각이 적은 환자보다 특정 염증성 단백질 수치가 높은 것으로 나타났다.[32] 이 같은 연구는 특히 자살 위험이 큰 우울증 환자를 식별하는 검사로 이어질 수 있으며, 비극을 예방하는 데 크게 이바지할 수 있을 것이다.

우울증에 관한 또 하나의 화제는 뜻밖에도 장내 미생물이 원인일지도 모른다는 생각이다. 주요우울장애가 있는 사람의 장내 미생물 종류는 우울증이 없는 사람과 다르며, 여러 종이 빠져 있었다. 연구진이 우울증 환자의 장내 미생물을 시궁쥐에게 이식했더니 시궁쥐가 우울증 증상을 보였다고 한다.[33] 그렇다면 빠진 미생물을 추가하는 방법이 새로운 우울증 치료법이 될 수 있을지도 모른다.

또 다른 두 가지 접근 방법도 관심을 끌고 있는데, 전혀 예상치 못했던 기분 전환용 약물에서 새로운 가능성이 나왔다. 하나는 케타민ketamine이라는 강력한 진정제로, 농장 동물을 수술할 때 임상적으로 사용하는 약물이다. 저용량의 케타민은 파티약party drug으로 유용 流用되며, 복용하면 마음에 해리dissociative 상태를 유발한다고 알려져 있다. 한편으로는 케타민이 우울증 증상을 완화할 수 있다는 보고도 있었는데, 임상시험에서 사실로 확인되었다.[34] 케타민이 SSRI와 다른 점은 신속히 작용하기 때문에 환자가 효과를 보기 위해 한 달을 기다릴 필요가 없다는 것이다. 케타민의 작용 원리는 알려지지 않았지만, 지난 50년 동안 우울증 치료 분야에서 이루어진 가장 중요한 진전으로 평가받고 있다.[35] 최근 케타민은 다른 항우울제에 반응하지 않는 환자를 위한 항우울제로 FDA의 승인을 받았다. 얼마나 유용할지 지켜보기로 하자.

　항우울제로 사용될 가능성이 있는 두 번째 후보는 실로시빈 psilocybin이라는 약물이다. 이 성분은 어디서 나왔을까? 바로 환각버섯*이다. 이 버섯은 LSD와 유사한 환각 작용을 일으킨다. 하지만 저용량의 실로시빈은 우울증을 완화하는 것으로 나타났으며, 현재 광범위하게 연구되고 있다.[36] 그렇다고 우울증 환자가 임상 환경 밖에서 환각버섯을 복용하면 안 된다. 실로시빈 함유량은 버섯마다 달라서 자칫 상태를 악화시킬 수 있다. 잘 연구하면 실로시빈은 고통받는 환자들을 위한 치료법을 마련하기 위해 노력하는 의사들에게 또 다른 무기가 될지도 모른다.

　우울증은 삶의 기쁨을 앗아가는 질병이다. 평생 우울증에 시달렸던 윈스턴 처칠Winston Churchill은 우울증을 '끔찍한 검둥개'**라고 했다. 현대 사회에서는 특히 젊은 층에서 우울증 발병률이 증가하고 있는 만큼 모두의 세심한 주의가 필요하다. 우리는 한 번뿐인 인생을 온전히 살기 위해 최선을 다하는 동시에, 어려움을 겪고 있는

---

*　실로시빈, 실로신psilocin이라는 환각 유발 물질을 다량 함유한 버섯의 총칭. 마법 버섯magic mushroom 이라고도 한다.

**　검둥개는 브리튼 제도의 민담에 등장하는 존재로, 기본적으로 야행성 귀신이며 악마 또는 지옥견 과 관련 있다고도 한다. 오늘날에는 우울증을 뜻하는 일반 명사가 되었다. 참고로 처칠의 우울증은 집 안의 내력으로, 윗세대와 아랫세대 모두 우울증 때문에 일찍 생을 마감하거나 알코올 중독의 길을 걷 는 경우가 많았다고 한다.

사람들을 도와야 한다. 사람들의 기분을 좋게 하고 우울증을 막는 데 도움이 되는 다양한 방법들이 있다. 우리는 '행복해지려면 부단히 노력해야 한다'는 말을 귀에 못이 박이도록 들었다. 왜 그래야 할까? 우리의 뇌가 위험에 대비한 보호 메커니즘으로 걱정과 불안을 기본값으로 설정하는 경향이 있기 때문일 수 있다. 우리는 또 뭔가를 지나치리만큼 골똘히 생각하는 경향이 있는데, 이 역시 생존 메커니즘의 하나일 수 있다.

그러나 우리는 무력하지 않으며 이러한 경향에 맞서 싸울 수 있다. 긍정적인 시각을 유지하려 노력하고, 긍정적인 사람들과 어울리고, 긍정적인 커뮤니티에 참여하는 등 몇 가지 방법의 이점은 명백하다. 이 모두는 우리가 낙담의 수렁에 빠지지 않게 도움을 준다. 마찬가지로 규칙적인 운동과 자연을 즐기는 활동도 우울증 예방 및 완화에 도움이 되는 것으로 나타났다. 120만 명을 대상으로 한 대규모 연구에서, 사람들은 평균적으로 한 달에 3.4일 동안 정신 건강이 좋지 않다고 보고했다.[37] 규칙적으로 운동을 한 사람은 이 기간이 1.5일 정도 단축되었고, 반려동물을 키우는 것도 기분을 개선하는 데 매우 유익했다. 반려동물은 사람의 집중력을 높이고 운동을 하게 하며 다른 사람들과 어울릴 기회를 마련해 준다. 반려견과의 상호 작용은 반려견과 주인 모두에게 '사랑의 호르몬'인 옥시토신을 늘리는 것으로 나타났다. 그리고 자원봉사는 유의미한 직업(일반적으로 사회에 기여하는 직업을 말한다)을 갖는 것과 마찬가지로 매우 효과적인 것으로 나타났다.

우울증을 예방하거나 재발을 막기 위해 할 수 있는 일은 얼마든지

많다. 위의 지침을 따르고 의사의 도움을 받으면 우울증을 극복할 수 있다. 우리는 고통과 두려움 속에서 살기 위해 세상에 태어난 게 아니다. 우울증, 사라져라!

6장

약물 중독

나를 해치는 줄 알면서도 왜 벗어나지 못할까?

"내 생각에, 세상에는 각양각색의 중독자가 있다.
모두가 저마다 금단 증상을 겪으며,
그것을 달랠 방법을 찾고 있다."

셔먼 알렉시Sherman Alexie,
《짝통 인디언의 생짜 일기The Absolutely True
Diary of a Part-Time Indian》 중에서

충격적이고 무서운 세계로 입장할 준비를 하시라. 나는 모종의 약물을 복용한 적이 있다. 카페인, 술, 물론 대마초도 사용해 봤다. 환각버섯도 시도해 보고, 급기야 전설적 사이키델릭 록 그룹인 핑크 플로이드를 흠모하게 되었다. 그것은 내 인생 최대의 실수였다. 우리 인간은 호기심 많은 종이고, 새로운 것 시도하기를 좋아한다. 게다가 우리는 중독성 있고 문제를 일으키는 것들을 계속 개발한다. 가장 최근에 개발한 중독성 강한 물건은 스마트폰이다. 나는 최근에 스마트폰을 잃어버렸는데, 마치 팔다리를 잃은 것 같은 느낌이 들었다. 극심한 불안감을 느꼈고, 잃어버린 일에 대한 생각을 멈출 수가 없었다. 대체품을 구하기 위해 온갖 노력을 다했다. 그러다 새 제품을 구매하여 클라우드에서 정보를 내려받았을 때 비로소 큰 안도감을 느꼈다. (중독자 여러분, 지금 바로 아이폰을 백업하세요..)

　10대 청소년들의 '문제 있는 스마트폰 사용'에 관한 연구에서,

30%에 달하는 청소년이 중독과 매우 유사한 문제를 겪고 있는 것으로 나타났다. 경영 컨설팅 기업 딜로이트Deloitte가 2019년에 의뢰한 연구에 따르면 아일랜드 사람들은 스마트폰을 하루 평균 50회 확인하며, 이것은 유럽 평균인 41회보다 높은 수치다.[1] 우리 뇌는 스마트폰 알림을 받을 때마다 도파민을 분비해 보상 중추에 불을 밝히는데, 이는 중독성 물질의 작동 방식과 다르지 않다. 여느 중독성 물질과 마찬가지로 스마트폰 역시 쾌락 추구 행위를 유도한다. 이런 작용을 하는 물질이나 활동의 목록은 계속 길어지고 있다. 중독은 사람들의 삶에 재앙이므로 모든 정부는 이 현상을 우려하고 있다. 중독은 놀랄 만큼 막대한 재정적·정서적 피해를 불러온다. 인간은 왜 이런 식으로 만들어졌으며, 무언가에 지독히 중독되어 삶이 망가져 갈 때 우리는 무엇을 할 수 있을까?

스마트폰 중독은 헤로인heroin이나 알코올 중독만큼 심각하지는 않다. 하지만 스마트폰 사용에 관한 연구는 중독의 본질에 대해 많은 것을 알려 준다. 사람들 대부분이 스마트폰 알람alarm으로 잠에서 깨고 뒤이어 끊임없는 알림notification의 흐름에 휩싸인다. 청소년의 불안과 우울증이 급증하는 이유 중 하나는 10대의 3분의 1이 한밤중에 일어나 스마트폰을 확인하기 때문이다.[2] 이런 습관은 잘 알려진 불안의 원인인 수면 장애를 초래한다. 우리가 사용하는 앱과 소셜미디어는 사회적 접촉, 정보, 재미에 대한 욕구를 충족시킨다. 우리는 스마트폰에 얽매여 있다. 중독의 정의와 놀라울 정도로 유사한 '문제 있는 스마트폰 사용'의 특징은 다음과 같다. 당신도 해당 사항이 있는가?

- 정기적으로 스마트폰을 사용하고 싶은 강렬한 충동을 느낀다.
- 의도한 것보다 더 많은 시간을 스마트폰에 소비한다.
- 배터리가 다 떨어지면 당황한다.
- 자기 삶에 부정적인 영향을 미친다는 것을 알면서도 스마트폰을 계속 사용한다(이것은 중독과 관련된 큰 문제다).

많은 연구에서 대학생 89%가 지니고 있지도 않은 휴대전화 진동을 느끼는 것으로 나타났다.[3] 86%에 달하는 사람들이 하루 평균 55회 이상 이메일 계정과 소셜미디어를 방문한다.[4] 이 모든 것이 중독을 시사한다.

최근에는 뇌 스캔을 통해 중독 여부를 확인할 수 있는 것으로 보인다. 한 예로 과학자들이 자기공명영상(MRI)을 사용하여 인터넷이나 스마트폰에 중독된 것으로 진단받은 10대들의 뇌를 조사했는데,[5] 참여자 수는 적었지만 흥미로운 결과가 나왔다. 조사에 참여한 중독 그룹과 대조군은 각각 19명이었고, 대조군은 성별과 나이가 중독 그룹과 같지만 중독되지 않은 청소년으로 구성되었다. (요즘 같은 시대에 어떻게 대조군을 모집했는지는 미스터리로 남아 있다.)

연구진은 설문지를 통해 인터넷이나 스마트폰 사용이 일상생활, 사회 활동, 생산성, 수면 패턴에 어느 정도 영향을 미치는지 평가했다. 중독된 10대들은 그렇지 않은 10대들보다 우울증, 불안, 불면증 수준이 더 높은 것으로 나타났다. 연구진이 MRI를 이용해 발견한 현상은 매우 흥미로웠다. 그들은 특정한 뇌 화학물질(GABA와 글루탐산염)을 측정하고 앞대상겉질(전대상피질)로 알려진 뇌 영역의 주요 변화를 관찰했는데, 이를 통해 스마트폰 사용이 우리 뇌에 미치는 중대한 영향을 확인할 수 있었다. 주목할 점은 중독 그룹 중 12명이 (게임 중독 치료 프로그램을 수정한) 인지행동치료를 9주간 받았다는 것이다. 치료 과정을 거치자 10대들의 뇌 화학물질이 정상으로 돌아왔다. 즉, 스마트폰이나 인터넷에 중독되면 뇌의 화학물질에 변화가 생기며, 이러한 변화가 모든 중독의 핵심임을 이 연구 결과가 말해 준다.

실제로 중독이란 무엇일까? 부정적인 결과에도 불구하고 보상적인 자극에 강박적으로 몰입하는 뇌 장애. 이것이 중독의 정의다. 자신에게 해롭다는 것을 알면서도 계속한다니 어리석어 보인다. 정상적인 사람이라면 자기에게 해가 되는 일은 그만둘 테니 말이다. 그러나 중독자는 상식이나 통찰력을 관장하는 뇌 영역이 작동하지 않거나 중독을 유발하는 영역에 의해 무시되는 것 같다. 비유하자면 우리 어깨 위에 천사와 악마가 있는데, 우리가 악마에게 현혹된 나머지 천사를 무시하는 것과 같다.

악마가 유발하는 중독에는 두 가지 특징이 있다. 첫째, 중독은 강화적reinforcing이어서 우리가 해당 물질이나 행동에 노출되면 반복해서 노출되도록 유도하는 경향이 있다. 둘째, 중독은 보상적rewarding이어서 우리가 중독성 물질을 사용하거나 중독성 행동을 할 때 기분을 좋게 해 준다. 중독addiction은 의존증dependency과는 다른데, 의존증은 '중단할 경우 금단(일반적으로 과민함, 피로, 메스꺼움 등의 증상을 수반한다)이라는 불쾌한 증상이 나타나는 장애'로 정의된다. 의존증도 그 대상을 반복적으로 사용하게끔 유도하지만, 그로 인한 금단 증상은 중독으로 인한 강박 행동과는 다르다. 강박 행동이란 중독

된 물질이나 활동을 끊임없이 추구하는 행위를 말하며, 신체 증상
과 관계없이 발생하는 경우가 많다. 더러는 중독과 금단 증상이 함
께 발생하기도 한다.

중독에는 '화학적 중독chemical addiction'과 '행동 중독behavioural
addiction'이라는 두 가지 주요 범주가 있다.[6] 화학적 중독은 물질에 중
독된 것을 의미하고, 행동 중독은 특정 활동에 중독되었음을 의미
한다. 아일랜드에서는 알코올을 비롯한 소위 '남용 약물' 전반에 걸
친 화학적 중독이 매우 흔하다. 아일랜드인의 약 40%가 폭음을 하
는데, 이는 다른 나라들보다 훨씬 높은 수치다.[7] 폭음은 남성의 경우
2시간 동안 표준 음료 6단위 이상을 마시는 것을 말한다. 이것은 와
인 1파인트(568mL) 또는 중간 크기 잔(175mL) 3잔에 해당하는 양이
다.* 여성의 경우 같은 시간 동안 표준 음료 4단위를 마시면 폭음
으로 간주한다. 이 정도의 알코올 소비는 건강에 해로운 것으로 평
가된다.

알코올은 몸 안에서 독으로 작용하며, 간은 이것을 분해하는 역할
을 한다. 문제는 간의 처리 능력이 '시간당 표준 음료 1단위'여서 그
이상을 마시면 감당하지 못한다는 사실이다. 그러면 알코올이 신체
에 손상을 입히기 시작한다. 뇌는 굉장히 민감하다. 우리가 술을 마
시며 행복감을 느끼는 이유 중 하나는 알코올이 불안(특히 사회적 불
안)과 관련된 뇌 영역을 잠재워서 긴장을 풀고 즐거움을 느끼기 때

---

* 계산해 보자. 표준 음료 1단위는 '순수 알코올 10g'에 해당하므로, 표준 음료 6단위는 알코올 60g
을 의미한다. 알코올의 비중은 약 0.8이므로, 13% ABV(Alcohol by Volume) 와인을 가정할 경우, 와인
1파인트에 함유된 알코올의 무게는 568mL×0.13×0.8g/mL=59g이 되어 폭음의 기준에 근접한다.

문이다.[8] 이것이 바로 알코올 중독의 출발점으로, 뇌 화학의 변화는 우리를 중독의 길로 몰아갈 수 있다. 장기간의 폭음은 간 질환 위험을 높이는데, 이는 간을 망치로 두드리는 것과 같아서 결국에는 간이 완전히 망가지게 된다. 폭음은 간, 입, 목구멍, 식도, 소화계처럼 알코올에 많이 노출되는 신체 부위의 암 발생 위험도 높인다. 그리고 심장병과 뇌졸중의 위험도 훨씬 더 커진다.

　아일랜드는 세계에서 두 번째로 폭음 비율이 높은 국가로, 인구의 81%가 전 세계 평균의 2.5배에 달하는 알코올을 소비하고 있다.[9] 알코올 남용에 관한 한 아일랜드는 세계 최고 수준인 것 같다. 아일랜드에는 약 15만 명의 알코올 중독자가 있다. 아일랜드 사람들이 과음하는 이유는 다양한데, 가톨릭교회의 해로운 영향, 영국의 식민주의, 심지어 날씨까지 한몫하는 것으로 보고되었다. 아일랜드에서 술은 사회 및 문화생활의 중요한 부분이기 때문에 피하기가 어렵다. 그런데 이런 통계에도 불구하고 폭음이 아일랜드인에게 실제로 어떤 영향을 미치는지는 명확하지 않다. 아일랜드인의 전반적인 기대 수명은 다른 나라와 크게 다르지 않으며, 음주와 관련 있는 다양한 질병 발생률도 비슷비슷하다. 노년기에 폭음하는 사람이 그러지 않는 사람보다 허약해 보이는 것도 아니다. 너무 많은 사람이 전 세계 평균 수준의 2.5배가 넘는 알코올을 소비한다는 사실이 반드시 2.5배 이상의 알코올 관련 질병 발생률로 이어지는 것도 아니다. 아일랜드인이라고 해서 다른 유럽 사람들보다 간경변증으로 사망할 가능성이 더 큰 것도 아니다. 하지만 특별히 우려되는 추세가 있다. 알코올 중독으로 도움을 구하는 여성의 수가 증가하고 있으며, 이

들 중 상당수가 우울증이나 불안에 대한 처방약에 의존하고 있다는 점이다.[10]

　중독 위험이 있는 화학물질 목록을 살펴보면 니코틴nicotine이 사용량 순위에서 2위를 차지한다.[11] 담뱃잎에 들어 있는 니코틴은 뇌의 니코틴성 아세틸콜린 수용체에 작용한다. 인간에게는 니코틴이 중독성 약물이 되지만, 담뱃잎이 만든 니코틴은 식물을 괴롭히는 벌레를 죽이는 용도로 쓰이는 것으로 추정된다. 의학에서는 니코틴을 흥분제로 분류한다. 도파민 분비를 촉진함으로써 즐거운 기분을 느끼게 하기 때문이다. 마찬가지로 에피네프린이라는 또 다른 신경 전달물질의 분비를 유도해 흡연자를 흥분하게 만든다. 일단 중독되면 기분 좋은 상태를 유지하기 위해 니코틴을 계속 원하게 되는데, 이것이 바로 중독의 본질이다. 아일랜드인의 건강에 관한 연례 설문 조사 결과에 따르면 아일랜드 성인의 약 17%가 흡연자이며, 그중 14%는 매일 흡연하는 것으로 나타났다.[12]

　유럽연합 회원국은 모두 '유럽 마약·약물 중독 모니터링 센터'의 후원으로 해마다 약물 중독 보고서를 작성하여 제출한다.[13] 2019년 보고서에 따르면 아일랜드에서는 15~64세 연령대의 약물 사용이 더 흔해졌다. 아일

실패한 담배 브랜드 '죽여주는 담배'.

랜드의 마약 사용률은 지난 20년 동안 꾸준히 증가해 왔다. 2002년
에는 성인 10명 중 2명 미만이 일생에 한 번 이상 불법 약물을 사용
했다고 보고했지만, 2014년에는 이 비율이 10명 중 3명으로 늘었
다. 2016~2017년에는 코카인cocaine 중독 사례가 32%나 증가했다.
코카인은 신경전달물질인 세로토닌, 노르에피네프린, 도파민이 뉴
런에 흡수되지 못하게 함으로써 이 모든 물질의 수준을 높이는 작
용을 한다.[14] 마치 뇌의 모든 등불을 한꺼번에 켜서 행복감을 느끼
게 하는 것과 같다. MDMA(엑스터시)도 코카인과 비슷한 방식으로
작용한다.[15] 아일랜드에서 가장 많이 사용되는 불법 약물은 대마초
cannabis이며, MDMA와 코카인이 그 뒤를 잇고 있다.[16] 대마초에는
테트라하이드로칸나비놀tetrahydrocannabinol(THC)이라는 활성 성분이
있는데, 이 물질도 담배의 니코틴처럼 살충제 역할을 한다. 그러므
로 대마 잎을 갉아 먹은 곤충은 살아남지 못한다. THC는 뇌의 칸나
비노이드cannabinoid 수용체에 결합하여 긴장을 풀게 하고, 이보다 정
도는 덜하지만 행복감(도취감)을 선사한다.[17]

15~34세 연령대의 청년 중 13.8%는 대마초, 4.4%는 MDMA,
2.9%는 코카인, 0.6%는 암페타민amphetamine을 사용하는 것으로 나
타났다. 암페타민은 주의력, 집중력, 자신감을 높이는데, 뇌의 도파
민과 노르에피네프린을 분해하는 효소를 억제하여 두 신경전달물
질의 수준을 높임으로써 작용한다.[18] 2017년에 아일랜드의 헤로인
사용자는 1만 8,988명이었고, 이 중 1만 316명이 아편유사제opioid
대체 치료 센터에 다녔다. 헤로인은 뮤-오피오이드 수용체에 결합
함으로써 억제성(진정성) 신경전달물질인 GABA를 제한하여 행복

대마초는 이제 여러 나라에서 합법화되었으며, 다른 농산물처럼 상점에서 구매할 수 있다.

감을 유발한다. 아일랜드는 이러한 약물의 사용률이 유럽 평균보다
약간 높은 수준이다.

　일반인들이 처방약에 중독되는 것도 문제다. '처방약을 의사의 처
방전 없이 입수하여 적응증indication*과 무관하게 사용하는 것'을 처
방약 남용으로 정의한다. 아일랜드의 여러 연구에 따르면 통증, 주
의력결핍장애(집중력 저하, 과잉행동, 학습 장애), 불안을 치료하는 의
약품이 대마초에 버금가는 비율로 남용되는 것으로 드러났다.[19] 이
러한 의약품은 불법 유통 경로나 인터넷을 통해 입수됐을 가능성
이 크다. 2016년에 미국에서는 중독으로 인한 사망의 70%가 처방

* 　특정 치료나 검사가 필요한 증상 또는 임상 상황.

약과 관련 있었다.[20] 가장 흔한 처방약은 아편제opiate**인 메타돈 methadone과 진정제인 디아제팜diazepam이었는데, 헤로인을 끊기 위해 사용하는 약인 메타돈은 중독 사망의 30%와 관련이 있었다.

처방약 중독과 관련하여 가장 문제가 되는 사례로는 미국에서 유행하는 옥시코돈oxycodone 중독을 꼽을 수 있다.[21] 옥시코돈은 중등도 및 중증의 통증에 강력한 효과를 발휘하는 진통제인데, 헤로인을 비롯한 다른 아편제와 마찬가지로 뮤-오피오이드 수용체에 결합한다. 이 약물의 역사는 파란만장하다. 옥시코돈은 1916년 독일에서 처음 만들었다. 독일의 제약 회사 바이엘Bayer이 1800년대 후반에 헤로인을 만들었는데, 헤로인의 골치 아픈 특성을 깨닫고 생산을 중단하기 전까지 이것을 기침약으로 판매했다. 이후 헤로인의 진통 효과를 유지하되 중독성은 없기를 바라며 옥시코돈을 개발했지만, 바람대로 되지 않았다.

제2차 세계 대전 당시 독일군은 옥시코돈을 전장의 주요 진통제로 사용했다. 히틀러Adolf Hitler의 주치의 테오도어 모렐Theodor Morell 박사는 히틀러에게 옥시코돈을 반복적으로 주사했고, 옥시코돈을 더 구할 수 없게 되면서 히틀러는 1945년 1월에 전면적인 철수에 들어갔을 가능성이 크다. 이는 전쟁 후반기에 보인 히틀러의 행동을 설명해 주는 근거가 될 수 있다.[22] 독일은 유보트U-boat*** 함장들

** '아편제'라는 용어는 아편에서 직접 유도된 화합물, 이를테면 모르핀과 헤로인을 가리키며, '아편유사제'는 오늘날의 합성 진통제까지도 포함하는 광범위한 개념이다.
*** 제1차, 제2차 세계 대전 때 대서양과 태평양에서 활약한 독일의 중형 잠수함으로, 잠수함을 독일어로 운터제보트Unterseeboot라고 한 데서 비롯된 말이다.

히틀러의 주치의
테오도어 모렐(1886~1948).
그는 보급품이 다 떨어진 1945년까지
히틀러에게 옥시코돈을 계속 투여했다.
이 점은 제2차 세계 대전 말기 히틀러의
행동을 설명하는 근거가 될 수 있다.

에게도 성과 향상을 위해 옥시코돈을 정기적으로 지급했다. 나치 지도자 헤르만 괴링Hermann Göring도 미군에 체포되었을 당시에 수천 도스의 옥시코돈을 소지하고 있었다.

1990년대에는 제약 회사 퍼듀 파마Purdue Pharma가 처방용 옥시코돈을 개발하여 옥시콘틴Oxycontin이라는 제품명을 붙였다. 1995년에 옥시콘틴이 출시되자 중등도부터 중증의 통증으로 고통받는 환자들을 도울 수 있는 의학적 혁신으로 환영받았다. 그리하여 이 약은 블록버스터가 되었고, 퍼듀에 350억 달러의 수익을 안겨주었다. 그러나 많은 사람이 의료용으로 또 불법으로 옥시콘틴을 사용하다가 중독되면서 이 약은 순식간에 남용 약물이 되었다. 최신 미국 데이터에 따르면 1999년부터 2017년 사이에 옥시콘틴 남용으로 무려 40만 명이 목숨을 잃었다. 여느 선진국과 달리 지난 몇 년간 미국인의 기대 수명은 감소했는데, 그 이유 중 하나가 아편유사제 남용 위기이며, 옥시콘틴은 이 위기의 '제트 연료'로 불린다.

2017년, 시사 잡지 《뉴요커New Yorker》는 퍼듀 설립자인 레이먼드 새클러와 아서 새클러Raymond and Arthur Sackler가 매출을 늘리기 위해 (비윤리적인) 영업 관행과 직접적인 마케팅을 장려했으며, 이로 말미암아 미국에서 아편유사제 중독이 증가했다고 주장하는 기사를 게재했다.[23] 퍼듀는 플로리다, 애리조나, 캘리포니아의 리조트에서 5,000여 명의 의사, 약사, 간호사를 대상으로 콘퍼런스를 개최하고 모든 비용을 부담하는가 하면,[24] 옥시콘틴 처방률이 낮은 의사를 반복해서 공략하는 전략을 폈다. 영업직을 위한 고액 보너스 제도도 있었는데, 2001년에 영업 사원에게 지급한 보너스가 4000만 달러에 달했다. 또 옥시콘틴 로고가 새겨진 낚시 모자, 고가의 장난감, "옥시콘틴과 함께 일상생활에 복귀하기"라는 제목의 콤팩트디스크 등 브랜드 판촉물도 배포했다. 그러나 판촉 캠페인을 벌이면서 중독의 위험을 축소했으며, 퍼듀도 이 점을 인정했다.

앞에서 언급한 바와 같이 옥시콘틴은 40만 명이 넘는 사람들의 목숨을 앗아갔다. 이 모든 것이 합쳐진 결과는 퍼듀에 대한 소송으로 이어졌다. 고용량의 옥시콘틴을 장기간 복용하면 중독 위험이 몹시 증가한다는 사실을 퍼듀와 새클러 가문이 알고 있었다는 소문이 파다하게 퍼졌기 때문이다. 매사추세츠주 법무부 장관 마우라 힐리Maura Healy는 퍼듀가 옥시콘틴의 중독성과 치명적인 위험에 대해 환자와 의사를 속였다고 비난했다. 매사추세츠주는 옥시콘틴으로 인한 피해에 대하여 퍼듀(경우에 따라서는 새클러 가문)를 기소한 많은 정부 당국 중 하나다. 현재 미국에서는 아편유사제 유행병opioid epidemic으로 하루에 200여 명이 사망하고 있다.

2019년에 《가디언The Guardian》지는 퍼듀가 의사와 환자들을 기만하여 "점점 더 많은 사람이 위험한 약물을 사용하도록 유도"하고 "더 높고 더 위험한 용량을 사용하도록 오도"했다고 폭로했다.[25] 퍼듀의 혐의에는 수백 명의 영업 사원을 고용하여 이들에게 옥시콘

퍼듀 파마의 설립자인 아서 M. 새클러(1913~1987).
옥시콘틴이 출시되기 전에 사망했다.

틴 판매에 써먹을 허위 정보를 가르쳤다는 내용이 포함된다. 또 퍼
듀가 공격적인 판촉 캠페인을 벌이고, 엄선한 '핵심 오피니언 리더'
를 매수해 옥시콘틴을 편견 없이 지지하는 것처럼 보이도록 했으
며, 노인과 퇴역 군인 등 취약한 환자 그룹을 대상으로 마케팅을 펼
쳤다는 주장도 제기되었다. 퍼듀는 혐의를 부인하고 있지만, 연방
정부와 퍼듀의 과학자들이 리처드 새클러에게 옥시콘틴을 통제하

지 않으면 남용될 위험이 있다고 경고했다는 증거가 나왔다. 퍼듀
는 2019년 9월에 파산 신청을 하고 (23개 주에서 제기한) 약 2,000건
의 소송을 해결하는 데 120억 달러를 제안했지만, 이 제안은 거부되
었고 소송은 계속되고 있다. 퍼듀는 남은 자산과 자원을 모두 "미국
대중의 이익을 위해" 기부할 것이라고 밝혔다.*

　중독의 주요 유형은 화학적 중독이지만, 행동 중독 역시 점차 일
반화되고 있다. 행동 중독은 도박, 섹스, 게임, 인터넷 및 스마트폰
사용과 같은 활동에 만성적으로 집착하는 것을 말한다. 인터넷은
은둔형 행동과 개인적 고립을 조장함으로써 행동 중독을 촉진하므
로 특히 문제가 있는 것으로 평가된다. 아일랜드에서는 44%의 사람
들이 매주 로또를 사고, 12%는 마권을 사며, 약 2%는 온라인 도박
을 하는 등 도박이 일반화되어 있다.[26] 사정이 이러하다 보니 아일
랜드인들은 연간 50억 유로라는 엄청난 금액을 도박에 쏟아붓는다.
도박은 정신 건강 문제를 규정하는 바이블인《정신 장애의 진단과
통계 편람Diagnostic and Statistical Manual of Mental Disorders》에 행동 중독으
로 지정된 유일한 항목이다. 물론 이러한 지정은 논란의 여지가 있
으며, 중독 상담사들은 종종 섹스, 게임, 인터넷 중독도 행동 중독에
포함해야 한다고 주장한다.

　중독을 유발하는 화학물질이나 행동의 목록을 살펴보면 왜 모든
사람이 그중 하나에 중독되지 않는지 궁금해진다. 우리 중 일부만
중독에 굴복하고 나머지는 그러지 않는 이유가 뭘까? 여느 인간 특

---

*　퍼듀 파마의 옥시콘틴 사건은 〈페인킬러Painkiller〉와 〈돕식: 약물의 늪Dopesick〉이라는 드라마로 제작
되었다.

성과 마찬가지로 그 답은 유전에서 환경에 이르는 연속체continuum상의 어딘가에 있을 것이다. 중독에서 벗어나고 싶어 하는 사람들에게 도움을 주려면 이 중요한 문제를 심층적으로 이해하는 것이 절실하다. 유전적 요인이 중요한 역할을 한다는 것은 의심의 여지가 없지만, 유전적 위험이 낮은 사람이라도 한동안 고용량의 중독성 물질에 노출되면 중독될 수 있다.[27] 많은 약물에서 중독은 용량dose의 문제인 것으로 보인다. 독성학 분야에는 '우리가 섭취하는 모든 것은 독이며, 단지 용량이 문제일 뿐'*이라는 유명한 말이 있다.

아무리 그렇다 해도 우리 중 일부는 다른 사람들보다 약물 중독에 대한 문턱값threshold이 낮은 것 같다. 문턱값이 낮은 이유는 유전적 민감성 때문일 수 있으며, 이는 뇌의 자극 감도sensitivity(약물을 감지하는 단백질의 수준이나 활성 차이에 따라 달라진다)를 높여 궁극적으로 중독으로 이어지는 도화선에 불이 붙게 된다. 내성tolerance이라는 잘 알려진 특징도 있는데, 내성이란 뇌가 스스로를 보호할 요량으로 약물을 덜 감지하려고 노력하는 것을 말한다. 중독자는 약물에 내성이 생기므로 떨어진 반응성을 극복하고 전과 같은 효과를 얻기 위해 더 많은 용량을 원하게 된다.

중독에 대한 유전적 민감성을 탐구하는 것은 마치 건초 더미에서 바늘 찾기와 같지만, 연구자들은 굴하지 않고 수많은 가족을 대상으로 연구를 수행해 왔다.[28] 여기에는 일란성 쌍둥이, 이란성 쌍둥이, 형제자매, 입양된 경우까지 포함되었다. (이란성 쌍둥이는 유전적으

---

* 독성학의 아버지로 알려진 16세기 스위스 출신 의학자이자 철학자 파라켈수스Paracelsus는 "이 세상 모든 물질은 독이며, 독과 약의 차이는 용량에 달렸다"고 했다.

로는 똑같지 않아도 일반적인 형제자매와 비교할 때 더 유사한 환경에서 자랐을 가능성이 크다.) 바늘은 개개인을 독특하게 만드는 '0.1%의 DNA'에서 찾아야 하는데, 지금까지의 연구를 종합하면 중독될 위험의 약 절반은 개개인의 유전적 조성에 달린 것으로 보인다.[29] 일란성 쌍둥이의 경우 둘 중 하나가 약물에 중독되면 다른 하나가 중독되지 않는 경우가 드물지만, 이란성 쌍둥이는 그렇지 않다. 가족 중 한 명이 중독되면 다른 가족 구성원도 중독될 가능성이 크다.

특정 물질에 대한 중독 위험을 조사한 결과는 무척 흥미롭다. 대마초 사용자의 약 30%가 중독 증상을 보였는데,[30] 실험군 2,387명과 대조군 4만 8,985명을 대상으로 한 연구에서 대마초 중독과 관련 있는 CHRNA2라는 유전자가 확인되었다. 이 유전자가 코딩하는 단백질이 적게 생성되는 사람은 대마초 중독 위험이 컸다. 이 연구 결과는 실험군 5,501명과 대조군 30만 1,041명을 대상으로 한 후속 연구에서 재현되었다.[31] CHRNA2 유전자가 중독과 연관된 이유는 알려지지 않았지만, 이것은 대마초 중독에 대응하기 위한 최초의 유력 후보 유전자다.

또 다른 연구에서는 SLC6A11이라는 단백질 유전자의 변이가 니코틴 중독 위험과 관련 있는 것으로 나타났다.[32] 이 단백질은 니코틴이 표적으로 삼는 억제성 신경전달물질 GABA의 수준을 조절하는데, 유전자 변이로 생성된 단백질은 니코틴의 표적이 되기 쉽다. 따라서 이 변이를 가진 사람들은 니코틴 중독에 더 취약할 수 있다. 흥미롭게도 우리는 약 10만 년 전 현생 인류가 아프리카에서 유럽으로 이주할 때 만난 네안데르탈인들로부터 이 유전자 변이를 물려받았을지도 모른다.[33] 현생 인류는 네안데르탈인과 성관계를 했고, 우리는 모두 그 결과로 생긴 자손의 후손이다. 그리고 우리 중 일부는 아직도 이 네안데르탈인 유전자를 갖고 있다. 우리가 아는 범위에서 네안데르탈인은 담배를 피우지 않았으니, 이 유전자가 네안데르탈인의 몸속에서 어떤 기능을 했는지는 확실하지 않다. 하지만 이런 유전자가 있다는 사실은 니코틴 중독의 위험을 설명하는 데 어느 정도 도움이 될 수 있다.

유전적 요인은 알코올 중독 위험의 약 50%를 차지하고, 코카인 중독 위험의 경우에는 79%나 된다.[34,35] 이처럼 유전적 요인은 약물 중독과 관련하여 상당한 영향력을 행사한다. 따라서 부모가 알코올 또는 마약 중독자라면 이것이 중요한 위험 요인으로 작용한다.[36]

100여 명의 과학자가 참여한 한 연구에서는 무려 120만 명을 대상으로 니코틴 및 알코올 중독 사례를 조사했다.[37] 그리고 흡연 시작 나이, 흡연 중단 나이, 하루 흡연량, 일주일 음주량도 조사했다. 그런 뒤에 조사 결과를 학력, 병력 등의 생활사와 교차 검토했다. 마지막으로, 과학자들은 이러한 내용과 중독에 관여하는 유전자 사이의 상관관계를 측정했다. 이 연구는 니코틴이나 알코올 중독에 영향을 미치는 566개 이상의 유전자 변이를 보고하고, 이를 생활사와 연관시킴으로써 환경과 유전자가 얼마나 복잡하게 얽혀 있는지 보여 주었다. 이 유전자들의 임무는 뇌에서 뉴런이 발화하는 방식에 관여하는 단백질을 코딩하는 것이었다. 과학자들은 이 연구를 통해 도파민, 글루탐산염, 아세틸콜린 같은 유명한 신경전달물질의 중요성을 재확인했다. 그리고 종합적으로, 중독 위험은 실제로 유전적 영향과 환경적 영향의 복잡한 조합이라는 결론을 내렸다. 특히 CUL3, PDE4B, PTGER3라는 세 가지 유전자가 중독 위험에 크게 관여하는 것으로 나타난 만큼 이들을 더 연구하면 유익한 정보를 얻을 수 있을 것으로 보인다.

환경적 요인은 당연히 유전적 요인만큼이나 중요하며, 실제로는 유전보다 환경이 더 중요할 수도 있다. 환경적 요인을 알면 전문가가 개입하여 환경을 바꿈으로써 위험을 줄일 수 있을 것이다. 앞서 말했듯 중독은 환경과 유전자의 조합으로 일어나며, 매트 리들리 Matt Ridley가 말한 바와 같이 '양육을 통한 본성nature via nurture'에 의해 주도되기 때문이다. 즉, 중독 위험이 큰 유전적 변이를 가진 사람일지라도 그 영향은 그가 특정 환경에 처한 경우에만 드러날 것이다.

부모의 관심 부족, 동료의 압력, 약물 가용성, 빈곤 등 다양한 환경적 영향이 중독의 위험 요인으로 입증되었다.[38] 어린 시절에 학대당한 적 있는 사람들이 관련된 법적 소송 900건을 폭넓게 연구한 결과, 이들은 나중에 커서 약물 남용 문제를 겪을 위험이 큰 것으로 나타났다.[39] 신체적·성적 학대를 포함한 어린 시절의 학대와 불우한 경험은 성인이 되어 중독에 빠질 위험과 밀접한 관련이 있다. 전 세계적으로 아동기의 성적 학대 경험은 남성 알코올 중독의 4~5%, 여성 알코올 중독의 7~8%에 영향을 미치는 것으로 추정된다.[40] 이는 소녀들이 소년들보다 불우한 생활사에 노출될 가능성이 크다는 여러 연구와 일치한다.[41] 어린 시절에 성적 학대를 경험한 여자아이는 동일한 수준의 아동기 스트레스에 노출된 남자아이보다 나중에 커서 중독에 빠질 위험이 더 크다.

또 한 가지 흥미로운 연구 결과는 어린이가 생활사에서 스트레스를 많이 받을수록 중독으로 이어질 가능성이 크다는 것이다. 이는 성인도 마찬가지다. 우리에게는 스트레스를 견딜 수 있는 어느 정도의 수용 능력이 있는데, 이 한계를 넘으면 정신적 스트레스가 폭발하여 중독에 이를 수 있는 것으로 보인다. 스트레스가 큰 사건에 노출되는 시기도 중독에 영향을 미치는 것으로 나타났다. 어린 시절에 받는 양육의 질은 특히 영향력이 높으며, 전반적인 학대는 중독을 조장할 위험이 더 크다.[42]

어린 시절의 스트레스가 훗날 약물 남용의 주요 위험 요인이라는 사실은 동물 연구로도 뒷받침되었다. 약물 자가 투여 모델drug self-administration model을 이용한 연구에서 마카크원숭이와 설치류의 생애 초기 스트레스가 나중에 알코올이나 약물의 남용을 촉진하는 것으로 나타났다.[43]

심리학자 브루스 알렉산더Bruce Alexander가 1970년대에 수행한 연구는 특히 주목할 만하다.[44] 알렉산더 박사는 우리에 갇힌 시궁쥐에게 두 개의 물병을 주었는데, 그중 하나에는 맹물이 들어 있고 다른 하나에는 헤로인이나 코카인이 함유된 물이 들어 있었다. 시궁쥐는 마약이 함유된 물을 반복해 마시다가 중독되어 급기야 과다 복용으로 사망했다. 알렉산더는 여기서 멈추지 않고 이 결과가 '약물 자체' 때문인지, 아니면 '환경' 때문인지 궁금해했다. 그래서 이번에는 쥐들이 자유롭게 돌아다니며 장난감을 가지고 놀고 다른 쥐들과 어울릴 수 있는 '쥐 공원'에 시궁쥐를 풀어놓고 실험을 반복했다. 이처럼 풍요로운 환경에서는 어떤 일이 일어났을까? 쥐들은 마약이 든 물보다 맹물을 선호했다. 마약이 함유된 물을 마시러 갔을 때도 간헐적으로 마셨을 뿐 중독되지는 않았다. 이 결과는 사회 공동체가 구성원을 약물 중독으로부터 보호한다는 것을 시사하며, 스트레스 많은 양육 환경과 사회적 고립이 약물 중독의 주요 위험 요인임을 암시한다.

나이도 중독 위험에 영향을 미치는 중요한 환경적 요인이다. 어린이가 신체적·정서적 학대(특히 성적 학대)를 포함하여 스트레스가 큰 사건에 만성적으로 노출되면 신경 발달에 영구적으로 해를 입을 수 있다. 이런 어린이가 청소년기에 도달하면 스트레스를 견디기 위해 중독성 물질에 의존할 가능성이 있다.[45] 청소년기는 중독에 가장 취약한 시기인데,[46] 이는 뇌의 보상 시스템이 인지 제어 중추보다 먼저 성숙하기 때문이다. 인지 능력으로 보상감을 조절할 수 있는 만큼, 이 능력이 발달하지 않은 상태에서는 보상 시스템이 우위를 점하게 된다. 이에 따라 청소년은 강렬한 보상감에 민감하게 반응할 것이므로, 중독의 위험이 커지는 것은 당연한 귀결이다. 게다가 청소년들은 충동적이고 위험한 행동을 하는 것으로 잘 알려져 있는데, 이런 행동이 중독을 조장할 수 있다. 어린 나이에 술을 마시기 시작한 사람은 나중에 알코올에 중독될 가능성이 더 크다. 여러 연구에서 알코올 중독자의 16%가 12세 이전에 술을 마시기 시작한 것으로 나타났다.[47]

요컨대 중독이란 '환경과 유전자의 복잡한 상호 작용'의 결과물이다. 그건 그렇고, 약물에 중독되면 뇌에 객관적 징후가 나타날까? 그리고 그 변화를 되돌리면 중독을 완화할 수 있을까? 첫 번째 물음에 대한 답은 '예스'다. 니코틴, 알코올, 코카인, 헤로인이 뇌에 들어가면 온갖 종류의 영향을 미칠 수 있고, 마약 중독자의 뇌를 영상화하면 그러한 변화를 관찰할 수 있다.[48] 두 번째 질문에 대한 답은 '노'다. 우선 중독성 약물 대부분은 뇌의 도파민 수용체 수준을 낮추며, 이는 내성과 직접적인 관련이 있다. 그리고 시간이 지남에 따라 도파민 보상 시스템 이외의 영역에도 변화가 생긴다. 다시 말해 판단, 의사 결정, 학습 및 기억에 관여하는 뇌 영역에 변화가 생겨 이러한 모든 기능이 손상된다. 하지만 약물 사용을 중단한다고 해서 손상된 영역이 즉각 회복되지는 않는다. 일부 약물은 대체되지 않는 특정 뉴런을 사멸시키기도 하는데, 이 때문에 중독 이전의 상태로 돌아가기가 어려울 수 있다.

중독과 관련하여 특히 흥미로운 물질은 도파민이다. 도파민의 전구체인 엘도파L-Dopa는 파킨슨병(도파민을 생성하는 뉴런이 죽는 질병)을 치료하는 데 사용된다. 도파민 생성 뉴런은 운동에 관여하므로, 이 뉴런을 상실한 파킨슨병 환자는 (떨림이 심해지는 등) 신체 움직임에 변화가 생긴다. 엘도파는 도파민 수치를 높여 파킨슨병 증상을 완화할 수 있다. 하지만 중독성 행동을 유발함으로써 도박, 과식, 성욕과다와 같은 충동조절장애를 일으킬 수 있다는 것이 문제다.[49] 이 같은 엘도파 부작용은 도파민이 중독에 중요한 역할을 한다는 결론에 힘을 실어 준다.

중독의 손아귀에서 벗어나려면 어떻게 해야 할까? 일단 자신이 중독자임을 스스로 인정해야 한다. 특히 알코올과 헤로인 중독자들이 그 사실을 부인하는 경우가 많다. 사람들이 중독을 잘 인정하지 않는 까닭은 의지가 약하다거나 실패자라는 낙인이 찍힐까 봐 두렵기 때문이다. 오해를 풀기 위해 '중독자가 되어 가는 과정'을 짚고 가자.

첫째, 당신은 매일 (때로는 하루에 여러 번) 약물을 사용하고 싶은 충동을 느낄 것이다. 둘째, 당신은 실제로 원하는 것보다 더 많은 약물을 복용하고 있으나 자구책을 마련할 수 없다는 사실을 알게 될 것이다. 셋째, 당신은 약물을 항상 소지하려고 노력할 것이다. 넷째, 당신은 감당할 수 없다는 걸 알면서도 약물을 구매할 것이다. 다섯째, 직장이나 가족과 친구 사이에서 문제를 일으킨다는 것을 알면서도 약물을 계속 사용할 것이다. 여섯째, 혼자 있는 시간이 많아지고 제 앞가림도 못하며 외모에도 신경 쓰지 않게 될 것이다. 일곱째, 마약을 복용한 상태로 운전을 하거나 안전하지 않은 성관계를 갖는 등 위험한 행동을 하게 될 것이다. 마지막으로, 당신은 약물을 구하기 위한 거짓말이나 절도 행위에 대해 양심의 가책을 전혀 느끼지 않게 될 것이다.

이 여덟 단계 과정은 마약 중독자의 실상을 가감 없이 열거한 것으로, 본인뿐 아니라 가까운 사람들에게 미치는 악영향을 적나라하게 보여 준다. 그러나 희망이 있다. 중독자들이 알아야 할 것은 마약이나 알코올에 중독되는 이유가 성격적 결함이나 나약함 때문이 아니라는 사실이다.[50] 다시 말하지만 중독은 '여러 가지 요인들의 복잡한 상호 작용'의 결과물이다. 연구에 따르면 회복을 향한 첫 번째 단계가 가장 어렵다고 하는데, 그것은 중독자가 자신에게 문제가 있음을 인식하고 변화를 결심하는 것이다.

회복 과정은 일반적으로 의사와 상담하는 것으로 시작된다. 의사는 중독자를 도울 방법을 알고 있다. 몸에서 약물을 제거하기 위해 해독 과정이 필요할 수도 있다. 중독자는 마약을 여전히 사용하는 친구를 피해야 한다. 술을 마시거나 마약을 복용하는 환경이 마약에 대한 갈망을 증폭시키는 계기가 될 수 있으므로 자주 가던 술집이나 클럽도 피해야 한다. 행동 상담은 중독자가 근본 원인을 파악하고 관계를 회복하며 대처 기술을 배우는 데 도움이 된다.

약물요법도 도움이 될 수 있는데, 헤로인 사용자를 위한 '메타돈 사용'과 흡연자를 위한 '니코틴 대체 접근 방법'이 좋은 예다. 메타돈은 헤로인과 약간 비슷한 약물로, 사람들이 헤로인을 끊도록 돕는 데 사용된다. 통증을 완화할 뿐 아니라 헤로인으로 인한 황홀감을 차단하기도 한다. 그러나 메타돈을 사용하는 방법이 중독을 억제하기보다는 정부가 후원하는 공인 공급자를 통해 약물 의존성을 유지한다는 비판도 있다.

흡연의 경우 니코틴 패치나 추잉검 등 니코틴 대체품을 사용하면 니코틴에 대한 갈망이 줄고 금연 가능성이 50~60% 증가한다.[51] 항우울제인 부프로피온Bupropion과 같은 약물도 금연에 도움이 되며, 금연 확률을 1.6배로 높여 준다. 기화된 니코틴을 흡입하는 전자담배도 도움이 되며, 궁극적으로 금연으로 이어질 수 있어서 흡연의 실질적인 대안으로 평가받고 있다. 물론 전자담배에도 니코틴이 들어 있지만, 전반적으로 건강에 덜 위험하므로 두 가지 중 차악次惡으로 간주하는 것이다. 최근에 886명의 참여자를 대상으로 1년 동안 임상시험을 진행해 전자담배와 니코틴 대체 접근 방법을 비교한 결과, 전자담배 그룹은 18%가 담배를 끊었으나 니코틴 대체 그룹은 9%만 담배를 끊은 것으로 나타났다.[52] 이때, 두 그룹 모두 임상시험에 참여하는 동안 행동 지원을 받았다.

　중독은 많은 사람에게 중요한 건강 문제이자 사회 전체의 주요 도전 과제다. 어쩌면 중독은 불완전한 우리네 삶의 일부인지도 모른다. **불행히도 중독이 당신의 삶에 부정적인 영향을 미치고 있다면, 그것은 당신이 인류의 일원인 까닭이고 희망이 있다는 뜻임을 기억하기 바란다. 적절한 치료를 받으면 중독에서 벗어나 만족스러운 삶을 영위할 수 있다.**

7장

마약 합법화

모든 마약을
합법화하는 날이 올까?

"부시Bush가 나와서 '우리가 마약과의 전쟁에서
지고 있다'고 말했을 때 정말 기분이 좋았어요.
그 말이 무슨 뜻인지 아세요?
전쟁이 벌어졌는데,
약쟁이들이 승전고를 울리고 있다는 거예요."

빌 힉스Bill Hicks

6장에서 나는 아일랜드에서 금지된 약물인 (…… 잠시 뜸을 들이고 ……) 대마초를 피운 적 있다고 고백했다. (꼴깍.) 나는 한 모금 빨 때마다 '혹시 경찰관이 문을 두드리지 않을까?' 하고 가슴을 졸였다. 그러다가 '대마초 피우는 사람이 한두 명이 아닌걸!' 하며 호기를 부리기도 했다. (멋지지 않은가?) 2019년, 유엔(UN) 마약범죄사무소는 전 세계 불법 마약 사용 실태에 관한 최신 자료를 발표했다.[1] 이 자료에 의하면 2018년에 전 세계에서 2억 7100만 명이 불법 마약을 사용했는데, 이는 2009년 이후 30% 증가한 수치였다. 또 이 보고서는 전 세계 코카인 불법 제조가 사상 최고치를 기록했다고 밝혔다. 미국 정부는 마약 남용을 근절하기 위해 연간 약 500억 달러를 지출하고 있지만, 그 결과로 압수되는 불법 마약의 비율은 10% 미만에 불과하다.[2]

　만약 마약 사용을 합법화한다면 어떤 일이 일어날까? 첫째, 정부는 마약의 생산·유통·판매를 규제하면서 세금을 부과할 수 있다. 이를 통해 580억 달러의 수입이 창출될 것으로 추정되므로,[3] 미국 정부는 1080억* 달러의 순이익을 챙길 수 있을 것이다. 유럽에서도 불법 마약을 퇴치하기 위해 연간 300억 유로를 지출하는 만큼, 마약 사용 합법화에 따르는 경제적 이익은 상당할 것으로 추정된다.[4] 둘째, 마약을 합법화하면 범죄율이 많이 감소할 것으로 예상할 수 있다. 마약이 불법이라는 사실 자체가 살인, 폭력, 절도 등 범죄의 원인을 제공하기 때문이다. 그리고 마약 관련 범죄가 광범위하고 고질적인 이유도 따지고 보면 마약의 불법성 때문이다. 마약 불법화의 끝판왕인 '마약과의 전쟁war on drugs'은 여러 보고서에서 실패한 것으로 평가됐는데, 이 문제를 자세히 조사한 미국의 카토 연구소Cato Institute는 다음과 같이 논평했다. "우리는 마약을 금지하는 것이 국내외 정책 입안자들의 목표를 달성하는 데 비효율적일 뿐 아니라 비생산적이라는 결론을 내렸다. 마약과의 전쟁은 되레 마약 과다 복용을 부추겼으며, 강력한 마약 카르텔을 형성하고 유지하도록 부채질했다."[5]

　그렇다면 성인의 마약 사용을 음지에서 끌어내 합법적으로 통제하지 않는 이유가 뭘까? 이러나저러나 마약은 위험하고 많은 고통을 유발하니 마약을 금지하는 것이 그나마 차악을 선택하는 일일까? 아니면 점점 커지는 문제를 해결하기 위해 마약 합법화라는 급진적인 노선을 택하는 편이 나을까? 이 문제에 이성적이고 성숙하

* 바로 앞에서 언급한 500억 달러의 비용이 절감되고 580억의 수입이 창출되므로 이 둘을 합치면 1080억이 된다.

엘비스 프레슬리Elvis Presley가 백악관을 방문하여 자신을 마약·위험약품관리국의 '연방 요원'으로 임명해 달라고 닉슨 대통령에게 요청하는 장면. (엘비스가 마약 중독자였다는 사실을 생각하면 말도 안 되는 일이다.)

게 대응한다면 장기적으로 우리 사회에 실익이 될까?

'마약과의 전쟁'이라는 용어는 1971년 6월 18일, 미국 대통령 리처드 닉슨Richard Nixon의 기자회견 직후 미국 언론에 의해 탄생했다. 닉슨은 마약 남용을 "공공의 적 1호"로 선언했다. 그의 열렬한 주장은 나중에 인종 차별로 해석되었는데,[6] 마약과의 전쟁으로 흑인 사회가 억울한 피해를 볼 게 뻔하다는 사실을 닉슨이 알고 있었다는 이야기가 있다. 비록 이제는 역효과의 대명사로 불리지만, 마약과의 전쟁이라는 용어는 여전히 쓰이고 있다.

기분 전환용 약물을 통제하려는 노력은 19세기부터 계속되고 있다. 유럽에서 마약을 규제하기 위해 제정한 최초의 현대적 법률은

1868년 영국의 '약국법'이었다. 이 법은 마약 유통 방법을 규정하고, "아편 기반opium-based 제품을 구매할 때는 익히 알려진 판매자로부터 판매자의 이름과 주소가 적힌 밀봉된 용기에 담긴 제품을 받아야 한다"고 선포했다.

영국 상인들은 오랫동안 중국에 아편을 판매해 왔는데, 그 목적은 비단, 도자기, 차 등 중국산 수입품이 영국에 많이 들어오는 바람에 발생한 무역 불균형을 해소하기 위해서였다. 중국의 개신교 선교사들은 이러한 무역에 반대해 《중국의 아편 사용에 관한 의사 100여 명의 견해 Opinions of Over 100 Physicians on the Use of Opium in China》라는 제목의 책자를 발간했다.[7] 이것은 아편 중독 위험에 관한 최초의 과학적 분석이 담긴 책이었다. 이후 여러 국가가 아편제 사용을 통제하는 조약에 서명했고, 이 조약은 제1차 세계 대전의 전후 처리를 위한 베르사유 조약(1919년)에도 포함되었다.

1914년 미국에서는 '해리슨 마약류 세법'에 따라 특정 마약의 유통과 사용을 제한하는 법률이 통과되었다. 미국에서 모르핀morphine 중독에 관한 증거가 처음으로 수집된 것은 남북 전쟁(1860~1865) 때였다. 전장에서 다친 병사들이 모르핀으로 치료받았는데, 당시에 이 약물은 '새로운 기적의 약'으로 통했다. 모르핀은 통증, 천식, 두통, 생리통을 완화했고 효과가 빠른 데다 환자가 행복하게 퇴원하기까지 해서 의사들의 사랑을 받았다. 남북 전쟁 중 북군은 병사들에게 거의 1000만 개의 아편 알약을 지급했고,[8] 많은 병사가 아편에 중독된 채 전쟁에서 돌아왔다. 1880년대에 미국의 학자들은 의학 저널을 통해 모르핀 중독의 위험성을 광범위하게 보고하기 시작했

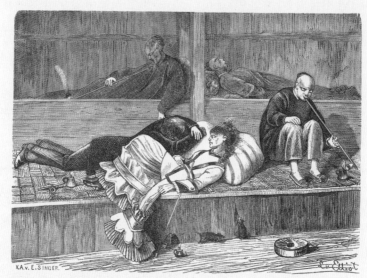

San Francisco: Opium den.

19세기에 성행한 아편굴을 묘사한 판화.

다. 그리고 아편제 금지 캠페인이 시작되었다. 이 조치는 부분적으로 아편 흡입이 '중국 이민자, 도박꾼, 매춘부 들이 저지르는 악'이므로 근절해야 한다는 견해에 따른 것이기도 했다. 1875년, 샌프란시스코는 '많은 여성과 어린 소녀들이 중국 아편굴로 유인되어 도덕적으로 파멸하고 있다'는 이유로 중국 아편굴에서 아편을 흡입하지 못하도록 하는 자치 법규를 제정했다.[9] 하지만 이 법이 금지한 것은 오로지 중국인의 아편 판매 행위였다.

헤로인 등의 마약은 실제로 1912년까지 처방전 없이 살 수 있는 기침 시럽으로 판매되었다. 의사들은 짜증 내는 아기를 진정시킬 때(확실히 효과가 있었다), 불면증, 신경 질환에 헤로인을 처방하기도

했다. 그러다가 1914년에 아편이나 모르핀 같은 아편제 사용을 법으로 금지했다. 이후 1919년, '미국 수정 헌법 제18조'에 따라 알코올을 판매·제조·운송하는 것을 모두 금지하면서 금주법 시대가 시작되었다. 하지만 이 법은 큰 실패를 거듭한 끝에 1933년에 폐지되었다. 헤로인과 코카인은 1920년에 금지 약물 목록에 추가되었다.

1937년에는 대마초 사용을 금지하는 '마리화나 세법'이 통과되었다. 그런데 이 조치는 산업용으로 재배되는 대마초 식물의 하나인 대마hemp를 규제하기 위한 것이라는 가설이 제기되었다. 대마는 종이와 직물용 섬유 등 다양한 제품을 만드는 데 쓰인다. 대마를 규제하라는 압력은 미국의 화학 회사 듀폰Du Pont으로부터 나왔는데, 나일론을 발명한 듀폰은 경쟁사를 제거하고 싶었을 것이다. 미국 정부의 재무장관이던 앤드루 멜론Andrew Mellon은 나일론의 가능성을 보고 듀폰에 막대한 금액을 투자한 터라 대마 사용을 금지하려고 로비 활동을 했다.[10]

중국에서는 1950년대에 마오쩌둥毛澤東이 아편 거래를 거의 근절하면서 1000만 명의 중독자를 강제로 치료하고 밀매자를 처형했다.[11] 그러나 베트남 전쟁으로 수요가 급증하여 1971년에는 미군 병사 중 20%가 스스로 중독자라고 여길 정도였다.[12] 엄격한 처벌에도 불구하고 2003년 중국에서는 400만 명이 헤로인을 정기적으로 사용한 것으로 추정된다.[13]

1960년대부터 마약 단속이 대폭 강화되었고, 1966년에는 LSD가 금지 약물 목록에 추가되었다. LSD의 역사는 흥미롭다. 1938년, 스위스의 제약 회사 산도스Sandoz에 근무하던 화학자 알베르트 호프만

'자전거의 날'을 기념하는 우표.
1943년 4월 19일, 화학자 알베르트 호프만이
환각제인 LSD를 복용한 채 자전거를 타고
집으로 돌아갔다고 알려진 날이다.

Albert Hofmann이 실험실에서 LSD를 처음 만들었는데,[14] 원래 그는 호흡과 혈액 순환을 촉진하는 약을 만들고 있었다. 그가 무심결에 미량의 LSD를 복용하여 효과를 확인한 것은 그로부터 5년 뒤였다. 뭔가를 알아차린 호프만은 일부러 고용량(효과를 내는 데 필요한 복용량의 10배)의 LSD를 복용하고 자전거를 타고 집으로 돌아가다가 환각을 체험했다. 그날은 오늘날 환각제 애호가들 사이에서 '자전거의 날'로 알려져 있다.

　호프만은 LSD가 기분 전환용 약물로 사용될 거라고는 전혀 생각지 않았고, 정신의학 분야에서 사용되리라 예상했다. 1950년대 미국에서는 심리학과 학부생들을 대상으로 LSD를 시험했고, 《타임 Time》 지는 1954년과 1959년에 LSD를 긍정적으로 평가한 보고서를 다수 기사화했다. 정신분석가인 시드니 코헨Sidney Cohen은 강력한 지지자가 되어 알코올 중독을 치료하고 창의력을 자극하는 용도로 LSD를 홍보하기 시작했다. 그는 작가 올더스 헉슬리에게 LSD를 약간 제공했는데, 헉슬리의 저서 《지각의 문The Doors of Perception》은 LSD 사용에서 영감을 얻은 것이다. (그리고 록 그룹 '도어스'의 이름은 이 책의 제목에서 따온 것이다.) 한 실험에서는 알코올 중독자들에게 LSD를 투여했더니 1년 뒤에 50%가 술을 마시지 않는 등 인상적인 결과가 나왔다.[15]

　1960년대까지 4만 명이 넘는 환자가 주로 정신 질환 때문에 LSD를 투여받았다. 하지만 그 뒤로 많은 정신과 의사들이 기분 전환용으로 이 약물을 복용하기 시작했다. 그러다 1965년, 일반 대중이 이 약물을 사용하는 데 대한 정부의 항의가 거세지자 산도스는 LSD 생산을 중단했고, 1966년에 대다수 국가에서 LSD 사용을 불법으로 규정했다. 그러나 예술가들은 창의력을 자극하려고 계속 사용했다. 마약법 완화의 수호성인이라 할 수 있는 코미디언 빌 힉스의 말을 인용해 보겠다. "마약이 우리에게 좋은 일을 해 왔다는 걸 믿지 않는다면 내 부탁 하나만 들어주세요. 오늘 밤 집에 가서 앨범, 테이프, CD를 모두 꺼내 불태워 버리세요. 아시다시피 지난 세월 동안 여러분의 삶을 풍요롭게 만든 뮤지션들은 하나같이 마약에 취해 있었어요. 생각해 보세요. 비틀스가 얼마나 마약에 취했으면, 드러머인 링고Ringo Starr가 몇 곡을 부르도록 내버려뒀겠냐고요."

　1969년부터 미국에서는 '규제 약물 법'에 따라 마약을 분류했다.[16] 아일랜드의 경우 '2015 마약류 오남용 법'이 마약 사용에 관한 주요 법률이다.[17] 대마초와 LSD처럼 의학적 용도가 없고 남용될 우려가 큰 약물은 1급 마약으로 분류한다. 2급 마약은 남용될 소지가 크지만 의학적 용도가 있는 것으로, 코카인(마취제로 사용 가능)과 아편제인 펜타닐fentanyl, 헤로인, 메타돈, 옥시코돈(모두 통증 완화에 사용 가능), 암페타민(졸음증에 사용 가능)이 포함된다. 그리고 일반적인 질병을 치료하기 위해 자주 처방되지만 남용 위험이 있는 많은 처방약을 3급 마약으로 분류한다. 4급 마약에는 제한적으로 남용 위험이 있는 광범위한 의약품이 포함되어 있다. 2010년에는 200가지의 새로운 물질이 불법으로 규정되었는데, 이른바 헤드숍head shop에서 판매하는 신종 향정신성 물질의 위협에 대응하는 조치였다. 새로운 약물은 계속 발명되기 때문에 종종 입법이 이 속도를 따라잡지 못한다. 지난 10년 동안 대마초나 코카인을 모방한 새로운 향정신성 물질이 700가지나 만들어졌다.[18]

아일랜드에서는 처방전 없이 '마약류 오남용 법'에 해당하는 약물을 소지하는 것이 불법이어서 법률에 따라 처벌받는다. 2017년에는 사용 또는 소지 위반이 1만 2,211건, 공급 위반이 4,175건 발생했다.[19] 약물 종류에 따라 처벌 방법이 다른데, 대다수 유럽연합 회원국에서는 관련 약물을 소지하기만 해도 (단순한 벌금형이 아니라) 징역형에 처한다. 스페인, 이탈리아, 스위스에서는 어떤 약물이든 가볍게 소지한 경우에는 구금형에 처하지 않는다. 마약 밀매는 유럽 전 지역에서 처벌 수준이 가장 높다. 아일랜드에서는 시가 1만 3,000유로 이상의 마약을 소지할 경우 10년 징역형에 처한다.

그런데 대마초에 관해서는 세계 여러 나라에서 규제를 완화하고 있다. 아일랜드에서는 여전히 불법이어서 대마초를 소지할 경우 첫 번째 위반 시 최대 1,000유로, 두 번째 위반 시 2,540유로의 벌금이 부과된다. 세 번째 및 후속 위반 시에는 최대 3년의 징역형을 받을 수 있다. 대마초가 아닌 다른 약물을 소지했을 때는 초범이라도 최대 1년의 징역형 또는 사회봉사 명령을 받는다. 의료용이나 기분 전환용 대마초는 소지, 유통, 재배 측면에서 나라마다 허용 정도가 다르다. 기분 전환용으로 대마초를 사용하는 것은 대다수 국가에서 불법이지만, 이를 처벌 대상에서 제외한 나라들도 있다. 현재

기분 전환용 대마초 사용을 합법화한 나라는 캐나다, 조지아, 남아
프리카공화국, 우루과이, 몰타, 타이 이렇게 여섯 나라다. 미국은 23
개 주에서 대마초를 합법화했지만, 연방 차원에서는 여전히 불법이
다.* 스페인과 네덜란드에서는 허가받은 시설에서만 대마초 판매
를 허용하는 제한적 집행 정책을 채택했다.

　미국의 일부 주에서 대마초를 합법화한 이유는 무엇일까? 대마
초를 합법화하려는 움직임은 20세기 후반부터 있었다. 1996년에
캘리포니아주가 가장 먼저 의료용 대마초를 처벌 대상에서 제외했
다. 이는 합당한 이유가 있는 사람은 대마초를 사용해도 된다는 뜻
이다. 그리고 2012년에는 워싱턴주와 콜로라도주가 기분 전환용 대
마초 사용을 합법화했다. 2019년 초까지 30개가 넘는 주에서 부분
적으로 대마초 사용을 허용했고, 2019년 11월 20일에는 하원 사법
위원회가 연방 차원에서 대마초를 합법화하고 '규제 약물 법'의 1급
마약 목록에서 대마초를 삭제하는 획기적인 법안을 통과시켰다. 이
법안은 아직 상원에서 통과되지 않았는데, 다수당인 공화당의 원내
대표 미치 매코널Mitch McConnell 상원의원이 반대하고 있어 통과되기
어려울 거라는 전망이 나온다.

　미국에서 대마초 합법화 논쟁이 계속되면서 애초에 대마초를 왜
불법으로 규정했는지에 대한 의문이 다시 제기되었다. 닉슨의 '마
약과의 전쟁' 때와 마찬가지로 결론은 인종 차별이라는 불편한 답
이었다.[20] 분석에 따르면 20세기 초에는 미국에서 대마초를 거의 사

---

* 　2023년 11월 기준, 23개 주와 워싱턴 D.C.에서 21세 이상 성인의 기분 전환용 대마초 사용을 합
법화했으며, 38개 주와 워싱턴 D.C.에서는 의료용 대마초를 허용하고 있다.

마리화나의 위험성을 경고한 영화 〈리퍼 매드니스Reefer Madness〉(1936). 이 포스터는 1972년에 만든 광고 이미지다. 이후, 이 영화는 컬트적인 지위를 얻었다.

용하지 않은 것으로 밝혀졌다. 그러다 멕시코 이민자들이 대마초를 가져오면서 대마초가 이민자들에게 '피를 갈망하게' 한다는 두려움이 퍼지기 시작했고, '대마초'라는 용어는 점차 '마리화나marijuana'로 대체되어 갔다. 이는 대마초에 대한 이질감을 불러일으키고 외국인 혐오를 조장하기 위한 수단이었다. 마리화나와 대마초는 같은 의미로 사용되지만, 대마초는 일반적으로 실제 식물을 가리키고 마리화나는 그 식물에서 추출한 약물을 의미한다. 마리화나라는 단어는 멕시코식 스페인어에서 유래했는데, 마조람marjoram(허브의 한 종류)이나 메리 제인Mary Jane이라는 이름에서 유래했다는 설도 있다. 물론 대마초나 대마초로 만든 약물은 폿, 위드, 도프, 그래스, 허브, 스컹크, 갠저 등 다양한 이름으로 불린다. 아일랜드인들은 해초를 매우 높게 평가한 나머지 31가지 이름으로 부르는데, 혹시 대마초 사용자들도 그래서 그러는 게 아닌지 문득 궁금하다.

1920년대에 여러 주에서 대마초를 금지했고, 1930년대에는 당시 연방 마약국 책임자였던 해리 앤슬링거Harry Anslinger가 연방 차원에서 마약 금지령을 내렸다. 당시 설문 조사에 참여한 과학자 대다수가 대마초는 위험하지 않다고 밝혔음에도 내린 조치였다. 앤슬링거가 대마초에 관하여 어떤 주장을 폈는지 들어보자. "대마초 사용자는 대부분이 아프리카계 미국인이며, 대마초가 '타락한 인종'에게 부정적인 영향을 미친다." "흑인들이 리퍼reefer(마리화나가 든 궐련)를 피우면 '나도 백인만큼 잘할 수 있다'고 생각하게 된다." "백인 여성이 대마초를 피우면 흑인 남성과 성관계를 하게 될 것이다." 그가 연방 마약국 국장이었다는 사실을 상기하시라.

21세기 초에는 아프리카계 미국인과 백인의 대마초 사용률이 비슷했음에도 대마초 소지 혐의로 체포될 가능성은 전자가 후자의 거의 4배였다.[21] 미국 시민자유연맹에 따르면 현재 미국에서 체포되는 전체 마약 사범의 절반 이상이 대마초 사범이라고 한다.[22] 중요한 것은 이 같은 현상이 다른 사회보다 소수 민족 사회에 훨씬 더 큰 영향을 미친다는 점이다. 그리고 반복해서 대마초를 피우다가 적발되면 종신형을 선고받는 삼진 아웃제가 시행되고 있는데, 이 역시 소수자 커뮤니티, 특히 아프리카계 미국인에게 불평등하게 영향을 미친다. 이러한 소수자를 보호해야 한다는 주장이 대마초 합법화 토론 과정에서 제기되었다. 미 하원에서 통과된 법안에는 대마초 판매에 5%의 세금을 부과하도록 하는 내용도 포함되었다.

종합하면 미국은 대마초의 전반적 안전성, 대마초 불법화의 인종 차별적 성격, 대마초의 불법성이 치안에 미치는 부담, 범법자를 감옥에 가두는 데 드는 비용 등의 이유로 대마초 합법화가 서서히 진행되고 있다. 물론 대마초를 합법화하면 세금을 부과하고 수익을 올릴 수도 있다.

유럽의 입법자들은 대마초와 관련하여 미국의 상황을 예의 주시하고 있다. 대마초 또는 그 추출물은 화학요법 환자의 메스꺼움 및 구토 완화, AIDS와 그 밖의 질병을 앓는 환자의 식욕 개선, 다발경화증의 통증 및 경련 완화 등 상당한 이점을 제공하는 만큼, 많은 유럽연합 회원국이 대마초의 의료적 사용을 합법화했다. 기분 전환용 대마초를 합법화하는 일과 관련하여, 미국과 달리 유럽 국가(스위스 제외)에는 유권자가 법률을 직접 개정할 수 있는 조항이 없다. 미국에서 일어난 거의 모든 변화는 여러 주에서 시행한 일반 투표popular vote의 결과로 이루어졌다. 유럽에서 변화를 이끌 주요 방법은 정치인에게 압력을 가하거나 미디어에 세상이 변하고 있다는 증거를 제공하는 것이다. 아마도 유럽은 대마초와 관련하여 항상 미국보다 뒤처질 것 같다. 대마초를 처음 불법화한 나라는 미국이었고 뒤이어 유럽으로 퍼졌다. 대마초 합법화 역시 미국이 선수를 치고 유럽이 그 뒤를 따르는 형국이 될지도 모르겠다.

　다양한 접근 방법으로 마약 합법화에 다가서고 있는 나라들도 있다. 네덜란드는 다른 나라에서 악惡으로 여기는 것에 대해 늘 실용적인 관점을 취해 왔다. 그들은 수십 년 전부터 매춘을 합법적인 테두리 안에서 규제해 왔으며, 2011년부터 세금을 부과하고 있다. 네덜란드인들은 20세기에 이미 '마약 없는 네덜란드 사회'는 비현실적이고 달성할 수 없는 목표이므로, (마약을 허용하되) 피해를 최소화하기 위해 노력해야 한다고 생각했다.[23] 그래서 그들은 '관용 정책'이라는 뜻을 지닌 헤도흐벨레이트gedoogbeleid를 채택했다. 누구에게나 삶에서 어느 정도의 헤도흐벨레이트가 필요하다. 마약도 예외가 아니어서 대마초, 수면제, 진정제 등의 연성 마약soft drug과 헤로인, 코카인, 암페타민, LSD, MDMA 등의 경성 마약hard drug을 구분할 필요가 있다. 네덜란드에서는 연성 마약을 용인하는 반면 경성 마약은 명백히 불법이다. 그리고 연성 마약은 소위 커피숍Coffeeshop(일반 카페와 구별하기 위해, 'Coffee'와 'shop'을 붙여 쓴다)이라고 부르는 상점에서 판매한다.

　문제가 있다면 이처럼 다소 느슨한 태도가 의도하지 않은 결과

네덜란드인들은 '마약 없는 사회는 비현실적이고 달성할 수 없다'는 견해를 가지고 있다.
네덜란드 시민들은 이른바 '커피숍'에서 연성 마약을 구매할 수 있다.

를 가져와 마약 밀매가 만연해졌다는 것이다. 그리하여 네덜란드는
대마초, 헤로인, 코카인, 암페타민 등 유럽으로 유입되는 마약의 주
요 환승국이 되었다. 인터폴의 노력에도 불구하고 1990년대 후반에
네덜란드는 테마제팜temazepam(진정제의 하나)의 주요 수출국이 되었
다.[24] 이러한 딜레마에서 벗어나기 위해 2005년에는 커피숍에서 외
국인에게 대마초를 판매하는 것을 불법으로 규정했다.

   네덜란드는 마약을 부분적으로 허용한 만큼 피해를 줄이기 위해
서도 노력한다. 그래서 중독자를 돕는 시설에 연간 1억 3000만 유
로 이상을 지출하고 있다. '수요 감축 프로그램'이라고 부르는 제도
를 통해 자국의 마약 사용자 중 90%를 치료하고 있는데, 최근 몇 년
동안 평균 사용자의 나이가 38세로 상승한 데다 이 수치가 안정세

를 보여, 젊은이들의 마약 사용률이 낮아진 것으로 추정된다. 과연 네덜란드는 전 세계가 따를 만한 본보기가 될 수 있을까?

　마약 정책과 관련하여 살펴볼 또 다른 국가는 호주다.[25] 1985년, 호주는 마약 단속의 초점을 '사용 금지'에서 '피해 감소'로 전환함과 동시에 수요 감축(예방 및 치료)과 공급 감축(통관 및 치안)을 목표로 하는 '국가 마약 전략'을 수립했다. 그러나 자금의 흐름을 상세히 들여다보니, 피해 감소 부문에 들어간 자금은 2%뿐이고 66%가 법 집행에 사용되고 있었다. 호주는 약 30년 전에 개인적 용도로 대마초를 소지하는 행위에 대하여 형사 처벌을 폐지했다. 하지만 강력한 환각제인 MDMA는 엄격히 금지했는데, 이로 인해 불법 제조가 성행하면서 효능을 알 수 없는 약물이 조제되고, 독성이 밝혀지지 않은 오염 물질이 섞이기도 한 것으로 나타났다.[26] 2016~2017년에는 불법 마약 압수가 11만 3,533건, 마약 관련 체포는 15만 4,650건에 달해, 이 문제를 어떻게 처리할지 논쟁이 계속되고 있다.*[27]

　불법 약물과 관련하여 가장 계몽된 시스템을 갖추고 있으며, 관련 정책도 효과가 있는 것으로 보이는 나라는 포르투갈이다.[28] 2001년에 새로운 법률이 제정되었는데, 개인적 용도로 약물을 사용하거나 소지하는 것은 여전히 불법이지만, 이러한 행위를 범죄로 규정하지 않아서 유죄 판결을 받더라도 감옥에 가지 않을 수 있다. 그 뒤로 마

---

* 2023년 7월 1일, 호주 식품의약품안전청(TGA)은 자격을 갖춘 정신과 전문의가 실로시빈과 MDMA를 치료용 의약품으로 처방하는 것을 허용했다. TGA는 실로시빈을 치료저항성우울증 치료제로, MDMA를 외상후스트레스장애 치료제로 각각 승인했다. 실로시빈과 MDMA는 유엔 마약범죄사무소에서 엄격하게 규제하는 환각제. 국가에서 이들 환각제를 의약품으로 승인한 나라는 호주가 처음이다. 단, 통제된 의료기관 이외에서 사용하는 것은 여전히 불법이다.

약 중독 치료와 예방에 대한 공공 투자 수준을 2배로 늘리는 등 피해 감소 노력을 크게 확대했다. 이 같은 정책 변화는 효과가 있었을까? 수치상으로는 효과가 있는 것으로 나타났다. 약물 관련 사망자가 큰 폭으로 감소했고, 청소년과 '문제성 사용자'의 약물 사용률이 감소했으며, (짐작건대 주삿바늘 교환 프로그램을 시행하고 헤로인 사용자가 감소한 덕분에) HIV 발생률도 감소했다.[29] 마약 관련 형사·사법 업무량도 줄어들었다.

2010년, 한 전문가 그룹이 '사용자 본인과 사회에 입히는 16가지 피해'를 기준으로 합법 및 불법 약물 20가지에 점수를 매겼다.[30] 그 결과 알코올이 100점 만점에 70점으로 가볍게 선두에 올랐으며, 헤로인이 55점, 크랙 코카인crack cocaine*이 53점, 메스암페타민methamphetamine이 32점, 코카인이 27점으로 그 뒤를 이었다. 다음으로는 담배가 26점, 암페타민은 23점, 대마초는 20점이었다. MDMA, LSD, 환각버섯은 모두 10점 미만의 점수를 받았다. 이 점수를 기준으로 삼으면 알코올은 미성년자에게 판매하는 것만 금지할 게 아니라 판매 자체를 불법으로 규정해야 한다. 하지만 우리는 미국에서 금주령이 시행되는 동안 얼마나 큰 문제가 발생했는지 잘 알고 있다.

마약 합법화를 반대하는 사람들은 여러 가지 타당한 우려를 제기한다.[31] 우선, 마약 합법화는 중독 성향이 있는 사람들의 호기심을 자극할 수 있다. 가격이 내려가면서 사용량이 증가할 수도 있다. 중

---

* 흡연하는 형태의 강력한 코카인. 흡연 후 10초 이내에 극적인 쾌감이 나타나서 3~5분간 지속하며 그 후 약물을 심하게 갈망하는 증상이 나타난다.

독자를 돕는 치료 센터가 더 많이 필요할 테고, 이 때문에 재정난에 처할 수도 있다. 그러나 포르투갈에서 보았듯이, 마약을 합법화하면 약물 중독 및 남용 비율이 실제로 감소하는 등 사회에 가져오는 이점도 많다. 그 이유 중 하나는 마약 중독자가 투옥되지 않아서 더 효과적으로 치료받게 되고 그만큼 회복률도 높아지기 때문이다. 또 마약 합법화는 중독됐다가 회복한 사람들이 사회에 복귀할 수 있게 한다. 즉, 그들이 유의미한 일자리를 얻음으로써 마약에 의존할 이유가 줄어들며, 범죄자로 낙인찍히지 않고 사회에 남아 있을 수 있다. 한편으로는 마약이 불법이기 때문에 오히려 마약을 찬양하는 반문화counter-culture가 생겨난다는 점을 주목할 필요가 있다.

가장 귀담아들어야 할 주장은 '마약을 합법화하면 형사·사법 제도가 일반 대중을 위험으로부터 보호하는 데 집중할 수 있다'는 것이다. 많은 국가에서 마약 단속에 막대한 자원을 소비하고 있다. 물론 마약 사용 금지법은 사람들이 해로운 물질을 사용하지 못하게 하려고 고안되었지만, 개혁을 옹호하는 사람들은 상담 및 치료 시설을 통해 이 문제를 더 잘 해결할 수 있다고 생각한다.

그러면 이러한 시설을 지원하고 대중에게 마약 사용의 위험성을 교육하는 데 필요한 자금은 어디서 조달할 수 있을까? 치안 유지를 통해 상당한 비용을 절감하고, 마약에 세금을 부과함으로써 수익을 창출할 수 있을 것이다. 이렇게 마련한 기금을 중독자를 돕는 프로그램에 재투자하거나 일반 대중에게 (알코올을 포함해) 약물 오남용 위험을 알리는 활동에 사용할 수도 있다. 판매되는 약품을 감시·감독함으로써 독성 오염 물질이 함유되지 않은 안전한 약품이 공급되도록 보장할 수 있다. 이 모든 것이 당연한 듯 보이지 않는가?

마약 합법화를 고려할 때 무엇보다 걱정되는 문제는 아마도 어린이와 청소년이 마약에 더 쉽게 접근할 수 있다는 점일 것이다. 물론 이 문제는 알코올에도 적용된다(10대들이 술을 구하는 데는 전혀 어려움이 없는 것 같다). 마약은 발달 중인 뇌에 특히 위험하다. 청소년의 뇌는 계속 발달하는 중이므로(아마도 25세까지) 성인보다 중독 위험이 더 크다.[32] 마약은 25세 이상 성인보다 청소년의 젊은 뇌에 훨씬 더 강한 영향을 미치는 것으로 알려져 있다. 마약 중독이나 알코올 중독은 대뇌의 전두피질과 변연계에 명백한 영향을 미침으로써 뇌 발달을 늦출 수 있다.[33] 동물 연구 결과, 의사 결정에 관여하는 뇌 회로가 특히 대마초, 코카인, MDMA에 반응하여 악영향을 받는 것으로 나타났다.[34] 사람의 경우 만성적으로 사용하는 MDMA가 여러 뇌 영역에 독성 영향을 미치며,[35] 이는 집중력과 안정감에 문제를 일으킬 수 있다. MDMA를 장기간 사용하면 공감 능력이 감소한다는 증거도 있다.[36]

이러한 변화는 되돌릴 수 없다. 마약이나 알코올은 우울증, 성격 장애, 심지어 정신병 등 다양한 문제를 일으킬 수 있다. 청소년 2만 3,317명을 대상으로 한 연구에서 대마초를 사용한 청소년은 나중에 우울증에 걸릴 위험이 7% 증가하는 것으로 나타났다.[37] 이 수치가 의미하는 바는 대마초가 우울증을 촉진하는 것이 아니라 그저 어느 정도 관련이 있다는 것이다. 하지만 대마초 사용자의 수를 생각한다면 이는 절대 무시할 수 없는 수치다. 10대의 뇌는 반복적인 약물 사용에 더 빨리 적응하므로, 더 높은 수준의 갈망과 의존성으로 이어진다. 마약 중독자 또는 알코올 중독자 중 90%가 18세 이전에 약물 남용을 시작한다는 주장은 사실이다.[38] 하지만 대마초를 시작하면 더 강한 약물을 사용하게 될 수 있다는 주장인 '관문 효과'*를 뒷받침하는 증거는 제한적이다.[39] 10대들에게 "마약은 싫어"라고 단호하게 말하도록 장려하는 캠페인이 실패했으니, 이제 남은 방법은 "아직은 안 돼"라고 말하며 나이가 들 때까지 기다리라고 당부하는 것이다.

안전성 문제는 별개로 하고, 대마초를 합법화하면 10대들 사이에서 대마초 사용이 증가할 수 있다는 점이 또 다른 우려 사항이다. 그러나 최근 발표된 여러 보고서를 살펴보면 기분 전환용 대마초 사용을 승인한 대다수 주에서 10대들의 대마초 사용량이 실제로 감소했음을 알 수 있다.[40] 한 연구에서는 '지난 30일 동안 대마초를 사용한 적이 있다'고 응답한 10대들의 대마초 사용량이 8% 감소한 것으로 나타났다. 이 연구는 1993년부터 2017년까지 총 140만 명의 고등학생을 대상으로 한 여러 조사의 데이터를 종합적으로 분석한 것이다. 합법화로 인해 청소년들의 대마초 사용량이 감소한 이유는 두 가지로 추측된다. 첫째, 금지 딱지가 붙으면 더 하고 싶어지는 '금단의 열매' 효과가 감소했기 때문이다. 둘째, 대마초가 '거리'에서 '허가(21세 이상)된 판매점'으로 이동함에 따라 접근성이 감소했기 때문이다.

---

* 대마초의 관문 효과를 주장하는 사람들의 논리는 다음과 같다. 대마초는 효과가 다른 마약보다 약하고 구하기 쉬워서 마약 초보자가 쉽게 접할 수 있다. 그런데 일단 대마초에 중독되고 나면 좀 더 강한 자극을 원하게 되므로, 더 강력한 다른 마약으로 차례차례 옮겨 가게 된다.

최근의 또 다른 연구에서는 26세 이상에서 '대마초 사용 장애'의 비율이 증가한 것으로 나타났다.[41] 대마초 사용 장애란 대마초를 끊기가 어렵거나, 대마초가 직장 생활이나 인간관계를 어렵게 하는 등 사용자의 삶에 부정적 영향을 미치는 경우를 말한다. 연구진은 콜로라도, 워싱턴, 알래스카, 오리건 등 대마초를 합법화한 주에서 2008년부터 2016년까지 총 50만 5,796명이 참여한 설문 조사들을 종합적으로 분석했다. 그 결과 대마초를 문제성 있게 사용하는 비율이 0.9%에서 1.23%로 증가한 것으로 나타났다. 절대적인 수치는 크지 않다. 하지만 증가율($1.23 \div 0.9 = 1.37$)이 높은 만큼, 영향을 받은 사람들에게는 여전히 중요하다고 볼 수 있다. 다행히도 18~25세의 연령대에서는 이 비율이 증가하지 않은 것으로 나타났다.

대마초는 장기적으로 건강 및 사회·경제적 결과를 가져오는 다양한 문제와 연관되어 있어서 과도하게 사용하는 것이 큰 논란거리가 되는 듯하다. 저자들은 이 연구 결과를 두고 '대마초를 여전히 불법화할 필요가 있다'고 암시하는 것으로 해석해서는 안 된다고 못 박았다. 대마초를 합법화하려는 노력은 문제를 겪고 있는 사용자를 지원하는 것은 물론이고 문제가 생기기 전에 예방하는 교육적 조치와 병행되어야 한다.

미국의 많은 주에서 이미 그랬듯이 다른 많은 국가에서도 대마초를 합법화할 가능성이 매우 크며, 알코올처럼 성인들이 자유로이 사용할 수 있게 될 것으로 보인다. 그런데 다른 약물은 어떨까? 연성이든 경성이든 간에 마약을 합법화하는 데는 분명 장단점이 있다. 헤로인과 같은 경성 마약의 합법화는 중독 위험을 고려할 때 아직 요원해 보인다. 처방용 아편제인 옥시콘틴으로 시작된 미국의 아편유사제 위기가 계속되는 것을 보고 싶어 하는 사람은 아무도 없을 것이다. 옥시콘틴 사용을 엄격히 통제하고 있는 현 상황에서 만약 누군가가 헤로인 합법화를 언급한다면 사회적 물의를 빚을 수 있다. 빌 힉스의 유명한 말을 굳이 되새겨 볼 필요가 있을까? "내가 지구상의 다른 인간에게 해를 끼치지 않는 한, 내가 하고, 읽고, 사고, 보고, 내 몸에 넣는 것이 당신과 무슨 상관이 있나요? 이 질문에 어떻게 대답해야 할지 몰라 약간의 도덕적 딜레마에 빠진 사람들을 위해 내가 답변해 줄게요. 당신이 상관할 바가 아니에요. 이건 마약과의 전쟁이 아니라 개인의 자유에 대한 전쟁이라고요." 자기 자신을 보호하는 데 법이 꼭 필요할까?

부유하고 유명한 사람들은 원하는 대로 마약을 구할 수 있었지만, 그 결말은 좋지 않은 경우가 많았다. 엘비스 프레슬리가 42세의 젊은 나이에 사망했을 때, 부검 결과 처방용 아편제 네 가지의 혈중 농도가 매우 높았다.[42] 아편제 사용의 흔한 부작용 중 하나가 변비인데, 안타깝게도 엘비스는 화장실에서 심장마비로 사망했다. 그의 주치의 '닉 박사Dr. Nick'는 1967년부터 엘비스에게 아편제를 처방하기 시작했다. 훗날 닉 박사는 엘비스가 거리로 향하지 않게 막고자 그가 원하는 것을 주었다고 항변했다. 이 사실은 엘비스가 사망한 지 몇 년이 지나서야 공개되었다. 그도 그럴 것이 마약 중독자인 엘비스에게 마약·위험약품관리국의 명예 '연방 요원' 배지를 수여한 닉슨의 처지가 곤란해졌기 때문이다.

마이클 잭슨Michael Jackson의 몸에서는 사망 당시 여섯 가지 마약이 검출되었는데, 그중에서 가장 치명적인 것은 프로포폴propofol이었다. 프로포폴은 병원에서 수술할 때 전신 마취제로만 사용하도록 허가된 약물이었다.[43] 잭슨은 1996년과 1997년 독일 투어 중 만성 불면증 때문에 마취과 전문의를 고용했는데, 의사의 역할은 밤에 프로포폴을 이용하여 잭슨을 '잠재우고' 아침에 '다시 일으켜 세우는' 것이었다. 잭슨의 불면증은 빚을 갚기 위해 런던에서 100번의 공연을 하기로 한 약속 때문에 재발했을 가능성이 크다. 잭슨이 사망하던 날 밤, 그의 주치의 콘래드 머리Conrad Murray는 치사량의 약물을 투여했다. 그리하여 과실 치사로 유죄 판결을 받고 4년 동안 감옥에 갇혔다. 잭슨의 몸에서 검출된 다른 약물로는 불안증 치료제인 알프라졸람alprazolam과 항우울제인 설트랄린sertraline이 있었다.

1980년대를 대표하는 미국의 가수 프린스Prince는 만성 통증 때문에 아편유사제에 중독되어 있었고, 우발적인 펜타닐 과다 복용으로 사망했을 가능성이 크다.[44] 펜타닐은 심각한 만성 통증 환자에게 통상적으로 사용하는 강력한 진통제다. 그가 이것을 어디서 구했는지는 알려지지 않았지만, 어둠의 경로에서 입수했을 가능성이 크다. 영국 가수 에이미 와인하우스Amy Winehouse는 알코올 중독으로 사망했는데, 사망 당시 혈중알코올농도가 운전면허 취소 기준의 5배가 넘었다.[45]

이들은 모두 (합법적인 것과 불법적인 것을 망라하는) 다양한 물질에 중독되었거나, 적어도 처방용 아편제를 지침을 어기고 처방받은 사람들이었다. 만약 그들과 똑같은 조건이라면 우리 중 얼마나 많은 사람이 그들과 같은 지경에 이르게 될까? 마약을 무료로 이용할 수 있다면 우리 중 얼마나 많은 사람이 마약에 빠지게 될까? 알코올처럼 다른 약물도 쉽게 구할 수 있다면 우리 중 얼마만큼이 현명하지 못한 결정을 내리게 될까? 이 문제에 대한 논쟁은 계속될 것이다.

　불법으로 규정짓는 것만이 능사는 아니다. 2018년에 미국에서 마리화나를 사용한 사람은 4300만 명, 코카인을 사용한 사람은 550만 명, MDMA를 사용한 사람은 250만 명, 헤로인을 사용한 사람은 거의 100만 명이라는 점을 생각하면 불법화가 마약 사용에 미치는 영향은 분명 제한적임을 알 수 있다.[46] **어쩌면 언젠가 우리 사회가 성숙한 수준에 도달하여, 청소년과 중독에 취약한 사람들을 보호하는 안전장치와 지원책을 마련하고, '우리 몸에 무엇을 넣을지' 스스로 결정하게 될지도 모른다. 과연 그럴 가능성은 얼마나 될까?**

8장

범죄

사람들은 왜
법을 무시하고
범죄를 저지를까?

"미국의 저소득층 자녀는
감옥에 갈 확률이
4년제 대학교를 졸업할 확률보다 높다.
이건 전적으로 불공평하다."

빌 게이츠Bill Gates

2019년 4월, 나는 아일랜드의 대형 교도소 중 하나인 마운트조이 교도소에 가게 되었다. 나의 책《휴머놀로지*Humanology*》를 흥미롭게 읽은 재소자들을 상대로 강연을 해 달라고 초대받았기 때문이다. 교도소를 방문하기 전날, 나를 초대한 교도관이 이메일을 보내왔다. 그녀는 스마트폰이나 노트북은 보안 요원이 보관할 것이므로 가져오지 않는 게 좋다는 당부와 함께 "재소자들을 두려워하지 말아요"라고 썼고, 나는 "나 지금 떨고 있어요"라는 답장을 보냈다. 나는 감옥에서 100명 남짓한 수감자에게 3시간에 걸쳐 생명의 기원, 인간이 어떻게 진화했는지, 무엇이 우리를 인간답게 만드는지, 우리가 하나의 종種으로서 어떻게 나아가야 할지를 이야기했다. 나는 지구의 나이가 45억 년이라고 말하며 까마득히 오랜 시간이라고 덧붙였다. 그러자 한 수감자가 "여기서 3년 지내는 게 더 길 거예요"라고 외쳤다. 잇따른 야유 속에서 악몽 같은 시간을 보내며, 나는 감옥살이라는 게 어떤 것인지 조금이나마 느낄 수 있었다.

　강연을 마치고 나오는 길에 나는 교도관에게 아까 그 사람들이 무슨 죄로 형을 살고 있는지 물었다. 그녀는 구체적으로 밝히지는 않았지만 흥미로운 이야기를 했다. 그들 중 일부는 심각한 범죄를 저질렀지만, 대다수는 "당신과 똑같아요"라고 말이다. 이 말이 내 마음을 파고들었다. 나는 어째서 재소자 신분으로 강의를 듣는 대신 그들 앞에 서서 내 책에 관해 이야기하게 됐을까? 왜 우리 중 어떤 사람은 범죄를 저지르고 어떤 사람은 저지르지 않을까? 우리 사회의 범죄에 대처하여 우리가 할 수 있는 일은 무엇일까? 7장에서 논의한 것처럼 마약을 합법화하고 치안을 유지하면 범죄율이 줄어들까? 범죄 없는 세상에서 살 수는 없을까?

　범죄를 저지른 사람들은 법원에서 유죄 판결을 받아 감옥에 갇히게 된다. 범죄crime의 사전적 정의는 '국가나 그 밖의 당국에 의해 처벌될 수 있는 불법 행위'이다. 범법 행위criminal offence라는 용어도 사용하는데, 이것은 '개인은 물론 공동체, 사회, 국가에 해를 끼치는 행위'를 뜻한다. 하지만 현실에서는 실정법상 정의가 중요하다. 즉, 법에 따라 범죄로 규정된 행위를 범죄로 간주한다.

　사회를 다스릴 법이 필요하다는 생각은 오래전으로 거슬러 올라간다. 이는 부족의 규모가 커짐에 따라 행동을 규제할 방법이 필요해지면서 시작되었을 가능성이 크다. 법의 역사는 문명의 발전과 밀접하게 연관되어 있다. 고대 이집트에는 12권의 책으로 나뉜 민법이 있었다. 수메르인들은 4,000여 년 전에 처음으로 법을 체계적으로 기록했다. 구약성서는 기원전 1280년으로 거슬러 올라가며 내용은 율법으로 가득 차 있는데, 그중에서 가장 중요한 것이 당시의 주요 범죄를 다룬 십계명이다. 이와 관련하여 유명한 우스갯소리가 있다. 모세가 율법을 받기 위해 신의 부르심을 받았다. 그는 한동안 자리를 비웠다가 마침내 십계명이 새겨진 커다란 돌판 두 개를 들고 돌아왔다. 그리고 백성들에게 이렇게 말했다. "좋은 소식과 나쁜 소식이 있다. 좋은 소식은 내가 계명을 10가지로 줄였다는 것이다. 나쁜 소식은······ 간음이 여전히 존재한다는 것이다."

모든 종교에서는 죄악sin을 규정하는데, 죄악이란 신성한 법(인간이 올바르게 행동하도록 신이 정한 것)에 어긋나는 범죄를 말한다. 종교의 기원에 관하여 전문가들은 부족 규모가 커진 것을 이유로 든다. 부족이 작을 때(예컨대 100명 이하)는 지도자(또는 장로)가 모든 일을 통제할 수 있었을 것이다. 하지만 부족의 규모가 커지자 모든 것을 감시하는 초자연적 존재(원래는 '죽은 장로들'로 구성되었을 것이다)를 내세워 부족원을 감시하고 행동을 통제해야 했을 것이다. 그래야 동시다발적인 범죄를 막을 수 있을 테니 말이다. 사회의 규모가 어느 수준을 넘어서면 범죄가 사회의 고질적 문제로 대두할 가능성이 있다. 즉, 모르는 사람을 상대로 범죄를 저지를 가능성이 커지는데, 부분적으로는 이를 방지하기 위해 법을 만들었을 수도 있다.

취지가 무엇이든 일단 범죄가 발생하면 법이 개입하게 된다. 많은 문명에서 법과 행동 강령을 제정했다. 십계명 외에 잘 알려진 또 다른 목록은 '죽음에 이르는 일곱 가지 죄seven deadly sins'다. 이것은 기독교 가르침의 일부가 되어 범죄나 죄악을 초래할 수 있는 행동이나 습관을 정의하는 데 이용되었다. 일곱 가지 대죄는 교만, 탐욕,

네덜란드 화가 히로니뮈스 보스Hieronymus Bosch가 그린 〈일곱 가지 대죄와 네 가지 최후의 일 The Seven Deadly Sins and the Four Last Things〉(1500년경). 중앙의 큰 원이 일곱 가지 대죄를 나타낸 것으로, 맨 위 가운데(12시 방향)부터 시계 방향으로 폭식, 나태, 사치(나중에 정욕으로 대체되었다), 교만, 분노, 시기, 탐욕을 표현했다. 바깥쪽 네 개의 원에는 죽음을 포함한 네 가지 최후의 일을 묘사했는데, 왼쪽 위에서부터 시계 방향으로 죽음, 심판, 천국, 지옥이다.

정욕, 시기, 폭식, 분노, 나태다. 이 모든 것이 범죄의 근원이라고는 하지만, 나태는 좀 알쏭달쏭하다. 게으르면 자기만 손해일 텐데 범죄 운운하는 것은 너무 나간 게 아닐까? 하긴, 너무 게을러서 세금 신고서를 내지 않았다면 범죄에 해당할 수도 있다.

법의 목적은 사람들이 사회에서 올바르게 행동하도록 규율하는 것이다. 선線을 벗어나 법을 어긴 사람은 반드시 처벌받아야 한다. 법은 개인에 대한 범죄, 폭력 범죄, 성범죄, 재산에 대한 범죄, 국가에 대한 범죄, 위조, 불법으로 지정된 약물 사용, 공공질서 위반, 금융 범죄 등 다양한 범주에 속하는 범죄를 규정한다. 일부 범죄는 폭행처럼 타인에게 실제로 해를 끼치는 '행위'와 관련이 있고, 어떤 범죄는 교통 법규처럼 타인에게 해를 끼칠 위험을 줄이기 위해 만든 규정을 '위반'하는 것과 관련이 있다.

누군가에게 범죄를 이유로 유죄 판결을 내리려면 죄를 인정하게 하거나 증거를 제시해야 한다. 여기에 과학이 등장한다. 과학의 요체는 증거를 제공하는 것인데, 과학적 증거는 범죄가 정말로 일어났는지를 판단하는 데도 사용된다. 범죄과학forensic이란 범죄를 밝히기 위해 사용하는 과학적 수단이나 방법, 기술 등을 포괄하는 개념이다. 유죄 결정에는 합리적으로 의심의 여지가 없어야 한다. 그런데 때로는 '버밍엄 식스Birmingham Six' 사건처럼 범죄과학 증거가 문제가 될 수도 있다. 1975년, 아일랜드 남성 6명이 버밍엄의 두 공공건물을 폭파하여 21명을 살해하고 220명을 다치게 한 혐의로 모두 종신형을 선고받았다. 재판 과정에서는 과학자 프랭크 스커스Frank Skuse가 그들 중 두 사람이 폭발물을 취급했다는 범죄과학 증거를 제시했다. 그러나 실제 범인은 북아일랜드에서 영국 통치에 맞서 테러를 자행한 아일랜드의 준(準)군사 조직 임시아일랜드공화국군Provisional Irish Republican Army(Provisional IRA)의 구성원일 가능성이 컸다. 이후 항소심에서는 '스커스 박사의 증거에 대하여 심각한 의심'을 불러일으키는 새로운 과학적 증거가 제시되었다. 남성들의 손에서 검출된 화학물질이 폭발물이 아니라 카드놀이와 같은 다른 원인에서 나왔을 수 있다는 것이었다.[1] 이 사건으로 6명의 남성은 16년 동안 억울한 옥살이를 하다가 풀려났다.

법의 주요 기능은 사회 질서를 유지하는 것으로, 이는 기본적으로 사람이 해로운 일을 당하거나 배려받지 못하는 상황으로부터 보호하는 것을 의미한다. 정부는 사회를 통제하는 수단으로 법을 제정할 수도 있다. 정부가 사람들에게 특정 방식으로 행동하도록 강요하고 싶다면 이를 실현하기 위해 법안을 통과시킬 것이다. 예컨대 자동차가 발명된 뒤에는 국민의 행동을 규제하기 위해 일련의 법률이 필요했다.

그리고 2004년, 아일랜드는 '작업장 내 흡연 금지'라는 법안을 통과시켜 전 세계의 놀라움을 자아냈다. 이 법의 목적은 간접흡연으로부터 사람들을 보호하는 것이었다. 아일랜드의 유명한 주점pub 문화를 생각하면, 이 법을 두고 많은 사람이 깜짝 놀라고 수많은 술집 주인들이 강력하게 반발할 것이 불 보듯 뻔했다. 정부는 법을 지키도록 촉구하기 위해 위반자에게 3,000유로의 벌금을 부과했다. 벌금은 '사람들이 타인에게 피해를 주는 것보다 자신의 주머니를 더 걱정한다'는 사실을 악용한 제도다. 가정 내에서의 흡연은 금지 대상에 포함되지 않았는데, 주목할 만한 면제 사례는 교도소의 감방과 운동장이었다. 면제 근거는 이 두 장소를 '재소자의 집'과 유사한 곳으로 간주했기 때문이다. 만약 교도소 내 흡연을 전면 금지했더라면 가뜩이나 긴장된 환경에서 긴장감이 더욱 고조되었을지도 모른다. 어쨌거나 이 법은 매우 성공적이어서 매년 유죄 판결을 받아 벌금이 부과되는 경우는 극소수에 불과하다. 흡연 자체만큼이나 위험한 간접흡연의 피해로부터 사람들을 보호할 수 있게 되어, 건강 측면에서도 큰 성공을 거둔 것으로 평가받고 있다.[2]

이렇게 긍정적인 법의 효과를 생각하면 '사람들은 왜 법을 무시하고 범죄를 저지를까?'라는 의문이 생기는 것도 당연하다. 옳고 그름을 구분할 수 있도록 배우며 성장한 사람이 왜 법을 무시하고 죄를 저지르는 걸까? 인간이 도덕적 나침반을 갖고 태어나는지 아니면 자라면서 이를 배우는지는 여전히 심리학자와 철학자들 간의 논쟁거리다. 현재의 증거에 따르면 아기는 실제로 선천적인 도덕성을 가지고 태어나며, 부모와 사회의 도움에 힘입어 이를 발달시키는 것으로 보인다.

최근 예일대학교의 과학자들은 이 질문에 대하여 흥미로운 통찰을 제공하는 연구를 수행했다.[3] 연구진은 생후 5개월 된 아기들을 대상으로 좋은 행동과 나쁜 행동의 차이를 얼마나 인식할 수 있는지 연구했다. 연구는 인형극으로 시작되었다. 극 중에는 회색 고양이가 플라스틱 상자를 열려고 애쓰는 모습이 나온다. 고양이는 몇 번이고 시도하지만 번번이 실패한다. 그러자 녹색 티셔츠를 입은 토끼가 나타나 고양이가 상자를 열도록 도와준다. 이 장면이 반복되다가 주황색 티셔츠를 입은 토끼가 나타나 상자를 닫고 도망간다. 요컨대 초록색 토끼는 착한 토끼이고 주황색 토끼는 나쁜 토끼다. 인형극이 끝난 뒤에 연구진은 인형극에 출연한 두 마리 토끼 중 하나를 아기에게 선물했다. 어떤 토끼가 나쁜 토끼인지 착한 토끼

인지 모르는 연구원이 토끼 인형 두 개를 동시에 아기에게 내밀었다. 그랬더니 약 75%의 아기들이 착한 토끼를 선호했다. 생후 5개월 된 아기가 착한 토끼와 나쁜 토끼를 구별할 수 있다니! 매우 놀라운 일이다. 아기들은 타고난 정의감을 가지고 있는 것 같다.

　고대에는 누군가가 범죄를 저지르는 이유를 악마론demonology으로 설명했다. 악마론이란 '범죄는 뭔가에 사로잡힌 사람의 행동'이라는 생각을 말하며, 미신과 종교에서 비롯되었음이 분명하다. 누군가가 범죄를 저지르는 이유를 과학적으로 설명하려는 최초의 시도는 이탈리아 범죄학자 체사레 롬브로소Cesare Lombroso가 1876년에 내놓은 인류학적 결정론anthropological determinism이라는 이론이다.[4] (자기가 얼마나 똑똑한지 자랑할 요량으로 뭔가를 설명하기 위해 긴 단어를 사용하는 것은 범죄다. 나는 긴단어공포증sesquipedalophobia을 앓고 있는 만큼 절대 그러지 않을 것이다.) 롬브로소는 범죄 행위가 유전되며, 신체적 특징만으로 식별할 수 있는 '타고난 범죄자'가 있다고 명시했다. 그의 설명에 따르면 이러한 신체적 특징에는 큰 턱, 낮게 경사진 이마, 손잡이 모양의 귀, 매부리코, 긴 팔이 포함되었는데, 이건 그냥 남성의 전형적인 특징이었다. 롬브로소는 또한 여성 범죄자를 연구하여 "비활동적인 삶의 특성으로 인해 남성보다 덜 진화"했기 때문에 "타락"의 징후가 더 적다는 결론을 내렸

'인류학적 결정론'이라는 용어를 만들어 낸 이탈리아 범죄학자 체사레 롬브로소(1835~1909). 이 용어를 만들어 낸 것 자체가 범죄로 판정되어야 한다.

다. 여성은 지능이 낮아서 범죄자가 될 수 없다는 것이 그의 지론이었는데, 해도 해도 너무했다.

이 분야에서 자타가 공인하는 이론가인 프로이트도 그 나름의 의견을 내놓았다. 그는 (사회적 규범과 법에서 벗어나는) 일탈 행동이 초자아superego가 지나치게 발달한 결과로, 과도한 죄책감에서 비롯된다고 말하고,[5] 범죄자는 많은 죄책감을 느끼고 있어서 처벌을 받기 위해 범죄를 저지른다고 주장했다. 프로이트는 또한 인간이 쾌락원리에 반응한다는 견해를 가지고 있었다.[6] 즉, 인간은 음식이나 섹스 같은 것에서 즐거움을 얻어야 하는데, 그러지 못하면 부족함을 만회하기 위해 범죄를 저지른다는 것이었다. 그는 이러한 충동이 어린 시절에 통제될 수 있으며, 잘못된 양육으로 교육받지 못했을 경우 자연스러운 충동을 통제하지 못하는 상태로 성장하여, 쾌락의 욕구를 채우고자 범죄를 저지를 가능성이 커진다고 생각했다.

그 후로 많은 사회학자, 심리학자, 신경과학자들이 가세하여 '왜 어떤 사람은 범죄를 저지르고 다른 사람은 그러지 않는지'를 놓고 갑론을박을 벌였다. 안타깝게도 그들이 내린 결론을 뒷받침하는 과학적 근거는 없거나 틀린 경우가 대부분이었다. 또 여성 혐오주의자였던 롬브로소의 결론에서 볼 수 있듯, 이 분야는 편견과 인종 차별에 시달려 왔다. 그러나 어찌 됐든 그들은 문제를 명확하게 정의하는 데 성공했다고 봐야 한다. '범죄를 저지르는 이유가 한 가지로 국한되는 경우는 드물며, 여러 가지 요인이 복합적으로 작용하기 때문에 밝혀내기 어렵다'는 사실이 이제는 널리 받아들여지고 있으니 말이다.

　　누가 어떤 범죄로 감옥에 갇혔는지 살펴본 통계는 사람들이 왜 범죄를 저지르는지 이해하는 데 도움이 될 수 있다. 2019년에 아일랜드에서는 3,996명이 수감되었다. 이는 10만 명당 81명꼴로, 국제적인 평균치와 비슷하다. 미국은 10만 명당 500명 이상으로, 수감률이 매우 높은 국가 중 하나다.[7] 아일랜드 정부는 수감자 1인당 연간 평균 7만 3,802유로의 비용을 지출하고 있다. 아일랜드에서 12개월 미만의 형을 선고받은 수감자는 3,559명이다. 아일랜드 수감자의 대다수는 국가시험에 응시한 적이 없으며, 50% 이상이 15세 이전에 학교를 그만두었다. 1996~2017년에는 수감자 수가 68% 증가했다. 연간 평균 여성 수감자 수는 165명으로 국제적 평균치와 비슷하다. 빈곤한 지역 출신 수감자 수는 부유한 지역 출신 수감자 수의 23배나 된다. 수감자의 약 20%는 문맹이며 30%는 자기 이름만 쓸 수 있다.[8]

　　이러한 수치들을 통해 누가 범죄를 저지를 가능성이 큰지 그 추세를 읽을 수 있다. 가장 먼저 눈에 띄는 것은 범죄자 중 남성의 비율이 여성보다 훨씬 더 높다는 것이다. 여기에는 사회적 또는 문화적 요인, 미신고 범죄, 생물학적 요인(공격성을 유발할 수 있는 테스토스테론의 수준이 여성보다 높다) 등 여러 가지 이유가 있을 수 있다. 미국은 범죄의 성별 문제를 가장 광범위하게 분석한 나라로 꼽히는데, 미국에서는 남성 재소자의 수가 여성의 14배나 된다.[9] 2014년, 미국에서 체포된 사람의 73%가 남성이었으며, 폭력 범죄로 체포된 사람의 80.4%, 재산 범죄로 체포된 사람은 62.9%가 남성이었다.[10] 아일랜드에서는 여성 범죄자 중 95%가 물건을 훔치거나 훔친 물건을 취급한 혐의 등 대부분이 사소한 범죄로 투옥되었다. 남성은 범죄를 저지르는 것뿐 아니라 범죄 피해자가 될 가능성도 훨씬 더 크다. 2013년의 한 국제 연구[11]에 따르면 살인 피해자의 78%가 남성이었고, 가해자의 96%가 남성이었다. 2018년 아일랜드에서는 살인 피해자의 77%와 폭행 피해자의 59%가 남성이었지만, 성폭력 피해자는 82%가 여성이었다.

여성보다 남성이 더 많이 범죄를 저지르는 이유에 대한 첫 번째 단서는 어린 시절부터 시작된다. 남자아이들은 여자아이들보다 비행을 저지를 가능성이 훨씬 더 크다.[12] 연구에 따르면 여자아이들은 전반적으로 남자아이들보다 어린 시절 학습 장애나 행동 문제를 겪을 가능성이 작다.[13] 이 영향으로 남자아이들은 여자아이들과 비교할 때 다른 인생 경로를 밟게 될 수 있다. 생애 지속형life-course-persistent 반사회적 행동은 어린 시절에 시작되며, 주로 부모에게서 지원받지 못하는 고위험 사회적 배경high-risk social background에 의해 크게 나빠진다.

테스토스테론testosterone은 남성을 더욱 공격적으로 만드는 데 일익을 담당할 수 있다. 수감자의 테스토스테론 수치는 가장 폭력적인 범죄자에게서 가장 높았다.[14] 테스토스테론은 남성의 경쟁심에 불을 지피고, 자원을 확보하고 짝을 차지하는 활동에 몰두하도록 유도한다. 이는 결국 절도와 폭력을 포함한 범죄로 이어질 수 있는데, 그렇다면 범죄는 자원과 지위를 얻기 위해서라면 범법 행위를 마다하지 않는 극단적 형태의 적응일 수 있다. 자원과 배우자를 차지하기 위한 남성 간 경쟁도 범죄의 원인으로 작용할 수 있다. 비행

非行과 어린 나이에 자녀를 출산하는 것 사이에도 유의미한 상관관계가 있다.[15] 많은 연구에 따르면 남성은 언어적·신체적 공격성을 띨 가능성이 훨씬 더 크다. 흥미롭게도 122건의 논문을 종합적으로 분석한 연구에서는 남성이 여성보다 사이버 폭력자(악성 댓글 게시자)가 될 가능성이 훨씬 더 큰 것으로 나타났다.[16]

범죄의 성별 격차가 발생하는 마지막 이유는 경제적 문제일 수 있다. 젊은 남성의 범죄율이 높은 까닭은 부분적으로 노동 시장의 기회 불균형으로 인해 젊은 남성이 저임금 직종에 종사하게 되어 결과적으로 범죄의 유혹에 흔들리기 때문일 가능성이 있다.[17] 여러 연구에 따르면 실업률이 증가하면 범죄율도 증가하므로, 여성도 동일한 상황이 되면 이러한 유혹에서 벗어나기 어렵다.

남성이든 여성이든 왜 어떤 사람은 범죄를 저지르고 다른 사람은 그러지 않는지에 대한 의문이 여전히 남아 있다. 인간의 복잡한 특성이 대부분 그렇듯 그 해답은 '본성'과 '양육' 사이의 연속선상에 있을 것이다. 양육 측면에서 보면, 여러 연구 결과에서 사람을 궁극적으로 범죄로 내모는 몇 가지 요인이 두드러진다.[18] 처벌받거나 거부당할지 모른다는 두려움은 대체로 나쁜 행동을 하지 않게 막아 준다. 사람들은 대체로 어린 시절에 사회의 행동 기준을 수용하며, 범죄를 저지르면 죄책감과 수치심을 느끼고 자존감이 낮아진다.

범죄를 저지르는 사람들에게서는 몇 가지 환경적 특징이 눈에 띈다. 첫 번째는 '범죄적 사고'라고도 알려진 반사회적 가치관이다. 이는 또래 간의 압력으로 인해 발생할 수 있으며, 그 자체로서 범죄를 저지르는 사람에게 중요한 위험 요인이다. 불량 서클에 몸담는

것은 미래의 범죄 행위에 대한 예측 지표가 될 수 있으며, 특히 10
대들은 또래 압력에 취약하다. 어린 시절에 폭력을 목격하는 것도
둔감 효과를 가져올 수 있다. 핵심적인 위험 요인은 '역기능 가정
dysfunctional family'으로, 가정이 제 기능을 하지 않는 환경에서 자라면
일상적으로 방치되거나, 감정 표현이나 의사소통을 효과적으로 하
지 못하거나, 심한 신체적 또는 성적 학대를 당할 수 있다. 가족에게
버림받은 사람은 범죄 조직에서 큰 위안을 얻을 수도 있다.

이 모든 것이 범죄 행위로 이어질 수 있는 환경 요인이지만, 앞에
서 언급한 것처럼 환경이 근본적인 유전적 특성과 결합할 경우에
범죄를 저지를 가능성이 매우 커진다.

그렇다면 범죄 행위의 유전적 기반이 만약 있다면 그것은 무엇일
까? 이 문제는 쌍둥이 연구를 포함하여 많은 분석의 주제가 되어 왔
다.[19] 주목할 것은 일란성 쌍둥이와 이란성 쌍둥이의 범죄 행위를 비
교한 연구다. 일란성 쌍둥이는 유전적 조성이 정확히 같지만, 이란
성 쌍둥이의 유전적 조성은 일반 형제자매와 다를 바 없다. 만약 일
란성 쌍둥이의 범죄 일치율concordance rate*과 이란성 쌍둥이의 범죄
일치율이 같다면, 두 쌍의 쌍둥이 모두 매우 유사한 환경에서 성장
했을 것이므로 환경 요인이 중요할 가능성이 크다. 그러나 만약 일
란성 쌍둥이의 범죄 일치율이 더 높다면, 유전적 요인이 더 큰 역할
을 한다고 볼 수 있다. 일란성 쌍둥이가 태어나자마자 분리되어 서
로 다른 환경에서 자랐다면 더욱 그렇다. 만약 그들이 동일한 범죄

---

* 쌍둥이 중 한 명이 범죄자일 때, 다른 한 명도 범죄자일 확률.

성향을 띤다면, 유전이 환경을 압도하는 '유발 요인'으로 자리매김
할 테니 말이다. 전반적으로 볼 때 현재까지의 쌍둥이 연구 결과는
'범죄자가 될 위험을 결정하는 중요한 요인은 유전적 특성'이라는
개념을 지지하는 쪽으로 나타났다. 이것은 6장에서 살펴본 '중독자
가 될 위험'과 유사하다.

그러면 유전학적 증거는 얼마나 강력할까? 쌍둥이 3,586쌍을 대
상으로 한 덴마크 연구에서는 범죄성 측면에서 일란성 쌍둥이의
범죄 일치율이 52%인 것과 달리, 이란성 쌍둥이의 범죄 일치율은
22%에 불과했다.[20] 이 연구를 포함해 많은 쌍둥이 연구의 유일한 문
제점은 일란성 쌍둥이가 어떤 이유로든 이란성 쌍둥이보다 더 밀접
한 환경을 공유할 가능성이 있다는 것이다. 하지만 전반적으로 쌍
둥이 연구의 결과는 '강력한 유전적 요인이 범죄성에 관여한다'는
개념을 뒷받침한다. 또 다른 연구에서는 따로 자란 일란성 쌍둥이
31쌍과 세쌍둥이 1팀을 조사했는데,[21] 따로 자란 일란성 쌍둥이 역
시 높은 범죄 일치율을 보였다.

또 다른 접근 방법은 입양된 사람들을 조사하는 것이다. 많은 국
가의 입양률을 고려할 때 이 방법은 실현 가능성이 조금이나마 높
다는 장점이 있다. 이런 종류의 연구는 아이오와에서 맨 처음 수행
되었다. 조사 대상은 수감 중인 여성에게서 태어나 비범죄 가정에
입양된 52명이었다.[22] 친어머니가 수감자가 아니면서, 연령·성별·인
종 및 입양 시기가 일치하는 입양아들로 구성된 대조군 연구도 병
행되었다. 실험군과 대조군을 비교·분석했더니 52명의 입양아 중에
서는 7명이 성인이 되어 범죄를 저지른 기록이 있었고, 대조군 중에

서는 단 1명만 범죄 기록이 있었다. 이는 유전적 영향이 얼마나 강한지를 명백히 보여 준다.

스웨덴의 한 연구에서는 2,324명의 스웨덴 입양아를 대상으로 범죄 기록을 조사했는데,[23] 범죄 기록이 있는 입양아 중 친아버지가 범죄자인 경우가 그렇지 않은 경우의 2배로 나타나 유전학적 중요성이 재확인되었다. 덴마크의 한 연구에서는 1만 4,427명의 덴마크 입양아를 분석했는데,[24] 범죄자 친부모를 둔 입양아가 그렇지 않은 입양아보다 범죄자가 될 확률이 더 높은 것으로 나타났다.

독립적으로 수행한 이 연구들을 통해 유전적 요인이 범죄 행위에 크게 관여한다는 결론을 내릴 수 있다. 그렇다면 범죄자가 될 위험을 높이는 유전자는 무엇이며, 이 유전적 변이는 어떤 식으로 작동해 위험을 높일까?

범죄 행위와 유전자 간의 연관성을 말해 주는 가장 강력한 증거는 모노아민산화효소-A(MAO-A)라는 효소를 코딩하는 유전자에서 발견되었다.[25] 이 효소는 뇌에서 도파민, 노르에피네프린, 세로토닌이라는 세 가지 중요한 신경전달물질의 수준을 조절하는 역할을 해서 '정상적인 뇌 기능의 핵심 조절자'로 알려져 있다. 앞에서 여러 번 살펴본 바와 같이 이들 신경전달물질은 다양한 기능을 하며, 특히 도파민은 '보상'에 의해 동기가 유발된 행동에 큰 영향을 미친다. 그 유형이 무엇이든 보상에 대한 기대는 뇌의 도파민 수치를 증가시켜 기분을 좋게 만든다. 노르에피네프린의 주요 역할은 주의력을 높이고 각성arousal하게 하는 것이다. 대중문화에서 세로토닌은 '행복한 신경전달물질'로 통하지만, 실제 기능은 보상감, 기억, 학습에 관여

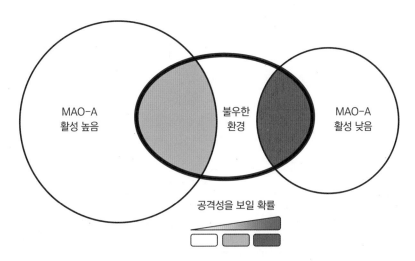

MAO-A라는 뇌 효소의 활성도는 충동적 공격성 및 반사회적 행동과 관련이 있다.
활성도가 낮은 MAO-A에 어린 시절의 불우한 생활사가 겹치면 이러한 행동을 보일 가능성이
크다. 그렇다면 범죄 성향이 유전자에 기록되어 있다고 볼 수 있을까?

하는 등 더욱 복잡하다. 이 세 가지 신경전달물질의 수준을 조절하는 것이 바로 MAO-A의 임무다.

　범죄 행위와 관련하여 MAO-A에 문제가 있을 수 있다는 첫 번째 징후는 어느 네덜란드 대가족을 대상으로 한 연구에서 발견되었다.[26] 이 가족은 충동적 공격성과 반사회적 행동의 병력이 있는데, 가족 구성원들이 변이 유전자를 가지고 있어서 정상보다 활성도가 낮은 MAO-A를 생성했다. 이어진 후속 연구에서는 활성도가 낮은 MAO-A를 가진 사람들은 과민해서 부정적인 경험에 더 크게 영향을 받고, 방어적 상황에서 공격적 행동을 보이는 것으로 확인되었다. 더 중요한 결과는 활성도가 낮은 MAO-A를 가진 사람이 어린 시절에 학대당한 경험이 있으면 범죄를 저지를 가능성이 훨씬 더

커진다는 것이다.[27] 신경전달물질을 조절하는 다른 효소들도 공격성과 범죄 행위에 연관성이 있지만, MAO-A가 유독 눈에 띄는 까닭은 수많은 독립적인 연구를 통해 그 역할이 뒷받침되었기 때문이다. 현재의 연구 과제는 활성도가 낮은 MAO-A를 가진 사람들이 어째서 더 공격적이고 더 많은 범죄를 저지르는 성향을 보이는지 설명하는 것이다.

증거를 좀 더 자세히 살펴보자. 과학적으로 탄탄한 연구를 수행하려면 가장 먼저 표현형phenotype의 정의를 확립해야 한다. 표현형이란 '유전형(유전적 조성)과 환경의 상호 작용으로 나타나는 관찰 가능한 특성의 집합'으로 정의할 수 있다. 여기에는 사람의 '유전자'가 그 사람이 속한 '환경'과 상호 작용하여 어떤 '특성'을 만들어 낸다는 뜻이 담겨 있다. 그런 특성 중에서도 과학자들이 주목하는 것은 환경적 유발 요인environmental trigger에 반응해 드러나는 공격성이다. 예컨대 운전 중 누군가가 차로에 끼어들면 공격적인 반응이 나올 수 있다. 공격적 행동은 관찰하기 쉽다는 점에서 연구에 중요한 반응이다. 그리고 공격적 행동은 사회에 파괴적 영향을 미치므로 그런 행동을 연구하는 것 역시 중요하다.

미국에서는 매년 500만 건이 넘는 비치명적non-fatal 폭력 범죄가 발생하며, 이 때문에 법률·의료·수감 비용 같은 직접적 비용을 포함하여 2000억 달러 이상의 사회적 비용이 든다. 2018년 아일랜드에서는 1만 9,995건의 비치명적 폭행이 발생했다.[28] 병적인 공격성을 보이는 사람은 치료를 받아야 하지만, 현재의 치료법은 항우울제 투여와 인지행동치료 등에 국한된 실정이다.

공격적 표현형에 관한 연구는 공격적 행동을 분류하는 것에서 출발한다. 공격적 행동에는 '주도적 공격성'과 '반응적 공격성'이라는 두 가지 주요 유형이 있다. 주도적 공격성을 보이는 사람은 공격적 행동을 주도적으로 시작하며, 타인을 지배하거나 물건을 훔치는 등 반사회적 결과를 지향한다. 심리학적으로 주도적 공격성은 공감력이 낮고 후회를 하지 않는 등의 '냉담하고 비정서적인 특질callous-unemotional traits'과 관련이 있다. 반응적 공격성에는 도발이나 위협을 인지했을 때 통제되지 않거나 과장된 반응을 보이는 특징이 포함된다. 이런 유형의 사람들은 특별히 위협적이지 않은 상황도 도발이나 위협으로 인식하는 '적대적 귀인 편향hostile attribution bias'을 보이는 것으로 알려져 있다. 이는 어린 시절 학대당한 경험이 있는 사람들에게서 흔히 나타난다.

위에서 언급했듯이 MAO-A 유전자를 의심하게 된 첫 번째 징후는 MAO-A 변이 유전자를 보유한 네덜란드 가족 연구에서 나왔다. 이 변이 유전자를 가진 남성은 종종 좌절·분노·두려움에 의해 촉발되는 비정상적 수준의 파괴적이고 폭력적인 감정을 분출하는 특징이 있다. 이런 특징은 결국 범죄 행위로 이어지는데, 문제의 가족은 살인 미수, 강간, 방화 등을 저질렀다. 과학자들은 문제의 남성에게서 지적장애, 수면 장애, 그 밖에 비정상적인 손 움직임 등의 이상한 특징을 추가로 발견했다. 이 발견은 생물학적 범죄학biological criminology 분야의 부흥을 이끌었다. 그러나 이 특별한 변이는 극히 드문 것으로 밝혀졌으며, 두 번째 사례는 첫 번째 사례가 보고된 지 20년이 지난 2014년에야 발견되었다.[29]

　그런데도 범죄 행위에 영향을 미치는 MAO-A 유전자에 관심이 집중되었다. 과학자들은 생쥐를 이용한 연구에 착수했다.[30] MAO-A 유전자를 삭제한 생쥐들은 활성도가 낮은 MAO-A를 가진 인간과 유사하게 매우 공격적이었다.[31] 그리고 이 생쥐들의 뇌에서 도파민, 노르에피네프린, 세로토닌이 높은 수준으로 관찰됐는데, 특히 세로토닌의 수준은 일반적인 쥐보다 10배나 더 높았다. 쥐의 행동은 흥미로웠다. 생후 첫 주에 이들은 반복적으로 고개를 까딱이고 몸을 떨었다. 그 후 과운동hyperlocomotion과 과잉행동hyperactivity이 나타나고 공격적으로 깨무는 행동이 시작되었으며, 무해한 자극에도 과장된 방어 반응을 보였다. 이 모든 결과는 네덜란드 가족 사례의 남성이 공격적인 범죄 성향을 보인 이유가 대부분 MAO-A 유전자의 결함 때문이라는 생각을 뒷받침해 준다.

　네덜란드 가족 연구 이후로 이 유전자의 수많은 변이가 보고되었는데, 특히 그다음으로 주목받은 연구에서는 uVNTR 변이가 보고되었다.[32] 이 변이는 MAO-A를 정상보다 훨씬 적게 생성했는데, 여러 연구에서 uVNTR 변이와 공격성·적대감·반사회성 경향 간의 유의미한 상관관계가 밝혀졌다. 또 이 변이를 가진 사람들은 다른 사람의 표정을 이해하는 능력이 떨어진다. 중요한 것은 이런 사람들이 주도적 공격성보다는 반응적 공격성을 보이는 경향이 있다는 점이다.

　MAO-A 유전자 연구로 강력한 유전적 연관성이 밝혀졌다 해도 환경이 인간에게 미치는 영향을 과소평가할 수는 없다. 여기서 짚고 넘어가야 할 문제는 아들에게 유전적 변이를 물려준 부모가 '나

쁜 부모'일 경우, 이것이 아들의 행동에 어떤 영향을 미치느냐는 것
이다. 6장에서 살펴본 대로 환경과 유전은 상호 작용할 가능성이 크
며, 이것을 '양육을 통한 본성'이라고 부른다. 즉, 아들이 결함 있는
유전자를 물려받았더라도 그의 후속 행동은 '어떻게 양육되느냐'에
따라 얼마든지 달라질 수 있다.

  뉴질랜드의 한 연구에서는 결함 있는 MAO-A 유전자를 보유한
남성 중에서 어린 시절에 학대나 방임을 경험한 사람은 그렇지 않
은 사람보다 반사회적 행동을 할 가능성이 훨씬 더 큰 것으로 나타
났다.[33] 이 같은 결과는 미국, 영국, 스웨덴의 연구에서도 확인되었
다. 뉴질랜드의 연구는 30년에 걸쳐 진행되었는데(심리학자는 인내심
이 필요하다), 활성도가 낮은 MAO-A를 가진 남성 중에서 어린 시절
에 학대를 당한 사람은 16세부터 행동 문제가 발생하는 것으로 나
타났다.

  영장류를 대상으로 한 연구에서도 MAO-A 수치가 공격성에 큰
영향을 미친다는 추가적인 증거가 제시되었다.[34] 마카크원숭이, 고
릴라, 오랑우탄, 침팬지, 보노보 등 많은 종에서 MAO-A 유전자의
다양한 변이가 발견된다. 특히 원숭이는 광범위하게 연구되었는데,
MAO-A가 적게 생성되는 유전자를 가진 원숭이 중에서도 어미 없
이 자란 원숭이가 훨씬 더 경쟁적인 행동과 공격성을 보이는 것으
로 나타났다.[35] 놀랍게도 이 결과는 우리 인간에게서 보고되는 내용
을 확인시켜 준다.

  흥미로운 연구 결과가 또 있다. 또 다른 유형의 변이 유전자를 가
진 사람은 MAO-A가 더 많이 생성되는데, MAO-A 수치가 높은 여

MAO-A가 적게 생성되는 유전자를 가진 원숭이 중에서도
어미 없이 자란 원숭이가 더 공격적이다.

성은 공격적이고 반사회적인 행동을 한다는 연구 결과가 발표되었
다.[36] 이는 남성에게서 수집된 정보와 배치된다. 앞에서 살펴본 바
로는 MAO-A 수치가 낮은 남성이 더욱 공격적인 행동을 보였다. 이
논리를 여성에게 적용하면 MAO-A 수치가 높은 여성은 훨씬 덜 공
격적이어야 하기 때문이다. 이처럼 상반된 결과가 나온 까닭은 아
마도 모종의 변경자modifier가 개입하여 특정한 변이 유전자의 효과
에 변화를 주기 때문인 듯하다. 여기서 변경자 역할을 할 수 있는 물
질은 테스토스테론이다. 남성은 여성보다 테스토스테론 수치가 높
다. 바로 이 때문에 MAO-A 수치가 낮은 남성은 공격성이 높아질
수 있다. 정반대로 여성은 테스토스테론이 적기 때문에 높은 수준의
MAO-A가 문제가 될 수 있을 것이다. 그에 더하여 MAO-A 유전자

가 X염색체(여성은 2개)에서 발현한다는 점도 중요한 변수로 작용할 수 있다. 전반적으로 이러한 요인들은 '여성의 공격성과 범죄 행위에서 MAO-A가 수행하는 역할'에 대한 연구를 평가하기 어렵게 만든다.

범죄 행위로 이어지는 공격성과 MAO-A 유전자 사이의 연관성을 고려할 때, 법정에서 유전자 정보를 제시하면 '범죄 행위에 대한 정상 참작 사유'로 인정받을 수 있을까? 2017년의 한 연구에서는 1995~2016년의 판례를 조사하여 'MAO-A 유전자 결함을 범죄자의 감형 사유로 제시한 사례'가 몇 건인지 확인했다.[37] 그 결과 미국에서 9건, 이탈리아에서 2건의 판례에 MAO-A가 등장했는데, 이 중에서 감형 사유로 인정된 것은 2건이었다. 또 항소심에서 MAO-A를 이용한 사례는 5건이었고, 이 중에서 2건이 감형으로 귀결되었다. 고심 끝에 저자들은 MAO-A가 양형量刑에 미치는 영향을 측정하기는 어렵다고 결론지었다.

그도 그럴 것이 MAO-A 유전자가 공격성에 미치는 영향은 어린 시절의 불우한 경험과 결합할 때 가장 강력해지므로 간단히 평가하기는 어려울 것이다. 2009년 미국에서는 '활성도가 낮은 MAO-A를 가진 사람이 아동 학대를 경험한 경우, 살인을 저지를 가능성이 있다'는 주장을 제기한 유명한 사건이 있었다.[38] 이 사건의 피고인은 사형은 면했지만 32년의 징역형을 선고받았다. 그러나 전반적으로는 판사나 배심원이 유전적 증거를 피고의 양형에 반영한다는 증거가 없다. 오히려 정반대로 유전적 조성이 부분적으로 피고인을 우범자로 만들었다고 판단하고, '따라서 범죄를 저질렀을 가능성이 매우 크므로 유죄 판결을 받아 감옥에 가야 한다'는 결론을 내릴 수도 있다.

유전적 요인은 사람들이 범죄를 저지르는 이유를 정당화할 수 없다는 주장도 있다. 하지만 정신 질환이 있거나 나이가 어려서 행동 통제력이 떨어진다고 판단되는 사람은 범죄를 저지른 이유의 정당성이 명백히 인정되어, 감옥에 갇히는 대신 정신 건강 기관에 구금되는 등의 다른 판결을 받을 수 있다. 결함 있는 유전자가 행동과 책임에 영향을 미치는 메커니즘을 더 많이 연구할 수 있게 되면 MAO-A의 경우처럼 이러한 유전적 차이를 바라보는 시각이 달라질 수 있다.

공격성과 범죄 행위의 유전적 기초를 조사하는 대다수 연구에서 MAO-A는 단골 주제였다. 이제는 TPH2, 5-HTT, D4 수용체, COMT라는 단백질을 코딩하는 유전자 등 다른 유전자들도 목록에 오르고 있다.[39] MAO-A와 마찬가지로 이것들은 모두 신경전달물질인 세로토닌, 도파민, 노르에피네프린에 영향을 미친다. 그만큼 이들 신경전달물질의 잠재적 중요성이 더욱 강조되는 셈이다.

지금까지 이야기한 모든 사항을 고려해도 '나는 왜 마운트조이에서 누군가의 강연을 듣는 수감자가 아니었을까?' 하는 의문은 여전히 남는다. 그건 어쩌면 내가 사랑받으면서 안정적으로 양육되었고, 어렸을 때 어떤 어려움도 겪지 않았으며, (아마도 내가 좋은 학교에 다니도록 하고, 내 친구들의 면면을 항상 주시했던 어머니 덕분에) 범죄 성향이 없는 또래 집단과 어울렸고, 마지막으로 아무리 불리한 환경에서도 범죄자가 될 가능성이 거의 없는 유전형을 가졌기 때문일 것이다. 한마디로 나는 억세게 운이 좋았다. 그렇다면 운이 좋지 않은 다른 사람들이 범죄자가 될 가능성을 줄이거나 재범하지 않도록 돕기 위해 우리가 할 수 있는 일은 무엇일까? 우리는 도움이 필요한 사람들을 지원하고, 범죄 행위로 이어질 수 있는 정서적 고통을 줄이기 위해 노력해야 한다. 이러한 노력은 어린이들부터 적용해야 한다.

2015년, 한 전문가 그룹은 "주로 남아메리카와 개발도상국에 있는 매우 폭력적인 도시에서 범죄율을 줄이려면 어떻게 해야 하나요?"라는 질문을 받았다.[40] 이에 대한 답으로 나온 제안은 전 세계 어느 곳에나 적용해도 될 만큼 설득력 있다. **우리는 폭력적인 행동을 공중 보건 문제로 취급하고, 적절한 기술을 사용하여 모든 어린이에게 다가가 잘못된 양육 환경에 개입하고 제대로 교육받도록 도와야 한다. 그렇게 함으로써 아이들이 '보살핌을 받고 있다'고 느끼도록 해 줘야 한다. 가족과 지역 사회의 지원은 필수다.** 지나치게 억압적이고 징벌적인 정책은 효과가 없으며, 정부는 법 집행과 형사상의 처벌을 넘어서야 한다. 선도적인 지역 사회 및 학교 프로그램을 지원하고 장려해야 한다. **피해자든 가해자든 사회 전체든 간에 범죄에 관해서만큼은 그 누구도 승자가 될 수 없다. 그러니 범죄가 발생하는 이유를 이해하고 애초에 범죄가 발생하지 않도록 방지하는 데 더욱더 큰 노력을 기울여야 한다.**

9장

성 고정관념

아직도 화성, 금성, 어쩌고저쩌고하는 말을 믿는가?

"모든 위대한 남성 뒤에서는
여성이 눈을 굴리고 있다."

짐 캐리Jim Carrey

10대 때, 나는 누나 헬렌Helen의 권유로 국제앰네스티에 가입했다. 회원증이 도착하자마자 어머니는 그것을 압수했다. 내가 급진적인 단체에 이끌려 잘못된 길로 들어설까 봐 염려한 탓이었다. 그러자 누나는 웃음을 터뜨렸고, 어머니는 더욱 짜증을 냈다. 당시 '사회 운동가'라는 말은 늘 녹두를 많이 먹고 부엌에서 이국적인 냄새를 풍기는 급진적 좌파임을 의미했고, 어머니는 모든 음식에 감자를 고집하는 전통적인 아일랜드 여성 세대에 속했다. 나는 누나와 의기투합했다. 앰네스티는 헬렌이 가입해 활동하는 여러 단체 중 하나에 불과하다. 헬렌은 나의 영웅이다. 그녀는 사회가 외면한 약자들과 함께 일하고, 다양한 방법으로 그들을 도우며 일생을 보냈다.

　헬렌은 1970년대에 필리핀으로 건너가 심각한 빈곤 지역에 사는 필리핀 소녀들의 선생님이 되었다(당시 젊은 여성으로서는 이례적이었다). '교육을 통한 해방'이 헬렌의 신조였고, 특히 아일랜드에서 여성의 권리는 그녀에게 언제나 핵심 이슈였다. 1971년, 열다섯 살의 헬렌은 북아일랜드에서 남쪽(1985년까지 콘돔이 불법이었다)으로 콘돔을 배달하는 '피임 열차'에 탑승했다. 이후 필리핀을 거쳐 런던으로 가서 미들섹스 폴리테크닉*에서 사회복지학을 공부했다. 남동생인 내가 대학에 갈 수 있는 특권을 지닌 것과 달리 누나는 '폴리 월리 Polly Wally(폴리테크닉에 다니는 학생을 낮춰 부르는 말)'였다. (하지만 그녀가 다녔던 학교는 오늘날 미들섹스대학교로 불린다.) 헬렌은 런던 이스트엔드에 있는 한 고층 건물의 13층에 살았다. 그녀는 그곳을 임신중지를 위해 런던에 온 아일랜드 여성들의 피난처로 만들었다(2018년까지 아일랜드에서는 임신중지가 불법이었다). 그녀는 항상 품위 있는 일과 옳은 일 그리고 무엇보다도 여성의 권익을 위해 싸워 왔다.

남성과 여성의 구별은 우리 인간에게 근본적인 것이며, 남녀의 차이는 우리 삶의 많은 기쁨과 어려움의 원인이다. 한때 이 구별은 무척이나 단순해 보였다. 관찰과 측정에 따르면 남성은 X염색체 1개와 Y염색체 1개, 여성은 X염색체 2개를 가지고 있다. 남성은 신체적으로 강하고, 목소리가 낮고, 음경과 고환이 크고, 체모가 많으며, 곡선이 적다. 여성은 신체적으로 덜 강하고, 목소리가 높고, 유방·난소·자궁·질이 있고, 월경을 하며, 아기를 낳을 수 있다. 편견과 무지 탓에 남성이 더 논리적이고 지능적이며, 리더가 될 가능성이 크고, 운전을 훨씬 더 잘하고, 수학을 더 잘한다고 여기던 시절도 있었다. 반면에 여성은 남성이 문을 열어 줘야 하고, 이재에 밝지 않아 자신

---

*   과거 영국의 과학·기술 전문학교. 지금은 대체로 일반 대학과 같다.

의 은행 계좌를 가질 수 없으며, 맥주 한 잔도 마실 수 없는 나약한 성으로 여겨졌다. (누나는 항상 맥주를 여러 잔 마셔서 아버지를 짜증 나게 했다.)

요즘에는 이 모든 것이 달라졌고, 무시무시한 원더우먼들이 등장하면서 상황이 완전히 바뀌었다. 성별은 유동적이어서 사람의 성별은 생물학적으로 남성 또는 여성일 수도 있고 드물게는 간성intersex[1]일 수도 있으며, 심지어 사회적 성별gender과 생물학적 성별sex이 다를 수도 있다. 연구가 거듭될수록 신체적 차이를 제외한 남성과 여성의 차이가 점점 더 불명확한 것으로 밝혀지고 있다. 심지어 전세가 완전히 역전되어 여성이 우위를 점하기도 한다. 진실은 무엇일까? 정말로 남자는 화성에서, 여자는 금성에서 왔을까? 신체적 차이를 제외하고 과학적으로 입증된 남성과 여성의 차이는 무엇이며, 이러한 차이는 사회에 어떤 의미가 있을까? 질문이 넘쳐난다.

그런데 지금까지 수행된 연구들은 종종 과학자들의 분석에 편견이 내재할 수도 있음을 보여 준다. "뭐라고요?" 독자들의 아우성이 귀에 쟁쟁하다. "과학자들도 편견을 가졌다고요?" 유감스럽게도 그럴 수 있다. 하지만 이 책에 나오는 모든 문제와 마찬가지로 우리는 과학에 근거한 결론에 도달하기 위해 최선을 다해야 한다. 우리는 가장 신뢰할 수 있는 데이터가 말해 주는 것에 귀를 기울여야 한다. 물론 남녀 간에는 차이점이 있지만, 우리가 평소에 생각하는 것과는 다르다. 남녀 간의 차이와 무관한데도 편향된 것으로 밝혀진 연구 중에서 한 가지 기억에 남는 것이 있다. 월경에 관한 연구다. 여성들이 함께 시간을 보내면 월경 주기가 같아진다고 믿는가? 음, 이

동물학자들은 맨드릴개코원숭이를 '포유류 중 성적으로 가장 이형적인dimorphic 동물'이라고
부른다. 수컷은 얼굴과 등에 화장을 많이 한다.

는 사실이 아니라고 입증되었다.[2] 더 많은 놀라움에 대비하시라.

동물의 세계에서는 상황이 간단하다. 일부 종은 암수 간에 뚜렷한 차이를 보이는데, 성적으로 가장 형태가 다른 포유류 종인 맨드릴 개코원숭이가 좋은 예다. 수컷 맨드릴은 얼굴과 등에 화장을 많이 한다. (글쎄, 선명한 색상이 자연스러워서 화장이라고 하기는 어렵다.) 맨드릴은 수컷과 암컷의 몸집에도 큰 차이가 있다. 수컷은 암컷보다 3배나 무거워서 교미 중에 수컷이 암컷을 납작하게 만들어 버릴 위험이 있다. 맨드릴은 꿩과 약간 비슷하다. 수컷 꿩이 이국적인 색깔의 깃털, 크고 화려한 꽁지, 눈 주위에 육수wattle라는 긴 부속물을 가진 것과 반대로 암컷은 작고 둔한 편이다.

그러나 삼중사마귀바다악마triplewart seadevil라는 흉측한 이름을 가진 아귓과 물고기와 비교하면 맨드릴과 꿩의 암수 차이는 아무것도 아니다. 이 동물은 수심 2,000m의 심해에 살고 있다. 암컷의 몸길이는 300cm인데, 수컷은 1cm에 불과하다. (이들은 이불을 차지하기 위해 경쟁할 필요가 없으며 침대를 공유하기도 쉬울 것 같다.)

영장류 사촌들을 조사해 보면 암수 차이가 드러나기도 하지만 인간과 가까운 종일수록 그 차이가 줄어든다. 수컷 오랑우탄은 성적으로 성숙해지면서 지배력을 과시할 볼살cheek flap이 부풀기 시작한다. 한 가족 내에 두 마리 이상의 수컷이 있으면 더 지배적인 수컷이 더 과장되게 볼살을 뽐낸다. 지배력이 볼살에 드러날 줄 누가 알았겠는가! 하지만 침팬지와 (인간의 가장 가까운 친척인) 보노보를 살펴보면 암수의 신체적 차이는 우리와 비슷한 수준으로, 덩치와 근력이 약간 다르고 성기가 뚜렷이 구별된다.

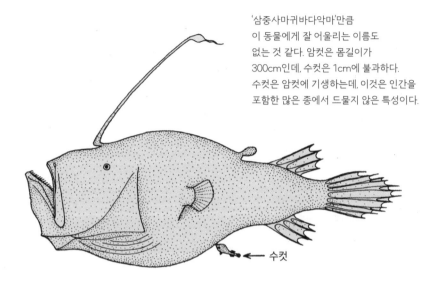

'삼중사마귀바다악마'만큼
이 동물에게 잘 어울리는 이름도
없는 것 같다. 암컷은 몸길이가
300cm인데, 수컷은 1cm에 불과하다.
수컷은 암컷에 기생하는데, 이것은 인간을
포함한 많은 종에서 드물지 않은 특성이다.

← 수컷

그렇다면 눈에 보이는 신체적 특징 외에 과학자들이 동의하는 남성과 여성의 차이점에는 또 무엇이 있을까? 정규분포곡선이라고도 부르는 종 모양 곡선을 사용하면 인간의 특성을 조사할 수 있다. 예를 들어 많은 남성과 여성의 키를 측정한 다음, 각 키가 모집단에서 나타나는 빈도(특정 키가 얼마나 흔한지)를 그래프로 그리면 좌우 대칭을 이루는 종 모양 곡선이 나타난다. 소수의 사람은 키가 작고, 또 다른 소수의 사람은 키가 크며, 나머지는 중간에 속한다. 그런데 여성과 남성의 키를 측정하면 성별에 따라 다른 곡선이 나타난다.[3] 즉, 평균적으로는 남성이 여성보다 키가 크지만, 남성보다 키가 큰 여성도 제법 많다는 것을 알 수 있다.

남성과 여성의 공격성을 종 모양 곡선으로 나타내 보면 (다시 한번) 평균적으로 남성이 여성보다 더 공격적이라는 것을 알 수 있다.[4]

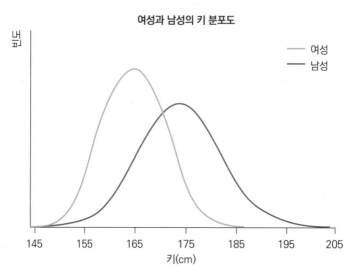

여성과 남성의 키 분포도

— 여성
— 남성

키(cm)

남성과 여성의 키 분포를 나타낸 종 모양 곡선을 비교해 보면 평균적으로는 남성이 여성보다 키가 크지만, 남성보다 키가 큰 여성도 제법 많다는 것을 알 수 있다.

아마도 테스토스테론 때문일 텐데, 이는 남성이 여성보다 근육량이 더 많은 이유이기도 하다. 그러나 지금 우리가 논의하고 있는 모든 특성과 마찬가지로 여기에도 중복되는 부분이 있다. 즉, 일부 여성은 일부 남성보다 더 공격적이다.

또 어떤 부분에서 명확한 차이점을 볼 수 있을까? 한 가지 흥미로운 분야는 질병 민감성disease susceptibility의 차이다.[5,6,7] 예를 들면 간의 자가 면역 질환인 원발성담즙성간경변primary biliary cirrhosis 사례의 90%는 여성이다. 반대로 담관의 염증성 질환인 원발성경화성담관염primary sclerosing cholangitis은 남성에게 훨씬 더 흔하다. 쇼그렌증후군, 다발경화증, 경피증, 루푸스 등 많은 자가 면역 질환이 여성에게 더 흔하고, 뼈를 소모하는 질병인 골다공증은 여성에게 4배 흔하다.

코로나19는 남성과 여성에게 똑같이 흔하게 발생하지만, 사망자의 70%가 남성이라는 점을 고려하면 남성이 더 큰 피해를 본다고 할 수 있다. 2020년 4월 기준으로 코로나19로 인한 남성의 사망률은 여성의 1.4배에 달했다.[8] 여성은 신경성식욕부진증(거식증)이나 폭식증과 같은 섭식 장애에 걸릴 확률이 남성의 10배이고, 우울증에 걸릴 확률도 2배 높다. 반면 남성은 여성보다 자폐증을 앓을 확률이 4배 높고, 조현병을 앓을 확률은 1.4배, 자살할 확률도 2배나 된다. 이러한 차이는 특히 아일랜드에서 두드러져 2018년에 자살한 사람 5명 중 4명이 남성이었다.[9]

이 같은 차이가 존재하는 이유는 대부분 알려지지 않았다. 단, 여성의 골다공증은 예외다. 젊은 시절에는 에스트로겐estrogen과 프로게스테론progesterone이 뼈를 튼튼하게 유지해 주지만, 골다공증이 발생하는 폐경기 이후에는 이들 호르몬의 수치가 떨어지는 것으로 알려져 있다. 그러나 다른 질병의 경우 의학 연구자들은 여성의 질병 민감성 차이를 대부분 무시해 왔다. 하지만 바야흐로 변화가 시작되고 있다. 골다공증과 마찬가지로 과학자들은 질병 민감성의 차이가 호르몬 수치와 관련 있다고 짐작하는데, 정확한 메커니즘은 아직 명확하게 입증되지 않았다.

최근 연구에서는 인간, 원숭이, 생쥐, 시궁쥐, 개의 12개 조직을 대상으로 1만 2,000개 유전자의 '발현 수준'이 성에 따라 어떻게 다른지 조사했다. 비유하자면, 이는 오디오 볼륨을 조절하는 다이얼 스위치처럼 유전자 발현 수준을 조절하는 스위치가 얼마나 많이 돌아갔는지 살펴보는 것과 약간 비슷하다. 즉, 각 유전자의 '볼륨 레벨'을 확인하는 것이다. 조사 결과, 동일한 유전자가 남녀별로 다르게 사용되는 것으로 보이는 결정적 징후가 발견되었다.[10] 키와 관련 있는 수백 개의 유전자가 남성과 여성에게서 발현 수준이 달랐는데, 이 차이는 남성과 여성의 키 차이(남성이 여성보다 평균 13cm 크다) 중 12%를 설명하는 것으로 나타났다. 추가 분석을 통해 다양한 질병에 대한 남녀의 민감성이 다른 이유가 밝혀질 것으로 기대되는 만큼, 이 연구는 의학계에서 많은 관심을 끌고 있다. 이러한 차이를 유발하는 유전자의 '볼륨 조절'을 억제할 수 있다면 새로운 치료법으로 이어질 수도 있기 때문이다.

질병으로 고통받는 사람 중에는 남성보다 여성이 더 많다. 그런데도 평균 수명은 여전히 여성이 남성보다 길다. 아일랜드의 경우 현재 여성의 기대 수명은 84세이고 남성의 기대 수명은 80.4세다.[11] 이런 차이가 나타나는 이유는 아직 다 밝혀지지 않았다.[12] 수명만 보면 여성이 장수하는 것이 좋아 보일 수도 있지만, 여성은 전반적으로 신체 질환 유병률이 더 높고 장애 일수, 병원 방문 및 입원 일수가 더 많다.[13] 남녀 간 수명 차이에 대해서는 몇 가지 이유가 제시되었다. 남성은 (장기를 둘러싼) 내장 지방이 더 많고 여성은 피하 지방이 더 많은 경향이 있다. 이는 부분적으로 에스트로겐에 의해 결정되며, 내장 지방은 남성의 주요 사망 원인인 심장병의 예측 지표이므로 수명 차이의 중요한 원인일 수 있다.

생활 방식의 차이도 중요한 원인으로 짐작할 수 있는데, 이유는 20세기 대부분에 걸쳐 남성이 여성보다 흡연을 더 많이 했기 때문이다. 요즘은 흡연율 차이가 줄어들고 있으므로 향후 사망률의 성

별 차이가 줄어들 가능성이 있다.[14]

신체적·의학적 영역에서 벗어나 정신적인 영역으로 넘어가면 상황이 훨씬 더 복잡해진다. 지금까지 종종 보고된 차이는 너무 작아서 대수롭지 않게 느껴질 수도 있지만, 그 차이로 인해 많은 것이 달라진다. 주의 깊게 살펴보기로 하자.

현재 합의된 내용은 남성과 여성이 IQ 테스트에서 동등한 성적을 낸다는 것이다.[15] 한 주요 연구에서 남성과 여성은 독해력, 수학, 의사소통 능력, 운동 능력(손재주 포함)과 같은 기술이 막상막하인 것으로 밝혀졌다. 46건의 연구를 종합적으로 검토한 결과, 이러한 기술의 성별 차이 중 78%는 매우 작거나 거의 0에 가까웠으며, 전반적으로 '이성 간' 차이보다 '동성 간' 차이가 더 컸다.[16] 이런 특성의 차이가 성별만으로 설명되지 않는다는 것은 매우 중요한 의미를 띠므로 주목할 필요가 있다.

4,000건의 개별 연구(이러한 종류의 연구가 얼마나 철저하고 소모적인지 알 수 있다)에서 수학 성취도의 차이는 거의 0인 것으로 나타나, 수학 능력에 성별 차이가 있다는 일화적이고 차별적인 관념을 완전히 잠재웠다.[17] 그리고 남성과 여성을 비교한 모든 연구에는 성격 차이를 용감하게 고백한 부부와 연인들이 있었다.[18] 연구진은 3만 1,000건(이 분야의 연구에서는 매우 큰 규모다)의 성격 테스트 결과를 수집하여 따뜻함, 정서적 안정, 자기주장, 사교성, 책임감, 친근감, 불신, 상상력, 변화에 대한 개방성, 내향성, 질서정연함, 감성과 같은 성격 특성을 조사했다. 이러한 특성이 남녀 간에 비슷한지 다른지를 밝히려고 노력한 것이다. 결과가 어떻게 나왔을까?

여성은 예민함과 따뜻함에서 더 높은 점수를 받았고, 남성은 책임감과 자기주장에서 더 높은 점수를 받았다. 다른 특성들은 매우 근소한 차이를 보였다. 그런데 여성이 더 따뜻하면서도 성격이 예민한 경향이 있고, 남성은 책임감과 자기주장이 강한 정확한 이유는 아직 알려지지 않았다. 상대적인 비율을 파악하기는 어렵지만, 양육 환경과 선천적인 차이가 복합적으로 작용했을 가능성이 크다.

여성이 빛을 발하는 것으로 알려진 한 가지 영역은 공감 능력이다. 공감 능력은 '다른 사람의 생각과 감정을 읽는 능력'으로 정의되는데, 여기서 짚고 넘어갈 점은 많은 사람이 '여성들의 뛰어난 공감 능력'에 대하여 선입견을 지니고 있다는 사실이다. 일부 연구에서 여성들의 공감 능력이 남성보다 뛰어나다는 결과가 나오기도 하지만, 테스트의 내용이 똑같더라도 제목이 '공감 능력 테스트'가 아닐 때는 그 차이가 사라지는 것으로 나타났다. 이는 검사자의 선입견이 반영됐음을 시사한다.[19] 남녀의 공감 능력을 비교하는 것이 테스트의 목적임을 인지한다면, 선입견을 품은 검사자는 남성보다 여성의 등급을 더 높게 매길 것이다. 그리고 이런 테스트는 대개 설문지를 통해 진행되므로 주관적일 수 있다는 점을 명심해야 한다.

흔히 여성은 남성보다 감성 지능emotional intelligence이 더 높다고 여겨진다. 감성 지능은 '자신의 감정을 잘 표현하고, 대인 관계를 현명하고 공감적으로 처리하는 능력'으로 정의된다. '따뜻함'이나 '공감'을 정의하는 방법이 또 다른 문제가 되기는 하지만, 여러 연구에서 '여성은 남성보다 감성 지능이 더 높다'는 결론을 내렸다.[20]

한 연구에서는 여성이 '화가 났거나 감정적인 사람'에게는 다르게 반응하는 것으로 나타났다. 즉, 다른 사람이 화를 내는 것을 보면 자신도 화를 내고, 이런 감정이 지속될 가능성이 크다는 것이다.[21] 우리 뇌에서 뇌섬엽insula이라고 부르는 부분이 이 반응에 관여하는 것으로 알려져 있다. 반면에 남성은 상대방의 감정을 잠시 느끼다가 그 감정에서 벗어나는 경향이 있다. 이러한 현상을 이른바 '신경 끄기tuning out'라고 하는데, 이렇게 함으로써 뇌의 다른 부분(문제 해결에 관여하는 부분)이 활성화되도록 유도할 수도 있으나 과학적으로 입증되지는 않았다. '남성의 감정적인 신경 끄기'는 여성들이 흔히 호소하는 불만 사항이다.

그런데 두 가지 반응 모두 실제로 장점이 있다. 이성애 커플의 경우에 신경 끄기는 고통으로부터 그들을 보호하고 시급히 필요한 해결책을 세우는 데 도움이 될 수 있고, 감성 지능은 괴로워하는 사람을 지지하고 보살피는 역할을 한다. 물론 두 가지 역할 중 어느 것이나 성별과 무관하게 수행할 수 있지만, 감성 지능을 담당하는 쪽은 여성인 경우가 많다는 견해가 지배적이다.

그러나 심리학자들이 살펴본 바에 의하면 기업의 리더들이 보이는 핵심적인 특성은 성별을 초월한다. 좋은 리더는 남녀를 막론하고 뛰어난 공감 능력을 바탕으로 문제 해결 능력을 터득했으며, 두 가지 능력을 겸비하고 있었다.[22] 과학자들은 침팬지 집단에서 이와 비슷한 현상을 관찰했다. 침팬지들이 괴로워할 때 쓰다듬어 진정시키는 등 위안을 주는 역할을 담당하는 쪽은 암컷일 가능성이 크다. 그러나 침팬지 집단의 리더인 알파 수컷은 암컷보다 더 자주 위안을 준다.[23] 요컨대 모름지기 리더라면 남성이든 여성이든 공감 능력이 있어야 한다.

직장에서 여성과 리더십의 문제는 점점 더 중요해지고 있다. 일부 주목할 만한 예외(앙겔라 메르켈Angela Merkel, 마거릿 대처Margaret Thatcher, 저신다 아던Jacinda Ardern, 인디라 간디Indira Gandhi 등)를 제외하면 최근까지 중요한 직책은 대부분 남성이 도맡아 왔다. 여성 임원보다 남성 임원이 더 높은 비율을 차지하는 현상은 앞으로도 그럴 것 같다. 남성은 전반적으로 리더가 될 가능성이 더 큰데, 적극적인 성격 때문에 그럴지도 모른다는 의견도 있다. 여성이 남성과 동일한 수준의 전문 자격을 갖추고 있음에도 2018년에 경제지 《포춘Fortune》이 발표한 500대 기업 중 여성이 이끄는 기업은 24개에 불과했다.[24] 많은 여성이 리더가 되지 못하는 진짜 이유는 뭘까?

첫 번째 이유는 역할 기대role expectation 때문일 수 있다. 2015년의 한 연구에서 남성 직원의 60%가 자신이 승진하는 데 고용주가 적극적인 역할을 할 것으로 기대했는데, 여성의 경우 49%만이 이러한 기대를 품고 있는 것으로 나타났다.[25] 승진에 적극적인 남성과 반대로, 여성은 직업적 야망에 대하여 목소리 높이기를 주저하는 경향이 있다. 두 번째 이유는 남성 관리자의 잘못된 행동 때문일 수 있다. 최근 연구에서 중간 및 일선 관리직에 있는 여성 중 절반 이상이 자신의 업무에 대한 공로를 책임자에게 돌린 경험이 있는 것으로 나타났다. 이에 따라 책임자의 승진 가능성은 커질 수 있지만, 실제로 해당 업무를 수행한 여성의 승진 기회는 사라질 수 있다.

또 다른 연구에 따르면 남성은 경력을 중요시하는 경향이 강하며 직장에서 금전적 이익을 극대화하기를 원한다고 한다.[26] 그에 반해 여성은 일을 총체적으로 바라보고, 자기 성찰적인 방식으로 경력에 접근하며 의미, 목적, 동료와의 관계를 중요시한다고 한다.[27] 하지만 이 역시 과학적으로 검증할 필요가 있다.

뒤집어 생각해 보면 여성의 이러한 특성은 실제로 더 나은 리더가 될 수 있음을 의미한다고 볼 수 있다. 여성 리더는 팀 구성원을 육성하는 데 많은 관심을 기울이므로 팀원들이 실력을 키우는 데 도움이 된다. 여성은 또한 전반적으로 팀워크에 더 집중하고 이기적인 경향이 덜한데, 이 역시 장점으로 평가된다. 지나친 자존심은 때때로 좋은 결정을 방해할 수 있기 때문이다. 또 여성은 직장과 개인 생활에서 (집안일과 노부모 봉양 등 여전히 여성에게 떠맡겨진) 여러 가지 과제들의 균형을 맞추는 데 능숙하다. 이것은 여성이 선천적으로 다중 작업multitasking에 능숙해서라기보다는 다중 작업을 더 자주 해야만 했기에 능숙해지고자 노력할 수밖에 없었다는 뜻이다. 그들은 이렇게 터득한 기술을 리더로서의 역할에 적용하게 되었다.

그런데 이 모든 기술에도 불구하고, 한 연구에서 참가자들에게 '이성 상사에 대한 선호도'를 물었더니 흥미로운 결과가 나왔다.[28] 여성은 39%가 남성 상사를 선호한다고 응답했으나 남성은 이보다 적은 26%만이 여성 상사를 선호한다고 응답했다. 리더십에 관한 한 성별 고정관념이 여전히 팽배해 있다고 볼 수 있는데, 아무래도 남성의 경우 여성 상사에게 위축감을 느끼는 것으로 보인다. 그러나 나는 여기서 다시 한번 종 모양 곡선을 볼 수 있기를 갈망한다. 남성과 여성 모두 다양한 능력이 있다. 어쩌면 여성 상사의 정규분포곡선이 남성 상사의 곡선보다 더 오른쪽에 나타날지도 모른다.

남성과 여성의 정서적·성격적 차이에 대한 결론을 도출하는 분석에는 일반적으로 설문지를 작성하는 과정이 포함된다. 설문지에는 생물학적 성별을 기재하는데, 이는 사회적 성별과 일치하지 않을 수 있다. 어떻게 보면 남성과 여성의 뇌를 조사하는 것이 성별 차이를 판단하는 더 확실한 방법으로 생각될 수 있다. 그렇지만 이 분야에서는 말도 안 되는 내용이 담긴 논문이 많이 출판되었다. 2005년에 남성 21명과 여성 27명의 뇌를 연구한 논문(참여자 수가 적다는 것에서부터 의심이 든다)이 발표되었는데,[29] 이 연구로 남성과 여성의 뇌에서 큰 차이점을 발견했다는 주장이 제기되었고, 언론은 이를 열광적으로 보도했다.

그 내용인즉 남성의 뇌에는 회색질(회백질)이 6.5배 많고, 여성의 뇌에는 백색질(백질)이 10배 많다는 것이었다. 알려진 바와 같이 회색질은 신경세포체*로 구성되어 있고, 백색질에는 수많은 축삭**이 말이집(수초)에 둘러싸여 있다. 언론에서는 이 '엄청난 차이'로 남성이 수학을 더 잘하는 이유(회색질과 관련 있을 수 있다)와 여성이 다중 작업을 더 잘하는 이유(백색질과 관련 있을 수 있다)를 설명할 수 있다고 호들갑을 떨었다. 그러나 수학이나 다중 작업에 능숙한 것이 회색질이나 백색질 때문이라는 주장은 입증되지 않았다. 세계 최고의 과학 저널인 《네이처Nature》는 최근에 "성차性差 연구의 역사는 무수한 오류, 잘못된 해석, 출판 편향, 약한 통계적 검정력, 불충분한 통제 등으로 가득 차 있다"고 결론 내렸다.[30]

---

* 신경 세포에서 돌기를 제외한 핵과 세포질이 있는 부분.
** 신경 세포에서 뻗어 나온 긴 돌기.

심리학자 지나 리폰Gina Rippon은 이 분야를 '두더지 잡기'에 비유했다. 먼저, 남성과 여성의 차이를 주장하는 연구 결과가 발표된다. 이는 다른 연구자들에 의해 결함이 밝혀질 때까지 세상을 우롱하는 데 이용된다. 마침내 새로운 논문이 발표되어 두더지를 두들겨 패지만 제2, 제3, 제4의 두더지가 끊임없이 나타나 세상을 시끄럽게 만든다. 남성과 여성의 뇌를 조사한 연구에는 이런 두더지 잡기가 가득하며, 많은 연구자의 노력에도 불구하고 남성과 여성의 뇌 사이에 '설득력 있는 물리적 차이'는 발견되지 않았다.

신경해부학자에게 뇌를 건네고 성별이 뭐냐고 물으면 아마 대답하지 못하고 쩔쩔맬 것이다. 그런데도 굳이 뇌에서 성별 차이를 찾아내자면, 시상하부 앞쪽에 '성적 이형성 영역'으로 알려진 내측시삭전야medial preoptic area라는 영역이 있는데, 인간을 포함하여 최소한 9종의 동물에서 이 부분이 암컷보다 수컷이 더 큰 것으로 알려져 있다.[31] 내측시삭전야의 크기는 나이가 들어감에 따라 남녀 모두 전체적으로 작아진다. 이 영역의 크기는 리비도libido(성적 욕망) 및 성적 취향과 연관된 것으로 알려졌으나 여전히 논란의 여지가 있다. 그런가 하면 여성 2,750명과 남성 2,466명을 대상으로 한 2017년의 연구[32]에서 여성은 남성보다 겉질(피질: 회색질로 이루어진 복잡한 표층)이 더 두껍고, 남성은 뇌 용적이 약간 더 큰 것으로 나타났다. 그러나 이러한 특징은 남녀 간 차이보다 남성 간 차이가 더 컸는데, 이는 남녀 간보다 남성 간 IQ 점수 편차가 더 크다는 연구 결과와 일치한다. 그리하여 과학자들은 다음과 같이 결론 내렸다. "전반적으로 어떤 뇌가 남자의 것이고 여자의 것인지 구분하기는 어렵다."

여성의 뇌가 남성의 뇌보다 작긴 하지만, 엄밀히 말해서 뇌의 크기는 신체의 크기에 비례한다. 19세기에 뇌 크기의 차이를 처음 발견했을 때는 이를 '누락된 5온스missing five ounces'라고 불렀다. 남녀 차이를 밝힐 성배를 발견했다고 생각했을지 모르겠지만, 여성의 뇌가 5온스(약 142g) 작은 것은 신체 크기가 작아서 그런 것일 뿐 다른 이유는 없다. 2014년에도 악명 높은 연구 결과가 발표된 적 있는데, 논문의 저자는 '여성은 두 개의 반구 사이에 뇌신경 연결이 많고, 남성은 한쪽 반구 안에서 더 많이 연결되어 있다'고 주장했다.[33] 그러나 뇌신경 연결은 대부분 매핑mapping(지도화)조차 되지 않았으며, 사춘기 관련 성숙도나 전체적인 뇌 크기에 대한 보정도 이루어지지 않았다. 이 연구가 어떻게 심사를 통과해 저널에 실렸는지는 지금까지도 미스터리로 남아 있다. 아무래도 논문 출판을 승인한 신경과학자들이 뇌 검사를 받아야 하지 않을까…….

남성과 여성의 뇌 사이에 물리적 차이가 있음을 설득력 있게 보여줄 증거가 거의 없다는 점을 고려할 때, '젠더화된 세계gendered world가 젠더화된 뇌gendered brain를 생성한다'는 것이 현재의 견해다. 이제 성격과 감성 지능의 차이는 타고나는 것이 아니라 주로 사회적 영향 때문이라고 여긴다.

현대의 심리학자 대부분이 모든 차이는 부모가 태아의 성별을 아는 순간부터 아기의 뇌에 스며든 '분홍색 대 파란색 문화'의 결과라는 데 동의한다. 이런 문화가 존재하는지 어떻게 알 수 있냐고? 미국의 황금 시간대 TV 프로그램 124개를 대상으로 한 연구에 의하면 여성은 주로 로맨스, 가족, 친구 등 대인 관계 배역을 맡고, 남성은 업무 관련 배역을 맡는 것으로 나타났다.[34] 5,618권의 아동 도서를 대상으로 한 연구에서는 남성이 여성보다 책 제목에 2배, 주인공 역할에 1.6배 자주 등장하는 것으로 나타났다.[35] 이러한 현상이 미치는 영향은 여성과 남성이 왜 현재와 같은 방식으로 살아가는지를 설명하는 데 큰 도움이 될 수 있다.

하지만 앞서 언급한 연구에서 남성과 여성 유전자의 '볼륨 조절'에 차이가 있는 것으로 관찰됐다는 사실도 잊어서는 안 된다. 뇌신경의 연결 같은 물리적인 차이나 실제 유전자의 차이는 없을 수 있지만, 동일한 유전자라도 발현 수준에는 남녀 간에 차이가 있을 수 있다. 유전자의 발현 수준은 성염색체나 환경에 의해 조절될 수 있다. 뇌의 이러한 측면에 관하여 더 많은 연구를 진행하면 남녀 간의 심리적 특성 차이를 설명할 근거가 드러날 수도 있을 것이다. 이 분야의 연구가 더 많이 수행되기를 간절히 바란다.

근거가 무엇이든 간에 남성과 여성의 차이는 교육과 직장이라는 두 가지 요소를 고려할 때 중요한 의미를 띤다. 먼저 교육에 대해 살펴보자. '남성 대 여성 논쟁'이 첨예하게 벌어지는 분야는 학교 성적이다. 여러 연구에서 남학생이 여학생보다 학교 성적이 더 나쁘고, 저소득층 출신 남학생의 학업 성취도가 특히 더 낮은 것으로 확인되었다.[36] 심지어 이 부분에서는 명확하고 검증 가능한 차이가 발견되었다. 그 이유는 무엇이며, 우리는 이 문제 앞에서 무엇을 할 수 있을까?

선진국에서 남자아이들은 여자아이들보다 평균적으로 읽기 능력이 훨씬 떨어지고 대학에 진학할 가능성도 작다. 수학은 여전히 남

학생이 약간 더 잘하지만, 차이가 줄어들고 있으며 스칸디나비아와
중국 등 일부 국가에서는 그 격차가 사라졌다.[37] 아일랜드도 마찬가
지여서 고등학교 입학시험과 이후 대학입시를 치르기 위해 통과해
야 하는 시험의 대다수 과목에서 여학생이 남학생을 능가한다(수학
은 예외다).[38]

놀랍게도 예전에 영국의 일레븐 플러스 시험eleven-plus exam*에서
남학생들의 성적이 의도적으로 상향 조정된 적이 있다.[39] 일본에서
는 한 대학이 시험 점수를 조작해 여성 지원자를 차별했다는 사실
을 인정했다. 또 여학생들은 교사에게 무시당하거나 중요한 과목을
수강할 기회를 박탈당하는 경우가 많았다. 이런 식의 성차별이 사
라진 뒤로 여학생의 성적이 남학생을 앞지르기 시작했다.[40]

1970년대에는 남성이 여성보다 더 높은 비율(58:42)로 대학에 진
학했지만, 지금은 그 비율이 거의 정확히 역전되었다.[41] 이유는 더
많은 여성이 대학에 지원하기 때문이다. 남자아이들은 8세부터 의
욕을 잃는다는 증거가 있다. 11세의 어휘력 격차는 매우 크며, 문해
력 격차는 16세에 최고조에 달한다. 경제협력개발기구(OECD)에서
사용하는 국제학업성취도평가 시스템에서 성적이 가장 낮은 학생
은 남학생이다. 그렇다면 왜 이런 일이 일어나는 걸까? 여학생이 남
학생보다 학교생활을 더 잘하는 걸까?

여학생은 남학생보다 2년 정도 더 일찍 성숙하며, 어린 나이에 뇌
의 회색질(사고를 담당하는 부분)이 더 많이 발달한다. 따라서 여학생

---

* 만 10세에 우수한 상급 학교에 진학하기 위한 입학시험.

스위스 화가 알베르트 안케Albert Anker가 그린 1848년경 마을 학교의 모습. 과거의 교실에서도
남학생들이 주의가 산만했음을 엿볼 수 있다.

은 교사로부터 더 많은 관심을 받고 더 많은 것을 배울 가능성이 크
다. 또 남녀 공학은 여성 친화적인 학교로 여겨지며, 현재 대다수 교
실이 여성 주도로 운영되고 있다. 유아 교육자 중 97%가 여성이다.
초등 및 중등 학교에서도 여성 교사가 남성 교사보다 2:1의 비율로
더 많다. 대학교는 남성 교육자의 비율이 더 높지만 교수 수준에서
만 그렇다.

아이러니하게도 성평등을 지향하는 국가일수록 교육 성취도(시
험 성적)의 성별 격차가 더욱 심한데, 이유는 명확하지 않다. 이제 우
리 앞에 놓인 가장 큰 과제는 여학생들에게 불이익을 주지 않으면
서 남성에게도 친화적인 교실을 만드는 방법을 찾는 것이다. 동성
학교로 복귀하는 것이 한 가지 방법일 수는 있지만, 그러면 여학교

에 다니는 여학생은 남학교에 다니는 남학생보다 시험 스트레스를 더 많이 받게 된다는 문제점이 있다.[42] 그리고 여학교에 다니는 여학생은 남학생보다 학교 경험을 더 부정적으로 생각하는 경향이 있다. 여학교의 여학생들은 사회적으로 성과를 내야 한다는 압박감을 더 크게 느끼기 때문이다. 심리학자 올리버 제임스Oliver James는 최근 영국이나 아일랜드에서 가장 불행한 집단으로 '성적이 우수한 15세 여학생'을 꼽았다.[43]

아일랜드 경제사회연구소의 에머 스미스Emer Smyth 교수가 수행한 연구에 따르면 성별 분리가 학업 성적을 향상 또는 악화시키는지에 대한 합의는 거의 이루어지지 않았다.[44] 모든 조건이 같다고 가정할 때 평균적으로 여학생은 남학생보다 우수한 성적을 거둔다. 하지만 남자아이가 18세가 되면 격차가 줄어드는데, 이는 부분적으로 학습 지진아들이 학교를 떠나기 때문이기도 하지만, 남자아이의 두뇌가 여자아이의 두뇌를 따라잡기 때문이기도 하다. 남학생과 여학생의 학업 성과가 다른 주된 이유는 나이에 따른 성숙도 차이 때문일 수 있다. 그렇다면 남자아이들의 초등학교 입학 나이를 1~2년 늦춰야 할까?

다른 방법은 없을까? 최근 들어 16세 이하 남학생의 교육 방법을 남성 친화적으로 만들려는 방안이 강구되고 있다. 남자아이들에게는 더 많은 구조와 규칙이 필요할 수 있으며(단, 먼저 과학적으로 입증해야 한다), 비행을 저지르는 남자아이들에게는 처벌이 아닌 지원이 필요하다. 어휘력 향상 수업은 남자아이들에게 더 많은 도움이 되며, 그들이 원하는 것은 무엇이든 읽도록 장려해야 한다. 동시에 교사도 성 편견을 없앨 필요가 있다. 교사들은 남학생들의 위험 추구 행동을 무조건 억압하는 대신 이해해야 한다. 한편으로는 더 많은 남성이 교직에 진출하도록 장려해야 한다. 독일은 적극적인 채용 프로그램을 통해 이 분야에서 선두를 달리고 있다.[45]

사실 남성 친화적 교실을 만들어야 한다는 생각은 최근까지 크게 관심을 끌지 못했다. 엘리트 남학생들은 학업과 취업에 아무런 어려움이 없었고, 직장에서는 남성들이 여전히 더 많은 급여를 받고 더 많이 승진했기 때문이다. 그러나 앞으로 더 많은 여성이 고위직에 진출하고, 학업 성적의 성별 격차가 계속 커지다 보면 위기가 닥칠 것이다. 8장에서 언급했듯이 저학력 남성이 저임금 직종에 많이 종사하게 되면 사회적 불안이 가중되고 범죄자가 늘어나는 등 모든 범위의 사회 문제가 더욱 심해질 수 있다. 육체노동이나 자동차 운전 등 저학력 남성이 주로 종사하는 직업은 자동화될 가능성이 가장 크다. 불만이 많은 저학력 남성들은 도널드 트럼프 같은 우익 포퓰리스트에게 표를 던지는 경향이 있어서 이러한 교육 격차를 해소하지 않으면 분열적인 정치의 회오리바람(종종 인류와 지구에 해를 끼친다)을 맞게 될 것이다.

직업에 관한 한 남성과 여성이 하는 일 사이에 큰 차이가 분명히 있다. 남성은 물건을 다루는 일을 더 많이 하고, 여성은 사람을 대하는 일을 더 많이 한다. 다시 말하지만 이는 어린 시절에 '분홍색 대 파란색'으로 세뇌된 결과일 수 있다. 여성 엔지니어보다 남성 엔지니어가 더 많은 이유는 무엇일까? 부모와 사회의 영향이 어느 정도 작용할 수 있을 텐데, 한 연구에서 여성은 컴퓨터 작업에서 배제되는 경우가 많은 것으로 나타났다. 1980년대 이후 과학 및 의학 분야의 여성 졸업생 비율은 증가했지만, 여성 컴퓨터 과학자의 수는 감소했다.[46] 의학 분야에는 흥미로운 패턴이 나타난다.[47] 선진국 전체 의사 중 절반 조금 안 되는 비율이 여성이다. 일본과 한국의 의사 중 여성의 비율은 20%에 불과하지만, 라트비아에서는 70%에 달한다. 아일랜드에서는 전체 의사의 41%가 여성이고, 일반의의 42%, 컨설턴트의 39%가 여성이다.

직장에서 아직 완전히 해결되지 않은 또 하나의 최고 관심사는 성별 임금 격차다. 유럽연합 집행위원회가 수행한 연구에서 여성은 동일한 직무에 대해 남성보다 16% 적은 시급을 받는 것으로 나타났다.[48] 이는 고용평등법에 어긋난다. 청소부나 노점상과 같은 저임금 직종은 그 격차가 39%까지 벌어지는 등 상황이 더욱 심각하다. 다행히 희망적인 징후도 있다. 연령별·성별 임금 격차를 분석했더니 40세 미만 여성의 경우 격차가 2.6%로 줄어든 것으로 나타났다. 하지만 할리우드에서는 영화배우, 특히 여자 배우들의 상황이 암울하다. 최근 연구에서 여자 배우들은 비슷한 경력을 가진 남자 배우들보다 수입이 훨씬 적은 것으로 나타났다. 267명의 스타가 출연한 영화 1,344편을 조사한 연구에서 여성은 영화 한 편당 평균 110만 달러의 출연료를 덜 받은 것으로 나타났는데, 여기에는 영화사의 횡포 외에는 별다른 이유가 없는 것으로 밝혀졌다.[49]

그나마 서구 국가의 여성은 직업 선택을 비롯한 모든 활동에서 원하는 일을 할 수 있을 거라고 기대할 수 있다. 이는 비교적 최근까지 많은 여성이 처했던 사정과 비교하면 엄청난 진전이다. 그러나 육아나 가사 분담 등의 문제가 여전히 남아 있다.

평등이 진정으로 실현되었는지 아닌지를 어떻게 알 수 있을까? 크리스마스의 상황을 살펴보면 된다. 여러 연구에서 영국 여성들은 크리스마스가 되면 카드 보내기, 선물 사기, 쇼핑, 저녁 식사 준비하기 같은 일을 여전히 도맡아 하는 것으로 나타났다.[50] 이런 일들을 50:50으로 분담할 때 우리는 평등에 더 가까워질 것이다. 유명한 통계학자 한스 로슬링Hans Rosling이 지적했듯이 세탁기의 등장은 다른 어떤 것보다도 여성 해방을 위해 더 많은 일을 해냈다.

평등의 또 다른 신호는 공구 상자를 소유한 여성의 수가 늘어나는 것이다. 공구 상자는 아직도 거의 독점적인 남성의 영역으로 남아 있다(아내가 공구 상자를 소유한 우리 집은 예외다). 문제 해결 능력에 있어서 남녀의 차이가 없다는 점(역시 우리 부부는 예외)을 고려할 때, 이는 천부당만부당한 일이다. 모든 여성이 공구 상자를 갖게 되면, 우리는 마침내 진정한 남녀평등이 이루어졌음을 느끼게 될 것이다.

또한 우리는 계속해서 오해를 바로잡아야 한다. 이 장의 앞부분에서 언급한 성별 차이에 관한 46건의 연구 분석(남녀 간에 큰 차이를 발견하지 못했다)을 주도한 심리학자는 "여성이 남성보다 공감 능력이 뛰어나고 감정적인 데 반해 남성은 더 적극적이라고 가정하는 한, 직장 내 편견을 넘어서지 못해 여성의 승진을 가로막을 수 있다"고 말했다. 그리고 이런 생각은 갈등을 스스로 해결하려는 부부의 노력을 단념시킬 수도 있다. 성별 차이가 존재한다면 그 상황을 '도움을 받아 해소할 수 있는 결함'으로 취급하는 것이 중요하다. 사회는 변화할 수 있다.

인도에서 수행한 흥미로운 연구에 따르면 케이블 TV가 도입된 뒤로 '여성에 대한 가정 폭력 용인 가능성'이 크게 줄어들고 여성의 자율성이 증가했다고 한다.[51] 이는 인기 드라마에 등장하는 많은 여성 캐릭터가 더 많은 교육을 받고, 결혼을 늦게 하고, 소규모 가족을 이루고, 사회에 나가 일하며, 권위 있는 직책을 맡고 있기 때문이다. 케이블 TV는 가부장적인 인도 문화에서 남아선호사상이 약해진 것과 관련이 있다.

유럽은 어떨까? 최근 프랑스의 장난감 제조업체들은 게임과 장난감에서 성 고정관념을 없애기 위한 협약에 서명했다.[52] 장난감 제조업체와 프랑스 정부는 '장난감에서 성별의 균형 잡힌 표현'을 목표로 하는 헌장을 제정했다. 프랑스의 경제부 장관 아그네스 파니에-루나셰Agnès Pannier-Runacher는 많은 장난감이 여자아이가 엔지니어나 컴퓨터 프로그래머가 되는 것을 방해하는 '교활한' 메시지를 전달한다고 말했다. 그녀는 장난감 제조업체가 소녀용 장난감으로는 주로 가정생활에 관한 것을 생산하는 반면, 소년용 장난감 중에는 건축, 우주여행, 과학에 관한 것이 많다고 비판했다. 프랑스의 주요 연구소인 국립과학연구센터의 연구원 중 38%가 여성이지만, 이 중에서 컴퓨터 프로그래머는 10%에 불과하다. 장난감의 성 중립성gender neutrality은 이러한 비율을 바꿀 수 있다.

아일랜드의 성 고정관념에 관한 최근 연구에서도 흥미로운 사실이 밝혀졌다. 5~7세 어린이들에게 엔지니어를 그려 보라고 했더니, 96%의 남자아이가 남성 엔지니어를 그렸는데, 여자아이 중에서는 50%를 조금 넘는 비율만 여성 엔지니어를 그린 것이다.[53] 이 연구는

운동선수에 과학자 바비까지, 요즘에는 다양한 종류의 바비 인형이 출시된다.

코맥 해리스Cormac Harris와 앨런 오설리반Alan O'Sullivan이라는 학생이 수행한 것으로, 경쟁이 치열한 '2020 젊은과학자경진대회'에서 우승을 차지했다. 이 연구에는 초등학교 교사가 어린이들의 성 고정관념에 맞서기 위해 사용하면 좋은 자료도 수록되어 있다.

또 다른 장기간의 연구에서는 학생들에게 과학자를 묘사해 달라고 요청했을 때 무엇을 그리는지 분석했다. 50년 동안 5~8세의 학생들이 그린 2만 860점의 그림이 분석되었다. (음, 정말 많은 그림이다. 이 그림들이 모두 어디에 보관되어 있었는지 궁금하다.) 1960년대와 1970년대에는 과학자를 여성으로 묘사한 그림이 1% 미만이었지만, 2016년에는 34%로 많이 증가했다. 참여자가 여성일 때는 비율이 훨씬 더 높아서 무려 50%를 기록했다. 이는 1960년에서 2013년 사

아일랜드 신화의 얼스터 대계Ulster Cycle에
등장하는 코노트의 여왕 메브.
메브는 남편을 여러 명 두었으며,
의지가 강하고 야심적이며 교활한
전형적 전사 여왕으로 묘사된다.

이에 미국의 여성 과학자 수가 생물학 분야는 28%에서 49%로, 화
학 분야는 8%에서 35%로, 물리학 분야는 3%에서 11%로 증가한 실
제 수치와 유사하다.[54] 과학계, 심지어 물리학 분야에서도 상황이 어
느 정도 개선되고 있는 것이 분명하다.

어쩌면 아일랜드인은 남녀평등의 미래에 적합한 모델이 될 수 있
을지도 모른다. 고대 세계에서 켈트족 여성은 다른 사회의 여성들
이 갖지 못한 많은 권리를 가진 독특한 존재였다.[55] 나는 내 누나가
강력한 켈트족 여성의 환생인 것 같다고 생각한다. 고대 켈트족 여
성들은 전사이자 통치자로 활동했다. 아일랜드의 가장 위대한 신화
속 전사인 쿠훌린은 스코틀랜드 출신의 여성 전사 스케이덕Scathach

에게 훈련을 받았다. 스케이덕과 그녀의 여동생 이퍼Aoife는 둘 다 전
투에서 군대를 이끌었다. 이퍼는 쿠훌린의 연인이기도 했다. 여성
들은 전투에서 종종 남성들과 함께 큰 소리를 지르거나 격렬한 춤
을 추는 등 심리적 기술을 사용하여 적에게 겁을 주곤 했다.

부디카Boudicca와 카르만두아Carmandua는 둘 다 영국의 유명한 켈
트족 지도자였으며, 아일랜드의 메브 여왕Queen Medb도 마찬가지였
다. 고대 아일랜드에서 여성은 어떤 역할에서도 계획적으로 배제되
지 않았다. 여성은 남편의 동의 없이도 드루이드교의 사제나 외교
관이 되어 임무를 수행할 수 있었다. 결혼은 동반 관계로 간주하였
으므로 부부는 각각 동등한 지참금을 가져왔고, 여성은 남편과 독
립적으로 재산을 소유할 수 있었다. 결혼을 계약으로 여긴 만큼 이
혼도 단순한 문제였다. 심지어 여성 한 명이 두 명 이상의 연인이나
남편을 둔 일처다부제의 증거도 남아 있다.[57]

**남성과 여성의 관계에 대하여 아일랜드인들이 품었던 특별한 생
각은 오래된 속담에서도 엿볼 수 있다. '남자가 남자일 때 여자도 여
자다**A woman is a woman when her man is a man**'라는 속담을 어떻게 생각하
는가? 고대 아일랜드인들이 옳은 말을 한 것인지도 모르겠다. 남성
과 여성의 관계에서 중요한 것은 협력, 상보성, 독립성이다.**

10장

인종 차별

인종을 구분하는
과학적 근거가
있기는 한가?

"그녀는 놀라운 해석을 선보여
청중을 안일함에서 벗어나게 했다.
이게 바로 내가 이 곡을 만든 이유이며
내가 원했던 바다."

아벨 미어로폴Abel Meeropol이
자신이 만든 노래 〈이상한 과일Strange Fruit〉을
빌리 홀리데이Billie Holiday가 처음 부르는 것을 듣고서

나는 1985년에 런던으로 이사했다. 아일랜드공화국군(IRA)*의 폭탄 테러가 일어나던 때였다. 아일랜드 던리어리에서 영국 홀리헤드로 가는 페리(당시 아일랜드 이민자들의 표준 경로였다)를 타기 전날 밤, 아버지는 나를 주점에 데려가셨다. 아버지는 아일랜드에서 태어났지만 영국 샐퍼드에서 자랐고, 스스로를 영국인이라고 생각하셨다. 아버지는 나에게 "넌 네가 똑똑하다고 생각할지 모르지만, 영국인들에게 늘 믹Mick**이라고 불릴 거야"라고 말씀하셨다. 당시 영국에서는 아일랜드인이 멍청하다거나 범죄자라는 농담이 흔했다. 이것은 가벼운 형태의 인종 차별이었고, 나는 그 농담을 웃어넘기면서도 항상 상처를 받았다. 물론 아일랜드의 백인 과학자로서 나는 그 시절 이후로 그런 느낌을 받은 적이 없다. 하지만 어째서 우리

---

* 영국령 북아일랜드와 아일랜드공화국의 통일을 요구하는 준군사조직.
** 아일랜드인을 경멸적으로 부르는 말.

중 많은 사람이 인종 차별을 당하는 걸까? 이 문제에 대하여 우리는 무엇을 할 수 있을까? 우리는 이 질문이 그 어느 때보다 중요한 시대에 살고 있다.

지금으로부터 약 18만 년 전, 겨우 수백 명 정도로 구성된 한 부족이 아프리카를 떠나 중동으로 갔다.[1] 세월이 흐르고 그들의 후손이 바통을 이어받아 다시 여행을 떠났다. 7만 년 전, 그들 중 일부가 아시아로 향했고, 한 분파가 5만 년 전 호주에 도착했다. 1만 5,000년 전, 아시아에 있던 사람들 가운데 일부가 마침내 북아메리카로 건너가 아메리카 대륙 전체에 거주하게 되었다. 4만 년 전, 중동에 남은 사람들이 북유럽으로 이주하여 약 1만 년 전 모든 지역에 정착했다. 18만 년 전에 아프리카를 떠난 사람들의 후손은 우리 종의 특징인 독창성을 발휘하여 추운 지역에서 동물의 모피를 입거나, 불을 사용하거나, 배를 만들어 태평양을 항해하는 등 환경에 대처함으로써 궁극적으로 지구의 거의 모든 지역에 거주하게 되었다.

수천 년에 걸쳐 여러 지역에서 등장한 다양한 부족들이 서로 마주쳤을 때는 아마도 상대방을 이방인 취급하며 의심의 눈초리를 보였을 것이다. 어쩌면 경쟁 부족이 자원을 모두 빼앗거나 가임 여성을 납치할지도 모른다는 두려움 때문에 목숨을 걸고 싸웠을 것이며, 개중에는 호전적인 부족도 있었을 것이다.[2] 일부 인류학자는 인류가 선천적으로 폭력적인 성향을 타고났다고 주장한다. 그중 한 사람인 리처드 랭엄Richard Wrangham은 우리를 "500만 년 동안 지속된 습관적 공격에서 살아남은 행운아"라고 부르기도 한다.

유럽에서 기술의 발전이란 '선박과 항해 기술의 발전'을 의미했

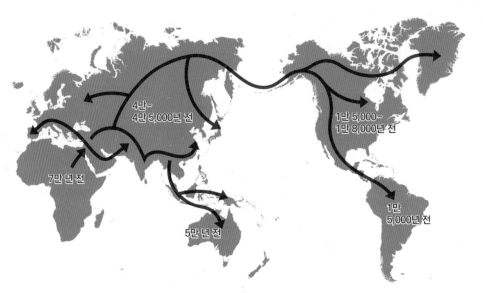

인류는 아프리카에서 진화하여 점차 전 세계로 퍼져 나갔다.

다. 인류(까마득히 오래전 아프리카를 떠난 후 뿔뿔이 흩어진 일가친척)가 재회할 수 있게 해 준 이 기술 덕분에 콜럼버스Christopher Columbus가 아메리카 대륙에서 아메리카 원주민을 만났고, 쿡James Cook 선장이 호주에서 그곳 원주민을 만났다. 두 경우 모두 침략자들이 원주민을 적극적으로 살해하거나 천연두와 같은 질병을 퍼뜨려 지역 주민을 몰살시키는 등 대량 학살로 이어졌다.

다른 한편으로는 전 세계 곳곳에서 많은 부족이 서로 싸웠다. 심지어 인류가 중동으로 이주하기 전 아프리카에서도 전쟁이 벌어졌다. 유럽은 중세 암흑기부터 거의 끊임없이 전쟁을 치렀는데, 그 전쟁은 제1차 세계 대전과 제2차 세계 대전으로 절정에 달했으며, 여러 세대의 젊은이가 목숨을 잃었다. 사망자 수는 제1차 세계 대전에

서 1500만~1900만 명, 제2차 세계 대전에서는 7000만~8500만 명
으로 추산된다. 독일에서는 한 종족(소위 아리안계 게르만족)이 다른
종족을 전멸시키려다 600만 명의 유대인을 죽였다. 일본에서는 미
국인들이 투하한 두 개의 핵무기로 말미암아 최대 22만 6,000명이
목숨을 잃었다.

이 모든 살인을 정당화할 수 있었던 근거는 무엇일까? 따지고 보
면 이 전쟁을 벌인 부족들은 모두 아프리카를 떠난 첫 번째 부족의
후손인데, 우리는 왜 서로를 이토록 미워할까? 왜 우리는 이방인을
보면 일단 경계부터 할까? 우리가 가족으로 인정하지 않는 누군가
가 우리의 영토를 침범하면 우리의 자원을 보호하려는 본능이 발동
하는 걸까? 지금도 인종 차별을 비롯한 온갖 차별에 가로막혀 전 세
계적으로 갈등이 만연한 가운데 여전히 계속되고 있는 모든 분쟁을
멈추기 위해 우리가 할 수 있는 일은 무엇일까? 서로 다른 인종이
라는 것이 과연 있을까? (결론부터 말하면 모든 인류는 일가친척이다.) 우
리가 영웅으로 받드는 마하트마 간디Mahatma Gandhi나 마틴 루서 킹
Martin Luther King과 같은 사람들의 말에 귀를 기울여 모든 싸움과 분쟁
을 멈추고 그냥 사이좋게 지내면 안 될까?

타인을 경계하는 마음은 타고난 본능인 듯 보인다. 이는 (적어도 우
리가 아는 범위에서) 모든 종에 해당하며, 모든 주요 형질과 마찬가지
로 생존에 도움이 되기에 보존되었다. 우리의 첫 번째 사명은 가족
을 지키는 것이다. 외부의 위협으로부터 가족을 보호하는 것은 지
구상 모든 생명체의 핵심 추동체인 DNA가 전승되기를 바라기 때문
이다. 어쩌면 DNA가 자신을 다음 세대에 전달하도록 우리에게 강

탄자니아의 하자족은 인류학자들에게 특히 사랑받는 '전통적인' 부족이다.
그들의 생활 방식과 문화로 초기 호모 사피엔스의 삶이 어땠는지를 엿볼 수 있다.

요한다고 표현하는 것이 옳을지도 모르겠다. 초기 인류는 100명 내
외가 무리를 이루고 살았을 것이다. 모든 구성원이 서로 아는 사이
였고, 그들 중 몇몇은 친척 관계였으니 부족을 지키는 일은 개인에
게도 이익이 되었을 것이다. 또 많은 사람이 DNA를 일부 공유했을
테니 부족의 규모가 클수록 더 이익이 되었을 것이다.

옛 모습을 간직한 '전통적인' 부족을 연구하는 인류학자들은 서
로 다른 부족들이 어떻게 상호 작용하는지를 조사해 왔다. 단도직
입적으로 말하면 자원이 위협을 받으면 폭력이 발생한다. 학자들이
광범위하게 연구한 탄자니아의 하자족Hadza은 호모 사피엔스Homo
sapiens가 진화한 이후 부족의 삶이 어떠했는지를 보여 주는 좋은 예
라고 할 수 있다.[3]

2015년, 동아프리카 지구대 중앙의 에야시 호수 주변에 1,200여 명의 하자족이 살고 있었다. 그중 약 300명은 전통적인 방식으로 식량을 채집하며 살아가고 있었다. 하자족은 일반적으로 10~20명으로 구성된 무리를 이루고 생활한다. 그들은 매우 오래된 부족으로, 약 1만 5,000년 전에 가장 가까운 친척인 산다웨족Sandawe과 분리되었다. 유전적으로 다른 모든 부족과 구별되며, 언어 역시 다른 어떤 언어와도 전혀 관련이 없다. 하자족은 수천 년 동안 현재의 영토를 점유해 왔으며, 그동안의 생활 방식에 거의 변화가 없었다.

하자족의 구전 역사에 따르면, 그들의 과거는 네 시대로 나뉜다. 태초에 젤라네베Gelanebe('조상'이라는 뜻)라는 털북숭이 거인들이 세상을 점령하고 있었다. 젤라네베는 불을 피울 줄 몰랐고, 도구가 없었으며, 사냥감이 죽을 때까지 노려보는 방법으로 사냥했고, 날고기를 먹었으며, 나무 아래에서 잠을 잤다. 두 번째 시대에는 젤라네베가 털이 적은 틀라틀라네베Tlaatlanebe라는 다른 거인으로 대체되었다. 그들은 불을 피우고, 약을 사용하고, 주문을 걸 수 있었다. 세 번째 시대에는 '요즘'을 의미하는 하말와베Hamalwabe가 살았다. 그들은 무기를 가지고 있었고, 집을 지었으며, 루쿠추코lukuchuko라는 도박 게임을 했다. 이후로 지금까지 이어지고 있는 네 번째 시대에는 하마이쇼네베Hamaishonebe라는 현대의 하자족이 살고 있다.

다른 부족과는 어떻게 지냈을까? 네 번째 시대에는 하자족 여성들이 외부인에게 포로로 잡혀간 이야기가 많이 전해진다. 일부 하자족 여성들은 반투 이산주족Bantu Isanzu과 같은 이웃 부족의 남성과 결혼하지만, 종종 자녀를 데리고 하자족으로 돌아온다. 이는 근친

교배를 피하는 방법일 수 있다. 이산주족은 오랫동안 하자족을 적대시해 왔으며, 심지어 1800년대에는 하자족 남성들을 포로로 잡아 노예로 팔기까지 했다. 하지만 이산주족과 하자족 사이에는 결혼하고 함께 사는 평화로운 시절도 있었다. 그런데도 하자족은 1912년부터 이산주족과의 '전쟁 준비'를 해 왔다. 인근의 또 다른 부족인 수쿠마족Sukuma은 소를 몰고 하자족 영토를 통과하는 데 금속 도구를 대가로 허락을 받는 등 하자족과 원만한 관계를 유지해 왔다.

하자족과 이웃 부족이 지내는 모습은 '고대의 부족들이 아프리카에서 상호 작용한 방식'과 '아프리카를 벗어난 인류가 전 세계로 퍼져 나간 방식'의 전형적인 예일 가능성이 크다. 즉, 낯선 사람을 만나면 경계하는 것이 인지상정이다. 그렇다면 인종 차별과 외국인 혐오를 자연스러운 반응으로 간주해야 할까? 19세기에 일반화된 인종에 대한 개념은 처음에는 서로 다른 인간을 분류하는 방법으로 생겨났지만, 다른 사람이 위협적인 존재로 생각될 때 타인을 차별하는 방법으로도 사용되었다. 부족들은 항상 자신들을 '이웃 집단과 다른 존재'로 인식해 왔다.

오늘날 우리가 정의하는 인종이라는 개념, 그러니까 '신체적 또는 사회적으로 공유된 특성을 기반으로 한 인간 집단'은 유럽인들이 다른 대륙의 집단과 접촉한 뒤로 탄생했다. 사람들을 분류하는 데 사용된 기준은 피부색과 신체적 차이였다. 1735년, 위대한 분류학자 린네Carl Linnaeus는 인류를 에우로파이우스europaeus, 아시아티쿠스asiaticus, 아메리카누스americanus, 아페르afer라는 네 가지 인종으로 나누었다.[4] 그 당시에 이렇게 인종을 나눈 이유 중 하나는 우월성을 암시하기 위해서였다. 린네는 호모 사피엔스 에우로파이우스*Homo sapiens europaeus*는 활동적이고 모험심이 강하지만, 호모 사피엔스 아페르*Homo sapiens afer*는 교활하고 게으르고 부주의하다고 묘사했다. 그리하여 오늘날 우리가 알고 있는 인종 차별이 등장했다. 인종 차별은 '자기가 속한 인종이 우월하다는 믿음에 근거한 다른 인종에 대한 편견, 차별 또는 적대감'으로 정의된다.

1775년, 독일의 인류학자 요한 프리드리히 블루멘바흐Johann Friedrich Blumenbach는 백인종, 몽골 인종, 흑인종, 아메리카 인디언종, 말레이 인종이라는 다섯 가지 인종을 나열했다.[5] 인종을 구분하는 핵심 특징은 피부색이었는데, 백인종은 흰색, 몽골 인종은 노란색, 흑인종은 검은색, 아메리카 인디언종은 빨간색이었다. 17세기부터 19세기까지 사람들은 이러한 인종의 특징이 원초적이고 지속적이며 매우 뚜렷한 것이라고 여겼다. 다른 인종, 특히 흑인종이 유럽인보다 열등하다고 결론 내린 많은 분류가 발표되었고, 이는 노예 제도를 정당화하는 데 사용되었다. 아메리카 원주민을 백인과 동등하다고 표현한 토머스 제퍼슨Thomas Jefferson 미국 대통령조차도 아프리카인을 지적인 면에서 유럽인보다 열등하다고 여겼다.

19세기에 다른 인종을 정의한다는 것은 오로지 '인종적으로 열등하다고 판단되는 집단을 예속시키는' 의미였다. 많은 저명한 과학자들이 '서로 다른 인종이 각 대륙에서 개별적으로 진화했고, 공통 조상에서 뻗어 나온 것이 아니며, 타고난 특성이 서로 다르다'는 견해를 갖고 있었다. 20세기 초의 인류학자들은 '인종은 전적으로 생물학적 개념이며, 인종에 따라 언어적·문화적·사회적 집단이 존재한

1936년 베를린 올림픽 때, 제시 오언스(1913~1980)는 히틀러 코앞에서 금메달 네 개를 획득함으로써 히틀러를 몹시 짜증 나게 했다.

다'는 견해를 가지고 있었다.[6] 이런 생각을 지금은 과학적 인종 차별 주의scientific racism라고 하는데, 나치가 우생학을 정당화하는 데 사용 되었다. 우생학의 목표는 이른바 아리아 인종, 즉 나치가 속해 있다 고 믿었던 '초인Übermenschen' 또는 '지배자 인종master race'을 개선하 는 것이었다. '인종 위생racial hygiene'이라는 용어도 사용되었다. 나치 는 다른 모든 인종이 열등하다고 믿었다. 1936년 베를린 올림픽에 서 미국의 육상선수 제시 오언스Jesse Owens가 금메달 네 개를 획득 했을 때, 독일의 정치인 알베르트 슈페어Albert Speer는 이렇게 썼다. "놀라운 유색 인종인 미국 육상선수 제시 오언스의 연이은 우승에 히틀러가 몹시 짜증을 냈다. 히틀러는 어깨를 으쓱하며 '정글에서 온 인간들은 원시적이고, 그들의 체격은 문명화된 백인보다 우람하 니 앞으로는 경기에서 배제해야 마땅해'라고 말했다."[7]

인종에는 유전적 근거가 없다는 사실이 밝혀지면서 과학계에서 인종race이라는 용어는 민족ethnic group으로 대체되었다. 그러나 인종 이라는 용어는 사회학적 개념으로 여전히 남아 있다.[8] 인간은 피부 색이나 눈가의 주름 같은 표면적 차이가 있을망정 피부를 한 꺼풀 벗기면 매우 유사하다. 그리고 실제로 한 민족 내에서의 차이가 민 족 간 차이보다 더 두드러진다. 특정 유전적 변이가 한 민족 내에서 분명하게 나타날 수는 있지만(가령 알코올을 분해하는 알데하이드 탈수 소효소 유전자의 결핍으로 인한 알코올불내증은 아시아인에게 더 흔하다), 이 것이 그들을 다른 인종으로 만들지는 않는다. 인종 차별은 피부색 과 같은 표면적 차이를 게으름과 같은 광범위한 내재적 차이와 관 련짓는 것을 의미하는데, 실제로 그런 연관성은 없다.

　모든 인간은 호모 사피엔스라는 단일 종에 속한다. 1970년대에 이미 유전학 연구를 통해 인종 차이는 주로 문화적 차이이며, 신체적 특징처럼 문화적이지 않은 모든 차이는 다양한 집단에서 서로 다른 빈도로 발견된다는 결론이 도출되었다. 인간의 유전적 변이는 같은 인종 내에서도 발생한다. 무엇보다 사람들 간의 유전적 차이는 1~3% 정도로 매우 작다. 인간의 모든 유전자를 지도화한 인간 유전체 프로젝트Human Genome Project 이후에 관찰된 변이는 유전적으로 인종이 구별된다는 주장을 뒷받침하지 못했다.

　모든 차이는 유전학자들이 '클라인cline'이라고 부르는 현상을 따르는 것으로 나타났다. 클라인은 어떤 형질의 빈도가 지리적으로 서서히 변화하는 현상을 뜻하는 용어다. 피부색을 예로 들면 북유럽에서 남쪽으로 내려가 지중해의 동쪽 끝을 지난 후 나일강을 따라 아프리카에 이르는 클라인이 있다.[9] 한쪽 끝은 피부색이 옅은 흰색이고 다른 쪽 끝은 어두운색이며, 클라인을 따라 아래로 내려갈수록 색이 점점 어두워지지만, 피부색이 갑자기 변하는 명확한 경계는 없다. 이 원칙은 다른 신체적 특성에도 대부분 적용된다.

　이제 우리는 다음과 같은 사실을 알고 있다. 인류가 아프리카를 떠날 때는 모두 어두운 피부를 가졌으나 약 8,000년 전에 SLC24A5, SLC45A2, HERC2/OCA2라는 유전자에 일어난 변이 때문에 밝은 피부가 나타나 인구 전체에 퍼지기 시작했다.[10] SLC45A2 유전자는 약 5,800년 전에 서쪽으로 이주한 동아시아 농부들을 통해 유럽에 유입되었을 가능성이 크다. 이 모든 일은 사람들이 (태양이 뿜어내는) 자외선 복사량이 적은 환경으로 이동했기 때문에 일어났다. 밝은색

피부를 가진 사람들은 피부 색소인 유멜라닌eumelanin이 적게 생성되므로, 햇빛이 약해도 피부에서 비타민 D를 충분히 만들 수 있다. 비타민 D는 뼈의 강도와 면역계에도 중요하다. 아시아인의 밝은 피부색은 다양한 변이에 기인했다.[11]

인류학자 프랭크 리빙스턴Frank Livingstone은 클라인이 인종 경계를 넘나든다는 점을 들어 "인종은 없고 클라인만 있다"는 결론을 내렸다. 이 모든 것은 인종이라는 용어가 더는 통용되지 않음을 의미한다. 이제 인종은 한 사회가 '다양한 인종의 구성원'으로서의 인간에게 부여한 의미, 즉 '사회적' 개념으로 여겨진다. 유럽연합 이사회는 한 걸음 더 나아가 "유럽연합은 별도의 인간 종족이 존재한다는 사실을 밝히려는 이론을 거부한다"라고 선언했다. 2017년에 미국의 인류학자 3,286명을 대상으로 시행한 설문 조사에서도 생물학적 인종은 존재하지 않는다는 강한 공감대가 형성된 것으로 확인되었다.[12] 사회과학자들은 인종이라는 용어를 민족ethnicity으로 대체했는데, 이는 공유된 문화·조상·역사를 바탕으로 자아 정체성을 스스로 규정하는 집단을 의미한다.

인종이라는 용어에 과학적 근거가 없음에도 2010년에 마지막으로 실시한 미국 인구 조사에서는 여전히 '인종'을 표시하는 칸을 마련하고, 미국인들에게 백인, 흑인, 아메리카 인디언 등의 항목 중 하나를 선택하도록 강요했다. 슬프게도 인종이라는 용어가 과학적으로 근거가 없다는 소식은 인종 차별 피해자들에게 별다른 위안이 되지 못한다. 2018년에 미국 NBC 방송이 시행한 여론 조사[13]에서 미국인의 64%는 인종 차별이 여전히 미국 사회와 정치의 주요 문제

라고 답했으며, 41%는 인종 관계가 점점 더 나빠지고 있다고 생각
하고, 30%는 인종이 미국 분열의 가장 큰 원인이라고 생각하는 것
으로 나타났다. 아프리카계 미국인 10명 중 4명은 최근 1개월간 인
종 때문에 상점이나 레스토랑에서 부당한 대우를 받은 적이 있다고
답했고, 76%는 인종에 따른 직장 내 차별을 경험했다고 답했다.[14]
그리고 전체 미국인 중 51%는 당시 대통령이던 도널드 트럼프가 인
종 차별주의자라고 생각했다.[15] 2020년, 조지 플로이드George Floyd 사
망 사건으로 촉발된 미국의 흑인 생명 존중Black Lives Matter 시위는 상
황이 얼마나 심각한지를 잘 보여 준다.

대서양 건너편에서는 축구 폭력hooliganism이 사회학적 사례 연구
의 흥미로운 대상이다.[16] 서로 다른 색깔의 옷을 입은 두 그룹의 축
구 팬이 대립하는 광경은 고대의 두 부족이 맞붙는 장면을 연상케
한다. 축구 팬들 사이의 폭력 사례는 무수히 많으며, 영국에서는
1970년대에 정점에 달했다. 사회학자들은 축구장에 만연한 폭력 사
태를 제한하고자 축구 폭력을 연구해 왔다. 축구 폭력에는 조롱, 침
뱉기, 싸움(무기를 사용하는 때도 있다) 등 다양한 행동이 포함되며, '의
식화된ritualised 남성 폭력'이라고 부르는 이런 행위에 가담한 젊은이
들에게는 정당성, 정체성, 권력이 부여된다. 종교, 민족, 계급이 모
두 축구 폭력의 배경이 될 수 있는데, 스코틀랜드 프리미어 리그를
대표하는 셀틱과 레인저스의 경쟁 관계에는 부분적으로 종교(셀틱
은 가톨릭, 레인저스는 개신교)가 개입되어 있다.

축구 폭력은 영국에서 너무나 흔한 나머지 국제적으로 '영국병
English disease'으로 알려졌다. 아스널, 첼시, 리즈 유나이티드, 밀월,

IRISH IBERIAN.　　　　ANGLO-TEUTONIC.　　　　NEGRO.

The Iberians are believed to have been originally an African race, who thousands of years ago spread themselves through Spain over Western Europe. Their remains are found in the barrows, or burying places, in sundry parts of these countries. The skulls are of low, prognathous type. They came to Ireland, and mixed with the natives of the South and West, who themselves are supposed to have been of low type and descendants of savages of the Stone Age, who, in consequence of isolation from the rest of the world, had never been out-competed in the healthy struggle of life, and thus made way, according to the laws of nature, for superior races.

H. 스트릭랜드H. Strickland라는 경찰관이 저술한 《하나 또는 두 개의 도외시된 관점에서 바라본 아일랜드인Ireland from one or two neglected points of view》에 수록된 삽화.
아일랜드계 이베리아인(왼쪽)과 흑인(오른쪽)의 특징이 명백히 유사함을 보여 주는데,
둘 다 앵글로-튜턴인(가운데)의 특징과 대조된다.

웨스트햄 유나이티드와 같은 클럽의 팬들이 특히 문제였는데, 흑인 선수를 조롱하고 바나나를 던지는 등 실제 인종 차별이 핵심 쟁점이 되었다. 축구계에서 인종 차별을 배제하고자 캠페인을 벌이고 있는데도 발생률이 증가하고 있으니 걱정이다. 2018~2019년 시즌에는 인종 차별 신고가 이전 시즌보다 47% 증가했다.[17] 영국 축구 선수의 25%가 흑인이지만, 92명의 감독 중 흑인은 4명에 불과하다. 입석 없이 100% 관람석을 갖춘 경기장과 보안 통제 강화 등의 조치를 통해 폭력을 막는 데 진전이 있었지만, 축구계에서 인종 차별을 근절하려면 아직도 크나큰 노력이 필요하다.

　인종 차별의 이유 중 하나는 외국인 혐오증xenophobia이다. 이것은

'낯설거나 이상한 집단에 대해 느끼는 두려움이나 증오'를 뜻하며, 낯설거나 이상하다는 뜻을 가진 그리스어 제노스xenos와 두려움을 의미하는 포보스phobos에서 유래한 말이다. 유네스코(UNESCO)는 인종 차별과 외국인 혐오증을 구분하고 있는데, 인종 차별은 일반적으로 신체적 차이에 기반을 두고, 외국인 혐오증은 행동이나 문화에 대한 혐오와 더 관련이 있다.

외국인 혐오증의 초창기 사례 중 하나는 그리스에서 발생했다. 당시에 그리스 출신이 아닌 사람은 누구나 신뢰하지 말고 미워해야 할 '야만인barbarian'으로 분류되었다. 고대 로마 역시 마케도니아인, 트라키아인, 일리리아인, 시리아인, 아시아계 그리스인을 '인류 중에서 가장 쓸모없고 노예로 태어난 민족'이라고 정의하면서 자신들이 다른 민족보다 우월하다고 자부했다. 오늘날에도 별로 달라진 것은 없는 듯하다. 지금도 우리는 외국인 혐오증의 충격적인 사례를 많이 본다. 캐나다에서 시행한 한 설문 조사에서는 응답자의 32%만이 '이슬람에 대해 일반적으로 호의적이다'라고 답했다.[18]

미국은 외국인 혐오의 역사가 깊은 나라다. 제2차 세계 대전 당시 일본이 진주만을 공격하자 미국은 이에 대한 직접적인 대응으로 모든 일본인을 억류했다.[19] 그리하여 12만 명의 일본계 사람들이 강제 수용소에 억류되었는데, 이 중 62%는 미국 시민권자였다. 이 조치는 안보상 위험보다는 외국인 혐오증에 기인한 것으로 평가된다. 이 계획을 주도한 칼 벤데트센Karl Bendetsen 대령은 "일본인의 피가 한 방울이라도" 있는 사람은 누구나 억류 대상이라고 말했다. 심지어 일본인의 피가 16분의 1만 섞인 사람도 억류될 수 있었는데, 계획의 주요 관리자였던 존 드윗John DeWitt 장군은 신문 지상에서 "일본인은 일본인일 뿐이다", "일본인이 지도에서 사라질 때까지, 우리는 그들을 항상 경계해야 한다"라고 반복해서 말했다.

일본인 억류 문제는 제2차 세계 대전 이후 일본계 미국인들의 가슴에 응어리를 남겼다. 세월이 지나 1980년에 지미 카터Jimmy Carter 대통령은 당시의 억류가 정당했는지 조사하라고 지시했다. 이후 〈거부당한 개인의 정의Personal Justice Denied〉라는 제목으로 발표된 보고서는 '일본인이 불충不忠했다는 증거는 거의 찾아볼 수 없으며, 순전히 인종 차별적이었다'고 결론지었다.[20] 레이건Ronald Reagan 행정부는 이에 대해 사과하고 생존자 한 명당 2만 달러의 보상금을 지급했으며, 16억 달러가 넘는 국고 손실을 보게 되었다. 외국인 혐오증으로 말미암아 치르게 된 값비싼 대가였다.

미국이라는 나라가 '다양한 민족의 거대한 용광로'라서 그런지 미국인의 정신에는 외국인 혐오증이 거의 내재해 있다. 시민권 및 인권 단체들은 "차별은 미국 생활의 모든 면에 스며들어 있으며, 모든 유색 인종 공동체로 확대되고 있다"고 보고했다. 철학자 코넬 웨스트Cornel West는 "인종 차별은 미국 문화와 사회의 구조에 필수적인 요소다"라고 말했다. 그리고 전 국가정보국장 제임스 클래퍼James Clapper가 "러시아인은 거의 유전적으로 사악한 행동을 하도록 추동된다"라고 말한 기록이 있을 정도로 최근에는 러시아인이 외국인 혐오증의 표적이 되고 있다. 도널드 트럼프는 이라크, 이란, 소말리아, 수단, 예멘, 시리아, 리비아 출신 사람들에 대하여 여행 금지법을 제정하려고 시도했다가 '이라크는 이슬람 테러와의 전쟁에서 중요한 동맹국인데도 미군에 소속된 이라크 통역사들의 미국 입국이 금지되고 있다'는 말을 듣고 이라크를 목록에서 제외했다.

외국인 혐오증은 다른 나라에도 만연해 있다. 레바논인의 97%, 이집트인의 95%, 요르단인의 96%가 유대인을 불신한다.[21] 2012년, 국제 인권 단체인 휴먼 라이츠 워치Human Rights Watch는 이스라엘 유대인이 '제도적 정책, 개인적 태도, 언론, 교육, 이민권, 주택 문제' 등에서 이슬람교도 아랍인을 인종적으로 차별한다고 보고했다.[22] 그런가 하면 이스라엘 유대인의 다수를 차지하는 아시케나지 유대인들은 에티오피아 유대인, 인도 유대인, 미즈라히 유대인, 세파르디 유대인을 포함하여 다른 유대인들에게 차별적인 태도를 보이는 것으로 보고되었다. 이스라엘 정부는 인종 차별에 맞서기 위해 광범위한 차별금지법을 시행하고 있다.[23]

하버드대학교의 학자들은 2002년부터 2015년까지 유럽에서 백인 유럽인 28만 8,076명의 데이터를 수집하여 인종 차별에 관한 연구를 수행했다.[24] 그들은 무의식적인 편견이나 인종 차별을 정확하게 밝혀내기 위해 내재적 연관 검사Implicit Association Test(IAT)라는 도구를 이용했다. IAT는 컴퓨터 기반 측정법으로, 피험자에게 하나의 속성을 가진 두 가지 개념을 신속하게 분류하도록 요구하는 검사 기법이다. 가장 간단한 예를 들면 피험자에게 컴퓨터 화면으로 '검은색', '흰색', '불쾌한'이라는 단어를 보여 준 후, '검은색'과 '흰색' 중 '쾌적한'과 연관된 단어를 선택하라고 요청하는 식이다. 연구 결과, 동유럽의 체코공화국, 리투아니아, 벨라루스, 우크라이나, 몰도바, 불가리아, 슬로바키아가 가장 인종 차별적인 것으로 나타났다. 몰타, 이탈리아, 포르투갈도 인종 차별 측면에서 좋은 점수를 받지 못했다.

남아프리카공화국은 한 국가가 인종 차별과 외국인 혐오 문제를 어떻게 다루었는지 보여 준 생생한 사례로 남아 있다. 1948년부터 1990년대 초까지 남아프리카공화국에는 아파르트헤이트apartheid라는 역사상 가장 정교한 인종 차별 제도가 있었다. 아파르트헤이트는 '분리'를 의미하는 아프리칸스어 파르트헤이트partheit에서 유래한 말이다. 이 제도는 소수 백인 인구가 정치·사회·경제적으로 국가를 지배하도록 보장하는 정치 체제였다. 백인 시민이 가장 높은 법적 지위를 부여받았고, 아시아인, 유색인(혼혈인) 순으로 그 뒤를 이었으며, 마지막은 흑인인 아프리카인이었다.

아파르트헤이트에는 공공시설과 사회적 행사를 인종별로 분리하는 '소小 아파르트헤이트'와 주거 및 고용 기회와 관련된 '대大 아파르트헤이트'라는 두 가지 유형이 있었다. 최초의 아파르트헤이트 법은 1949년에 제정된 '인종 간 결혼 금지법'이었고, 뒤이어 1950년에 '부도덕 수정법'이 제정되어 남아프리카공화국인들이 인종을 초월하여 결혼하거나 성관계 맺는 것을 불법으로 규정했다. 1950년, 모든 남아프리카공화국인은 외모, 알려진 조상, 사회·경제적 지위, 문화적 생활 방식에 따라 네 가지의 인종 그룹으로 분류되었다.

남아프리카공화국에서 개인이 거주할 수 있는 지역은 자신이 속한 그룹에 따라 결정되었다. 1960~1983년에 백인을 제외한 350만 명의 남아프리카공화국인이 분리된 지역으로 이주했다. 아파르트헤이트가 시행된 기간에 2만 1,000명이 정치적 폭력으로 사망한 것

넬슨 만델라(1918~2013)는
27년간 감옥에 갇혔던
반아파르트헤이트 혁명가로,
석방 후 1994년부터 1999년까지
남아프리카공화국 대통령을 역임했다.

으로 추정된다. 백인이 아닌 남아프리카
공화국인은 여러 세대에 걸쳐 빈곤과 기
회 부족으로 고통받았다.

넬슨 만델라Nelson Mandela(27년간 감옥에
갇혔다가 석방되어 1994~1999년 남아프리카
공화국의 대통령을 역임했다)와 스티브 비
코Steve Biko(1977년에 체포되어 구금 중 보안
군에 구타당해 사망했다) 등의 유명 인사들
이 주도한 내부 저항과 더불어, 유엔부
터 가톨릭교회와 대다수 서방 국가에 이
르기까지 국제적인 압력을 가하여 1991
년 6월 17일, 마침내 아파르트헤이트 법
이 폐지되었다.

그러나 남아프리카공화국은 여전히 불평등한 국가로 남아 있다.
2018년에 세계은행은 집권당인 아프리카민족회의당의 부패와 경
제적·사회적 불평등 심화를 이유로 남아프리카공화국을 세계에서
가장 불평등한 국가로 꼽았다.[25]

아일랜드는 어떨까? 앞서 언급한 하버드의 연구에 따르면 아일랜
드인은 영국과 비슷한 수준으로, 다른 유럽연합 회원국보다는 인종
차별주의가 덜한 것으로 보인다. 하지만 우려의 목소리도 있다. 오
스트리아 빈에 본부를 둔 유럽연합 기본권청의 마이클 오플래허티
Michael O'Flaherty 국장은 최근 4년간의 태도를 검토한 결과 아일랜드
에서 '우려스러운 행동 패턴'이 발견됐다고 말했다.[26] 2019년에 인

터뷰한 이민자 3명 중 1명은 피부색 때문에 차별받은 적이 있다고 답했는데, 이는 유럽 평균인 5명 중 1명보다 현저히 높은 수치다. 구체적으로 그중 17%는 직장에서 차별을 당했고, 38%는 괴롭힘을 당했으며, 8%는 인종 차별적 폭력을 당했다고 답했다. 그러나 이민자의 3분의 2는 부당한 대우를 받았을 때 불만을 제기할 수 있었고, 그중 71%는 경찰에게 정중한 대우를 받았다고 답했는데, 이는 평균 59%인 다른 유럽 국가보다 나은 편이다. 오플래허티는 이민자들이 보호 시설에서 나와 지역 사회의 주거지로 빨리 이동할수록 통합이 더 잘 이루어질 것이라고 내다보았다.

아일랜드에는 인종 차별에 맞서 싸워 온 역사가 있다. 아일랜드는 2005년에 세계 최초로 '인종 차별에 반대하는 국가 행동 계획National Action Plan against Racism'을 수립한 나라이며, 이 계획은 4년에 걸쳐 진행되었다. 아일랜드 정부는 문화 간 인식을 높이고 인종 차별과 외국인 혐오증에 적극적으로 대처하는 프로그램 등 다양한 제도initiative를 추진해 왔다. (성공 여부에 관해서는 논란이 있다.)

이 같은 제도는 유랑민 공동체에 대한 차별 문제로도 뻗어 나갔다. 최근 보고서에 따르면 인종 차별을 비롯한 각종 차별을 방지하려는 아일랜드 정부의 노력에도 불구하고 유랑민들은 여전히 상당한 차별을 받고 있다.[27] 민족적·문화적 소수자인 아일랜드 유랑민의 뿌리는 수 세기 전으로 거슬러 올라간다. 최근의 유전자 분석 결과에 의하면 유랑민들은 아일랜드의 다른 민족과 구별되며, 정착민 공동체에서 분리된 것은 240~360년 전쯤으로 추정된다. 이는 1650년대에 게일 사회Gaelic society가 멸망한 후 유목 생활을 시작한

집단의 후손이 지금의 아일랜드 유랑민일 것이라는 생각을 뒷받침
한다.

　아일랜드 유랑민들은 자신들을 밍키어Minkier 또는 파베Pavee라고
부르며 아일랜드어와 영어에서 파생된 혼성어라 할 수 있는 셸타
Shelta라는 고유한 언어를 사용한다. 언론에 등장하는 아일랜드 유랑
민들은 자신들이 '아파르트헤이트 체제하의 아일랜드'에 살고 있다
고 호소했다. 아일랜드의 언론인 제니퍼 오코넬Jennifer O'Connell은 "유
랑민들을 향한 일상적 인종 차별은 아일랜드에 마지막으로 남은 커
다란 수치 중 하나"라고 말했다.[28] 그녀는 사회와 불화하는 일부 유
랑민들의 반사회적 행동에 문제가 있음을 인정하지만, 공동체 전체
에 책임을 묻는 것은 전형적인 인종 차별적 대응이라고 주장한다.

　유랑민 공동체는 무엇보다 건강 문제가 심각하다.[29] 그들 중 65세
까지 사는 사람은 3%에 불과하며, 자살률은 정착민 사회보다 6배
나 높다. 유랑민을 도우려는 정부의 시도는 아직 큰 변화를 이끌지
못하고 있다. 오늘날 유랑민 문제는 아일랜드의 마지막 금기 사항
으로 여겨진다(이전의 금기 사항으로는 동성애, 피임, 이혼, 임신중지가 있었
다). 지난 대통령 선거에서는 유랑민에 대해 인종 차별적 발언을 했
던 후보가 마이클 D. 히긴스Michael D. Higgins(현재 아일랜드 대통령)에 이
어 2위를 차지해 많은 이들을 불안하게 했지만, 2020년 총선거에서
는 저조한 성적을 거뒀다.

　아일랜드의 유랑민 차별 문제는 영국과 미국에 만연한 아일랜드
이민자 차별 문제와 별다를 게 없다는 점에서 특히 실망스럽다. 19
세기와 20세기에 두 나라 모두에서 "아일랜드인은 신청할 필요가

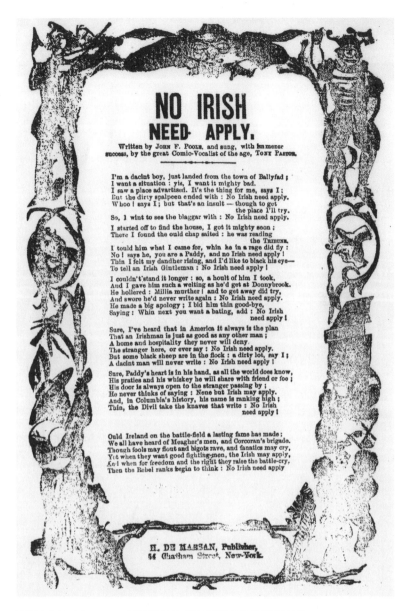

1878년에 존 F. 풀John F. Poole이 작사하고 당대의 위대한 코믹 보컬리스트인
토니 패스터Tony Pastor가 불러 엄청난 성공을 거둔 노래의 가사. 내용을 요약하면 다음과 같다.

한 아일랜드인이 마음에 드는 일자리를 발견해 지원하려 했으나 채용 공고에
'아일랜드인은 신청할 필요가 없다'는 차별적인 내용이 있었다. 그는 화가 나서 공고를 낸
사람을 찾아가 따졌지만, 오히려 모욕적인 말만 들었다. 그래서 그자에게 주먹을 날리고,
다시는 '아일랜드인은 신청할 필요가 없다'는 말을 쓰지 않겠다는 다짐과 사과를 받았다.
그런데 아일랜드인은 '모집할' 필요가 없을 때도 있다. 나라가 훌륭한 전사를 원할 때,
자유와 권리를 위해 함성을 높여야 할 때, 아일랜드인은 앞다퉈 발 벗고 나서기 때문이다.

없다No Irish need apply"라는 말이 공공연하게 통용되었다. 벤저민 디즈레일리Benjamin Disraeli 영국 총리는 다음과 같은 말을 한 것으로 유명하다. "아일랜드인은 우리의 질서, 문명, 진취적인 산업, 순수한 종교를 싫어한다. 거칠고 무모하고 나태하고 불확실하며 미신을 믿는 그들은 영국인의 성격과 완전히 동떨어진 종족이다. 그들이 이상적으로 여기는 인간의 행복은 배타적인 불화와 거친 우상 숭배의 변형일 뿐이다." 최근에는 영국의 언론인 줄리 버칠Julie Burchill이 "나는 아일랜드인을 혐오한다. 그들을 생각만 해도 끔찍하다"라고 말했다. 그녀는《가디언》칼럼에서 아일랜드를 "아동 성추행, 나치 동조, 여성 억압"의 대명사로 묘사했다가 인종 혐오 선동죄로 기소될 것을 가까스로 면했다.

인종 차별을 근절하려면 어떻게 해야 할까? 누군가를 인종 차별주의자라고 비난하는 것은 아무런 효과가 없다. 그보다는 개방적이고 솔직하며 객관적인 토론이 필요하다. 인종 차별주의자들은 우리의 본능적인 의심과 두려움을 부추겨 인종에 관한 고정관념을 쉽게 조장할 수 있다. 사람들에게 그런 인식이 생기지 않게 막으려면 허심탄회하게 대화를 나누어야 한다. 그러지 않으면 인종적 고정관념이 생길 수 있고, 이에 따라 사람들이 다른 민족의 구성원을 처음 만났을 때 인종 차별을 하게 될 수 있다.

인종 차별을 막을 한 가지 전략은 이민자들이 지역과 국가 경제에 얼마나 큰 도움을 주는지 일깨우는 것이다. 트럼프가 이슬람교도와 시리아인의 미국 입국을 금지하려고 했을 때, 사람들은 스티브 잡스Steve Jobs의 아버지가 시리아 이민자였다는 사실을 상기시켰다. 아일랜드의 전 총리인 레오 바라드카르Leo Varadkar의 아버지는 인도 뭄바이 출신 이민자였다. 2000년 이후 미국의 노벨상 수상자 85명 중 33명이 이민자다. 2017년에 미국의 이민자는 전체 인구의 13.7%에 불과했으나 기업가의 거의 30%가 이민자였다. 2018년에 《포춘》이 발표한 500대 기업 목록에 오른 회사 중 44%가 이민자 또는 이민자의 자녀에 의해 설립되었으며,[30] 이들 기업은 5조 5000억 달러의 매출을 올렸는데, 이는 (놀랍게도) 미국과 중국을 제외한 전 세계 모든 국가의 국내총생산(GDP)합계를 능가했다.

　중소기업 부문에서도 마찬가지다. 전체적으로 보면 대기업보다 중소기업이 더 많은 직원을 고용하고 있는데, 중소기업의 5분의 1 이상을 이민자들이 소유하고 있다. 이민자들은 미국의 도시와 마을 중심가를 활성화하는 데도 한몫하고 있다. 세탁소의 58%, 네일 살롱의 45%, 레스토랑의 38%가 이민자의 소유다.[31] 이민자들은 미국의 농촌 지역 다섯 곳 중 네 곳의 인구 감소를 막아 주었다. 그들은 자신들의 음식, 음악, 문화를 가져와 미국을 다채로운 나라로 만들었다. 이민자가 없었다면 미국의 노동 인구는 700만 명 감소했을 것이다. 심지어 불법 이민자들도 미국 경제에서 큰 역할을 하고 있다. 최근 연구에서 불법 이민자들이 없었다면 미국의 연간 GDP가 2.6% 감소했을 것으로 추정되었다.[32] 전반적으로 이민자는 경제 성장의 핵심이다. 그들은 인력을 보충하고 산업을 성장시키며, 종종 뛰어난 자격과 업무 숙련도를 갖추었을 뿐 아니라 새로운 사업체를 설립하는 데도 필수적인 역할을 한다.

　그런데도 많은 국가에서 인종 차별을 비롯한 온갖 차별이 여전하고, 이런 차별은 우울증, 건강 악화, 낮은 고용률과 적은 임금, 유죄 판결 및 수감의 주요 원인이 되고 있다. 미국에서는 흑인이 백인보 다 감옥에 갈 확률이 훨씬 더 높다.[33] 유색 인종은 미국 인구의 37% 를 차지하는데, 수감자의 67%가 유색 인종이다. 인종 차별은 미국 뿐 아니라 전 세계에서 아직 해결하지 못한 주요 문제다.

하지만 희망이 있다. 피부색을 이유로 차별하는 일이 전 세계에 서 줄어들고 있기 때문이다. 1960년대에는 미국 백인 응답자의 거 의 절반이 '흑인 가족이 옆집에 이사 오면 떠나겠다'고 답했지만, 지 금은 이 수치가 6%로 떨어졌다.[34] 1958년에는 미국인 4%만이 인종 간 결혼에 찬성한다고 답했지만, 지금은 인종 간 결혼을 지지하는 비율이 87%에 달한다. 전 세계적으로 젊은이들은 부모 세대보다 인 종 차별이 훨씬 덜하다. 30세 이상에서는 31%가 넘는 응답자가 인 종 차별적 견해를 밝혔지만, 30세 미만에서는 14%만이 인종 차별 적 견해를 보였다.

인종 차별은 본능적인 반응으로 여겨야 한다. 이러한 반응에 대처 할 유일한 방법은 사람들이 동료애를 발휘하여 그 벽을 뛰어넘도록 격려하는 것이다. 무엇보다 소외된 사람들에게 관심을 기울이는 것 이 중요하다. 영국의 흑인 여성 저널리스트 레니 에도-로지Reni Eddo-Lodge는 이렇게 말했다. "우리는 인종으로 인해 누가 혜택을 받고, 누 가 부정적인 고정관념의 악영향을 받으며, 누구에게 권력과 특권이 부여되는지 살펴봐야 한다."[35]

인종은 과학적 근거가 없는 사회적 개념이다. 우리는 과학이 우생 학과 같은 공포를 정당화하는 데 사용되었다는 사실을 기억하고, 과

학을 차별에 대항하는 무기로 활용하면서 우리의 편견을 계속 확인하고 수정해 나가야 한다. 우리 모두에게는 차이가 있다. 이러한 다양성을 우리는 소중히 여겨야 한다. 인종 차별은 여전히 악의적인 영향력을 행사하고 있다. 그 뿌리를 뽑으려면 모두가 인종 차별에 맞서 싸워야 한다.

직업

무의미한 일로
가득 찬 세상에서
보람 있게 살려면?

"리사, 일이 마음에 들지 않아도 파업은 하지 마.
그냥 매일 출근해서 대충 일하면 되잖아."

호머 심슨Homer Simpson

나는 운이 좋다. 내가 좋아하는 직장에서 일하고 있으니 말이다. 물론 좋은 날도 있고 나쁜 날도 있지만, 전체적으로 보면 좋은 날이 더 많다. '다음 세대를 가르치는 일'과 '과학자로 사는 일'을 결합한 것보다 더 좋은 직업이 있을까!

최근 아일랜드에서 시행한 설문 조사에 따르면 아일랜드 근로자의 83%가 매일 직장을 그만둘 생각을 한다고 한다.[1] 놀랍게도 중국과 일본 근로자는 94%가 업무에 몰입하지 않는다고 답했고,[2] 미국인의 51%는 자신의 업무에 별 의미를 두지 않고 최소한의 의무만 수행한다고 답했다.[3] 그러나 또 다른 조사에서는 미국인의 85%가 자기 직업에 '어느 정도' 또는 '매우' 만족한다고 답했는데, 어쩌면 하는 일이 거의 없기 때문인지도 모른다.[4] 그렇다면 말썽 많기로 소문난 밀레니엄 세대는 어떨까? 흠, 71%가 자기 업무에 몰입하지 않거나 적극적으로 일하지 않는다고 답했다.[5] 교육, 희망, 동기 부여,

자아를 찾기 위한 세계 여행도 하고, 젊음의 활력이 있는데도 대다수가 자기 직업에 만족하지 않는다는 것이다. 왜 그럴까? 대부분의 사람은 일생의 3분의 1을 직장에서 보낸다. 그런데 온갖 교육과 진로 지도, 값비싼 수업, 인생 코칭, 마음 챙김(여력이 있는 경우)이 직장에서 효과를 발휘하지 못하는 이유는 무엇일까?

(아무래도 영화 〈매트릭스The Matrix〉의 메시지가 맞는 것 같다. 이 영화에 등장하는 스미스 요원은 첫 번째 매트릭스를 '인간에게 고통을 주지 않도록 완벽하게 설계했다'고 설명한다. 하지만 그것은 실패작이었다. 스미스는 '인간이 고통과 비참함을 통해 자신의 현실을 정의한다'고 결론짓고, 이 문제를 해결하기 위해 프로그램을 재설계한다.)

물론 인류사에는 수 세기 동안 고된 노동이 있었다. 스톤헨지, 뉴그레인지Newgrange*, 피라미드를 건설한 고대인들은 거의 행복하지 않았을 것이다. 하지만 인간의 사교적인 본성을 고려할 때 집단으로 일하는 것이 어느 정도 만족감을 가져다줬을 수도 있다. 극소수가 다수 위에 군림하며 고된 노동을 강요한 상황에는 '농업의 발명'이 부분적으로 책임이 있는 듯하다. 농업이 엄청난 불평등을 초래했다는 견해에는 이미 공감대가 형성되었다.[6] 가진 자들은 농업을 통제할 수 있는 씨앗, 토지, 기술, 권력을 손아귀에 쥐고서, 지역 사회에서 덜 똑똑하거나 능력이 없거나 연줄이 부족한 사람들에게 일을 시키고는 결과물을 공평하게 나누지 않았다. 노예제는 저임금 단순 작업에 종사하는 노동자를 계속 착취하기 위해 고안된 제도

---

* 아일랜드 동부의 미드주에 있는 신석기 시대 말기의 돌무지무덤.

다. 로마인들은 노동자에게 '빵과 서커스(라 쓰고 '검투사 결투'라고 읽
는다)'를 제공하면 반항하지 않고 계속 일할 거라는 사실을 알고 있
었다. 이는 아마도 오늘날 페이스북 직원들이 멋진 색상의 의자에
앉아 고기 없는 햄버거를 먹으며 동료 인간fellow human beings을 멸시
하는 내용이 담긴 넷플릭스 시리즈를 시청하는 것과 대동소이할 것
이다.

노동에 대한 상황은 근면성을 강조하는 개신교 노동 윤리Protestant
work ethic가 등장하면서 조금씩 바뀌었다. 마르틴 루터Martin Luther를
위시한 개신교 신자들은 노동을 개인과 사회 전체에 이익을 주는
의무로 여겼다. 가톨릭에서 늘 말하는 '선행'은 행동과 실천을 통해
동료 인간을 돕는 것을 의미했다. 이러한 선행에 믿음을 더하면 천
국행 편도 티켓을 보장받았다. 하지만 개신교 신자들에게는 열심히
일하는 것이 곧 '선택받았다'는 표시였으며, 이는 자신이 천국에 갈
운명이라는 의미였다. 사람들이 스스로 열심히 일하게 만드는 흥미
로운 아이디어 아닌가? 이 생각이 실제로 의미하는 바는 천국에 갈
운명이라면 게으름 피우기나 범죄와 같은 '악행'을 저지르고 싶은
유혹을 받더라도 그것을 거부할 의지가 있다는 뜻이었을 것이다.
이는 결과적으로 죽어서 천국에 가기 위한 예비 과정으로서 일을
대하면 일하기를 싫어할 가능성이 줄어든다는 의미였을 수 있다.
나아가 일터에서 불행을 느끼는 것은 신앙심이 없기 때문이라는 암
시로 작용했을 수도 있다.

오늘날에는 워라밸work-life balance이라는 개념이 유행하고 있다. 워
라밸이란 일(직업)과 업무 외적인 생활(취미 활동, 친구 및 가족과 함께

시간 보내기 등) 사이에서 적절한 균형을 유지하는 것을 말한다. 이는 신체적·정신적 건강에 매우 중요하다고들 하지만 솔직히 말해서 배부른 소리다. 워라밸은 둘째 치고 일 자체가 힘들다는 것은 의심의 여지가 없기 때문이다. 당신은 제때 일어나기 위해 알람을 맞추고, 외모에 신경을 쓰고, 만원 지하철을 타고 출근하며, 온종일 컴퓨터 화면 앞에서 시간을 보내다가 시도 때도 없이 '꼴 보기 싫거나 역겨운' 업무 파트너와 미팅을 해야 한다(이들과의 협업에 보너스가 달렸으므로). 불필요한 관료주의에 얽매이

종교 개혁을 일으킨
마르틴 루터(1483~1546)는 노동이 개인과 사회 모두에 이익이 되는 의무라고 생각했다. 그의 견해는 '개신교 노동 윤리'에 영감을 주었으며, 이후 수 세기 동안 게으른 가톨릭 신자들을 괴롭히는 데 이용되었다.

는 경우가 많지만, 어쨌거나 당신은 회사에 가치를 더하느라 종일 애쓴 다음 퇴근의 기분을 만끽하며 집으로 돌아간다.

누가 어떤 일을 하고 있는지 조사한 통계가 이를 뒷받침한다. 런던시에만 1제곱마일(약 2.6km²)당 4만 명의 직장인이 운집해 있다.[7] T.S. 엘리엇T.S. Eliot은 장시長詩 〈황무지The Wasteland〉에서 이들을 다음과 같이 묘사했다. "런던브리지 위로 흘러가는 사람들, 많기도 해라. 죽음이 그토록 많은 사람을 망친 줄 나는 생각도 못 했네." 요즘 사람들은 죽음을 느끼지 않기 위해 이어폰을 끼고 온갖 종류의 음악을 듣고 있다. 아울러 새로운 애착 인형이라 할 수 있는 아몬드밀크 플랫화이트almond-milk flat white(커피 음료의 한 종류)를 손에 들고 있다.

현재 40개 선진국에서 2억 명의 사람들이 사무실 책상 앞에서 일하고 있다.[8] 책상 위에는 엄청나게 많은 포스트잇(아직도 그런 원시적인 것을 사용한다면)이 붙어 있을 것이다. 기업 사무실은 글로벌 경제 성장의 엔진룸이다. 사람들은 사무실로 출근하여 대개 8시간 동안 근무한 후 집으로 돌아간다. 이게 삶이다. (물론 코로나19 팬데믹 이후로 통근하는 사람이 줄어들었고, 끝없이 계속되던 대면 회의가 비대면 화상 회의로 전환되면서 이러한 역학 관계에 변화가 생겼다. 이것은 진보일 수도 있고 아닐 수도 있다.)

수십 년에 걸친 사무실 디자인의 변천사를 살펴보면 매우 흥미롭다.[9] 20세기 초의 사무실은 효율성에 중점을 두었으며, 줄줄이 늘어앉은 타자수와 사무원이 전부였다. 1980년대에는 머리 모양을 크게 부풀린 직장인들이 칸막이 안에 빽빽이 들어차 있었다. 오늘날의 사무실은 대체로 개방형이며, 많은 기업이 자율 좌석제hot desking*로 전환하고 있다. 그러므로 당신이 좋아하는 털북숭이 장난감을 책상 위에 두고 퇴근하면 안 된다.

골드만삭스Goldman Sachs는 최근 12억 달러를 투자하여 직원 1만 2,000명을 런던에 있는 새로운 유럽 본사로 옮겼다.[10] 이 사무실은 소음 감소 유리, 자율 좌석제, 동적 냉난방 시스템, 직원 간의 상호 작용을 최적화하는 계단식 공간 등 모든 것이 개방형 구조로 이루어졌다. 그런데 골드만삭스의 경영진은 최근 고민에 빠졌다. 이런 시스템이 코로나19와 같은 팬데믹 상황에서 안전할까? 영국사무실

---

* 개인의 책상이 따로 없고 출근해서 원하는 자리에 앉는 방식.

협의회(이런 단체가 있다고 하는데, 사무실이 어디에 있는지 궁금하다)는 지
난 9년 동안 책상 공간이 평균 10% 감소한 것으로 추정했다.[11] 그 대
신 고용주들은 탁구대, 등반용 인공 암벽, 필요할 때 잠을 잘 수 있
는 아담한 공간 등을 제공하고 있다. 이는 직장 내 질병 발생을 줄이
기 위한 노력으로, 평균적으로 회사 임금의 10%가 병가 수당으로
지출되고 있기 때문이다.[12]

최근 유니레버는 직원 복지에 1달러를 투자할 때마다 2.5달러의
생산성 향상 효과가 있을 것으로 계산했다.[13] 그러나 6만 명의 직장
인을 대상으로 연구한 결과는 응답자의 40%가 사무실 구조가 실제
로는 생산적인 작업에 방해가 된다고 생각하는 것으로 나타났다.[14]
자율 좌석제가 붐을 이루고 있지만, 그것이 과연 효과가 있는지는
다른 문제였던 것이다. 사람들은 자율 좌석제를 좋아하지 않는 것
으로 밝혀졌다. 자율 좌석제를 시행한 사무실을 연구했더니 사람들
은 빈 책상을 찾는 데 평균 18분을 소비했고, 이는 연간 최대 66시간
을 낭비하는 셈이었다.[15] 그들은 저녁마다 책상을 정리하는 것도 좋
아하지 않았다. 사람들은 애정을 담은 화분과 취향을 반영한 머그
잔이 놓인 친숙한 환경에서 더 행복해한다.

사람들의 직장 생활을 어떤 식으로 바라보든 결론은 같다. 대다
수는 일이 힘들고 재미없다고 생각하므로 이를 바꿀 방법을 찾아
야 한다. 연구에 따르면 꼭 앞에서 언급한 방식일 필요는 없고, 적
어도 '자신이 좋아하는 일'을 하는 것을 목표로 삼아야 한다고 한다.
즉, 굳이 워라밸을 들먹일 필요조차 없다는 것이다. 닐 암스트롱Neil
Armstrong이 달로 가는 길에 워라밸을 걱정했을까? 그가 다음과 같이

말했다는 점에 주목해야 한다. "한 가지 아쉬운 점은 이동 거리가 너무 길어 일에 몰두할 수가 없었다는 것이다." 마리 퀴리는 어떨까? 방사능이라는 선구적인 발견을 했을 때 삶의 균형에 대해 걱정했을까? 그리고 피카소Pablo Picasso는? 〈게르니카Guernica〉를 그리고 나서 긴 휴식을 취하고 싶었을까? 아마 그렇지 않았을 것이다. 물론 모든 사람이 이들처럼 일벌레가 될 수는 없지만, 적어도 직장 생활이 너무 끔찍해서 일에서 벗어났을 때 엄청난 안도감을 느끼는 일은 없어야 한다.

코미디언 빌 힉스의 말이 생각난다. "서구 문명이 용인하는 두 가지 약물이 있다. 하나는 월요일부터 금요일까지 당신이 생산적인 사회 구성원이 될 수 있게 활력을 주는 카페인이고, 다른 하나는 금요일부터 월요일까지 자신이 감옥에 살고 있다는 것도 알아차리지 못할 만큼 멍청하게 만드는 알코올이다."

설문 조사를 거듭할수록 직장 내 위기가 확인되고 있다. 142개국에서 실시한 또 다른 주요 연구에서 직장인들의 평균적인 업무 몰입도가 13%에 불과한 것으로 나타났다.[16] 이유가 뭘까? 가장 큰 이유는 현대 생활의 최신 베트누아르bête noire(혐오 또는 기피의 대상)인 디지털 기술을 타고 끝없이 쏟아지는 정보에 노출됨으로써 이에 대응해야 한다는 강박을 느끼기 때문으로 밝혀졌다.

이런 현상은 우리에게 일의 동기가 무엇인지 고민하게 만든다. 의식주와 같은 기본적인 필요를 충족하기 위해 돈을 벌어야 하는 것은 분명하다. 그러나 그것은 일의 궁극적인 동기가 아니다. 행복에 관한 많은 연구에 따르면 일정 수준의 소득에 도달하면 추가 소득

1937년에 파블로 피카소가 그린 〈게르니카〉의 복제품. 피카소는 나치 독일과
파시스트 이탈리아가 독재자 프란시스코 프랑코Francisco Franco의 요청으로 바스크의
게르니카 마을을 폭격한 것에 분개하여 이 그림을 그렸다.

을 벌어도 뛰어넘을 수 없는 행복 수준에 도달하게 된다고 한다.[17]
어떤 사람은 더 비싼 집이나 승용차를 구매하여 동료들보다 우위에
설 요량으로 돈을 많이 벌고 싶은 충동을 느낄 수 있지만, 많은 사람
에게 돈은 중요한 동기 부여 요인이 아닌 것으로 밝혀졌다. 그러한
여분의 돈이 반드시 우리를 더 행복하게 만드는 게 아님을 우리는
잘 알고 있다.

　이와 관련하여 보편적 기본 소득에 관한 논의가 주목을 받고 있
다. 기본 소득은 국가가 국민 모두에게 일정 금액의 돈을 지급하는
것으로, 국민은 이를 경제 활동에 사용할 수 있다. 사실 이 아이디어
는 최근에 대두한 것이 아니다. 1797년, 18세기의 급진주의자 토머
스 페인Thomas Paine은 21세의 모든 국민에게 15파운드의 보조금을
지급하자고 제안했다.

　오늘날 보편적 기본 소득을 논의하게 된 동기 중 하나는 많은 부분의 자동화 추세다. 마크 저커버그는 자동화가 확대될수록 모든 사람을 위한 기본 소득이 더욱 필요해질 거라고 말했다. 이는 특히 현재 저임금 직업에 종사하는 사람들에게 해당된다. 2010년 미국 의회에 제출된 보고서에 따르면 시급 20달러 미만인 직업에 종사하는 사람들은 자동화로 인해 일자리를 잃을 확률이 83%에 달한다고 한다.[18]

　일각에서는 모든 사람에게 기본 소득을 지급하면 알코올이나 약물 소비가 증가할 거라는 문제를 제기하기도 한다. 하지만 2014년에 세계은행은 이 문제에 관한 30건의 개별 연구를 검토한 결과, 그렇지 않다는 결론을 내렸다.[19] 우리가 지향하는 자본주의 이후의 사회post capitalist society에서는 공적으로 소유된 기업의 이익을 인구 전체에 분배할 수 있는데, 이는 사회가 소유한 자본에 대한 수익이 각 시민에게 돌아간다는 뜻이다. 시카고대학교의 글로벌 시장 경제 전문가 패널은 21세 이상의 미국 시민 모두에게 연간 1만 3,000달러의 기본 소득을 지급하면 불평등으로 황폐해진 현재 사회에 모든 종류의 혜택을 가져올 것이라고 말했다.[20] 기본 소득을 받아도 사람들은 여전히 일을 하고 경제 활성화와 성장에 이바지할 수 있다. 기본 소득 옹호자들은 그것이 노동자들을 임금 노예제의 횡포에서 해방하며, 사람들이 다양한 직업을 추구하고 창의성을 발휘하며 직장 생활에서 느끼는 소외감을 극복하고 여가를 늘릴 수 있게 해 준다고 주장한다.

　보편적 기본 소득은 정말로 효과가 있을까? 가장 최근에 기본 소

2013년 10월, 보편적 기본 소득을 옹호하는 스위스 활동가들이 스위스 인구수만큼 동전을
쏟아붓는 퍼포먼스를 벌이고 있다.

득 실험을 시도한 국가는 핀란드다. 2017년 1월, 핀란드 정부는
25~58세의 실업자 2,000명에게 2년간 월 560유로의 급여를 지급
했다.[21] 이것은 실업 급여를 대체했으며, 사람들은 취업 여부와 관계
없이 이 혜택을 받았다. 이에 따라 실직자들이 혜택을 상실할 염려
없이 시간제 일자리를 구할 수 있게 되었다. 핀란드인들은 오랫동
안 사회 혁신의 선두를 달리는 것으로 평가받아 왔다. 그들이 다시
금 사회 혁신에 관심을 기울이게 된 것은 노동 시장의 성격이 점점

더 세분되는 데 따른 우려 때문이다. 많은 사람이 저임금·저숙련 일
자리에 종사하다 보니 임금 불평등이 심해지고 부도덕한 고용주가
착취적인 관행을 일삼고 있다. 사회 복지 제도 또한 점점 더 가혹해
지고 있다. 물론 '노동의 종말'에 관한 예측은 새로운 것이 아니다.
1891년, 오스카 와일드Oscar Wilde는 《사회주의에서의 인간의 영혼
The Soul of Man Under Socialism》이라는 에세이에서 모든 일을 기계가 하
는 세상을 묘사했다. 1930년대에 경제학자 존 메이너드 케인스John
Maynard Keynes는 사람들의 주당 평균 근무 시간이 15시간이 될 것으
로 예측했다.

그렇다면 핀란드의 실험은 효과가 있었을까? 음, 어느 정도까지
는 그런 것 같다. 중요한 것은 사람들이 더 행복하고 건강해졌으나
취업 가능성이 커지지는 않았다는 사실이다. 이런 결과가 나온 것
은 실험을 시작할 당시 미취업자들의 기술 수준이 낮았거나 건강
문제로 실직 상태였기 때문일 수도 있다. 하지만 실험에 참여한 많
은 사람이 기본 소득 실험을 긍정적으로 평가했고, 한 참여자는 두
권의 책을 집필하기도 했다.

그런데 뜻밖에 닥친 코로나19 팬데믹이 보편적 기본 소득에 관한
흥미로운 논점을 제시했다. 팬데믹으로 대량 실업이 발생하자 실제
로 각국 정부는 개인의 경제적 재앙과 사회적 불안을 막기 위해 많
은 사람에게 기본 소득을 지급했다. 보편적 기본 소득을 최초로 광
범위하게 확산시킨 요인이 업무 자동화 같은 기술이 아니라 바이러
스일 줄 누가 생각이나 했을까? 이것이 사회나 경제에 실제로 어떤
영향을 미쳤는지는 아직 명확하지 않지만, 자세히 검토해 보면 흥

미로운 결과가 나올 것이다.

만약 돈이 아니라면, 우리가 일하게끔 동기를 부여하는 주요 요인은 무엇일까? 이와 관련하여 매슬로의 욕구 단계('욕구 5단계 이론'이라고도 한다)를 살펴보기로 하자. 1943년, 심리학자 에이브러햄 매슬로Abraham Maslow는 〈인간의 동기 이론A Theory of Human Motivation〉[22]이라는 매우 영향력 있는 논문을 썼고, 이를 바탕으로 《동기와 성격Motivation and Personality》이라는 책을 출간했다. 그는 피라미드를 사용하여 우리에게 동기를 부여하는 요인들을 설명했는데, 가장 크고 근본적인 욕구가 맨 아래에 있고, 진정 인간적이고 고차원적인 욕구는 맨 위에 있다.

맨 아래에는 음식, 물, 따뜻함, 섹스, 휴식 등의 생리적 욕구가 있다. 인간은 이러한 욕구를 채우려는 충동을 느끼며, 이것들이 없으면 생존할 수 없다. 그다음 단계에는 안전 욕구가 있는데, 이는 위험으로부터 자신을 보호하고 위협을 인식하는 것을 의미한다. 이러한 욕구는 우리가 다치지 않게 보호해 준다. 다음으로 소속감과 사랑의 욕구가 있다. 인간은 사회적 종인 까닭에 다른 사람들과 함께 있기를 좋아한다. 또 아기를 낳으려는 충동과 사랑하고 사랑받고 싶은 욕구도 느낀다. 고립된 상태는 정서에 심각하게 부정적인 영향을 미쳐 우울증과 불안을 유발한다. 하지만 반드시 생명을 위협하는 것은 아니다. 코로나19 위기로 인한 봉쇄 조치로 많은 사람이 고립된 적이 있는데, 봉쇄와 고립이 어떤 부정적인 결과를 초래했는지는 아직 완전히 밝혀지지 않았어도 사람들의 정신 건강 문제가 몹시 증가했다는 징후는 속속 나타나고 있다. 이런 소속감 욕구는

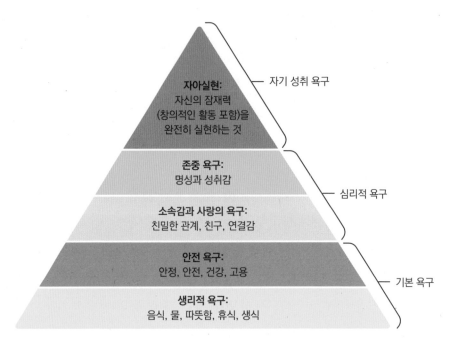

심리학자 에이브러햄 매슬로는 인간에게 동기를 부여하는 요소들을 피라미드에 배치했다.
생리적 욕구가 가장 아래에 있고, 고차원적인 욕구가 맨 위에 있으며 '자아실현'으로 정점에 이른다.

인간뿐 아니라 다른 사회적 동물에서도 찾아볼 수 있다.

　이제 호모 사피엔스에게 주로 나타나는 고차원적 욕구에 대해 알아보자. 존중 욕구가 여기에 속한다. 인간은 타인의 존경과 자신이 하는 일에 대한 성취감을 갈망한다. 마지막으로 가장 높은 단계의 욕구는 자아실현이다. 이것은 자신의 관심사와 능력에 충실한 삶을 살아야 한다는 의미인데, 육아나 배우자를 통해 달성할 수도 있고, 음악가라면 작곡이나 연주를 통해, 수학자라면 수학적 사고를 통해 성취할 수 있다. 요컨대 인간은 자아실현 욕구에 따라 자기 소명에 충실한 삶을 살며, 자신의 잠재력을 완전히 실현하게 된다. 또 매슬

로는 자아실현이 초월transcendence로 이어진다고 썼다. 즉, 자아실현
은 자신을 넘어 또 다른 영역으로 나아가는데, 이 영역은 영적인 의
미로 생각할 수도 있고, 이기심 너머에 있는 이타심과 관련 있을 수
도 있다.

　이러한 5단계 욕구 중 어느 하나라도 위협을 받으면(특히 기본 욕구
가 충족되지 않으면) 생명을 잃거나 불행한 삶을 살게 될 수 있다. 직장
에서 초월의 경지에 이르는 사람은 거의 없겠지만, 각 욕구 단계의
요구 사항들을 충족하려는 마음이야말로 직장인에게 일하고자 하
는 동기를 부여하는 요인이라고 할 수 있다. 하나씩 짚어 보자.

　첫째, 일은 의식주를 해결할 돈을 벌게 해 준다. 둘째, 일은 안정감
을 느끼게 해 준다. 모두가 안정적인 직업을 갖기를 원하며, 이것이
위협을 받으면 불안해진다. 이 때문에 실직을 우울증과 불안의 주
요 위험 요인으로 본다. 셋째, 직업이 있다는 것은 일반적으로 다른
사람들과 함께 일하면서 사회적 욕구를 충족하는 상태를 의미한다.
넷째, 우리는 일을 통해 존중감과 성취감을 느끼기도 한다. 마지막
으로, 우리는 일을 통해 자아실현을 달성할 수 있다. 그리하여 우리
의 모든 욕구가 충족된다. 휴!

　안타까운 사실은 이 욕구들 가운데 일부만 충족되는 경우가 대부
분이라는 것이다. 그러니 많은 사람이 직장에서 불행하다고 느끼는
것도 당연하다. 이를 뒷받침하는 데이터가 있다. 사무직 근로자 1만
2,000명을 대상으로 한 최근 연구에서 직원들은 정서적·영적 욕구
가 충족될 때 훨씬 더 큰 만족감을 느끼는 것으로 나타났다. 여기서
'영적'이라는 말은 업무에서 더 높은 수준의 목적의식을 느끼는 것

을 의미한다.[23] 이는 개신교 등 일부 종교가 노동 윤리와 선행을 중시하는 것과 관련 있을 수 있다. 즉, 영적 욕구는 개인의 일을 영적인 차원과 연결하는데, 리더와 조직이 이러한 욕구를 충족할 수 있게 효과적으로 뒷받침해 줄수록 근로자의 성과도 향상된다.

2012년에 34개 국가의 49개 산업과 192개 조직을 대상으로 한 263건의 연구를 종합한 메타 분석[24]에서 직원들의 몰입도가 높은 기업은 그렇지 않은 기업보다 수익성이 22%, 고객 평가가 10% 높고, 도난은 28%, 안전사고는 48% 적은 것으로 나타났다. 간단히 말해서 사람들이 직장에서 느끼는 충족감은 업무 성과에 큰 영향을 미친다. 가장 부정적인 요소는 과로였다. 연구 결과, 직원들이 90분마다 휴식을 취하면 집중력이 30% 향상되지만, 주당 40시간 이상 일하면 몰입도가 떨어지는 것으로 나타났다.

사람들이 직장에서 정서적·영적 욕구를 충족하지 못하는 주된 이유는 그들이 이른바 '불쉿 잡'에 종사하고 있기 때문이다. 불쉿bullshit은 '무의미한', '쓰레기 같은' 등의 의미를 지닌 비속어로, 불쉿 잡이라는 용어는 인류학자 데이비드 그레이버David Graeber의 2018년 저서《불쉿 잡Bullshit Jobs》을 통해 대중화되었다.[25]

그는 오늘날의 직업 중 절반 이상이 무의미하다고 주장한다. 그레이버는 별 의미가 없는데도 당사자가 큰 의미가 있는 것처럼 가장하는 직업 유형 다섯 가지를 열거했는데, 제복 입은 하인, 깡패, 임시 땜질꾼, 형식적 서류 작성 직원, 작업반장이 바로 그것이다. 제복 입은 하인은 상사를 현혹하여 자신이 중요한 부하 직원이라고 느끼게 만든다. 깡패는 고용주를 대신하여 공격적으로 행동한다(기

데이비드 그레이버(왼쪽)는 현대 사회의 직업 중 절반이 아무 의미가 없다고 주장했다.
위 사진은 2015년 암스테르담에서 열린 콘퍼런스에서 그가 의자도 없이 바닥에 앉아 열변을
토하는 모습이다. 그에게 물어볼 게 하나 있다. 의자를 만드는 직업도 무의미한가요, 데이비드?

업 변호사 및 홍보실 직원이 이 범주에 속한다). 임시 땜질꾼은 '예방할 수
있었던 문제'를 뒷수습하기 일쑤인 사람을 일컫는다. 예컨대 수하
물이 도착하지 않았다고 항의하는 고객을 진정시키는 항공사 데스
크 직원이 여기에 해당한다. 형식적 서류 작성 직원은 할 일이 별로
없는데도 엄청난 분량의 서류 작업으로 업무량을 부풀리곤 하는데,
성과 관리자와 사내 간행물 작가가 여기에 해당한다. 이들은 꼬리
에 꼬리를 무는 메모를 작성하느라 많은 시간을 소비한다. 마지막
으로, 작업반장은 그럴 만한 사유가 없는데도 추가 업무를 만들어
내는 데 일가견이 있다.

　놀랍게도 모든 직업의 절반 정도가 이 같은 범주에 속하며, 이런

일을 하는 사람들이 조직에서 사라진다고 해도 조직의 생산성에는 아무런 영향이 없다. 그리고 걱정스럽게도 이러한 직업에 종사하는 많은 사람이 의식적으로든 무의식적으로든 자기 직업이 무의미함을 알고 있다.

문득 더글러스 애덤스Douglas Adams의 소설《우주의 끝에 있는 레스토랑The Restaurant at the End of the Universe》*에 나오는 '골가프린참 방주 함대' 중 B 방주가 떠오른다. 이 방주 함대는 파괴되어 가는 '골가프린참' 행성 사람들을 다른 행성으로 이주시키고자 만든 것인데, B 방주에는 '대체로 쓸모없고 잉여적인 부류'라고 불리는 사람들이 타고 있다. 애덤스의 세계에서 이들은 전화 위생 요원, 회계 담당자, 미용사, 지쳐 빠진 TV 프로듀서, 보험 판매원, 홍보 담당 임원, 경영 컨설턴트 등으로 구성되어 있다. A 방주에는 지도자, 과학자, 위대한 예술가 등 성공한 부류의 사람들이, C 방주에는 물건을 만드는 등 실질적으로 유용한 일을 하는 사람들이 타고 있다.

B 방주는 '쓸모없는 바보들'로 가득 차 있기 때문에, 지구에 추락하도록 되어 있다. 그런데 다른 두 척의 우주선은 행방불명되고, B 방주만 지구에 무사히 도착한다. 선장이 애초의 계획을 기억하는지 모르겠지만, 어쨌든 B 방주는 지구의 늪에 불시착한다. 불시착 후, 전화 위생 요원들이 축출되자 더러운 전화기를 통해 치명적인 질병이 전염되는 바람에 인구의 절반이 사망한다. 나머지는 살아남아 쓸모없는 삶을 이어 가며 오늘날 우리가 보고 있는 지구를 탄생시

---

* 《은하수를 여행하는 히치하이커를 위한 안내서The Hitchhiker's Guide To The Galaxy》시리즈 중 하나.

킨다. 이 이야기가 실제로 일어난 일인지 궁금하다.

  그런데 이번에도 코로나19 팬데믹으로 인해 우리 사회에서 직업을 바라보는 시각에 변화가 생겼다. 그리 중요하지 않다고 생각했던 직업들을 갑자기 꼭 필요한 직업으로 여기게 된 것이다. 여기에는 미용사, 배달원, 슈퍼마켓 직원, 청소부와 같은 직업이 포함된다. 이 모두가 그전에는 종종 예사로 보거나 업신여기던 직업들이다. 소설에서 전화 위생 요원이 없어짐에 따라 오염된 전화기를 타고 질병이 퍼져 인구의 절반이 사망한 것을 생각하면, 애덤스가 '쓸모없는 부류'로 제시한 목록은 풍자적인 것 같다. 하지만 목록을 들여다보면 왠지 익숙하지 않은가? 경영 컨설턴트에 대한 그의 견해는 아마도 크게 달라지지 않았을 것이다. 이쯤에서 궁금한 게 있다. 만약 지금 그가 B 방주에 태울 직업을 선별한다면, 코로나19 이후의 세계에서는 딱히 쓸모가 없을 헤지펀드 매니저, 보험 설계사, 라이프 스타일 전문가를 포함할까?

  '무의미한 직업은 시장의 논리에 따라 없어진다'는 견해가 널리 알려져 있다. 그런데 의외로 그레이버가 말하는 불쉿 잡 중 대부분이 민간 부문에 남아 있다. 공공 부문의 낭비와 비효율을 근절해야 한다는 끊임없는 외침이 반드시 정당한 것은 아니다. 그레이버는 불쉿 잡 현상을 소위 '경영 봉건주의' 탓으로 돌렸다. 경영 봉건주의란 관리자가 자신의 중요성을 부각하기 위해 부하 직원을 줄줄이 거느리는 풍조를 말한다. 불쉿 잡은 정치적 목적에도 부합한다. 왜냐면 정치인들은 일자리의 '실제 내용'보다는 '종사자 수'에만 관심을 두기 때문이다. 그레이버의 책이 출판된 후 영국에서 시행한 설문 조사에서 응답자의 37%가 자기 직업이 무의미하다고 느끼는 것으로 나타났다. 그레이버는 불쉿 잡을 없애는 방법으로 보편적 기본 소득을 열렬히 옹호하는 사람이다. 그는 자동화 확대가 인간을 자유롭게 하기는커녕 불쉿 잡 현상을 초래했다고 주장한다. 정부를 포함해 모두가 이 사실을 알고 있지만, 그 누구도 적절한 조치를 하려고 나서지 않아 사달이 벌어졌다는 것이다.

이런 어처구니없는 상황에서 우리가 할 수 있는 일은 무엇일까? 사람들이 모색해 온 방법의 하나는 원격 근무다. 반복되는 이야기지만 코로나19 팬데믹으로 인한 봉쇄 기간에 수백만 명이 재택근무를 하게 되면서 원격 근무가 주목을 받았다. 팬데믹 이전에 수행한 어느 연구에 따르면 유럽에서는 전문가의 70%가 일주일에 하루 이상, 53%는 일주일의 절반 이상을 원격으로 근무하고 있었다.[26] 모두 기술이 발전한 결과다. 줌Zoom과 같은 화상 회의 프로그램이 직장 생활에서 차지하는 비중은 점점 더 커지고 있으며, 팬데믹 기간에는 필수적인 요소로 자리매김했다. 지금도 전 세계적으로 수백만 명이 전화를 걸어 스마트폰을 음 소거 상태로 놓고 자신의 발언 차례를 기다리고 있다. 이것이 해답일까? 더는 출퇴근하지 않아도 되고, 원하는 대로 하루를 자유롭게 구성할 수 있으며, 일과 삶의 균형을 맞출 수 있으니 말이다. 밀레니엄 세대의 70%가 원격 근무를 제공하는 고용주를 선호한다고 응답하는 등 사람들은 확실히 원격 근무를 원하는 것으로 보인다.[27]

하지만 설문 조사 결과, 안타깝게도 원격 근무 환경이 모두 장밋빛은 아니었다.[28] 2017년 유엔 보고서에 따르면 원격 근무자의 41%

가 높은 수준의 스트레스를 받는다고 답했는데, 사무실 근무자는 25%만이 스트레스를 받는다고 했다. 영국에서는 원격 근무로 인한 스트레스, 우울증, 불안 때문에 매년 1억 파운드의 손실이 발생하여 고용주들이 우려하고 있다. 원격 근무자는 왜 스트레스를 받을까?

그 이유 중 하나는 '눈에서 멀어지면 마음에서 멀어지기 때문'이다. 즉, 사무실을 비운 사람은 자기가 소외되고 있는 건 아닌지, 다른 사람들이 뒤에서 험담하는 것은 아닌지, 상사에게 '열심히 일하고 있다'는 신뢰를 주지 못하는 건 아닌지 걱정하게 된다. 근로자 1,100명을 대상으로 한 연구에서 단기간이라도 재택근무를 한 사람 중 52%는 소외감을 느끼고, 부당한 대우를 받고, 동료와의 갈등에 대처할 수 없었다고 답했다.[29] 민감한 문제는 실제로 얼굴을 마주해야만 해결될 때도 있다. 그러지 않으면 상황이 더 나빠지고, 이메일은 무례한 것으로 오해되며, 보디랭귀지가 없어서 진정한 의미를 전달하기도 어렵다.

원격 근무의 또 다른 단점은 관리자가 원격 근무자를 대할 때 '관계'가 아닌 '작업'에 집중하는 경향이 있다는 것이다. 마감일에 중점을 두다 보면 원격 근무자는 팀에 꼭 필요한 사람이 아니라 큰 기계의 톱니바퀴처럼 느껴질 수 있다. 또 원격 근무자는 이메일을 항상 켜 놓고 신속하게 응답해야 한다는 의무감에 시달리기 때문에 기기의 전원을 끄는 데 어려움을 겪는다. (흥미롭게도 여성이 남성보다 원격 근무로 인한 스트레스를 더 많이 받는 경향이 있었다.)

결정적으로, 물리적인 대면 상호 작용이 스트레스를 해소하는 데 도움이 된다는 사실도 원격 근무를 어렵게 만든다. 구글에서 '효과적인 회의를 만드는 방법'에 대하여 설문 조사를 했더니 흥미로운 결과가 나왔다. 처음 10~15분 동안 주말에 있었던 일이나 아이들이 어떻게 지내는지 등에 관하여 잡담을 나누고 회의를 시작하는 것이 목표 달성에 훨씬 더 효과적이더라는 것이다.[30] 바쁜 일상에서 시간을 내어 사교 활동(온라인에서도 가능하지만, 물리적으로 대면하는 것)을 하는 사람이 더 행복하고, 따라서 생산성도 높아질 것이다.[31] 다시 매슬로의 이론으로 돌아가면 인간에게는 기본적으로 사교 활동에 대한 욕구가 있는데, 원격 근무를 할 때는 이 욕구를 충족하지 못하는 경우가 많음을 알 수 있다. 원격 근무가 효율적일 수는 있다. 다만 사무실에도 종종 출근하는 경우에만 그렇다.

　기업의 리더는 조직에서 수행하는 각 업무의 목적을 정의하는 데 큰 영향력을 행사할 수 있다. 1962년, 존 F. 케네디가 NASA 우주 센터를 방문한 일화는 유명하다. 대통령이 청소부를 발견하고는 그 사람에게 다가가 "안녕하세요, 저는 잭 케네디입니다. 무슨 일을 하십니까?"라고 물었다. 청소부는 이렇게 대답했다. "저는 사람을 달에 보내는 일을 돕고 있습니다." 이 일화의 핵심 메시지는 개개인의 역할이 크든 작든 구성원 모두가 조직의 큰 프로젝트를 위해 일하고 있다는 것이다. 비슷한 메시지가 담긴 벽돌공 우화도 있다. 누군가가 같은 벽에서 일하는 벽돌공 세 사람에게 무엇을 하고 있는지 묻는다. 한 사람은 "벽돌을 쌓고 있어요", 다른 사람은 "벽을 만들고 있어요", 세 번째 사람은 "신을 위해 멋진 성당을 짓고 있어요"라고 대답한다. 셋 중 누가 가장 큰 성취감을 느낄까? 프로젝트의 리더가 수행 중인 작업의 거시적 목표가 무엇인지 명확히 설명할 줄 알면 구성원들의 직무 만족도를 높일 수 있다. 직원들이 맡은 업무가 회사에서 어떤 의미인지 리더가 설명해 줄 수 있다면 더욱 좋다.[32]

미시간대학교의 콜센터에 대한 연구 결과도 흥미롭다.[33] 이 콜센터의 업무는 졸업생에게 전화를 걸어 기부금을 요청하는 것이었다. 그런데 콜센터의 한 직원이 이 프로그램과 관련 있는 장학생을 만났을 때, 해당 직원의 주간 실적이 400% 증가했다. 또 다른 예로 방사선과 전문의가 환자의 사진이 포함된 환자 파일을 받았을 때, 진단의 정확도가 무려 46%나 향상되었다. 그리고 수술용 키트를 조립하는 작업자가 최종 사용자를 만나자, 그들의 작업 시간은 64% 길어지고 오류는 15% 감소했다.

한편 개인이 성취감을 느낄 수 있는 직업을 적절히 연결해 주는 것도 좋은 방법이다. 최근 성장 분야로 떠오른 업종 중에 '진로 상담'이 있다. 고객이 진로를 선택하고 개발할 수 있게 상담사('인생 코치'라고도 한다)가 조언해 주는 것으로, 진로 상담의 역사는 19세기까지 거슬러 올라간다. 상담사는 객관식 설문지, 적성 검사, 에세이 작성, 신중하게 선택한 질문과 조사 등 다양한 접근 방법을 통해 고객에게 잘 맞는 직업이 무엇인지 찾아낸다. 57건의 개별 연구를 종합한 메타 분석에서 진로 상담의 유용성이 입증되었는데, 분석 결과 상담을 통해 만족스러운 직업을 얻을 가능성이 32% 향상된 것을 알 수 있었다.[34] 상담사는 희망 급여, 업무 외 관심사, 교육 가능성 등 종합적인 맥락에서 고객의 자격과 경험을 파악할 수 있다. 혹시 직장에서 어떻게 자아실현을 이룰지 잘 모르겠다거나 업무 매너리즘에 빠져 있다면, 진로 상담사를 만나 보는 것이 좋다. 설령 더 좋은 직장을 얻지 못하더라도 최소한 현재의 직장을 좀 더 나은 마음으로 계속 다닐 수 있을 것이다.

루시 캘러웨이Lucy Kellaway의 사례는 자신에게 꼭 맞는 직업을 찾는 방법을 잘 보여 준다. 루시는 《파이낸셜타임스The Financial Times》에서 일하며 현대인의 직장 생활에 관하여 고정 칼럼을 쓰던 저널리스트였다. 그녀는 저널리즘을 좋아했지만 그 일에 평생을 바치고 싶지는 않았다. 2016년, 31년간 저널리스트로 일한 그녀는 회사를 그만두고 나우티치Now Teach라는 자선 단체를 공동 설립했다. 이 단체의 목표는 주로 뛰어난 사업가 출신 경력자가 교사(특히 수학과 과학 분야)로 채용되도록 주선하는 것이었다. 그녀는 교육이 위기에 처했다고 생각하고, 사람들이 교사로 이직하도록 돕는 일이 본인뿐 아니라 (평생의 경험을 교육에 쏟아부을 선생님을 만나게 될) 학생들에게도 큰 도움이 될 거라고 믿었다. 루시 자신도 재교육을 받은 후 런던의 한 중학교에 취직해 즐거운 마음으로 새로운 일을 시작했다. 하지만 1년 뒤에 그 일이 '지옥'임을 알게 되었다. 풀타임 교사로 일하는 것이 매우 힘들었던 그녀는 파트타임으로 전환하고, 전공도 수학에서 경제·경영학으로 바꾸었다. 그러고 나서 자신이 '가르치는 일을 정말 좋아한다'는 것을 알게 되었다. 루시는 한 직업에서 자신이 늘 바라 왔던 다른 직업으로 뛰어들었고, 시행착오를 거쳐 새로운 직업에 가장 잘 맞는 방법을 알아낸 것이다.

나아가 루시는 많은 책과 연구를 통해 뒷받침된 바 있는 '특정 직업에서 의미를 찾는 방법'에 관한 교훈도 전해 준다.[35] 어느 날 밤, 그녀는 퇴근 후 집에 와서 이모에게 물려받은 애지중지하던 골동품

의자에 앉았다. 그런데 갑자기 의자가 무너지는 바람에 바닥에 주저앉고 말았다. 그 의자는 루시에게 너무나 소중했기에 그녀는 직접 고치기로 했다. 그것은 몇 달이 걸리는 작업이었다. 의자를 고치려면 특수 재료를 모두 구해야 했는데, 진본성authenticity을 유지하기 위해 비슷한 빈티지 의자에서 재료를 구하려고 노력했다. 그녀는 헤센hessian*으로 의자를 채우는 것부터 가죽 시트를 고정하기 위해 특수한 못을 박는 방법에 이르기까지 온갖 종류의 새로운 기술을 배워야 했다. 나무에 니스 칠을 하고 보존하는 방법과 의자의 오래된 나무에서 나무좀을 제거하는 방법도 배워야 했다. 너무 힘들어서 거의 포기할 뻔한 적도 있었지만, 끝내 그 일을 해냈다. 그녀는 큰 성취감을 느끼고 차 한 잔의 여유를 즐길 수 있었다.

  그렇다면 그토록 힘든 노력이 따르는 활동이 이토록 만족스러운 결과를 가져다주는 이유가 뭘까? 루시는 세 가지 중요한 요소를 꼽았다. 첫째, 자율성이 있었다. 그녀는 언제 어디서 수리 작업을 할 것인지 스스로 정할 수 있었고, 재료를 선택할 수 있었다. 둘째, 그녀는 새로운 기술을 습득했다. 사람들이 어떤 일에 숙달하게 되면 큰 만족감을 얻는 것으로 알려져 있다. 당신도 정교한 직무 교육을 받든 손으로 기술을 익히든 간에 일련의 기술에 숙달했을 것이다. 숙달은 모든 직업의 핵심 요소다. 셋째, 그녀는 의자를 손수 고쳐서 거기 앉겠다는 분명한 목적이 있었다. 이 최종 목적이 완전히 새로운 차원을 열어 주었다. 의자를 고치는 일은 단순히 나무를 사포질

---

* 거친 삼베의 일종으로, 특히 자루를 만드는 데 쓰는 튼튼한 갈색 천.

하거나 작은 못을 박느라 시간을 쓰는 것이 아니라, 소중한 것을 정성 들여 고치는 일이었다. 그 과정에서 루시는 자기가 일에 몰두하고 있는 것을 종종 느꼈다. 바로 이 지점에서 그녀는 심리학자들이 '몰입flow'*이라고 부르는 것을 달성했다. 몰입은 전반적인 정신 건강을 위한 중요한 목표로, 몰입의 경지에 이르면 온갖 걱정(자식 걱정, 각종 대금 결제, 왜 동료들에게 모함을 받는지 등)에서 해방된다.

　이게 전부다. 업무에 자율성, 숙달, 목적이라는 세 가지 요소만 있다면 크게 잘못되는 일은 없을 것이다. 행복한 직장 생활의 핵심적인 특징은 작업자가 어느 정도의 통제권과 권력을 가지는 것이다. 그렇지 않으면 작업자는 불행해질 것이다. (하지만 설사 사람들이 직장에서 불행하다고 느낄지라도, 실업은 그보다 훨씬 더 나쁘고 더 큰 불행을 낳는다는 점을 강조하고 싶다.)[36]

　운 좋게도 학자이자 과학자인 내 직업에는 이 세 가지 요소가 모두 있다. 나는 강의에서 연구에 이르기까지 다양한 업무 중 하나를 선택해 시간을 보낼 수 있다. 나는 생화학 학위와 약리학 박사 학위를 받았는데, 그 과정에서 두 과목에 모두 숙달해야 했다. 나의 목적은 분명하다. 젊은이들에게 자신과 사회의 관심사를 추구할 수 있도록 영감을 주고, 염증성 질환에 대한 새로운 의약품으로 이어질 유의미한 과학적 발견을 하는 것이다. 그래서 독자들은 가끔 새벽 2시까지 야간 근무를 하거나, 다른 과학자를 만나거나 강연하러 가는 길에 공항에서 많은 시간을 보내는 나를 발견할 수 있다. 더불어

＊　미국의 심리학자 미하이 칙센트미하이Mihaly Csikszentmihalyi의 저서 제목이자 심리학 용어로, 한국에서는 '몰입'으로 번역되었다.

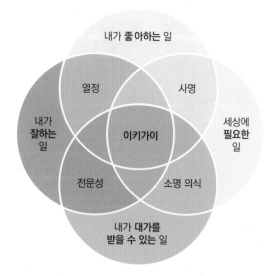

이키가이生き甲斐는 '삶의 보람' 또는 '존재 이유'라는 뜻의 일본어 용어다. 이키가이는 세상에 필요하고, 자신이 좋아하고, 잘할 수 있고, 대가를 받을 수 있는 일을 하는 것을 의미한다. 이키가이를 가진 개인은 자발적으로 기꺼이 행동함으로써 삶에 의미를 부여할 것이다.

나는 과학적 지식 전달하기를 좋아해서 이런 책을 쓰기도 한다.

누구라도 무의미한 직업을 피하거나 탈출하여 충만하고 보람된 삶을 살 수 있다. 그렇게 하면 우리가 지구에서 보내는 시간이 그 번거로움을 감수할 만한 가치가 있지 않을까? 그리고 코로나19 팬데믹을 기점으로 우리의 직장 생활과 직업을 바라보는 시각이 더 나은 방향으로 바뀌어 갈지도 모를 일이다.

12장

빈부 격차

돈으로 할 수 있는
가장 좋은 일은 무엇일까?

"당신이 친절을 베풀면
숨은 의도가 있다고 의심할지도 모른다.
그래도 친절하라."

켄트 키스Kent Keith의
〈지도자를 위한 역설적 십계명The Paradoxical Commandments〉 중에서

나는 때때로 자선 단체에 기부금을 낸다. 가끔은 죄책감 때문에 기부하기도 한다. 특정 자선 단체에 관여하는 친구가 부탁해서 기부할 때도 있다. 기부하고 나면 기분이 좋아지기도 한다. 그렇다면 내 가족과 내가 검소하게 살아갈 만큼의 재산만 남기고 많은 돈을 기부하는 건 어떨까? 그렇게 할 수도 있겠지만, 아직은 엄두가 나지 않는다.

왜 안 되냐고? 사실 세상은 심하게 불평등하다. 세계 인구 중 상위 1%에 해당하는 부자들이 전 세계 순자산의 절반을 가지고 있으니 말이다.[1] 또 전 세계 하위 50%에 해당하는 36억 명*의 순자산 총액이 세계 8대 부자의 순자산 총액과 같다. 8명이 가진 재산이 36억 명이 가진 재산과 같다고?[2] 이건 아마도 세계에서 가장 불평등한 방정

---

* 이것은 2017년 《가디언》에 실린 기사에서 인용한 수치이며, 현재 세계 인구는 80억 명이므로 하위 50%는 40억 명이다.

2019년 기준, 세계 여러 지역의 억만장자 수.
자료: 웰스엑스 억만장자 통계Wealth-X Billionaire Census

식일 것이다. 마찬가지로 상위 10%의 부자가 전 세계 부富의 85%를 소유하고, 하위 90%가 나머지 15%를 소유한다는 사실을 생각해 보라.[3] 지난 수천 년 동안, 어쩌다 한 번씩 혁명이 일어났던 시기를 제외하면 이러한 수치는 거의 변한 적이 없는 것 같다. 극소수가 모든 부를 손에 쥐고 농민 위에 군림해 온 것이다.

　어떻게 이럴 수 있을까? 수백만 명이 가난으로 고통받고 있다는 사실을 알면서도 상위 1%가 자기 재산의 상당 부분을 내놓고 고르게 분배하지 않는 이유는 뭘까? 그리고 양호한 생활 수준을 유지하는 데 필요한 것보다 더 많은 돈을 가진 우리는 어떤가? 왜 우리는 그 많은 돈을 다른 사람들에게 기부하지 않는 걸까? 타고난 욕심 때문일까, 아니면 가난해지거나 병드는 것을 두려워하기 때문일까?

뭔가 다른 이유가 있는 것일까? 우리 사회의 심각한 불평등을 바로잡기 위해 우리가 할 수 있는 일은 무엇일까?

수치를 좀 더 구체적으로 들여다보자. 먼저 초부유층인 억만장자다. 2019년의 '웰스엑스 억만장자 통계'에 따르면 전 세계에는 2,604명의 억만장자가 있다.[*4] 억만장자란 순자산이 10억 달러 이상인 부유층을 일컫는데, 이들 중 25%가 넘는 705명이 미국에 거주하고 있다. 이어서 중국이 285명, 독일이 146명이다. 이들 중 일부는 너무 부자여서 그들의 자산 규모를 제대로 표현하기 위해 새로운 용어를 만들어야 했다. 아마존을 창업한 제프 베조스 Jeff Bezos는 2017년에 순자산 1120억 달러를 기록해 '천억만장자 centibillionaire'로 알려지게 되었다. 이는 베조스가 배달 서비스를 발명한 덕분으로, 수년 동안 세계 최고 부자의 자리를 지키고 있던 마이크로소프트의 빌 게이츠를 제치는 기염을 토했다. 하지만 그가 역사상 가장 부유한 사람은 아니다. 1916년, 미국의 석유 재벌 존 D. 록펠러John D. Rockefeller는 미화 10억 달러 상당의 재산을 보유한 억만장자가 되었는데, 그 금액을 오늘날의 가치로 환산하면 '역사상 가장 부유한 사람'이라는 타이틀은 록펠러에게 돌아간다.

억만장자의 90%는 남성이지만, 여성 억만장자의 수도 증가하는 추세다. 지난 5년 동안 여성 억만장자의 수는 46% 증가했는데, 이는 같은 기간 남성 억만장자 증가율인 39%보다 높았다.[5] 현재 전 세계의 여성 억만장자는 233명으로, 2013년보다 73명 늘었다. 한편

---

*   현재는 목록이 업데이트되었다. wealthx.com/reports/billionaire-census-2023

아프리카계 흑인 억만장자는 겨우 11명
이며, 그중 가장 부유한 사람은 나이지
리아의 사업가 알리코 단고테Aliko Dangote
로, 89억 달러의 자산을 보유하고 있다.
오프라 윈프리도 27억 달러의 순자산을
보유해 이 명단에 이름을 올렸다.

억만장자에 관한 이야기는 끝없이 대
중의 관심을 끄는 주제다. 그중에 '억만
장자를 가장 많이 배출한 대학교가 어디
인가?' 하는 주제가 무척 흥미롭다.[6] 이
목록에서도 미국이 압도적인 우위를 차
지하여, 하버드가 188명으로 1위이고

미국의 사업가이자 자선가인
존 D. 록펠러(1839~1937)는 역사상 가장
부유한 사람으로 널리 알려져 있다.
그는 의학, 교육 및 과학 연구에 자금을
지원한 최초의 현대적 자선가였다.

스탠퍼드가 74명으로 그 뒤를 쫓고 있다. 실제로 억만장자를 배출
한 상위 10개 대학은 모두 미국에 기반을 두고 있다. 영국의 대학 평
가 기관인 THETimes Higher Education의 '2020 세계 대학 순위'에 오른
100대 대학 중 39개가 미국에 있는 것은 우연이 아니다. 미국의 졸
업생들이 대학에 많은 돈을 기부하기 때문이다. 2018년에 하버드
는 14억 2000만 달러의 기부금을 받았고, 스탠퍼드가 11억 달러로
그 뒤를 이었다. 2018년에 트리니티 칼리지 더블린은 노튼Naughton
가문으로부터 2500만 유로를 기부받았다고 발표했는데, 이는 아일
랜드 역사상 최대 규모의 자선 기부금이었다. 아일랜드 대학들에는
더 많은 노튼 가족이 필요하다. (참고로 2019년 기준으로 아일랜드에는
억만장자가 9명 있다.)[7]

다음으로 백만장자는 전 세계적으로 4700만 명이 조금 넘는데, 역시 미국이 1860만 명으로 압도적인 1위를 차지하고 있다.[8] 그러나 부동산과 같은 자산의 가치가 수시로 변해서 추정하는 데 어려움이 있다. 2019년 아일랜드의 백만장자 수는 7만 8,000명으로 전년 대비 3,000명 증가했는데, 이는 주로 부동산을 비롯한 자산 가치가 상승했기 때문이다.[9] 이 중 1,029명이 3000만 달러 이상을 보유하여 '초고액 순자산가'로 분류된다.

그렇다면 이 사람들은 그 많은 돈을 어떻게 벌었을까?[10] 전 세계적으로 남성의 경우 62%가 자수성가형이며 그중 대부분은 창업한 기업가다. 그리고 7.9%는 부모에게서 재산을 물려받았고, 30.1%는 상속받은 재산을 더욱 크게 불렸다. 여성의 경우 16.9%가 자수성가형, 53.3%가 상속형, 29.6%가 혼합형으로 나타나 남성과 현저한 차이를 보였다. 하지만 점점 더 많은 여성 기업가가 명단에 이름을 올림에 따라 이 비율은 변화할 것으로 보인다.

백만장자로 범위를 좁혀 보면 사람들이 부를 축적하는 데는 다양한 길이 있음을 알 수 있다. 서구 국가에서는 신규 백만장자의 4분의 3이 기업가 정신entrepreneurship으로 부자가 된 것으로 나타났다. 그리고 CEO(최고경영자), COO(최고운영책임자), CFO(최고재무책임자)와 같이 C로 시작하는 최고 경영진C-level executive이 되는 것을 최종 목표로 삼고 경력을 쌓아 가는 것도 부자가 되는 또 다른 방법이다. 특정 분야에서 최고의 전문가가 되거나 기업의 최고 영업 사원이 된 사람들이 백만장자가 되는 경우가 많다. 그에 반해 스포츠, 쇼 비즈니스, 예술 등 다른 방법으로 백만장자가 된 사람은 약 1%에 불과하다. 즉, 예능 분야에서 부자가 되는 경우는 드물다고 할 수 있다. 따라서 억만장자가 되는 것은 지극히 어렵고, 백만장자가 되는 것은 억만장자보다는 덜 어려우나 일반 대중에게는 여전히 그림의 떡이라는 결론을 내릴 수 있다.

고액 자산가들의 기부 활동을 살펴보는 것도 흥미로울 듯하니 이쯤 해서 자선 활동의 세계로 들어가 보자. 자선이란 '특히 좋은 목적을 위해 아낌없이 돈을 기부함으로써, 다른 사람의 복지를 증진하려는 욕구'로 정의할 수 있다. 또 다른 정의는 '삶의 질에 초점을 맞춘, 공익을 위한 민간 주도 사업'이다. 요컨대 특정한 사회적 문제를 해소하기 위해 벌이는 구호 활동과 조금 다르게, 자선 활동은 문제의 근본적 원인을 해결하려고 노력한다. 이 차이는 '배고픈 사람에게 물고기를 주는 게 아니라 물고기 잡는 법을 가르친다'는 비유에 잘 나타나 있다. 자선 활동은 일반적으로 후자에 해당한다.

좋은 소식이 있다. 지난 10년 동안 자선 활동이 증가하는 추세를 보였다. 이는 억만장자의 수가 증가한 것과 관련 있는데, 웰스엑스 억만장자 통계에 따르면 글로벌 환경 및 사회 문제에 대한 인식이 높아지고, 불평등 심화에 대한 우려가 커졌으며, 억만장자 인구가 더욱 다양해지고 여러 세대에 걸쳐 분포하기 때문이라고 한다. 적어도 일부 억만장자들이 세상을 걱정하고 있다니 천만다행이다. 여러 조사에서 전 세계 상위 20명의 억만장자가 2018년에 총재산의 0.8%를 기부한 것으로 나타났다.[11] 너무 쩨쩨한 것 아닌가? 억만장자 중 일부는 개인적·문화적·종교적 이유로 조용히 기부하지만, 절반 이상은 자신이 설립한 단체나 다른 방법을 통해 자선 활동에 참

여하고 있으며, 이들 중 35%는 자체적으로 자선 재단을 운영하고
있다.

　기부금 사용처를 살펴보면 몇 가지 흥미로운 추세를 확인할 수 있
다.[12] 가장 높은 비중을 차지하는 것은 교육 분야다. 억만장자의 3분
의 2가 장학금, 교육 지원, 학교 현장 봉사 프로그램, 교사 연수에 돈
을 기부하고 있으며, 억만장자 기부금 총액의 29%가 교육에 사용된
다. 이는 미국에서 교육 기금을 마련하는 주요 방법이 기부이기 때
문이다. 다음으로 의료 부문이 기부금의 14%를 차지하여 그 뒤를
잇는다. 이어서 10%는 예술·문화·스포츠에, 8%는 환경 문제에 기부
된다(최근 기후 변화에 대한 인식이 크게 높아짐에 따라 이 수치가 증가할지
궁금하다). 마지막으로 5%는 종교 단체에 기부된다.

　2010년은 자선 활동 세계에 흥미로운 발전이 있었던 해다. 그해,
세계적 부호 1위와 2위를 차지했던 빌 & 멀린다 게이츠Bill and Melinda
Gates 부부와 워런 버핏Warren Buffet이 기부 서약에 앞장서는 더기빙플
레지The Giving Pledge 재단을 설립했다.[13] 이 캠페인의 목적은 부유층이
살아생전 또는 유언에 따라 재산의 절반 이상을 자선 단체에 기부
하도록 유도하는 것이다. 처음에는 40명이 등록했는데, 모두 미국
인이었다. 2020년 4월 기준으로 서약자 수는 23개국에 걸쳐 209명
으로 늘어났다.* 2022년까지 총 6000억 달러의 기금이 확보된 것으
로 알려졌는데, 서약자들의 약속이 차질 없이 실현되기를 바라 마
지않는다.

---

*　2022년 6월 기준, 이 수치는 28개국에 걸쳐 236명으로 늘어났다.

In August 2010, 40 of America's wealthiest people made a commitment to give the majority of their wealth to address some of society's most pressing problems. Created by Warren Buffett, Melinda French Gates, and Bill Gates, the Giving Pledge came to life following a series of conversations with philanthropists about how they could set a new standard of generosity among the ultra-wealthy. While originally focused on the United States, the Giving Pledge quickly saw interest from philanthropists around the world.

The Giving Pledge is a simple concept: an open invitation for billionaires, or those who would be if not for their giving, to publicly commit to give the majority of their wealth to philanthropy either during their lifetimes or in their wills. It is inspired by the example set by millions of people at all income levels who give generously – and often at great personal sacrifice – to make the world better. Envisioned as a multi-generational effort, the Giving Pledge aims over time to help shift the social norms of philanthropy among the world's wealthiest and inspire people to give more, establish their giving plans sooner, and give in smarter ways. Signatories fund a diverse range of issues of their choosing. Those who join the Giving Pledge are encouraged to write a letter explaining their decision to engage deeply and publicly in philanthropy and describing the causes that motivate them.

2010년에 출범한 더기빙플레지 웹사이트. 재단을 설립한 취지 및 캠페인에 동참한 사람들의 사진과 메시지가 소개되어 있다.

해당 웹사이트에 따르면 더기빙플레지는 "부의 수준이 다양한 수백만 명의 사람들이 더 나은 세상을 만든다는 일념으로 아낌없이, 때로는 엄청난 개인적 희생을 치르며 기부함으로써 모범을 보인다"는 사실에서 영감을 받았다고 한다. 이는 쩨쩨한 부유층에게 양심의 가책을 느끼게 함으로써 더 많이 기부하게 하려는 의도가 엿보이는 흥미로운 진술이다. 쉽게 말해서 '가난한 사람들도 기부하는데, 돈 많은 당신이 그러지 않으면 체면이 서지 않는다'는 뜻이니 말이다. 더기빙플레지의 기본적인 목표는 "세계적인 부호들 사이에서 자선 활동에 대한 사회적 규범을 바꿔, 더 많이 기부하고자 하는 동기를 부여하는 것"이다. 더기빙플레지는 전 세계가 직면한 과제가 매우 복잡하며 정부, 비영리 단체, 학술 기관, 기업의 협조가 필요하다는 점을 인식하고 있다. 이에 따라 정부와 기업이 지원할 수 없거나 지원하지 않으려는 경향이 있는 분야에 대한 투자를 촉진하는 촉매제 역할을 하는 것이 더기빙플레지의 목표다.

하지만 더기빙플레지가 내세우는 서약이 '법적' 서약이라기보다는 어디까지나 '도덕적' 서약인 까닭에 서약자들이 반드시 돈을 기부할 의무는 없다는 비판이 제기되고 있다. 한편으로는 서약의 대의명분보다는 규모에 관심이 쏠리는 경향도 있는데, 이런 현상은 부자들이 더 큰 이익을 위해 재산을 나누도록 설득하려는 또 다른 시도로, 어쩌면 효과가 있을 수도 있다.

사람들이 자선 및 구호 단체에 돈을 기부하도록 장려해 온 역사는 오래되었다. 자선charity이라는 단어는 후기 고대 영어에서 유래했으며, '인간에 대한 기독교적 사랑'을 뜻한다. 더 거슬러 올라가면 이 단어는 라틴어 카리타스caritas에서 유래한 것으로, '인간에 대한 특별한 형태의 사랑'을 의미한다. 기부 활동은 여러 종교에서 선행이나 의무였으며 구호almsgiving 또는 십일조 납부tithing라고 불렸다. 십일조는 소득의 10분의 1을 종교 단체나 정부에 바치는 것으로 정의되었다. 전통적인 유대 율법에는 십일조가 포함되어 있으며, 오늘날에도 정통 유대인들은 모르몬교도처럼 소득의 10분의 1을 자선 단체에 기부한다(보통 금전이지만 재화도 가능하다). 기독교에서는 예수가 "정의와 긍휼과 믿음에 대한 깊은 관심과 함께 십일조를 바쳐야 한다"고 가르쳤다. 10%라는 비율이 흥미롭다. 사람들이 기부를 미루거나 회피하고 싶을 정도로 너무 많지도 않고, 지원 대상에 큰 차이를 둬야 할 정도로 적지도 않으니 말이다.

12~13세기의 중세 유럽에서는 부유한 사람들이 병자와 가난한 사람들을 위해 병원을 세웠다. 자선 활동을 주요 임무로 하는 종교 단체도 설립되었다. 최초의 어린이 자선 단체는 1739년 영국에서 '달갑잖은 고아들'을 돌보던 파운들링 병원의 토머스 코람Thomas Coram에 의해 설립되었다. 또 다른 자선가인 조너스 한웨이Jonas Hanway는 불운한 선원들을 위한 해양협회와 매춘 여성의 재활을 목표로 하는 막달레나 병원을 설립했다. 19세기에는 윌리엄 윌버포스William Wilberforce를 비롯해 노예제 폐지를 옹호하는 운동가들이 등장했다. 1869년까지 런던에는 200개가 넘는 자선 단체가 있었고, 총 모금액은 200만 파운드에 달했다.[14] 1890년대에 작성된 466개의 유언장을 분석한 결과, 총유산은 7600만 파운드였는데 이 중 2000만 파운드가 자선 단체에 기부된 것으로 나타났다.

1800년대 후반부터 자선 활동이 활발해지기 시작했다. 특히 주목할 만한 사례로 기네스 트러스트Guinness Trust를 꼽을 수 있다. 기네스 트러스트는 1890년에 아서 기네스Arthur Guinness의 증손자이자 제1대 아이비 백작인 에드워드 기네스Edward Guinness가 20만 파운드를 기부해 설립했다. 이는 현재 가치로 2500만 파운드(한화 약 423억 원)에 해당한다.[15] 이 자선 사업의 목표는

기네스 트러스트는 에드워드 기네스가 더블린 사람들을 돕고자 1890년에 설립했다. 20세기 초부터 기네스 트러스트가 운영 지역을 영국 전체로 확장함에 따라 더블린에 기반을 둔 아이비 트러스트Iveagh Trust가 아일랜드를 담당하고 있다.

더블린과 그 주변에 저렴한 주택을 제공하는 것이었다. 2018년 기준, 기네스 트러스트는 약 6만 6,000채의 주택을 소유·관리하고 있으며, 영국과 아일랜드에서 14만 명이 넘는 사람들에게 주거 서비스를 제공하고 있다.[16]

오늘날 자선 단체를 통해 기부되는 금액은 얼마나 될까? 미국은 기부에 관한 한 최고의 통계를 보유한 나라다.[17] 2018년에 미국인들은 4277억 1000만 달러를 기부했는데, 이는 2017년에 비해 0.7% 증가한 액수다. 이 중 2908억 4000만 달러는 개인 자선가에게서, 758억 6000만 달러는 재단에서, 397억 1000만 달러는 유산에서 나왔다. 2018년의 기업 기부액은 200억 5000만 달러로, 2017년에 비해 5.4% 증가했다. 현재 미국에는 150만 개의 자선 단체가 있다.

아일랜드에는 병원과 대학을 포함하여 등록된 자선 단체가 1만 개 정도 있는데, 이들을 통해 145억 유로를 모금했다.[18] 정부와 공공 기관이 주요 모금자로 나서 77억 유로를 모금했고, 병원은 31억 유로, 대학은 30억 유로 미만을 모금했다. 다만 정부가 주요 모금자인 경우는 자선 활동으로 간주하지 않는다. 등록된 자선 단체의 절반은 모금액을 모두 합쳐 봐야 25만 유로 미만이었다.

역사적으로 아일랜드에서 가장 큰 규모의 자선 기부는 아일랜드계 미국인 사업가 척 피니Chuck Feeney가 1982년에 설립한 민간 재단 애틀랜틱 필랜스로피Atlantic Philanthropies[19]를 통해 이루어졌다. 이 재단의 주요 목표는 건강과 사회적·정치적으로 진보적인 목적을 위해 자금을 제공하는 것이다. 면세점 사업으로 큰돈을 번 척 피니는 1982년, 자신의 면세점 소유권과 개인 재산 전체를 애틀랜틱 필랜스로피에 양도했다. 이 사실은 재단 설립 후 처음 15년 동안 비밀로 유지되었다. 현재까지 애틀랜틱 필랜스로피가 기부한 금액은 총 75억 달러로, 한 사람이 기부한 금액으로는 엄청난 액수다.

이 중 10억 달러 이상이 리머릭대학교, 더블린시티대학교, 트리니티 칼리지 더블린을 포함한 아일랜드의 고등 교육 기관에 투자되었다. 이 기금은 아일랜드 정부가 아일랜드의 고등 교육 부문에 13억 달러를 추가로 지원하는 괄목할 만한 효과를 가져왔으며, 이는 1990년대에 아일랜드 경제를 부양하는 데 중요한 역할을 한 것으로 평가받고 있다. 하나의 자선 재단이 국가 전체에 지대한 영향을 미칠 수 있음을 보여 준 이 사례가 다른 재단들에 모범이 되었기를 바란다.

이 밖에도 애틀랜틱 필랜스로피는 아일랜드의 게이·레즈비언평등네트워크에 1150만 달러를 기부해 정치적 자문을 받을 수 있도록 도왔다. 2015년에는 캘리포니아대학교 샌프란시스코 캠퍼스와 트리니티 칼리지 더블린에 1억 7700만 달러를 기부하여 '글로벌 뇌 건강 연구소'를 설립했다. 뇌 건강 분야의 연구원과 의사를 연결하여 치매를 예방하는 것이 이 연구소의 설립 목표다.

그런데 당신이 자선가라면 '내가 기부한 돈이 제대로 쓰이고 있을까?' 하는 의문이 끊임없이 샘솟을 것이다. 모든 자선 활동에서 발생하는 가장 큰 문제가 바로 '기부의 영향을 어떻게 판단할 것인가?'이다. 애틀랜틱 필랜스로피는 아일랜드의 교육 시스템에 명확한 영향을 미쳤으며, 아일랜드는 물론 전 세계에 커다란 영향을 끼친 대표적인 사례라고 할 수 있다. 하지만 최근 분석에서는 자선가들이 사실상 '맹목 비행flying blind'을 하고 있다는 결론이 나왔다. 실제로 메타의 CEO 마크 저커버그가 뉴저지주 뉴어크에 새 학교를 지으라고 1억 달러를 기부했으나 그중 2000만 달러가 컨설턴트에게 지급되는 등 거의 성과가 없었다는 비난을 받았다.[20] 교사와 학부모들은 드러난 내용에 분개했고, 급기야 뉴어크의 공립 학교에 대한 투자가 줄어들고 교사가 해고되는 사태가 발생했다. 그래서 자선가들이 프로젝트나 자선 사업에 자금을 지원하는 제일 좋은 방법을 조사하기 위해 '자선 활동의 과학science of philanthropy'을 도입해야 한다는 제안이 나왔다.[21]

　　매사추세츠주 케임브리지에 본부를 둔 '효과적인 자선 활동 센터Center for Effective Philanthropy'*는 최근 '1만 달러짜리 기부금 10건'을 준비하고 관리하는 데 드는 시간이 '10만 달러짜리 기부금 1건'에 비해 6배나 길다고 보고했다.[22] 런던에 본사를 둔 컨설팅 회사 엔에프피시너지nfpSynergy는 영국의 자선 단체를 조사했는데, 자선 단체가 2파운드짜리 무조건적 기부금(아무런 조건 없이 기부)의 가치를 3파운드짜리 조건부 기부금(조건이 있는 기부)과 똑같이 평가한다는 사실을 발견했다. 정유회사 로열더치셸Royal Dutch Shell이 운영하는 셸 재단은 자선가가 기부금의 용도를 지정할 때보다 재단 측이 자선 활동을 기획·실행·관리할 때 프로젝트 성공률이 3배 더 높다는 사실을 발견했다.

　　자선가라면 '기부금의 규모가 어느 정도여야 하는가?' 하는 의문

---

* 자선 기금의 성과를 측정할 수 있는 비교 데이터를 제공해 자선가가 효과를 향상할 수 있게 돕는 비영리 단체.

도 당연히 들 것이다. 기부금이 관절염 연구에 미치는 영향을 평가
한 연구에서, 대규모 기부금은 소규모 기부금보다 효과적이지 않은
것으로 나타났다. 이는 소규모 보조금이 더욱 다양한 프로젝트에
투자될 수 있기 때문일 수 있다.

앞에서 언급한 전 세계 최빈층 인구 36억 명과 맞먹는 재산을 가
진 세계 8대 부자는 수십억 달러 상당의 의료 연구, 공중 보건, 교육
및 다양한 인도주의적 목적에 자금을 지원하는 초대형 자선가들이
기도 하다. 2019년 기준으로 358억 달러 상당의 마이크로소프트 주
식을 '빌 & 멀린다 게이츠 재단'에 기부한 빌 게이츠,[23] 아내 프리실
라 챈Priscilla Chan과 함께 페이스북 주식의 99%(현재 시장 가치 480억 달
러)를 "인류 발전을 위하여" 기부하기로 약속한 마크 저커버그,[24] 노
숙자 가족을 돕고 저소득층 유치원을 지원하기 위해 출범한 '베조스
데이 원 펀드Bezos Day One Fund'에 20억 달러를 기부한 제프 베조스[25]
등이 여기에 포함된다. 이 거대 부호들의 관심사 중 하나는 건강 문
제다. 게이츠가 기부한 자금의 상당 부분은 백신 개발과 세계 보건
분야에 사용되었다. 저커버그는 질병의 치료·예방·관리를 위해 30
억 달러를 배정했다. 미국의 사업가이자 정치인, 자선가, 작가인 마
이클 블룸버그Michael Bloomberg는 흡연과 교통사고로 인한 사망자를
줄이기 위해 10억 달러를 할당했다.

이러한 초대형 자선가들과 관련하여 과거와 달라진 흥미로운 현
상 한 가지는 사람들이 거대 부호가 되는 연령이다. 예전에는 존 D.
록펠러나 앤드루 카네기Andrew Carnegie처럼 노년에 큰돈을 기부하는
사람이 많았다. 록펠러는 76세가 되어서야 재단을 설립했고, 카네

기는 68세에 첫 번째 도서관을 세웠다. 하지만 이제는 마크 저커버그의 기부금이 록펠러, 헨리 포드Henry Ford, 카네기의 기부금을 합친 것보다 많다. 저커버그는 1984년생이다. 이것은 바람직한 현상이다. 많은 돈이 좋은 일에 빠르게 투자되고 있으니 말이다.

그러나 최근 미국에서는 과거에 정부가 부유층으로부터 수십억 달러의 세금을 걷어 가난한 이들에게 재분배했던 (본질적으로 민주적인) 방식이 재조명받고 있다. 오늘날 이런 경우는 점점 줄어들고 있어서, 이제는 거대 부호들이 이전보다 세금을 훨씬 적게 내고 지신들이 적절하다고 생각하는 대로 돈을 기부하는 (엄밀히 말해서 비민주적인) 방식이 자리를 잡고 있다. 하지만 돈이 효율적으로 지출되고 있는지, 또는 올바른 일에 사용되고 있는지를 평가할 명확한 방법이 없다. 그래서 미국에서는 억만장자를 통제하고 그들에게 세금을 부과함으로써 부를 재분배하는 예전 방식으로 돌아가야 한다는 주장이 제기되고 있다.[26]

하지만 애틀랜틱 필랜스로피가 아일랜드의 교육 시스템에 미친 영향처럼 주목할 만한 성공 사례도 있다. 2001년에 게이츠 재단이 자금을 지원한 프로젝트가 대표적인 사례다.[27] 게이츠 재단은 이 프로젝트를 통해 비영리 국제 보건 단체 패스(PATH)와 세계보건기구에 10년간 7000만 달러를 기부하여 A형뇌척수막염 백신을 개발하고, 백신이 필요한 모든 사람에게 저렴하게 접종할 수 있도록 했다. 백신은 1회 접종 비용 50센트로 매우 효율적으로 개발되었으며, 그 덕분에 뇌척수막염으로 2만 5,000명(주로 젊은이)이 목숨을 잃은 지 10년도 채 되지 않은 2013년까지 보고된 발병 사례가 단 4건에 그

쳤다. 이 같은 성공을 거둘 수 있었던 까닭은 '지속적인 자금 지원'
과 게이츠 재단의 '불간섭 정책' 때문이었다. 어떤 연구라도 자금이
떨어지면 계획에 차질이 생기는 만큼 장기적인 자금 지원은 핵심
이다. 그리고 불간섭 정책이란 전문가에게 자금을 제공하고 알아서
진행하도록 전권을 위임하는 방식을 말한다.

　고액 자산가들의 기부는 그렇다 치고 일반 대중은 어떨까? 사람
들이 자선 단체에 기부하게 되는 조건은 무엇인지, 그리고 기부를
하지 않는 이유는 무엇인지에 관하여 많은 연구가 진행되었다.[28] 당
연한 이야기지만 사람들이 가장 먼저 염려하는 것은 자신과 가족
의 일이었다. 사람들은 자녀 교육과 노후 대비를 걱정하는데, 최근
들어 후자의 비중이 점점 더 커지고 있다. 아일랜드에서 최근에 수
행한 설문 조사에 따르면 응답자 80% 이상이 은퇴 후의 재정 상황
을 걱정하는 것으로 나타났다.[29] 6명 중 1명만이 은퇴 후 재정적으
로 어렵지 않을 거라고 확신했는데, 그나마 다른 유럽 국가보다는
높은 수치다. 아마도 아일랜드의 국민연금 액수가 상대적으로 많기
때문일 수 있다. (영국의 연금은 주당 126유로이고, 아일랜드의 연금은 주당
238유로다.) 은퇴 후 재정적 어려움을 걱정하는 사람들은 아무래도
자선 단체에 기부하기를 망설일 수 있다.

　한편 자신이 기부하는 금액이 너무 적어서 도움이 안 될 것이라거
나 기부한 돈이 어떤 방식으로든 오용될 것으로 생각하는 사람들도
있다. 그래서 자선 단체는 기부자의 돈으로 얼마나 큰 효과를 거둘
수 있는지 설명하기 위해 노력한다. 2018년에는 실적이 가장 좋은
자선 단체에 대한 분석이 이루어졌다.[30] 몇몇 자선 단체 평가 기관이

'기부금을 가장 효과적으로 사용하는 단체'와 '자금이 가장 필요한 단체'를 기준으로 자선 단체를 평가했다. 평가 결과 1위를 차지한 단체는 어린이들에게 말라리아 예방약을 제공하는 말라리아컨소시엄Malaria Consortium이었다. 말라리아는 아프리카 경제의 가장 큰 걸림돌로, 아프리카에서 해결해야 할 핵심 문제로 꼽힌다. 그런데 많은 말라리아 퇴치 단체들을 제치고 말라리아컨소시엄이 1위로 선정된 이유는 무엇일까? 이 단체에는 분명한 목표가 있다. 말라리아가 가장 유행하는 시기에 3~5세 어린이들에게 예방약을 배포하는 것이다. 말라리아컨소시엄은 95%의 어린이에게 최소 한 달간 예방약을 투여했으며, 그 결과 큰 성과를 거뒀다. 이 단체는 6.8달러로 어린이 1명을 4개월간 치료할 수 있다고 명시하고 있다. 평가 기관은 말라

말라리아방지재단의 공중 보건 프로그램을 통해
모기장을 받은 말라위 여성과 어린이들.

리아컨소시엄에 추가 투자가 이루어지면 큰 보탬이 될 것이라는 견해를 밝혔다. 2위를 차지한 단체는 아프리카와 파푸아뉴기니에 살충용 모기장을 제공하는 말라리아방지재단Against Malaria Foundation인데, 4.59달러로 말라리아 방지 모기장을 구매·배포함으로써 두 사람을 3년 동안 말라리아로부터 보호할 수 있다.

2016년, 《아이리시타임스The Irish Times》는 아일랜드의 여러 자선단체에 기부된 돈이 실제로 어디에 쓰였는지 분석했다.[31] 당시 아일랜드의 언론은 자선 단체에 곱지 않은 시선을 보내고 있었다. 단체의 직원들이 자금을 유용한 것이 문제가 되었기 때문이다. 이에 모범 사례를 장려하고 대중의 신뢰를 회복한다는 기치를 내걸고 2016년에 아일랜드 자선연구소가 출범했다. 핵심 연구 과제는 '사람들이 기부한 돈 중 얼마나 많은 금액이 실제로 직접적인 활동에 사용되는가?'였다. 연구 결과 노인들을 돕는 자선 단체인 얼론ALONE은 기부금의 100%를 일선 서비스에 사용하고 있었다. 옥스팜 아일랜드 Oxfam Ireland는 80%의 기부금을 전 세계 빈곤 퇴치를 위해 사용하는 것으로 밝혀졌다. 빈곤 퇴치 단체 컨선Concern 역시 기부금의 91.1%를 자선 활동에 직접 사용하는 등 우수한 성과를 거둔 것으로 나타났다. 하지만 다른 자선 단체들은 이 지표를 사용한 평가에서 그다지 좋은 성적을 거두지 못했다.

영국에서도 이와 비슷하지만 다소 충격적인 보고서가 발표되었는데, 조사 대상인 5,000여 개 자선 단체 중 5분의 1이 기부금의 50% 미만을 실제 자선 사업에 지출하는 것으로 밝혀졌다.[32] 한편으로는 이 지표에 대한 비판이 제기되었다. 일부 자선 단체의 경우 수

입의 일정 부분을 모금 활동에 지출해야만 하며, 여기에는 매장 운영비 등 간접비가 포함될 수 있다는 이유였다.

개발도상국의 빈곤 퇴치를 목표로 하는 글로벌 자선 단체는 많은 어려움에 직면해 있다.[33] 그 일이 자선 단체보다는 정부의 책임이라고 생각하는 사람들이 많기 때문이다. 그래서 유엔은 2000년 9월에 열린 총회에서 모든 선진국 정부가 국민총소득의 0.7%를 해외 개발 지원에 할당하도록 요청하는 새천년개발목표Millennium Development Goals(MDGs)를 채택했다.[34] 하지만 덴마크, 룩셈부르크, 네덜란드, 노르웨이, 스웨덴 등 5개국만이 이 목표를 달성했다. (영국과 핀란드는 거의 목표에 도달했다.) 나라별 차이는 각 나라의 개인들이 기부를 통해 메울 수 있다는 주장이 나오기도 했고, 국가마다 다른 여러 가지 목표가 설정되었으며, 몇몇 목표에서는 진전이 있었다. 달성된 주요 목표 중 하나는 전 세계에서 하루 1달러 미만으로 생활하는 인구의 비율을 절반으로 줄이는 것이었는데, 2008년에 목표를 달성한 뒤로 계속해서 개선해 나가고 있다. 2015년부터는 목표가 재조정되어 성평등이 모든 목표의 핵심 기반이 되었다.

또 다른 장애물이 글로벌 자선 단체에 기부하는 사람들을 가로막는다. 사람들의 잘못된 인식 중에 '해외 원조가 가난한 나라를 외부의 도움에 의존하게 만들고, 기부가 인구 과잉으로 이어진다'는 생각이 있다. 물론 이 지적에 반대하는 주장도 있다. 그 근거 중 하나는 자선 단체와 정부 간의 협력 모델이 중요하다는 점인데, 가령 게이츠 재단은 프로젝트에 투자할 때 종종 정부 자금을 활용하기도 한다. 또 다른 근거는 경제 발전이 실제로 출생률을 낮춘다는 사실

이다. 실제로 소녀들을 가능한 한 늦은 나이까지 교육하면 출산율이 낮아지는 것으로 입증되었다.[35]

화제를 바꿔 보자. 사람들은 왜 기부를 할까? 최근에 기부를 유도하는 주요 요인을 조사하기 위해 500건의 연구를 종합적으로 분석했더니,[36] 기부자의 85%가 '요청을 받아서' 기부했다고 답한 것으로 나타났다. 얼핏 당연해 보일 수 있지만, 특정 단체에 기부하겠다고 결정한 이유라고 하기에는 미흡한 면이 있다. 사람들은 대체로 도움이 필요한 사람에 대한 연민을 포함해 개인적으로 중요하게 여기는 가치를 확인하기 위해 기부를 하기 때문이다. 또 기부하면 '기분이 좋아진다'거나 '남들 눈에 능력자로 보인다'고 말하는 사람들도 있는데, 이는 나름대로 설득력이 있다. 자선 단체에 기부한 지 한 달쯤 된 미국인 819명을 대상으로 한 연구에서 '기부를 하는 다섯 가지 주요 이유'가 밝혀졌는데, 그중에 포함된 내용이기도 하다.

연구자들은 다섯 가지 이유의 첫 글자를 따서 TASTE라는 약어를 만들었다.[37] 첫 번째 이유는 신뢰trust로, 기부자는 자기가 신뢰하는 자선 단체에 기부할 가능성이 크다. 둘째는 이타성altruism으로, 기부자는 도움이 필요하다고 느끼는 사람을 위해 기부할 가능성이 크다. 셋째는 사회성social으로, 기부자는 익히 알고 있거나 관심 있는 사람들을 매개로 기부할 가능성이 크다. 예컨대 특정 질병에 걸린 사람을 알고 있다면, 해당 질병에 관한 연구를 지원할 가능성이 커진다. 또는 지인의 소개로 모금 행사에 참여했다가 취지에 공감하여 단체 기부를 하게 될 수도 있다. 넷째는 세금tax으로, 세금 감면 혜택이 있으면 기부할 가능성이 커진다. 많은 정부에서는 자선 단체에 기부한 금액을 비용으로 인정하여 세금을 감면해 준다. 다섯째이자 마지막 이유는 이기심egotism이다. 사람들은 남들 눈에 능력자로 보임으로써 개인적인 이익을 얻고 싶어 한다. 하지만 전반적으로 볼 때, 사람들은 뭔가를 돌려받기보다는 다른 사람을 돕는 행위 자체에서 더 큰 동기를 부여받을 가능성이 크다.

마지막으로 자선 활동과 자선 기부의 미래는 어떤 모습일지 생각해 보자. 현재 자선 활동의 추세는 상승세가 분명하여 좋아 보이지만, 이는 세계 경제 상황에 따라 언제라도 달라질 수 있다. 하지만 이번에도 코로나19가 상황을 바꿔 놓은 것 같다. 전 세계 억만장자들이 코로나19와 관련된 프로젝트에 많은 돈을 기부했으니 말이다. 경제 잡지《포브스Forbes》에 따르면 억만장자 77명이 비공개로 상당한 금액을 기부했다.[38] 트위터Twitter*의 CEO였던 잭 도시Jack Dorsey는 10억 달러, 빌 게이츠는 1억 500만 달러를 기부했고, 도널드 트럼프도 10만 달러를 기부했다.

그러나 자선 활동 전반에 걸쳐 몇 가지 불안정한 추세가 나타나고 있다. 2019년 영국에서는 자선 단체에 기부한 적이 있다고 답한 사람들의 비율이 3년 동안 61%에서 57%로 감소했다.[39] 조사 결과, 그동안 자선 단체들이 개인에게 보내는 메일에 크게 의존해 왔는데, 그 비율을 낮추도록 한 개인 정보 보호법이 통과되면서 기부를 직접 요청하는 자선 단체가 감소한 것이 한 원인으로 밝혀졌다. 그래도 유산을 기부하는 사례나 지역 사회가 주도하는 기금 모금 사업

---

* 2022년 10월 27일, 테슬라의 CEO인 일론 머스크Elon Musk는 트위터를 인수하고 사명을 X로 바꿨다.

이 증가했다는 점은 긍정적이다. 디지털 참여도 증가하고 있는데, 이 역시 도움이 될 것이다. 기부액은 등락을 거듭하겠지만, (바라건대) 앞으로도 계속해서 성장할 수 있을 것이다.

　자선에 대한 비판은 역사적으로 수없이 있었고, 지금도 계속되고 있다. 시인이자 극작가인 오스카 와일드는 《사회주의에서의 인간의 영혼》이라는 에세이로도 유명한데, 이 글에서 그는 자선을 "가난한 사람들의 사생활을 억압하려는 감상주의자의 무례한 시도를 수반한, 터무니없을 정도로 부적절하고 불완전한 보상 방식"이라고 말한다. 그는 자선이 빈곤이라는 '질병'을 치료하는 것이 아니라 오히려 연장한다고 했다. 정부에 더 많은 조치를 촉구하려고 그랬을지도 모르지만, 오스카의 생각은 틀렸다. **인류를 돕는 것을 빼면 부자들이 돈으로 할 수 있는 좋은 일은 없을 것이다. 사실 이 말은 우리 모두에게 적용된다. 자선 활동은 측은지심의 발로이며, 측은지심은 인간의 필수 덕목 중 하나다. 모두가 자선 활동의 한 방편으로 사정이 허락하는 만큼 기부하고 세금을 성실히 내야 한다. 유명한 성인******이 말했듯이, "주는 것이 곧 받는 것"이니까.**

**　아시시의 성 프란치스코San Francesco d'Assisi가 한 말로 알려져 있다.

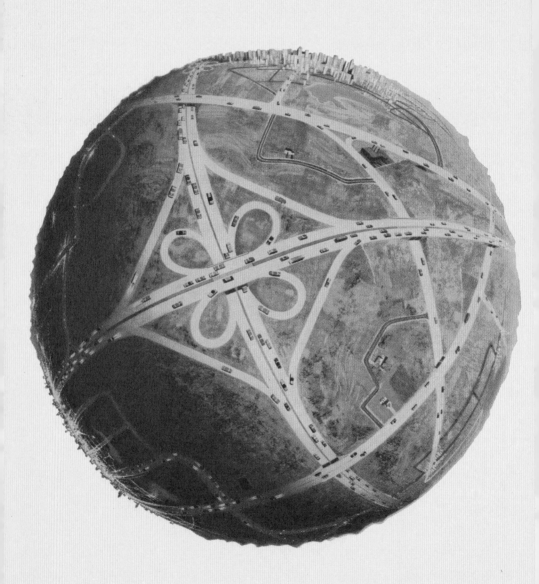

13장

기후 위기

지구가 망가지면
되돌릴 수 있을까?

"환경이 경제보다 덜 중요하다고? 진짜로?
그럼, 돈을 세는 동안 숨을 참아 보라."

가이 맥퍼슨Guy McPherson

여느 집들처럼 우리 집에도 분리배출용 쓰레기통이 세 개 있다. 검은색, 녹색, 갈색. 덤벙꾼인 내게는 너무 복잡해서 간혹 지정된 색에 맞지 않은 엉뚱한 것을 넣는 바람에 깐깐한 아내와 나 사이에 늘 긴장이 흐른다. 세 가지 색 쓰레기통은 망가져 가는 지구를 구하기 위한 싸움의 한 장면이다.

　우리가 지구를 어떻게 망가뜨리고 있는지 이야기해 보겠다. 그 이야기는 수백만 년 전 동물성 플랑크톤과 조류algae라는 미세한 유기체들이 자연적 생활 주기에 따라 수십억 마리씩 죽어 해저에 가라앉으면서 시작된다.[1] 그것들은 수백만 년에 걸쳐 실트silt*와 진흙으로 서서히 덮였다. 그러다 자체 무게에 짓눌리고 분해되어 주로 탄화수소로 구성된 케로젠kerogen이라는 왁스 같은 물질을 형성하

---

* 　모래보다는 미세하고 점토보다는 거친 퇴적토.

기 시작했다. 땅속은 점점 더 뜨거워졌고, 케로젠은 서서히 석유라고 불리는 액체로 변해 갔다. 그렇게 수백만 년이 흘렀다. 만약 당신이 운 좋게도 이런 유전油田 위에 살고 있다면 엄청난 부자가 될 것이다. 석유는 지구인들이 가장 많이 찾는 물질 중 하나가 되었으니까. 어떻게 이런 일이 일어났으며, 액상으로 변한 고대 생물의 잔해가 연소하면서 지구를 망가뜨리는 이유는 무엇일까? 그리고 우리는 이에 대응하여 무엇을 할 수 있을까?

인류가 석유를 사용한 기록을 최초로 남긴 사람은 기원전 484~425년경에 살았던 고대 그리스의 역사가 헤로도토스Herodotos다.[2] 그는 바빌론의 성벽과 탑을 건설하는 데 아스팔트('역청'이라고도 알려졌다)라는 반고체 석유를 어떻게 사용했는지 기록했다. 유프라테스강의 지류인 이스강 유역에는 엄청난 양의 아스팔트가 매장되어 있었다고 한다. 고대 중국인들 역시 석유에 관한 기록을 남겼는데, 그들은 기원전 4세기 초에 석유를 연료로 사용했다는 기록을 최초로 남겼다. 일본인들은 7세기에 석유를 '불타는 물'이라고 묘사했다. 아랍의 지리학자 알 마수디Al-Mas'udi는 10세기에 바쿠(아제르바이잔의 수도)에 있는 유전에 관해 썼다. 아랍과 페르시아의 화학자들은 9세기에 석유를 증류하는 방법을 최초로 기술했으며, 증류액을 석유램프에 사용했다.

석유의 현대사는 19세기 스코틀랜드의 화학자 제임스 영James Young이 더비셔주 리딩스의 탄광에서 채취한 원유에서 '가볍고 묽은 기름'을 증류하면서 시작되었다. 영은 1850년에 세계 최초의 정유공장을 설립했다. 묽은 기름은 등유로 사용되었고, 더 걸쭉한 기름

은 윤활유로 사용되었다. 1846년에 바쿠에서 최초로 유정油井을 시
추했고, 이후 미국 펜실베이니아와 온타리오에서도 유정을 시추하
면서 석유 산업이 본격적으로 막을 올렸다. 그 당시 석유는 주로 램
프의 연료로 사용되었다.

　석유를 태우면 열과 빛이 발생하면서 그 속의 탄소가 이산화탄소
형태로 방출되는데, 바로 여기서부터 문제가 시작됐다. 미세한 생
물의 몸속에 갇혀 있던 탄소는 공기 중의 이산화탄소로부터 얻은
것이니 석유가 연소하면서 탄소가 공기 중으로 되돌아가는 것은 당
연한 일이다. 문제는 그 양이 갈수록 점점 더 많아진다는 것이었다.

　석유 산업은 제2차 세계 대전 중에 주로 차량에 휘발유를 공급하
면서 성장하기 시작했다. 덩달아 석유에서 나온 합성 물질에 대한
수요가 증가했는데, 이는 값비싸고 때로는 효율성이 떨어지는 천연
제품들이 석유 화학 제품으로 대체되었기 때문이다. 그리하여 석유
화학 공정은 20세기 주요 산업으로 발전하게 되었다.

　1950년대 중반까지만 해도 세계 최고의 연료는 석탄이었다. 그런
데 석탄도 문제였다. 석유처럼 석탄도 식물이 땅속에 묻힌 후 토탄
peat을 거쳐 석탄이 되었으므로 탄소로 가득 차 있긴 마찬가지이기
때문이다. (이렇게 오래전 땅속에 묻힌 생물로부터 만들어진 연료 물질을 '화
석 연료'라고 부른다.) 따라서 석탄을 태울 때도 탄소가 이산화탄소의
형태로 대기 중으로 배출된다.

　석유는 1950년대부터 전기 생산과 자동차 운행의 주 연료원으로
자리 잡으면서 점점 빠르게 석탄을 대체해 갔다. (물론 석탄은 지금도
많이 사용된다.) 그렇게 우리는 기차, 비행기, 자동차에 동력을 공급하

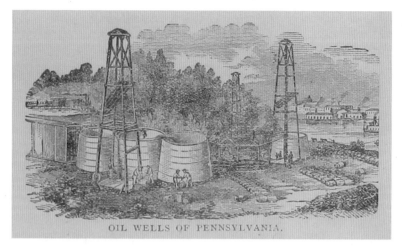

OIL WELLS OF PENNSYLVANIA.

1893년 펜실베이니아의 유정을 묘사한 목판화.

고, 전열기와 컴퓨터를 작동시킬 전기를 생산하느라 수십억 톤(t)의 석유를 계속 태우고 있다.

20세기에 화석 연료를 부쩍 많이 사용하게 된 현상은 사용 방식의 측면에서 볼 때 인류 역사상 유례가 없는 일이다. 석유를 에너지원으로 사용하여 비료를 값싸게 만들면서 식량이 훨씬 더 풍부해졌고, 이는 지난 100년 동안 인구가 급증한 주요 원인이 되었다. 20세기에는 네 차례에 걸쳐 전 세계 GDP가 2배로 증가했는데, 모두 화석 연료를 사용한 산업에서 비롯된 성과였다.

세계는 사우디아라비아, 러시아, 미국이라는 3대 산유국의 지배를 받고 있다. 놀랍게도 전 세계에서 쉽게 접근할 수 있는 석유 매장량의 약 80%가 중동에 있으며, 그중 60% 이상이 사우디아라비아, 아랍에미리트, 이라크, 카타르, 쿠웨이트에 집중되어 있다.[3] 하지만 단일 국가 중 가장 많은 석유 매장량을 보유한 나라는 남아메리카에 있는 베네수엘라다.*

석유나 석탄을 태우는 것이 지구에 문제가 되는 이유는 무엇일까? 바로 온실 효과 때문이다.[4] 온실 효과란 지구의 대기가 지표면을 (대기가 없을 때보다) 높은 온도로 데우는 현상을 말한다. 이런 맥락으로 '온실'이라는 용어가 사용된 것은 1901년으로, 스웨덴 기상학자 닐스 구스타프 에크홀름Nils Gustaf Ekholm이 처음 사용했다. 일반적인 온실을 생각해 보라. 햇빛이 유리를 통해 들어와 공기를 따뜻하게 데우지만, 열은 유리에 막혀 온실 밖으로 빠져나가지 못한다. 따라서 온실 안의 온도는 계속 상승하게 된다. 지구는 유리 대신 대기에 둘러싸여 있다. 대기 중의 온실가스는 태양에서 온 열을 흡수했다가 (지표면을 포함해) 주변에 방출함으로써 지구를 따뜻하게 만든다.

온실 효과는 1824년에 조제프 푸리에Joseph Fourier가 처음 제안했으며, 이후 클로드 푸이예Claude Pouillet, 유니스 뉴턴 푸트Eunice Newton Foote, 존 틴들John Tyndall 등의 과학자들이 대기 중 가스가 열을 흡수한 후 방출할 수 있다는 중요한 증거를 제시했다. 대기 중 주요 온실가스로는 수증기(36~70%), 이산화탄소(9~26%), 메탄(4~9%), 오존(3~7%)이 있다. 틴들은 이들 온실가스의 위력을 개별적으로 측정한 최초의 인물이다.[5]

---

*   석유 매장량이 풍부한 산유국 베네수엘라는 10여 년 전부터 시작된 세계적인 유가 하락과 사회주의 정부의 정책 잘못으로 경제가 파탄에 이르렀고, 치솟는 인플레이션과 기업 줄도산으로 수많은 국민이 먹을 것과 연료조차 구하기 힘든 빈곤 상태에 빠졌다.

사실 자연적인 온실 효과는 지구상의 많은 생명체가 살아가는 데 매우 중요하다. 자연적인 온실 효과가 없으면 지구는 너무 추워지고 바다는 얼어붙을 것이다. 복잡한 생명체의 진화 역시 불가능했을 것이다. 그러나 오늘날 온실 효과는 우리의 걱정거리가 되었다. 지구가 너무 뜨거워지고 있기 때문이다.

19세기 후반, 과학자들은 인간이 배출하는 온실가스가 기후를 변화시킬 수 있다고 주장하기 시작했다. 1896년, 스웨덴 과학자 스반테 아레니우스Svante Arrhenius는 인간이 석탄이나 석유를 태우면 대기 중 이산화탄소가 증가하여 지구 온난화 현상이 발생할 것이라는 의견을 냈다.[6] 1930년대에는 미국이 50년 전보다 훨씬 더 따뜻해졌다는 사실이 밝혀졌다. 영국의 엔지니어인 가이 스튜어트 캘린더Guy Stewart Callender는 이산화탄소로 인해 기온이 더 상승할 거라고 말했지만, 아무도 그의 말에 귀를 기울이지 않았다. 과학자들은 미군 자금을 기상학 연구 자금으로 사용하여 데이터를 수집하기 시작했는데, 모든 데이터가 이구동성으로 '지구의 온도가 실제로 급격히 상승하고 있다'고 말하는 듯했다. 지구 온도가 상승하는 요인을 명쾌하게 설명할 수 있는 것은 온도와 함께 상승한 이산화탄소 수치밖에 없었다.

이제 지구 온난화의 주범이 인간 활동으로 배출된 온실가스라는 것은 의심의 여지가 없게 되었다.[7] 그러나 여전히 많은 사람이 이 사실을 부인하고 있으며, 도널드 트럼프는 지구 온난화가 '미국 제조업에 타격을 주기 위해 중국이 꾸며낸 거짓말'이라는 트윗을 철회하지 않았다.

과거의 기후가 어땠는지 알 수 있는 중요한 자료 중에 빙하 코어 ice core 데이터가 있다. 빙하 코어는 고산 빙하나 극지방 만년설의 빙상('대륙 빙하'라고도 한다)에 파이프로 구멍을 뚫어 채취한 얼음 샘플이다. 얼음은 해마다 쌓이므로 과학자들은 원통 모양으로 채취한 샘플을 분석함으로써 무려 80만 년 전까지 거슬러 올라가는 과거의 공기 조성을 알아낼 수 있다.

이 데이터는 인류가 처음으로 화석 연료를 태우기 시작한 1800년대 초반부터 이산화탄소 수치기 증가했음을 보여 준다.[8] 지난 500만 년 동안 이산화탄소 수치가 지금보다 높은 적은 없었다.[9] 500만 년 전 지구의 평균 기온은 지금보다 3℃ 더 높았다. 그린란드는 실제로 녹색이었고, 남극 대륙의 일부 지역에는 숲이 있었다. 해수면은 20m 더 높았다. 이는 더블린, 런던, 뉴욕, 보스턴, 샌프란시스코 등 많은 해안 도시가 존재하지 않았음을 의미한다. 증가한 이산화탄소의 거의 절반은 1990년 이후에 발생했다. 이에 위기의식을 느낀 과학자들은 경종을 울렸다.[10] 각국 정부는 나름대로 노력하고 있다고 말하지만, 아직 어림도 없다.

지구 표면의 평균 온도를 측정한 결과, 19세기 후반 이후 현재까지 0.9℃ 상승한 것으로 나타났다. '역사상 가장 더웠던 해' 순위에서 1위부터 5위까지가 모두 2010년 이후이며, 현재 예측에 따르면 기온은 10년마다 약 0.2℃씩 상승할 것으로 보인다.[11] 파리에서 열린 유엔 기후변화협약(UNFCCC) 회의에서 설정된 현재 목표는 전체적인 기온 상승을 1.5℃ 이내로 제한하는 것이다.

해양 온도는 1969년 이후 0.4℃ 상승했다. 기온 상승으로 그린란

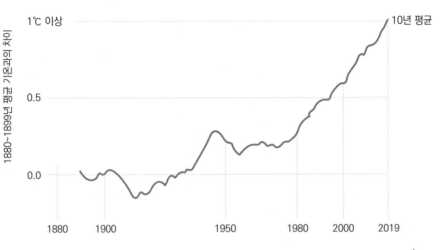

자료: NASA

세계는 해마다 더 뜨거워지고 있다. NASA의 데이터에 따르면 역사상 가장 더웠던 해 순위에서 1위부터 5위까지가 모두 2010년 이후라고 한다.

드와 남극 빙상이 녹고 있으며, 그린란드에서는 1993년부터 2016년까지 연평균 2860억 t의 얼음이 사라졌다.[12] 남극의 얼음 손실률은 지난 10년 동안 3배나 증가했고, 그 결과 해수면이 상승했다. 전체적으로 해수면은 지난 세기 동안 15cm 상승했다.[13] 이에 따라 홍수의 위험이 커지는 것은 물론이고 염수에 의존하는 해류에 교란을 일으킬 수 있다. 즉, 만년설이 녹는다는 것은 담수가 늘어난다는 의미인데, 이 영향으로 멕시코만류가 아일랜드 쪽으로 흘러가기를 멈출 수 있고, 그러면 극적인 기후 변화가 일어날 것이다. 또 이산화탄소가 증가해 바다가 더욱 산성화되었는데, 산업 혁명 이후 산성도가 30%나 증가했다. 이는 해양 생물, 특히 산성 환경을 싫어하는 산호에 악영향을 미치고 있다. 빙하가 후퇴하고 있고, 해마다 봄에 눈이 점점 더 일찍 녹으면서 전체적인 적설량이 감소하고 있다. 이 모든 현상은 기후 변화가 놀라운 속도로 일어나고 있으며, 그 원인은 대기 중 온실가스가 증가했기 때문임을 말해 준다.

기후 변화에 관한 정부 간 협의체Intergovernmental Panel on Climate Change(IPCC)는 최신 보고서에서 현 상황을 분명하게 설명했다. "대기 중 이산화탄소, 메탄, 아산화질소의 농도는 적어도 지난 80만 년 동안 전례가 없는 수준이다. 그 영향은 기후 시스템 전반에 걸쳐 감지되었으며, 20세기 중반 이후 관측된 온난화의 주요 원인이었을 가능성이 매우 크다."[14] 99% 이상의 과학자들이 화석 연료를 주요 원인으로 내세우며, 인간이 주동자라는 결론을 내렸다.[15] 과학자들은 진실이 밝혀질 때까지 서로 논쟁하기를 좋아한다는 점을 고려할 때, 이것은 매우 높은 수준의 합의라고 할 수 있다. 일부 과학자들은 독창적이기를 원하고 일반적인 증거에 반기를 들기 때문에 (또는 설문지를 잘못 작성할 수도 있기 때문에) 과학계에서 만장일치의 결론이 나오는 경우는 매우 드물다. 하지만 이제는 부인할 수 없다. 기후 변화를 연구하는 과학자 대다수가 '지구 온난화의 원인은 인간'이라는 진실에 동의했다.

IPCC는 특히 바다를 걱정하고 있다. 우리에게는 바다가 꼭 필요하다. 바다는 우리에게 식량을 주고 우리가 호흡하는 산소의 85%를 제공하며 기후를 조절한다. 바다는 데워진 대기에서 나오는 열을 90%나 흡수하고, 수 기가톤(Gt)의 이산화탄소를 빨아들인다. 1994년부터 2007년 사이에 바다는 인간 활동으로 배출된 이산화탄소의

3분의 1을 흡수했다. 바다가 없다면 지구의 기온이 30℃나 더 높아질 테니 살아남을 생명체는 별로 없을 것이다. 그런데 우리 해양은 심각한 위협을 받고 있다. 1970년 이후로 바다는 점점 따뜻해지고 있으며, 1993년부터는 그 속도가 2배 이상 빨라졌다. 게다가 점점 더 많은 담수가 바다로 유입되고 있는데, 이는 해류의 변화와 같은 심각한 결과를 초래할 수밖에 없으므로 결국 추가적인 기후 변화를 촉발할 것이다.

수십억 마리의 식물성 플랑크톤이 바다를 떠다니며 광합성을 통해 태양 에너지를 활용하고 산소를 방출한다. 그들이 지구상 모든 산소의 절반을 담당하고, 나머지 절반은 육상 식물에서 나온다. 산소 방출에 특히 큰 몫을 담당하는 생물은 프로클로로코쿠스 Prochlorococcus라는 종으로, 개체 수가 워낙 많아서 옥틸리언(10의 27 제곱) 단위로 세야 한다. 지금껏 지구의 허파와도 같은 존재로 여겨져 왔지만, 그들 역시 심각한 위험에 처해 있다.

IPCC 보고서는 이 모든 현상이 인간에게 미칠 영향을 강조한다. 해안 지역에만 6억 8000만 명이 살고 있는데, 해수면이 상승하면 해안이 침수되어 엄청난 피해를 보게 될 것이기 때문이다. 추가로 500만 명이 북극 지역에 살고 있으며, 6500만 명이 수몰 위험에 처한 작은 섬에 살고 있다. 이들은 모두 집과 식수, 생계를 잃을 위험에 처해 있다. 설상가상으로 이들 중 상당수는 빈곤층에 속한다. 이 보고서는 100년에 한 번꼴로 발생했던 극심한 홍수가 2050년부터는 해마다 발생할 것으로 내다보았다.

온난화된 바다에서는 많은 어종이 살아남을 수 없을 테니, 바다의

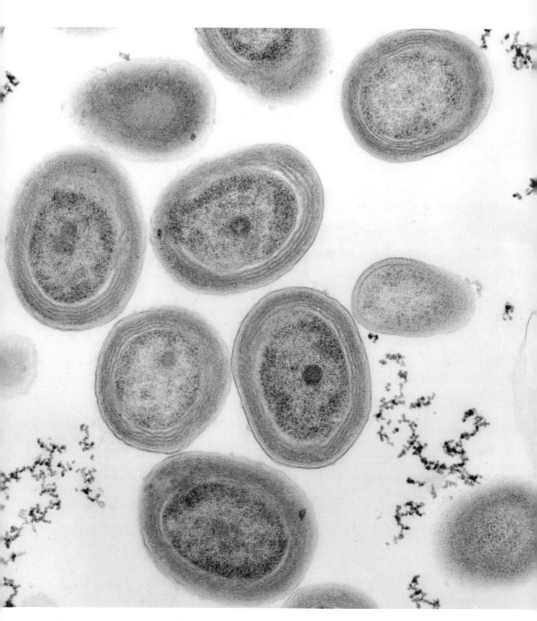

프로클로로코쿠스는 지구의 허파와 같은 존재로, 다른 식물성 플랑크톤 종과 함께 지구 산소의 50%를 생산한다. 우리가 들이쉬는 숨의 절반은 식물성 플랑크톤 덕분이다.

생산성이 전반적으로 떨어질 것이다. 현재 무려 30억 명이 해산물을 주요 단백질 공급원으로 삼고 있다. 맹그로브 숲과 산호초는 온난화로 바닷물이 산성화된 탓에 이미 죽어가고 있다.

　온실 효과가 폭발적으로 일어나면 어떤 일이 벌어질 수 있는지는 이웃 행성 금성이 잘 보여 준다. 수백만 년 전 금성에는 암석과 토양에서 나온 이산화탄소가 대기 중에 축적되어 있었다. 그런데 온난화로 더 많은 이산화탄소가 방출되어 결국 대기의 96%를 차지하게 되었다. 이 때문에 표면 온도가 462°C까지 올라갔고, 모든 지표수가 끓어오르게 되었다. 지구도 금성과 비슷한 방향으로 가고 있다. 우리에게 이 재앙을 막을 의지가 있기는 한 걸까? 기후 변화가 돌이킬 수 없을 정도로 가속화되기 시작하는 시점을 '티핑 포인트tipping point'라고 하는데, 이러다가 정말로 티핑 포인트에 도달하는 것은 아닐까?

　얼마나 심각한 상황이 전개될까? 세계의 기후과학자들은 중대한 과제를 안고 있다. 먼저 지구의 기후가 실제로 어떻게 작용하는지에 대한 정확한 모델을 구축해야 한다. 그런 다음 (주로 인간 행동과 관련된) 미래 시나리오를 기반으로 이를 검증하고, 초당 수십억 번의 수학 연산을 수행하는 슈퍼컴퓨터를 사용하여 데이터를 수집해야 한다. 인공위성의 활용도가 높아짐에 따라 데이터 수집은 훨씬 더 안정적이고 효율적으로 이루어지고 있다. 그린란드에서 이전에 생각했던 것보다 3배나 많은 얼음이 녹아 사라지고 있다는 최근 보고만 보아도 데이터 수집의 중요성을 실감할 수 있다.[16]

　현재 가장 큰 우려는 영구 동토층이 녹아 막대한 양의 메탄을 방출할 경우 지금보다 훨씬 더 빠른 속도로 지구가 가열될 수 있다는 점이다. 인간이 탄소 배출량을 줄임으로써 땅속의 탄소가 대기 중으로 이동하는 것을 막을 가능성이 얼마나 될지도 중요한 문제다. 이 현실을 전환하기 위해서는 정치·경제·기술의 협력이 필요하다. 지구 온도 상승 폭을 1.5℃ 이내로 제한하자는 파리 협약의 목표를 달성하지 못한다면 어떤 일이 일어날지, 그 예측은 냉혹하다.

지구 온난화를 늦추려는 노력은 초대형 유조선이 급속하게 유턴을 시도하는 것과 비슷하다. 목표는 20세기 동안 무려 20배 증가한 탄소 배출량을 되돌리는 것이다. 이는 석유, 가스, 석탄을 태워 이루어 온 모든 것을 교체해야 한다는 의미다. 모든 플라스틱(석유로 만든다)을 재활용하거나 다른 것으로 교체해야 한다는 뜻이고, 전 세계의 농장을 변화시켜야 한다는 의미다. 그리고 이 모든 일은 2100년까지 이루어져야 하는데, 그동안에 세계 인구는 지금보다 50% 증가할 테고, 이 많은 인구의 요구를 충족하느라 세계 경제는 더욱 확장될 것이다. 핵심 과제는 경제 성장을 유지하는 것인데, 그러려면 경제학자들이 말하는 녹색 성장(지구에 해를 끼치지 않는 경제 성장)을 달성해야 한다. 그런데 어쩌면 성장 자체가 불가능할 수도 있다. 그도 그럴 것이 전통적으로 경제 성장은 탄소 배출량 증가를 수반했으며, 그 이유는 화석 연료가 필요했기 때문이다.

전 세계 탄소 배출량은 계속 증가하고 있으며, 2018년에 최고치를 기록했다. 2019년 뉴욕에서 열린 유엔 기후정상회의에서 65개국은 2050년까지 탄소 순 배출량이 0이 되게 하는 탄소중립(이산화탄소를 흡수한 만큼만 배출하는 것)에 도달하기로 약속했다. 이에 따라 나라마다 나름의 목표를 정했는데, 가령 인도는 재생 에너지 목표를 5배로 늘리기로 합의했다. 탄소중립은 전 세계가 동참해야만 효과를 발휘할 수 있다. 한 국가가 배출량을 극적으로 줄인다 해도 다른 모든 국가가 감축하지 않는다면 전체적인 위험은 그대로 유지되기 때문이다. 반대로 한 국가가 배출량을 줄이지 않는데 다른 모든 국가가 배출량을 줄인다면, 그 국가는 가만히 앉아서 불로소득을 챙기게 되므로 또 다른 분쟁으로 이어질 수 있다.

최근 연구에 따르면 불과 100개 회사가 전 세계 탄소 배출량의 71%를 차지하고 있다. 따라서 이러한 회사들을 표적으로 삼아 변화를 유도해야 한다. 파리 목표의 진척 상황을 모니터링하는 과학기반감축목표 이니셔티브Science Based Targets initiative(SBTi)에 650개 이상의 기업이 가입했는데, 이 회사들의 자산을 모두 합치면 11조 달러에 달한다. 이 회사들은 선박과 건물에서 배출되는 이산화탄소를 줄이기로 약속했다.

이제 안심이 되는가? 그렇지만 해야 할 일이 아직 많이 남아 있다. 기후 변화를 일으키는 과정이 세계 경제의 바탕을 이루고 있는 만큼 기후 변화를 막기 위해 채택해야 할 조치는 포괄적이어야 한다. 최근 《이코노미스트*The Economist*》의 한 사설에서 언급했듯이 "자본주의를 뿌리째 뽑는" 개편이 필요할 수도 있다.[17] 지구를 구하려면 비행기 여행을 중단하고, 육식을 중단하고, 자가용 이용을 금지하고, 소비에서 '친환경 인프라 구축'으로 관심을 돌리는 등 '탈성장'을 추구해야 할 수도 있다. 아이러니하게도 우리는 이런 일 중 일부를 코로나19의 결과로 경험했다.

탄소중립을 달성하기 위해 무엇보다 중요한 일은 화석 연료를 재생 에너지원으로 전환하는 것이다. 현재 전 세계 에너지의 7%만이 두 가지 주요 재생 에너지원인 바람과 태양에서 나온다.[18] 다행히 설치 비용이 크게 떨어짐에 따라 이 비율이 증가할 것으로 보인다. 재생 에너지 비중이 늘어나면 녹색 성장이 가능할 수도 있다.

현재 북해에는 세계 최대 규모의 해상 풍력 발전 단지가 건설되고 있다. 영국의 한 회사가 주도하는 '혼시Hornsea 프로젝트'로, 407km² 면적에 174개의 풍력 터빈을 실지하는 중이나. 영국은 현재 8GW(기가와트) 용량의 해상 풍력 발전 단지를 건설하고 있으며, 이는 독일보다 3분의 1 더 많은 용량이다. (그래도 아직은 독일이 영국보다 거의 3배 많은 풍력 발전 용량을 보유하고 있다.) 2030년까지 영국은 30GW의 용량을 보유하게 될 텐데, 풍력 발전은 2050년까지 탄소중립을 달성하려는 영국의 계획에서 매우 중요한 부분이다. 바람은 낮뿐 아니라 밤에도 불고 일조량이 적은 겨울에 더 강하므로 태양 에너지를 완벽하게 보완할 수 있다. 게다가 터빈을 바다에 설치할 수 있으니 계획을 이행하는 데 아무런 문제가 없다. 영국 정부는 신기술 연구에 자금을 지원하고 기업에 보조금을 제공하여 개발을 장려하는 등 적극적인 행보를 보여 왔다. (이와 반대로 육상 풍력 발전에 대해서는 최근 보조금 지급을 철회함으로써 지원을 중단했다.) 이제 영국의 풍력 발전은 재생 에너지의 25%를 생산하게 되었다. 아일랜드 역시 전력의 29%를 풍력 발전에서 얻는다.

파리에 본부를 둔 에너지 감시 기관인 국제에너지기구(IEA)가 내놓은 전망은 낙관적이다. IEA는 최근 보고서에서 해상 풍력 발전에

드는 비용이 2030년까지 40% 감소할 것이며, 이에 따라 향후 10년 안에 화석 에너지와 경쟁할 수 있을 것으로 내다보았다. 또 2040년까지 해상 풍력 발전이 유럽에서 가장 큰 단일 발전원으로 자리 잡을 것으로 예측했다. 2019년, 중국은 다른 어떤 나라보다 더 많은 해상 및 육상 풍력 발전 단지를 건설했다.

독일은 정부가 태양 에너지 사용을 촉진하는 조치를 하면서 해당 부문이 크게 활성화되고 비용도 줄어들었다. 이러한 추세는 앞으로도 계속될 것으로 전망된다. 다만 2018년에 세계 에너지 수요가 3.7% 증가한 것을 보면 목표 달성이 쉽지만은 않아 보인다. 그래도 재생 에너지 사용을 늘리는 것은 선택이 아니라 필수다. 그리고 발전 외에 다른 부문에서도 탄소 배출을 과감하게 줄여야 한다. 실제로 발전소에서 배출되는 탄소는 전체 산업에서 배출하는 양의 40% 미만이며, 탄소 배출의 주요 원천은 산업 공정과 운송이기 때문이다. 전 세계 자동차 중에서 전기 자동차가 차지하는 비중은 0.5%에 불과하므로 이 비율도 늘려야 한다.

지구 온난화를 늦추는 또 다른 접근 방법은 이른바 '마이너스 배출'로, 대기 중에서 이산화탄소를 제거하는 것이다. 우리에게는 이 임무를 수행할 좋은 도구가 있다. 바로 식물이다. 식물은 이산화탄소를 흡수하고 광합성을 통해 더 많은 것을 만들어 낸다. 그러므로 우리에게는 더 많은 식물이 필요하다. 그리고 최근 MIT의 과학자들이 매우 에너지 집약적인 방법으로 공기 중에서 이산화탄소를 제거할 수 있는 새로운 장치를 개발했다. 전기를 띤 전기화학판 electrochemical plate 더미에 공기를 통과시키면, 이산화탄소를 포집한

다음 안전하게 폐기할 수 있다.

한편으로는 탄소를 많이 먹는 프로클로로쿠스와 바다의 플랑크톤이 계속 번성하도록 해 주어야 한다. 바다가 점점 따뜻해지고 산성화되는 것도 문제지만, 바다가 폐플라스틱으로 가득 차고 있다는 사실도 심각하다. 매일 약 800만 개의 플라스틱 오염 물질이 바다로 흘러 들어간다.[19] 1분마다 쓰레기 트럭 한 대 분량의 플라스틱이 바다에 버려지고, 이 중 23만 6,000t이 잘게 쪼개져 미세 플라스틱이 된다. 하늘에서 바다를 내려다보면 엄청난 크기의 플라스틱 쓰레기 섬들이 보일 지경인데, 이 중에서 캘리포니아와 하와이 사이에 있는 것은 크기가 텍사스주만 하다. 플라스틱이 바다로 유입되는 것을 막지 못한다면, 2050년에는 바다에 물고기보다 플라스틱이 더 많아질 것이다. 송어와 농어를 포함하여 우리가 소비하는 많은 물고기의 몸속에는 이미 미세 플라스틱이 들어 있다.

다행히 신기술이 바다의 플라스틱 문제를 해결할 수 있을지도 모른다. 강물은 종종 육지에서 바다로 수 톤의 쓰레기를 휩쓸어가는데, 영국의 소셜 벤처 기업 익티온Ichthion이 수면에 설치하여 강물에 떠다니는 물체를 건져 강둑으로 보내는 장치를 개발했다. 강둑에서는 컨베이어 벨트가 물체를 들어 올리고, 카메라가 이를 판독하여 플라스틱을 골라낸 다음 쓰레기통에 버린다. 이 장치는 하루 최대 80t의 플라스틱을 분류할 수 있으며, 수거한 플라스틱은 재사용이나 재활용을 담당하는 업체로 보낸다. 게다가 선박에 부착하여 바다의 플라스틱 조각을 골라내는 장치도 있다. 어쩌면 바닷속 플라스틱과의 전쟁에서 승산은 아직 우리에게 있을지도 모른다.

1. 북태평양 환류　2. 인도양 환류
3. 남태평양 환류　4. 남대서양 환류　5. 북대서양 환류

북태평양 환류에 형성된 '태평양 거대 쓰레기 지대'를 포함하여 5대 대양 환류에는
플라스틱 조각으로 구성된 거대한 쓰레기 지대(일명 '쓰레기 섬)가 있다.
이 중에서 태평양 쓰레기 섬은 크기가 텍사스주만 하다.

　과학자들은 따뜻한 물에서 좀 더 잘 견디는 산호와 그러지 못하는 산호를 교배하여 열에 강한 잡종인 '슈퍼 산호'를 만들어 내고 있다. 하지만 이것은 산호를 살릴 시간을 벌려는 방편일 뿐, 궁극적으로 산호가 살아남으려면 바다가 약간 냉각되어야 한다. 해양 보호 구역을 설정하여 해양 생물을 보호하는 방법도 있다. 이런 방법으로 현재 전 세계 바다의 8%를 어느 정도 보호하고 있으며, 유럽연합 집행위원회는 유럽 바다의 10.8%를 이렇게 보호하고 있다고 발표했다. 2016년에는 1,400개의 정부 및 비정부 기구로 구성된 국제자연보전연맹(IUCN) 회원들이 2030년까지 해양의 30%를 보호 구역으로 지정하기로 만장일치로 결의했다. 이러한 행동이 탄소 배출량

감축 목표와 결합하면 바다에 기회가 생길지도 모른다.

요컨대 우리에게는 희망이 있다. 그러니 희망의 끈을 놓지 말아야 한다. 우리가 변화하려면 무엇이 필요할까? 먹거리, 여행(특히 항공 여행), 가정에서의 에너지 사용, 상점에서 구매하는 품목, 심지어 가족 규모와 같은 개인적인 선택을 바꿈으로써 지구를 구할 수 있다는 말을 우리는 귀에 못이 박이도록 들어 왔다. 기후 변화 목표를 달성하려면 1인당 연간 이산화탄소 배출량을 3t 미만으로 줄이는 것을 목표로 해야 한다. 현재 유럽연합의 1인당 연간 이산화단소 배출량은 11t이다. 아일랜드의 경우 1990년대 후반 마지막 경제 호황이 절정에 달했던 때 1인당 탄소 배출량은 17t이었다.[20] 우리가 몇 가지 규칙을 준수했을 때, 연간 탄소 배출량을 얼마나 줄일 수 있는지 계산한 연구가 있다. 자녀를 한 명 덜 낳으면 부모는 평생에 걸쳐 매년 58.6t을 줄일 수 있다. 1년 동안 자동차 없이 생활하면 2.4t, 대서양 횡단 비행을 한 번 줄이면 1.6t, 채식 위주의 식단을 채택하면 0.8t, 종이와 플라스틱을 재활용하면 0.21t을 줄일 수 있다.[21]

과학자들은 다양한 행사들이 탄소 배출에 미치는 영향까지도 측정하고 있는데, 최근 연구에서는 독일의 옥토버페스트Oktoberfest를 조사했다.[22] 600만 명의 방문객이 뮌헨에 모여 2주 동안 먹고 마시며 즐기는 이 축제는 모든 면에서 인상적인 행사다. 축제 기간에는 약 25만 개의 돼지고기 소시지, 50만 마리의 닭, 700만 L의 맥주가 소비된다. 뮌헨공과대학교의 연구원들은 이 모든 소비가 환경에 미치는 영향을 측정했는데, 그 결과는 냉혹하기 그지없었다. 축제 기간에 공기 샘플을 채취해 분석했더니 중요한 온실가스인 메탄이 1.5t이나 배출된 것으로 나타났다(이게 도대체 어디서 나오는지 궁금하다). 평균적으로 1초에 1m²당 6.7μg(마이크로그램)의 메탄이 배출된 셈인데, 이는 보스턴시 배출량의 10배에 해당하는 수치다. 이에 따라 뮌헨시는 재활용품과 유기농 식품을 많이 사용하는 등 친환경 축제를 달성하기 위해 최선을 다하고 있다. 재생 가능한 에너지원에서 얻은 에너지로 조명을 밝히고, 옥토버페스트 참가자들에게 탄소 상쇄권carbon offset을 구매하도록 권장한다. 메탄 배출 문제에도 불구하고 옥토버페스트가 살아남을 가능성이 큰 것은 이 모든 노력 덕분이다.

　자녀를 적게 낳고, 대규모 행사를 피하고, 승용차 대신 자전거를 타고, 채식주의자가 되는 것 외에 우리가 할 수 있는 일은 또 뭐가 있을까? 널리 알려진 좋은 일 중에 '탄소 상쇄권 구매하기'가 있다. 탄소 상쇄권이란 다른 사람에게 돈을 기부하여 나무를 심게 함으로써 자신의 이산화탄소 배출량을 상쇄하는 것을 의미한다. 예컨대 우리는 비행기를 탈 때 탄소 상쇄권을 구매할 수 있으며, 다양한 프로그램을 통해 주로 개발도상국의 사람들에게 기부함으로써 나무를 심게 할 수 있다. 일부 운동가들은 집단행동을 통해 탄소 가격제, 육류 가격 책정, 화석 연료 사용에 대한 보조금 폐지, 자동차 가격 인상을 추진하는 쪽을 선호한다. 그러나 이 모든 일에는 정치적 어려움이 따른다. 즉, 개개인이 다 같이 마음만 먹으면 지구를 도울 수 있지만, 산업계도 변화해야 한다는 얘기다.

　1990년대에 있었던 환경 정책 전환의 성공 사례에서도 희망을 찾을 수 있다. 1985년, 기후학자 조 파먼Joe Farman, 브라이언 가디너

Brian Gardiner, 조너선 섕클린Jonathan Shanklin은 '지난 30년 동안 남극의 헬리 기지와 패러데이 기지 상공에서 오존 수치가 많이 감소했다'고 보고했다. 오존은 지구 상공 약 10~50km의 대기층에서 발생하는 기체로, 태양에서 오는 자외선을 차단하는 중요한 필터다. 자외선은 생명체에 해를 끼칠 수 있는데, 특히 암을 유발할 수 있어서 오존층 파괴는 몹시 우려스러운 일이었다. 이들의 보고 이후 에어로졸 캔과 냉매에서 발생하는 염화불화탄소(CFC)라는 화학물질이 오존층을 파괴한다는 사실이 밝혀졌다. 그리하여 CFC 사용을 금지하는 국제적 합의가 이루어졌고, 실제로 오존 구멍이 메워지고 있다. 이는 글로벌 환경 정책의 주요 성공 사례로 평가받고 있다.

스웨덴의 환경 운동가 그레타 툰베리는
기후 위기에 대처하지 못한
세계 지도자들을 강하게 비판했다.

지금 우리도 변화를 일으킬 수 있다. 우리가 지구를 구할 가장 좋은 방법은 때 묻지 않은 청소년들의 말에 귀를 기울이는 것일지도 모른다. 전 세계에서 새로운 시위의 물결이 일어나면서 기후 위기에 관한 대중의 인식이 눈에 띄게 높아졌다. 특히 그레타 툰베리Greta Thunberg가 주도한 시위에서 그런 예를 찾아볼 수 있다. 2018년 8월, 열다섯 살의 소녀가 스웨덴 국회의사당 앞에서 기후 변화를 막을 더 많은 조치를 촉구하는

1인 시위를 벌였다. 한 달 후, 소녀는 정부가 정책을 바꿀 때까지 금요일마다 시위를 벌이겠다고 선언했다. 그레타는 이 시위를 미래를 위한금요일FridaysForFuture이라고 불렀고, 이윽고 전 세계적인 운동이 되었다.

영국에 기반을 둔 비폭력 시위 단체 멸종저항Extinction Rebellion은 기후 변화로 인한 대량 멸종 위협을 우려하고 있다. 2018년 10월에 런던의 국회의사당 광장에 1,500명이 모인 것이 이 단체가 주도한 첫 번째 시위였다. 이 운동은 현재 156개국에서 15만 명이 참여하는 규모로 성장했다. 멸종저항의 창립자 중 한 명인 로저 할람Roger Hallam은 《비폭력 시민운동은 왜 성공을 거두나?Why Civil Resistance Works》[23]라는 책에서 영감을 받았다고 말했다. 이 책의 저자들은 10년에 걸친 300건 이상의 폭력 및 비폭력 정치 캠페인에 관한 데이터를 수집하여 비폭력 캠페인이 폭력 캠페인보다 2배 더 성공적이라는 사실을 밝혔다. 분석에 따르면 인구의 3.5% 이상이 참여한 시위를 맞닥뜨린 정권이나 지도자가 권력을 유지한 사례는 단 한 번도 없었다고 한다.

그런데 저명한 과학자들이 수년 동안 '기후 변화는 현실이며 위험하다'고 누누이 말해 왔음에도, 일반 대중과 언론은 일반적으로 그들의 주장을 일축하거나 축소했다는 사실이 놀랍지 않은가? 그 대신 한 어린 소녀가 똑같은 말을 함으로써 큰 반향을 일으켰다. 이는 우리가 정보 콘텐츠와 감성 콘텐츠의 가치를 매기는 방식과 관련이 있지 않을까? 2장에서 살펴본 백신 이야기처럼 단순한 정보보다는 감성적인 메시지가 사람들에게 훨씬 더 큰 동기를 부여한다.

성공적인 운동에는 몇 가지 핵심 요소가 있다. 먼저 혁신가, 그러니까 진정성과 끈기로 일을 추진하는 인물이 앞장서야 한다. 그레타 툰베리가 대표적인 예다. 그런 다음에는 얼리 어답터early adopter가 운동을 구축해야 한다. 기후 운동에서는 젊은이들이 바로 얼리 어답터다. 그러나 때로는 시위가 부작용을 낳기도 한다. 멸종저항이 런던의 지하철 운행을 방해했을 때처럼 기후 운동가들이 출근길을 번거롭게 하면 기후 변화에 회의적인 사람들이 더 회의적이거나 적대적으로 변할 수 있다. 또 운동이 효과를 발휘할 수 있는 최적의 기간이 있는데, 평균 3년으로 알려져 있다. 멸종저항이나 미래를위한금요일의 장점은 젊은 층이 운동에 참여하고 있다는 것이다. 현세대에게 가장 시급한 것으로 여겨지는 기후 변화 문제에 새롭고 다양한 사람들이 많이 참여하고 있는 만큼, 이 운동이 머지않아 우리 모두를 위해 영향력을 발휘하기를 바란다.

정치적 지도력이 제대로 발휘된다면 너무 늦기 전에 초대형 유조선의 방향을 돌릴 수 있을 것이다. 만약 그러지 못한다면 50년 후의 지구는 완전히 다른 곳이 될 것이며, 그와 같은 결과는 '지구의 건강'을 걱정하는 과학적 논의를 행동으로 옮기지 못한 우리의 무능력 때문일 것이다.

코로나19 팬데믹 기간에 우리는 '깨끗하고 건강한 세상'이 어떤 모습일지 잠깐 엿볼 수 있었다. 인간의 활동이 급격히 감소하자 많은 국가에서 대기가 맑아지고 이산화탄소와 이산화질소(폐에 손상을 입히는 심각한 오염 물질) 수치가 급락했다. 그리하여 온실 효과가 줄어들었을 뿐 아니라, 공기가 더 깨끗해졌다. 코로나19에 발이 묶여

'지구돋이Earthrise'라는 제목이 붙은
이 사진은 1968년에 달 탐사 우주선
아폴로 8호의 승무원들이 촬영했다.
지구의 아름다움과 연약함이
잘 드러난 사진으로,
지금까지 촬영된 것 중 가장 중요한
환경 사진으로 널리 알려져 있다.

불과 한 달 남짓 활동을 멈추었을 뿐인데 지구가 제법 깨끗해졌으니, 이렇게 신속한 효과를 볼 수 있다면 '아직 늦지 않았다'는 희망을 품어도 될 것 같다.

　지구 온난화는 우리 인간의 활동으로 벌어진 일이다. 그러니 우리가 상황을 역전시켜야 한다. 지금 당장, 신속히 행동해야 한다. 시위를 벌이는 청소년들이 플래카드와 포스터로 말했듯이, 두 번째 지구는 없다.

14장

존엄한 죽음

안락사를 원하는 사람을 외면해도 될까?

"안락사, 그거 좋은 말이다.
나는 알프스의 중립 지역으로 요양하러 갔다가,
온통 나무로 단장한 채 영국으로 돌아왔다.
증세가 명백히 나빠지고 있었다."

존 쿠퍼 클라크John Cooper Clarke의 노래
〈베드 블로커*의 블루스Bed Blocker Blues〉 중에서

*병상을 장기간 차지하고 있는 환자.

아버지는 나에게 당신을 죽여 달라고 부탁하시곤 했다. 74세인 아버지는 71세에 뇌졸중으로 쓰러져 말을 제대로 하지 못했다. 왼쪽에는 마비가 있었다. 아버지는 홀아비였고 요양원에 머물고 있었다. 매일 방문하는 요양 보호사가 있었지만, 그 사람도 우울증이 심해 어려움이 많았다. 아버지는 어눌한 목소리로 나에게 이렇게 말씀하시곤 했다. "넌 연구실에서 일하니까 그런 일에 쓸 만한 화학물질을 분명히 가지고 있을 거야." 아버지는 또 걸핏하면 이렇게 말씀하셨다. "내가 말馬이라면 넌 나를 쏴 버릴 텐데." 아버지는 내가 좋아하는 블랙 유머를 종종 구사하시곤 해서 나는 이러한 대화를 죽음에 관한 농담으로 치부하기 일쑤였다. 하지만 어느 순간, 아버지가 진심이라는 것을 알았다. 아버지를 지옥 같은 독방에 남겨 두고 발걸음을 돌릴 때마다 나는 억장이 무너지는 것 같았다.

내가 동정심과 사랑에 못 이겨 아버지를 죽였다면 어땠을까? 그건 살인이었을 것이다. 그렇다면 법이 아버지의 죽음을 돕도록 허용했다면 어땠을까? 설사 그렇더라도 나는 실행할 용기가 없었을지도 모른다. 말이 나온 김에 안락사에 대해 자세히 살펴보기로 하자. 안락사는 어떻게 수행되고, 그 과정에는 어떤 안전장치가 마련되어 있을까? 대다수가 늙고 병들어 많은 노인이 실제로 죽고 싶어하는 노령 사회가 되면 안락사가 출산처럼 당연하게 받아들여지는 날이 올까? 아니면 질병에 대한 새로운 치료법이 발견되고 더 나은 완화 치료 방법이 개발되는 등 의학 발전 덕분에 안락사가 필요 없어질까? 우리는 아무것도 회피하지 말고, 최대한 과학적인 관점에서 이 주제를 정면으로 마주해야 한다.

　과학 소설이나 영화 중에는 안락사를 소재로 한 이야기가 많다. 1976년에 개봉한 영화 〈로건의 탈출Logan's Run〉은 2116년(그리 멀지도 않은 미래다)의 디스토피아적 세계를 묘사한 것으로 유명하다. 그 세계에서는 자원 소비의 균형을 유지하기 위해 누구라도 30세가 되면 안락사를 통해 죽어야 한다. 그래서 그들의 30번째 생일은 '최후의 날'로 불린다. 그들은 '죽음의 문'을 여는 열쇠를 받는 대신, '수면실Sleepshop'에 신고서를 제출하고 쾌감을 유발하는 독가스를 흡입한다. 그들의 나이는 오른손 손바닥에 있는 수정으로 알 수 있다. 수정의 색은 7년마다 바뀌는데, 마지막 날에는 빨간색과 검은색으로 깜박이다가 마침내 검은색으로 고정된다. 우리 세상이 이 영화처럼 되지는 않겠지만, 안락사가 일반화될 가능성은 한때 생각했던 것만큼 작지 않다.

　안락사euthanasia라는 단어는 '좋은 죽음'을 뜻하는 그리스어에서 유래했다. 두 가지 유형이 있는데, 첫 번째 유형인 '적극적 안락사 active euthanasia'는 서로 간의 동의하에 한 사람이 다른 사람에게 안락사 행위를 하는 것이고, 두 번째 유형인 '조력 자살assisted suicide'은 한 사람이 스스로 생을 마감하되, 그 과정에 필요한 모든 수단을 다른 사람에게서 받는 것이다.¹ 특히 조력 자살은 '자살자의 자발적이고 적격한 요청에 따라 자가 투여용 약물을 제공함으로써 자살을 의도적으로 돕는 것'으로 정의되므로 두 유형을 구별하는 것이 중요하다. 안락사는 사실상 자살인데, 본인이 너무 허약해서 다른 사람의 도움 없이는 생을 마감할 수 없는 사람이 선택하는 자발적이고 적격한 죽음이다. 다소 무의미하게도 일부 국가에서는 여전히 자살을 범죄로 간주하며, 이는 (죽은 사람의 재산 처리를 비롯한) 다양한 문제에 영향을 미친다.

영국 상원의 의료윤리특별위원회는 안락사를 '난치성 고통을 완화하고자 생명을 끝내려는 명확한 의도로 수행되는 고의적인 개입'으로 정의한다. 그러나 네덜란드와 벨기에에서는 '환자의 요청에 따라 의사가 생명을 종료하는 것'으로 약간 다르게 정의하고 있다. 이는 반드시 고통 완화를 목적으로 할 필요는 없다는 뜻으로, 매우 중요한 차이점이다. 의학적으로 고통이 무엇인지 정확히 파악하기는 어려울 수 있다. 심리적 고통도 중요할 텐데, 이것은 어떻게 측정할까? 아마도 네덜란드와 벨기에에서는 이런 이유로 안락사의 정의를 단순화했을 것이다.

적극적 안락사는 벨기에, 네덜란드, 룩셈부르크, 콜롬비아, 캐나다에서 합법이다. 조력 자살은 스위스, 독일, 네덜란드, 호주의 빅토리아주, 미국의 캘리포니아, 오리건, 워싱턴, 몬태나, 콜로라도, 하와이, 메인, 버몬트, 뉴저지 주와 워싱턴 D.C.에서 합법이다.[2] 이외 모든 국가에서는 적극적 안락사와 조력 자살 모두 환자가 동의하지 않은 비자발적 안락사non-voluntary euthanasia와 마찬가지로 불법이다. 그리고 방금 언급한 국가에서 안락사가 합법이긴 해도 반드시 특정 상황에서만 허용되며 의사(또는 상담사) 두 명의 승인이 필요하다.

　무의미한 연명 치료로 간주해 치료나 의료 지원을 중단하는 것도 사망을 앞당기는 행위지만, 불법은 아니다. 윤리적 관점에서 안락사와 살인을 구별하는 기준은 의도성이다. 즉, 안락사를 수행하는 사람의 의도는 안락사를 원하는 사람의 고통을 가능한 한 고통스럽지 않게 덜어 주는 것이어야 한다. 매우 합리적으로 보이지 않는가? 그리고 7장에서 살펴본 바와 같이 네덜란드와 같은 몇몇 국가는 늘 성인을 성인답게 대해 왔으며, 인간이 어떻게 행동해야 하고 어떻게 행동하면 안 되는지에 관하여 언제나 합리적이었다.

　아일랜드는 어떨까? 아일랜드가 어떤 방향으로 나아가고 있는지 알고 싶으면 세 가지 판례를 살펴보면 된다. 먼저 1995년, 대법원은 20년이 넘도록 식물인간 상태로 지내던 한 여성이 자연사할 수 있도록 급식관을 제거하는 행위를 허가했다. 그러면서도 법원은 적극적인 행동으로 사람의 생명을 끝내려는 어떠한 시도도 용납하지 않을 것이라고 강조했다.[3]

　두 번째는 유니버시티 칼리지 더블린의 강사인 마리 플레밍Marie Fleming의 사례다.[4] 다발경화증의 마지막 단계에 있었던 그녀는 남편과 함께 국가를 상대로 법적 소송을 제기했다. 마리는 이미 팔다리를 움직일 수 없었고, 신체적으로 직접적인 조치를 할 수 없는 상태였기에 파트너의 도움을 받아 자신이 원하는 때에 죽고 싶다고 말했다. 하지만 그들은 소송에서 졌다. 법원의 판결에 따르면 자살할 권리나 생을 마감할 권리는 헌법에 명시되어 있지 않았다. 이 사건은 큰 관심을 끌었고, 마리의 용기는 많은 사람의 찬사를 받았다. 법정에서 마리는 이렇게 말했다. "오늘 법정에 나온 것은, 아직 말을 할 수 있을 때 톰과 내 아이들의 품에서 평화롭고 품위 있는 죽음을 맞이할 수 있도록 도와달라고 요청하기 위해서입니다." 2012년에 그녀는 조력 자살을 절대적으로 금지하는 형법 조항에 이의를 제기했다. 그녀는 이 법이 아일랜드 헌법과 유럽인권협약에 따른 개인의 자율권을 지나치게 침해한다고 주장했다. 그로부터 1년 후 마리는 자연사로 사망했다.

마지막으로 2013년, 게일 오로크Gail O'Rourke는 2011년 3월 10일부터 6월 6일 사이에 친구 베르나데트 포드Bernadette Forde의 자살을 도운 혐의로 기소되었다.[5] 게일은 베르나데트를 대신해 멕시코에서 바르비투르산염barbiturate이라는 약물을 주문해 주었고, 베르나데트는 치사량을 복용한 후 사망했다. 게일에게는 세 가지 혐의가 있었다. 베르나데트가 자살하기 위해 복용할 약물을 주문했고, 베르나데트의 장례식을 미리 준비했으며, 베르나데트가 죽음을 맞이하고 싶어 했던 곳인 취리히로의 여행을 계획한 것이었다. 그러나 애초의 계획은 여행사가 경찰에 신고하면서 무산되었다. 2015년, 게일은 베르나데트의 자살을 도운 세 가지 혐의에 대해 무죄 판결을 받았다.

현재 아일랜드에서는 적극적 안락사와 조력 자살이 모두 불법이며, 안락사를 과실 치사 또는 살인으로 간주한다. 이와 관련하여 아일랜드 보건부는 안락사의 대안을 몇 가지 제시했다.[6]

첫째, 환자는 치료를 거부할 수 있다. 향후 치료 행위를 동의 또는 거부하는 능력에 영향이 갈 수 있음을 알고 있을 때, 동의하지 않는 치료를 미리 명시할 수 있으며, 이 같은 사전 결정은 생전 유언 living will*으로서 법적 구속력을 가진다. 가령 환자가 호흡 정지나 심정지를 일으킬 수 있는 수술을 받을 때, 심폐 소생술을 원하지 않는다는 점을 명확히 밝힐 수 있는 옵션이 있다. 이를 '소생술 거부do not resuscitate'라고 한다. 이에 대한 법적 근거는 명확하지 않지만, 대다수 의사가 이 결정을 존중할 가능성이 크다. 소생술 거부는 소생 성공률이 낮고 뇌 손상을 비롯한 심각한 합병증이 발생할 가능성이 클 때 허용하는 것으로, 일반적으로 불치병 환자에게 허용된다.

안락사의 두 번째 대안은 '완화 진정palliative sedation'이다. 이것은 의식을 잃고 통증을 못 느끼게 하는 약물을 환자에게 투여하여 호흡에 영향을 미침으로써 궁극적으로 죽음을 앞당기는 방법이다. 생명을 단축할 위험이 있지만 널리 사용된다.

셋째, 환자의 회복 가능성이 전혀 없다고 판단되는 경우에 의사가 연명 치료를 중단할 수 있다. 의사가 환자의 생명 유지 장치를 제거한 후 다량의 진정제를 투여하므로 환자는 평화로운 죽음을 맞이할 수 있다. 아일랜드에서 안락사를 둘러싼 논쟁은 지금도 계속되고

---

* 본인이 직접 결정을 내릴 수 없을 정도로 위독한 상태가 되었을 때 존엄사할 수 있게 해 달라는 뜻을 밝힌 유언.

1935년에 찰스 킬릭 밀라드(앞줄 왼쪽)가 설립한 '자발적 안락사 합법화 협회' 회원들.
오늘날 이 단체는 '존엄한 죽음'이라는 이름으로 알려져 있다.

있지만 뚜렷한 변화는 보이지 않는다.

안락사에 대한 논의는 1800년대 중반에 '죽음의 고통을 완화하기 위해' 모르핀을 사용하면서 시작되었다. 애나 홀Anna Hall은 미국에서 일찍이 안락사를 강력히 옹호한 인물로 유명하다.[7] 그녀는 간암으로 오래 투병한 끝에 돌아가신 어머니를 끝까지 지켜본 후, 다른 사람들이 어머니와 같은 고통을 겪지 않게 하겠다는 목표에 남은 일생을 바쳤다. 1906년, 그녀는 오하이오주에서 입법을 추진했지만 성공하지 못했다. 영국에도 안락사에 대한 강력한 지지자가 있었다. 1935년에 찰스 킬릭 밀라드Charles Killick Millard가 설립한 '자발적 안락사 합법화 협회'는 오늘날 '존엄한 죽음Dignity in Dying'이라는 이름으로 알려져 있다.

영국의 초기 안락사 사례 중 하나는 왕실에서 일어났다. 1936년에 조지 5세King George V에게 치사량의 모르핀과 코카인을 투여해 심호흡부전cardio-respiratory failure으로 사망에 이르게 한 일인데, 이 사실은 50년이 지나서야 공개되었다.[8] 이것은 영국에서 안락사 관행이 드문 일이 아니었을 수도 있음을 시사하는 사건이다.

1949년, 미국 안락사협회는 뉴욕주 의회에 안락사 합법화를 요구하는 청원서를 보냈다. 이 청원서에는 개신교와 유대교 목사 379명이 서명했다.[9] 1947년에도 비슷한 청원서에 1,000명이 넘는 뉴욕 의사들이 서명했지만, 법적인 변화는 일어나지 않았다. 그 이후로 안락사 논의는 간헐적으로 이어져 왔다. 하지만 인구가 계속 고령화함에 따라 앞으로 점점 더 많이 논의하게 될 것으로 보인다.

안락사 논의는 네 가지 문제에 집중하고 있다. 첫째, 사람은 자신의 운명을 선택할 권리가 있다. 둘째, 누군가가 죽도록 돕는 것이 고통을 겪도록 내버려두는 것보다 낫다. 셋째, 일반적으로 시행하는 '생명 유지 장치 제거'와 적극적 안락사 사이의 윤리적 차이는 크지 않다. 넷째, 안락사를 허용한다고 해서 반드시 용납할 수 없는 결과를 초래하지는 않는다. 안락사가 크게 문제시되지 않았던 네덜란드나 벨기에 같은 국가의 경우에는 확실히 그러했다. (그러나 앞으로 살펴보겠지만 문제가 발생할 수도 있다.)

안락사 합법화 논쟁에서 흔히 발생하는 문제 중 하나는 동의에 관한 것이다. 어쩌면 당사자가 합리적인 결정을 내리지 않았을 수도 있으며, 합리성을 판단한다는 것이 간단한 문제가 아니기 때문이다. 환자가 의료 서비스나 가족에게 부담이 된다고 느껴서 안락사

조지 5세(1865~1936)는 치명적인 용량의 모르핀과 코카인을 투여받았는데,
이 약물들이 심호흡부전을 일으켜 사망을 앞당겼다.

에 동의했을 수도 있고, 부도덕한 친구나 친척의 압박을 받았기 때문일 수도 있고, 환자의 동의를 유도하는 것이 병원 직원에게 경제적으로 이득이어서 그랬을 수도 있는데, 이 모든 정황을 어떻게 구별해야 할까? 혹시 더 나은 완화 치료를 도입하면 안락사가 아예 필요 없어지지 않을까? 그리고 의학 발전 덕분에 과거의 불치병도 이제는 치료할 수 있게 되었다면 어떨까? 흑색종이라는 병이 좋은 예인데, 일부 흑색종은 '면역 관문 차단checkpoint blockade'이라는 과정을 통해 치료할 수 있게 되었다.[10]

안락사에 대한 종교적 견해는 다양하다.[11] 성공회, 침례교, 감리교, 장로교를 포함한 여러 개신교 교파와 마찬가지로 가톨릭교회도 안락사를 도덕적으로 잘못된 행위라고 비난한다. 영국 교회는 소극적 안락사를 인정하지만 적극적 안락사에는 반대한다. 이슬람교는 이유를 불문하고 생명을 빼앗는 것에 반대하며, 유대교에서는 열띤 논쟁이 있지만 용납하지는 않는다.

안락사는 윤리학자들에게도 중요한 주제다. 그들은 누군가를 '죽이는 것'과 '죽게 내버려두는 것' 사이에 도덕적 차이가 있는지를 포함하여 몇 가지 지루한 도덕적 딜레마를 제기한다. 윤리적 문제의 핵심은 인간 존재의 의미와 가치에 대한 다양한 생각이다.

이와 별개로 안락사 허용 법안을 가로막는 가장 큰 이유는 '문제의 복잡성'과 '유권자의 반발 우려' 때문일 수 있다. 일부 국가에서는 잘못됐거나 불쾌하다고 느껴지는 사안에 대해서는 입법을 원하지 않거나, 토론 중에 제기된 문제를 해결하기가 어려워 입법을 포기하기도 한다. 그래서 안락사는 대다수 국가에서 여전히 불법이다.

이와 달리 일반 대중들 사이에서는 안락사에 대한 긍정적 인식이 점점 늘고 있다. 많은 국가에서 수많은 설문 조사를 시행했는데, 조력 자살에 찬성하는 의견이 증가하는 추세로 보인다. 2013년에는 74개국에서 대규모 설문 조사를 시행했다.[12] 전체적으로는 65%가 조력 자살(의사가 조력자인 경우)에 반대표를 던졌지만, 74개국 중 11개국에서는 찬성표가 더 많았다. 2017년의 갤럽여론조사Gallup poll에 따르면 미국에서는 응답자 중 (절대다수라 할 수 있는) 73%가 찬성했다.[13] 매주 교회에 가는 사람 중에서는 55%가 찬성했고, 교회에 다니지 않는 사람의 찬성률은 87%에 달했다.

2019년 영국에서 2,500명을 대상으로 시행한 설문 조사[14]에서는 90% 이상이 불치병으로 고통받는 사람들을 위해 조력 안락사를 합법화해야 한다고 답했다. 88%는 치매 환자가 정신 능력을 상실하기 전에 동의했다면 생을 마감하는 데 도움을 받도록 허용해야 한다고 생각했다. 이처럼 높은 지지율은 정치인들에게 압력을 가하여 안락사 관련 입법을 서두르게 할 가능성이 크다. 또 다른 설문 조사에서는 응답자의 52%가 조력 자살을 지지하는 의료인을 더 긍정적으로 여긴다고 답한 반면, 부정적으로 여긴다고 답한 사람은 6%에 불과했다.[15] 아일랜드에서 실시한 최근 여론 조사에서는 국민의 63%가 안락사에 찬성했는데, 이는 임신중지 관련 법 개정에 찬성표를 던진 64.5%와 크게 다르지 않았다.[16] 젊은 층은 장년층보다 안락사 지지율이 낮았다. 35~44세에서는 67%가 지지했으나 18~24세에서는 48%가 지지하는 것으로 나타났다. 그리고 55세 이상에서도 지지율이 49%로 떨어졌다.

그렇다면 종교적 신념과 관련된 이유 외에 안락사에 대한 사람들의 관심사는 무엇일까? 바로 지침과 안전장치다.[17] 안락사를 원하는 사람들을 평가하는 데는 의사와 상담사가 모두 관여하는데, 평가 지침은 안락사를 시행하는 국가마다 다르다. 미국, 캐나다, 룩셈부르크에서는 18세 이상이어야 하지만, 네덜란드에서는 12세 이상이면 되고, 벨기에에서는 사리 분별 능력만 있으면 나이 제한이 없다. 안전장치도 국가마다 다르다. 미국에서는 견딜 수 없는 통증은 커녕 어떤 증상도 필요하지 않다. 네덜란드, 벨기에, 룩셈부르크에서는 불치병까지는 아니더라도 호전될 가능성이 없는 '견딜 수 없는 신체적 또는 정신적 고통'을 겪고 있어야 한다. 한 가지 문제는 심각한 우울증을 오래 앓고 있는 사람이 불치병에 걸리면 삶을 포기하고 싶어 할 위험이 커진다는 것이다. 또 불치병을 앓는 사람 중 상당수가 임상적으로 우울증을 앓고 있을 수도 있어서 이런 점은 평가하기가 어려울 수 있다.

절차적 요건에도 차이가 있다. 미국에서 조력 자살은 두 번의 구두 요청 사이에 15일의 간격이 필요하고, 최종 서면 요청 후에도 48시간의 대기 기간이 있다. 캐나다는 서면 요청 후 대기 기간이 10일이고 벨기에는 1개월이지만, 네덜란드와 룩셈부르크의 절차에는 대기 기간이 없다. 여러 연구 결과를 보면 조력 자살을 합법화한 모든 국가에서 조력 자살을 원하는 사람 중 약 75%가 말기 암을 앓고 있었다.[18] 그다음은 루게릭병(근위축성측삭경화증)으로, 10~15%에 달하는 것으로 나타났다. 루게릭병 환자들 사이에서는 통증 때문에 안락사를 원하는 경우는 흔하지 않다. 그 대신 자율성 및 존엄성 상실과 같은 문제가 더 중요한 요인으로 작용한다.

안락사는 어떻게 이루어질까? 적극적 안락사는 의사가 환자에게 치사량의 적절한 약물을 투여하며, 조력 자살은 의사가 환자에게 약물을 제공하고 스스로 투여하도록 한다. 가장 일반적으로 사용되는 약물은 바르비투르산염[19]으로, 뇌와 신경계를 둔화시키는 작용을 한다. 이 약물은 호흡부전을 초래하고, 환자가 완전히 진정된 상태에서 사망에 이르게 한다. 소량의 바르비투르산염은 불면증 치료에 사용되지만, 안락사의 경우에는 많은 양을 투여하므로 환사는 돌아올 수 없는 강을 건너게 된다.

바르비투르산염은 뇌의 주요 억제성 신경전달물질인 GABA처럼 작용하므로 GABA 수용체를 표적으로 삼는다.[20] 이 수용체가 GABA 또는 바르비투르산염에 의해 활성화되면 염소 이온이 뉴런의 막을 통해 이동하여 뉴런의 활성을 억제한다. 바르비투르산염은 GABA 수용체의 여러 포켓pocket에 결합하는데, 이 포켓은 GABA 자체가 결합하는 곳과는 다르다. 또 바르비투르산염은 AMPA와 카인산염kainite 같은 흥분성 신경전달물질 수용체에도 결합하여 이것들의 작용을 억제한다. 요컨대 바르비투르산염은 억제성 신경전달물질을 모방함과 동시에 흥분성 신경전달물질을 차단하는 이중 효과를 발휘한다. 이는 마치 자동차의

독일의 화학자
아돌프 폰 바이어(1835~1917)는
바르비투르산을 최초로 합성했다.

가속 페달에서 발을 떼면서 브레이크를 밟는 것과 비슷하므로 결과
적으로 뇌의 활동 속도가 느려지기 시작하고, 이에 따라 호흡부전
이 발생한다.

'바르비투르산염'이라는 이름을 지은 사람은 1864년에 바르비투
르산barbituric acid을 최초로 합성한 독일의 화학자 아돌프 폰 바이어
Adolf von Baeyer다.[21] 바이어와 그의 동료들은 이 발견을 축하하기 위해
근처 선술집에 갔는데, 그곳에서는 때마침 성녀 바르바라St. Barbara
의 축일을 기념하는 축제가 열리고 있었다고 한다. 또 다른 이야기
에 따르면 바이어가 바르바라라는 웨이트리스의 소변에서 바르비
투르산을 합성했다고 한다. 성녀의 이름에서 따왔든 웨이트리스의
이름에서 따왔든, 바르비투르산의 의학적 용도가 확인된 것은 그로
부터 39년 후인 1903년, 개를 잠들게 하는 데 효과적이라는 사실이
밝혀지고 나서였다.

제2차 세계 대전 중 태평양 지역의 병
사들은 지독한 더위와 습도를 견디기
위해 '멍청이goofball'라는 별명으로 부르
던 바르비투르산을 투여받았다. 이 약
물은 저용량으로도 호흡률을 감소시킴
으로써 더위 속에서 고생하는 병사들의
폐와 심장에 가해지는 부담을 덜어 주
었다. 그러나 많은 병사가 고향으로 돌
아간 후 여생을 중독에 시달렸고, 의사
들이 바르비투르산염을 처방함에 따라

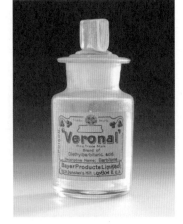

1903년부터 1950년대까지
독일에서 정신 질환 치료에 사용했던
바르비투르산염 약물 '베로날'.

병세가 더욱 나빠졌다. 1950년대와 1960년대에는 바르비투르산염 계열의 약물을 불안과 불면증에 처방했지만, 중독성 때문에 점차 디아제팜을 포함하는 벤조디아제핀benzodiazepine 계열의 약물로 대체되었다. 매릴린 먼로Marilyn Monroe, 브라이언 엡스타인Brian Epstein, 주디 갈랜드Judy Garland는 모두 바르비투르산염 과다 복용으로 사망했다.

안락사에 사용되는 바르비투르산염의 주요 유형은 세코바르비탈secobarbital과 펜토비르비탈pentobarbital이다. 이 중 펜도바르비달은 미국에서 유죄 판결을 받은 범죄자의 사형 집행에도 사용된다. 이 약물들은 단독으로 또는 조합하여 사용할 수 있다. 명백한 부작용이 없다는 점에서 안전하며, 평화롭고 신속하며 별 탈 없이 죽음에 이르게 한다.

그렇다면 나머지 국가들이 네덜란드나 벨기에의 사례를 따라 안락사와 관련된 법률을 완화할 가능성은 얼마나 될까? 피임과 임신 중지를 위해 열성적으로 캠페인을 벌였던 베이비붐 세대는 어느덧 노인이 되어 심신을 피폐하게 하는 질병을 앓고 있다. 이제 그들은 자신의 죽음을 선택하기 위해 캠페인을 벌이게 될까? 네덜란드처럼 거의 모든 사람이 안락사를 낯설어하지 않게 된다면 우리 사회는 어떤 모습이 될까? 일부 의사들은 상황이 너무 나빠졌다고 걱정하기 시작했다.

영국 저널리스트 크리스토퍼 드 벨라이그Christopher de Bellaigue는 최근 네덜란드 의사인 베르트 케이저르Bert Keizer가 폐암으로 죽어가는 한 남성의 집으로 불려 간 사연을 보도했다.[22] 그 남자는 때가 왔다고 느꼈다. 케이저르가 간호사와 함께 도착했을 때, 침대 주위에서는 35명이 술을 마시며 울고 있었다. 남자가 "여러분, 괜찮아요!"라고 외치자 모두가 조용해졌다. 사람들이 아이들을 방에서 데리고 나간 뒤 의사가 주사제를 투여했다. 이는 안락사의 전형적인 시나리오다. 케이저르 박사는 네덜란드의 임종 클리닉에서 근무하는데, 2017년 한 해 동안 네덜란드 전체에서 시행된 총 6,600건의 안락사 중 750건을 담당했다. 사랑하는 사람에게 깊은 상처를 남기는 일반적인 자살보다 안락사가 훨씬 낫다는 것이 그의 지론이다. 2017년에 네덜란드에서는 1,900명이 자살했고, 추가로 3만 2,000명이 완화 진정제를 맞고 생을 마감했다. 어쩌면 네덜란드의 현재 모습이 우리의 미래일지도 모른다.

하지만 네덜란드의 상황도 우려를 낳고 있다. 안락사를 둘러싼 논쟁에서 항상 초미의 관심사는 '어디에 선을 그어야 할까?' 하는 문제다. 즉, 안락사를 허용하는 일은 미끄러운 비탈길을 걷는 것과 같아서 '삶이 얼마 남지 않은' 암 환자의 고통을 덜어 주려는 조치가 자칫 '수년 동안 더 살 수 있는' 사람들에게까지 확대될 수 있다는 우려가 있다.

네덜란드에서는 윤리학자 테오 부르Theo Boer가 2005년부터 2014년까지 시행된 모든 안락사 행위를 검토하는 임무를 맡았다.[23] 그는 특히 안락사의 사유인 '견딜 수 없는 고통'이라는 용어가 완화되고, 관련 법이 다양한 조건을 포함하도록 변경된 2007년 이후 네덜란드에서 시행된 안락사를 공개적으로 비판했다. 현재 많은 네덜란드 사람들은 법에 따라 '만약 나의 정신 상태가 (친척을 알아볼 수 없다든지 하는) 특정 수준 이상으로 나빠지면 안락사되어도 무방하다'고 동의해 놓았다. 이에 따라 치매 환자의 안락사가 증가했으며, 일부 사람들은 이러한 사태를 불안해하고 있다.

사전 동의에 따라 안락사되는 치매 환자의 수가 증가함에 따라 의료윤리학자 베르나 판 바르선Berna Van Baarsen은 안락사검토위원회 위원직을 사임했다. 그가 사임한 직접적 이유는, 치매에 걸리기 전에 안락사에 동의했던 환자가 막상 때가 되자(진행성 치매에 걸린 것으로 판단된다) 거세게 저항하는 바람에, 의사가 주사제를 투어하는 동안 가족이 제지해야 했던 끔찍한 사건 때문이었다.[24] 현재 네덜란드에서는 '불치병이 아닌 질환도 안락사의 사유가 되는지'에 대한 논의가 진행되고 있지만, 치매로 인한 안락사를 막기 위해 법이 바뀔 가능성은 크지 않은 것으로 보인다. 안락사 합법화를 고려하고 있는 다른 나라에서는 아마도 네덜란드의 경험을 바탕으로 안락사 대상자를 말기 환자로만 제한하게 될 가능성이 크다.

네덜란드인들 사이에서 대중과 법조계의 의견이 바뀌고 있을지도 모른다는 징후가 포착되었다. 최근 한 의사가 치매 환자에게 안락사를 시행하기 전 동의 여부를 확인하지 않은 혐의로 재판을 받았는데, 자초지종은 다음과 같다.[25] 2016년에 사망한 74세 환자는 이전에 안락사를 원한다는 의사를 서면으로 밝힌 적이 있었다. 판사는 의사가 환자의 동의에 따라 행동했다고 판단했지만, 검찰은 '환자의 마음이 바뀌었을 수도 있으므로, 안락사를 시행하기 전에 환자의 동의를 재차 확인했어야 한다'고 주장했다. 요컨대 좀 더 심도 있는 논의가 이뤄졌어야 한다는 것이다.

이 재판을 중요한 사례로 간주하는 이유는 심신이 건강한 상태에서 별다른 문제의식 없이 안락사에 동의한 알츠하이머병 환자들이 더 많을 수 있기 때문이다. 이 문제는 '정상적인 정신 상태에서 결정을 내린 사람이 정상이 아니게 되었을 때도 그 결정에 책임을 져야 하는가?'라는 문제로 귀결되었다. 판사들은 그 선택을 존중해야 한다고 판단했고, 판결문이 낭독되자 법정에서는 작은 박수가 터져 나왔다. 이제 질문은 다음과 같다. 정신 기능을 통제할 수 없는 상태에서도 여전히 죽기를 선택할 수 있을까? 만약 아니라면 누군가가 죽기를 원하는지 확인하는 것을 어느 시점에서 중단해야 할까?

안락사의 옳고 그름에 대해 생각할 때, 나는 두 사람을 떠올린다. 첫 번째는 모든 세포 안에 들어 있는 '효소로 가득 찬 작은 주머니'인 리소좀lysosome을 발견한 공로로 1974년에 노벨상을 받은 벨기에의 유명한 생화학자 크리스티앙 드 뒤브Christian de Duve다.[26] 리소좀은 세포의 쓰레기 처리 시스템으로, 오래되거나 낡은 세포를 일부분 파괴하며 세포가 늙거나 손상되면 세포 전체를 소화할 수도 있다. 그렇다면 리소좀은 세포의 안락사 장치와 비슷하다고 볼 수 있다. 나는 〈생명이란 무엇인가?What is Life〉 강연 50주년을 기념하는 콘퍼런스에서 드 뒤브를 모시고 고견을 듣는 영광을 누렸다. 〈생명이란 무엇인가?〉 강연은 에르빈 슈뢰딩거Erwin Schrödinger가 1943년에 트리니티 칼리지 더블린에서 행한 것으로, 생물학의 많은 발전을 이끈 혁명을 촉발했다.

크리스티앙은 95세의 나이로 벨기에에서 안락사를 통해 세상을 떠났다. 그는 말기 암을 포함한 여러 질병을 앓고 있었는데, 친구이

크리스티앙 드 뒤브(1917~2013)는 모든 세포의 핵심 요소인 리소좀을 발견한 공로로 1974년 노벨상을 받았다. 그는 95세에 말기 암 진단을 받고 안락사를 선택했다.

자 동료인 귄터 블로벨Günter Blobel의 전언에 따르면 드 뒤브는 '아직 결정을 내릴 수 있을 때 결정하고 싶었고 가족에게 부담이 되지 않기를' 원했다고 한다. 크리스티앙은 마지막 한 달 동안 친구와 동료들에게 편지를 보내 생을 마감하기로 한 자신의 결정을 알렸다. 사망 후 발행된 벨기에 신문 《르수아르Le Soir》와의 인터뷰에서 그는 네 자녀가 자신과 함께 할 수 있을 때까지 죽음을 미루고 싶었다고 말했다.[27] 그는 또한 "죽음이 두렵지 않다고 말하는 것은 과장된 표현이겠지만, 나는 무신론자이기 때문에 그 뒤에 오는 것이 두렵지 않다"며 자신의 결정에 평안함을 느낀다고 말했다.

　적절히 규제하기만 하면 안락사는 우리에게 더 나은 죽음의 질 quality of death**을 선택할 수 있다는 희망을 줄 수 있다. 아울러 우리는 고통받는 사람들을 위한 더 나은 치료법이나 완화 치료를 제공하기 위한 과학적 발전을 이루어 나가야 한다.**

　존엄한 죽음을 생각할 때 두 번째로 떠오르는 사람에 관한 이야기로 글을 마치고자 한다. 이 장의 서두에서 언급한 나의 아버지다. 1995~1996년 겨울 동안 아버지는 여러 차례 폐렴에 시달렸으며 한 번은 거의 죽음의 고비까지 갔었다. 1996년 1월에 아버지의 주치의가 나를 보자고 했다. 그는 항생제를 더 처방하지 않고, 아버지에게

임박한 한판 대결을 스스로 치러낼 수 있는지 알아보겠다고 제안했다. 나는 의사가 나를 바라보는 눈빛을 보고 그 말이 무슨 뜻인지 알아차렸다. 1996년 2월 20일, 아버지는 내가 침대 옆에 앉아 아버지의 손을 잡은 가운데 (아버지가 '노인의 친구'라고 부르던 질병인) 폐렴으로 평화롭게 돌아가셨다.

　나쁘지 않은 길이었어요, 아버지.

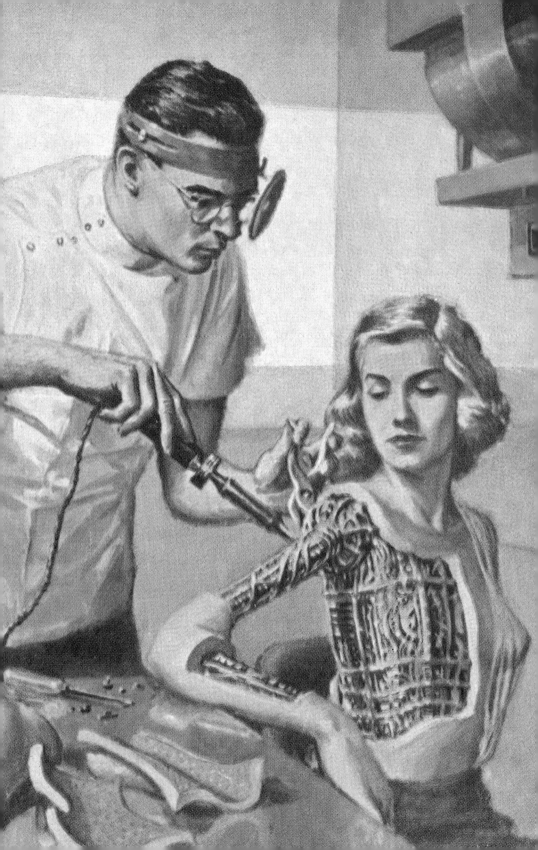

15장

미래

우리는
어떤 세상을 향해
나아가고 있을까?

"예측하기는 어려우며,
미래를 예측하기는 특히 어렵다."

요기 베라Yogi Berra

나는 어렸을 때 제트팩jetpack*을 정말 갖고 싶었다. 〈우주가족 젯 슨The Jetsons〉이라는 TV 애니메이션에서 열 살 소년 엘로이가 제트 팩을 메고 떠다니며 생활하는 것을 보았기 때문이다. 나는 제트팩 을 메고 날아서 학교에 가는 모습을 상상했으며, 언젠가 나도 그것 을 가지게 될 거라고 굳게 믿었다. 1921년생인 나의 아버지는 '어렸 을 때 제트기가 없었고 텔레비전도 없이 자랐다'는, 나로서는 상상 조차 할 수 없었던 말씀을 하시곤 했다. 성인이 된 나는 아이가 생길 날을 상상하며 '아빠가 어릴 적에는 제트팩도 스마트폰도 없었다'는 이야기를 꼭 해 줘야겠다고 생각하곤 했다. 나는 마침내 뜻을 이루 었지만, 내 아이들 역시 아빠의 말을 믿지 않는다. 그리고 안타깝게 도 제트팩은 아직 일반화되지 않았다.

---

* 　등에 메는 개인용 분사 추진기로, 우주 유영 등에 사용된다.

하지만 무엇보다도 나는 미래가 〈스타트렉Star Trek〉 시리즈에 나오는 것처럼 될 줄 알았다. 〈스타트렉〉의 작가들은 시리즈마다 미래기술이 어떤 모습일지를 열심히 상상했다. 그리고 현재 우리가 보유한 기술 몇 가지를 정확하게 예측했다. 미래학자들은 항상 미래를 예측하려고 노력하며, 과학 소설이나 영화 등의 'SF물'도 이러한 노력에 한몫하고 있다. 과연 미래는 어떤 모습일까?

나는 시간 여행을 통해 미래로 가서 이 책에서 다룬 내용 중 얼마나 많은 것이 실현될지 확인하고 싶다. 아직 타임머신은 발명되지 않았지만, 일부 물리학자들에 따르면 가능성의 한계를 완전히 벗어난 것은 아니라고 한다.[1] 미래에는 백신 접종이 의무화되고 전염병은 대부분 퇴치될까? 기술에 중독된 우리의 모습은 지금과 어떻게 다를까? 성인에게 모든 마약이 합법화될까? 안락사가 명확한 규제 아래 널리 이용될까? 자동화가 표준이 되고, 일하는 방식과 직업의 종류에 큰 변화가 일면서 무의미한 직업이 모습을 감추게 될까? 남성과 여성을 서로 다른 유형의 인간으로 보는 생각이 더욱 다채롭고 미묘한 인간관으로 대체될까? 비만은 (의학적 개입이나 영양 개선으로 인해) 더 이상 존재하지 않게 될까? 적어도 선진국에서라도 정신건강 문제나 중독, 암을 포함한 많은 질병이 지금의 결핵이나 소아마비처럼 먼 옛날의 이야기가 될 수 있을까? 우리가 지구를 구할 수 있을까? 이 모든 일이 이루어진다면 세상은 인류에게 훨씬 더 좋은 곳이 되지 않을까?

우리가 세상을 구할 수 있을지 알아보려면 〈스타트렉〉이나 〈블랙미러Black Mirror〉 같은 SF물을 좀 더 자세히 살펴볼 필요가 있다. 과학

소설은 미래에 대한 예측이면서 때때로 현재에 대한 논평이기도 하
다. 외계인과 우주선을 제외하면 많은 과학 소설의 내용이 오늘날
의 시급한 관심사를 다루고 있다. 인공지능의 영향, 생태 위기, 기술
을 통제하는 전체주의 체제하에서 권력이 어떻게 오용될 수 있는지
같은 주제들이 대표적이다. 그리고 성 역할 논의gender politics에 대한
태도 변화, 즉 성별을 중요시하지 않으며 그것을 마음대로 선택하
거나 수정할 수 있는 세상이 요즘의 많은 과학 소설에 공통으로 등
장한다. 과학 소설은 현재 일어나고 있는 일을 생각해 보게 함으로
써 미래의 지침을 제공한다.

　놀랍게도 SF물은 정부와 기업이 미래를 계획하는 데도 도움을 준
다. 프랑스 정부는 미래 시나리오를 제안하는 SF 작가들로 구성된
팀을 갖춘 국방혁신국을 설립했다.[2] 영국의 엔지니어링 회사 애럽
Arup은 작가들에게 기후 변화의 결과로 발생할 수 있는 네 가지 시나
리오를 작성해 달라고 의뢰했다.[3] 구글, 마이크로소프트, 애플은 모
두 SF 작가를 고문으로 고용하고 있다. 기업들은 과학 소설을 통해
생각의 제약에서 벗어난다. 과학 소설은 기술 분야에 종사하는 사
람들이 새로운 제품과 서비스를 고안하도록 영감을 주기 때문이다.
모토로라는 〈스타트렉〉에 등장한 휴대용 무선 통신기에서 영감을
받아 최초의 휴대전화를 만들게 되었다고 밝혔다.[4] 아마존의 음성
비서 알렉사는 〈스타트렉〉 속 우주선 엔터프라이즈호의 말하는 컴
퓨터에서 영감을 받았고,[5] 킨들은 SF 작가 닐 스티븐슨Neal Stephenson
의 소설에 등장하는 전자책에서 영감을 받았다고 한다.[6]

　인스타그램의 CEO 아담 모세리Adam Mosseri는 과학 드라마인 〈블

랙 미러〉의 한 에피소드에서 영감을 받아 게시물에서 '좋아요'를 숨기는 기능을 만들게 되었다고 말했다.[7] 〈블랙 미러〉의 에피소드 중 '노즈다이브Nosedive' 편은 사람들이 서로의 상호 작용에 따라 1점부터 5점까지의 점수로 서로를 평가하는 세상을 그리고 있다. 이 에피소드에서 평가 점수는 사회에서 사람들이 서로를 대하는 방식에 영향을 미친다. 주인공은 현실에서 더 나은 기회를 얻기 위해 자신의 평점을 높이는 데 시간을 쏟는다. 그러느라 정작 자신의 정신 건강에는 재앙적인 결과를 초래한다.

미래의 기술 혁신가를 꿈꾸는가? 그렇다면 오늘의 과학 소설을 읽는 것이 좋다.

〈스타트렉〉에 녹아 있는 정치적인 측면도 흥미롭다. 주요 제작자인 진 로든버리Gene Roddenberry는 제2차 세계 대전에 참전한 경험이 있는데, 〈스타트렉〉을 제작할 당시에는 소련과의 또 다른 전쟁이 일어날지도 모른다는 두려움에 떨고 있었다고 한다. 여러 에피소드에서 전체주의 정권이 등장하고, 때때로 컴퓨터에 의해 운영되며, 사람들의 자유를 빼앗기도 하는 설정은 러시아가 컴퓨터 기술로 미국 대통령 선거와 2016년 브렉시트 투표에 영향을 미쳤다고 의심받는 오늘날의 상황(1장 참조)과 크게 다르지 않다.

〈스타트렉〉에서는 2161년에 행성들이 연방을 결성한다. 행성연방은 '워프 드라이브warp drive'라고 부르는 초광속 우주선 추진 기술을 보유하고 있다. 이 기술을 통해 우주선은 빛보다 몇 배나 빠른 속도로 이동할 수 있는데, 이런 일이 가능한 것은 우주 공간이 뒤틀려 있기 때문이다. 등장인물 중 과학자인 제프람 코크란은 2063년에

1968년의 〈스타트렉〉 홍보 사진.
벌컨족과 지구인의 혼혈인 스팍 역할의
레너드 니모이Leonard Nimoy(왼쪽)와
커크 함장 역을 맡은
윌리엄 샤트너William Shatner.

공간 워프space warp를 발견하고, 워프 드라이브의 첫 번째 테스트는 귀가 뾰족한 외계인 벌컨 종족과의 첫 접촉으로 이어진다.

행성연방의 본부는 샌프란시스코에 있다. 로든버리는 북대서양조약기구(NATO)를 염두에 두고 연방을 묘사했으며, 여기서 소련을 대변하는 캐릭터는 클링온 종족이다. 〈스타트렉〉이 제시하는 미래상은 낙관적이다. 연방의 경제 체계는 '탈희소성post-scarcity 사회'로 묘사되는데, 이는 정부가 통제하는 통화 제도를 넘어 진화한 경제 체계다. 화폐는 리플리케이터replicator라는 물질 재조합 장치 때문에 쓸모가 없어지고, 많은 물건을 이 장치로 쉽게 만들어 낸다. 연방에는 대통령, 내각, 대법원이 있고, 스타플릿 Starfleet*이라는 군사 및 탐사 조직이 있다. 평의회는 회원국 대표들로 구성된다. 2267년, 커크 함장의 말에 의하면 '연방에는 1,000개의 행성이 있으며 계속해서 확장하고 있다'고 한다.

행성연방을 정의하는 두 가지 핵심 기술인 워프 드라이브와 리플리케이터가 실현될 가능성은 얼마나 될까? 워프 기술부터 이야기해 보자. 현재 우리가 가진 유일한 우주 운송 수단은 로켓 추진체인

---

* 　스타플릿 대원들은 심우주 탐사, 연구, 방어, 평화 유지 및 외교 등의 업무를 수행한다. 〈스타트렉〉의 각 시리즈에 등장하는 주요 캐릭터는 대부분 스타플릿 소속이다.

데, 이것은 1960년대 이후로 크게 달라지지 않았다. 이는 우주여행이 화학의 제약을 받는다는 의미다. 지금으로서는 저장할 수 있는 산화제 또는 극저온 산화제로 가연성 연료를 연소시키는 것이 로켓의 성능을 높이는 유일한 방법이다. (2018년에 미국 국방정보국이 빛보다 빠른 속도로 여행할 방법을 설명한 보고서[8]를 공개했으나 회의론에 부딪혔다.) 하지만 화학 연료 엔진보다 효율적인 원자력 엔진이라는 또 다른 선택지도 있다.

우주의 인프라도 훨씬 더 좋아졌다. 국제우주정거장ISS은 '구상 중인 스타플릿Starfleet in gestation'이라는 별명으로 불려 왔다. NASA가 2026년을 목표로 계획 중인 '루나 게이트웨이lunar gateway'[9]도 기대되는데, 지구 궤도를 도는 ISS처럼 루나 게이트웨이가 달의 궤도를 돌게 되면 우주비행사가 다시금 달 표면에 착륙하는 것은 물론, 화성 등 다른 행성으로 가는 중간 기지로 활용할 수 있을 것이다.

워프 속도와 관계없이 항공 산업에서는 많은 일이 일어나고 있다. 1970년대에 등장한 콩코드와 같은 초음속 제트기는 큰 가능성을 보였으나 비경제적인 것으로 판명되어 퇴역했다. 만약 1968년에서 온 시간 여행자가 지금의 공항을 방문한다면 항공기에서는 큰 차이를 느끼지 못할 것이다. 그 대신 코로나19로 비행이 제약되었던 일이나 이산화탄소 배출 문제로 공항에서 시위를 벌이는 환경 단체 등의 모습이 더 인상적일지도 모른다.

항공 산업계를 국가에 비유한다면 이산화탄소 배출량에서 세계 최악의 국가에 속할 것이다. 이 분야의 이산화탄소 배출량은 2005년 이후 70% 증가했으며, 2050년에는 무려 7배로 증가할 것으로 예

NASA가 계획 중인 루나 게이트웨이 프로젝트 상상 이미지.

상된다.[10] 현재 약 20만 명의 조종사가 있는데, '항공 운항이 지구에 끼치는 민폐'나 '코로나19 때와 같은 제약' 등의 이유로 비행을 제한하지 않는다면 조종사 수는 60만 명으로 늘어날 전망이다.[11] 한편으로는 (완전한 무인 비행기는 아직 상상할 수 없지만) 이미 인공지능이 비행기를 조종하는 데 사용되고 있으니 무인 비행기가 현실화될 가능성도 크다.

환경 문제와 관련해서는 비행기를 자주 타는 승객에게 세금을 부과하는 제도가 생길 수도 있다. 하지만 이는 (근래에 비행이 증가하고 있는) 가난한 국가를 차별하는 결과를 초래할 수 있다. 비행 배급제 flight rationing를 도입해 연간 비행 거리를 제한하게 될 수도 있고, 고속철도가 비행을 대체할 수도 있을 것이다. 과학자들은 더 강력한 배터리와 더 가볍고 센 엔진을 탑재함으로써 환경에 해를 덜 끼치는 전기 비행기를 개발하는 중이다.[12] 전기 비행 택시도 개발 중인데, 이것은 SF 영화에서 자주 볼 수 있는 '도시의 하늘을 나는 자동차'로 이어질 수 있다. 태양열 비행선도 개발 중이니 어쩌면 '느린 여행' 시대가 열릴지도 모르겠다. 비행선을 타고 대서양을 횡단하는 데는 44시간이 걸릴 것이다.

지구 주위에 궤도 고리orbital ring를 만들자는 좀 더 기발한 아이디어도 있다.[13] 궤도 고리는 지상에서 약 80km 상공에 설치되며 튼튼한 강철 케이블로 구성되는데, 이 케이블이 회전하면서 동력을 생성한다. 고리 아래쪽에는 두 개의 자기부상열차 선로가 있어서 놀라운 속도로 승객을 수송할 수 있다. 궤도 고리를 이용하는 자기부상열차를 타면 유럽에서 호주까지 45분 만에 주파할 수 있을 것으로 예상된다.[14]

새로운 비행기도 개발되고 있다. 속도만 놓고 보자면 콩코드 전성기 이후로 사실상 기술이 후퇴한 셈이다. 다행히 초음속 비행을 되살리려는 새로운 회사들이 등장하고 있다. 미국의 항공기 제조사 붐슈퍼소닉Boom Supersonic은 콩코드보다 적은 운영 비용으로 음속의 2배 이상인 2.2M(마하)로 비행하는 상업용 비행기를 개발하고 있다.[15] 독일항공우주국(DLR)에서 개발 중인 '스페이스 라이너'는 음속의 25배로 비행할 것으로 예상된다.[16] 스페이스 라이너는 극초음

2050년, 더블린 근교를 연결하는
고속철도 시스템의 상상도.

속으로 지구 밖 우주까지 비행한 다음 최종 목적지로 하강하도록 계획되었으며, 런던에서 호주까지 90분 만에 주파할 것으로 예상된다. 참고로 현재 런던에서 호주 퍼스까지 가는 데 걸리는 시간은 아무리 빨라도 16시간 35분이다. 나도 그 비행기를 타 봤는데, 정말 끔찍했다.

일론 머스크가 이끄는 스페이스XSpaceX는 우주선 개발에 앞장서고 있다.[17] 2012년, 스페이스X는 민간 기업 최초로 ISS에 화물을 운송했다. 이후 NASA의 도움을 받아 우주비행사를 ISS로 데려다줄 유인 캡슐 '크루 드래건'을 만들었다. 머스크는 또한 수많은 통신 위성을 지구 궤도에 배치하는 스타링크Starlink도 운영하고 있는데,[18] 2020년대 중반까지 총 1만 2,000개의 위성을 배치할 예정이라고 밝혔다. 머스크는 스타링크가 광대역 통신에 혁명을 일으켜 지구의 소외된 지역부터 우주(화성 포함)까지 통신 서비스를 제공할 수 있기를 희망하고 있다. 그는 또 (10억 달러를 투자한) 마이크로소프트와 함께 오픈AIOpenAI라는 인공지능 개발 회사에 투자하고 있으며,* 우주 탐사의 전초 기지 역할을 할 '문베이스 알파Moonbase Alpha'를 건설할 계획을 세우고 있다.[19]

---

*   일론 머스크는 2023년에 X.AI라는 인공지능 회사를 창업해 오픈AI와 경쟁하고 있다.

스페이스X의 유인 캡슐 크루 드래건이 국제우주정거장에 접근하는 모습을 표현한 렌더링 이미지.

일론 머스크의 가장 큰 야망은 인류를 화성으로 보내는 것이다. 그는 소행성 충돌 위협과 인간이 만든 지구상의 재앙(핵전쟁이나 바이러스의 위험 등)에 맞서려면 인류가 여러 행성에 거주하는 '다행성 종interplanetary species'이 되어야 한다고 생각한다. 스페이스X는 인류를 화성으로 데려갈 우주선 '스타십'**을 개발하고 있는데, 시제품으로 개발된 우주선은 높이가 50m이며 '슈퍼 헤비'라고 부르는 거대한 로켓이 탑재되어 있다. 일본의 한 억만장자는 이 우주선을 타고 달을 일주하는 여행을 예약했으며, 자신과 함께 갈 여성 동반자를 찾고 있다.[20] 혹시 신청할 사람 있나요?

** 스타십은 2023년의 실험에서 두 번의 실패를 맛봤지만, 일론 머스크는 완성도를 대폭 높였다고 호언장담하고 있다. 2024년의 실험이 기대된다.

워프 속도를 발전시키려면 아직 멀었지만, 〈스타트렉〉에서 사용된 리플리케이터에는 좀 더 근접해 가고 있다. 이것과 비슷한 기술로 3D 프린팅 기술이 빠르게 발전하고 있다. 전통적인 생산 방식이 재료를 깎아 최종 제품을 만드는 식이었다면, 3D 프린팅은 재료 층을 쌓아 가는 방식으로 물체를 만든다. 이를 적층 생산additive production이라고 한다. 3D 프린팅은 의료용 보철물, 식품(초콜릿, 크래커, 파스타, 섬유질이 풍부한 식물성 고기 등), 의류(신발과 드레스 포함), 심지어 자동차, 비행기, 보트의 부품을 만드는 데도 이용되고 있다. 최근에는 집과 그 안의 내용물을 통째로 프린팅하려고 시도할 만큼 기술이 발전하고 있다. 어디까지 발전할지 궁금하지 않은가?

워프와 리플리케이터를 제외하고 〈스타트렉〉에서 눈에 띄는 또 한 가지는 의료 절차다. 〈스타트렉 4: 귀환의 항로Star Trek IV: The Voyage Home〉에서 멕코이 박사는 시간을 거슬러 1980년대의 병원을 방문했다. 그는 자신이 목격한 의료 절차를 중세 암흑시대와 비교한다. 스타플릿 박물관의 책임자인 조르디 라 포지는 태어날 때부터 시각 장애를 안고 있었지만 바이저visor를 착용하고 앞을 본다. 그런데 바이저와 조금 유사한 장치가 발명되었다. 2005년, 스탠퍼드대학교의 한 연구팀은 (망막 뒤에 이식된) 마이크로칩과 (소형 카메라에 연결된 LED 판독기가 달린) 고글을 결합하여 생쥐가 검은색과 흰색을 구별할 수 있도록 만들었다.[21] 이후 자동차 사고로 시력을 잃은 여성이 이 장치를 사용하여 물체의 윤곽을 보고 빛의 강도 차이를 구별할 수 있게 되었다. 그래도 조르디가 착용한 장치와는 아직 거리가 멀다.

〈스타트렉〉에 등장하는 주사기는 스프레이 방식 피하 주사기

hypospray로, 바늘이 필요 없고 옷을 통해 사용할 수 있다. FDA는 최근 초음파를 사용하여 피부의 모공을 여는 방식으로 바늘 없이 약액(백신 포함)을 주입할 수 있는 장치를 승인했다.[22] 고압 분사가 가능한 장치도 개발 중인데, 이 장치는 분말 형태의 백신을 전달하는 방법으로 시험 중이다. 이렇게 하면 백신을 주사할 필요가 없으며, 개발도상국에서 어려움을 겪는 '백신 보존을 위한 저온 보관'도 필요 없게 된다.

〈스타트렉: 보이저Star Trek: Voyager〉에는 모든 의학 분야의 전문가인 홀로그램 의사도 등장한다. 그리고 유명한 의료용 장치인 트라이코더tricorder가 있는데, 이 장치를 누군가의 몸 위에 대면 질병을 진단할 뿐 아니라 환자에 대한 여러 정보를 수집할 수 있다. 지금 우리는 어떠한가? 몇 가지 유형의 수술을 수행하는 로봇이 있긴 하지만 로봇 의사와는 거리가 멀다. 인공지능은 진단 분야에서 점점 더 많이 사용되고 있으며, 가장 최근에는 유방암 진단에서 인간을 능가하는 기술을 보여 주었다.[23] 궁극적으로는 컴퓨터가 질병을 진단하고 치료를 담당할 수도 있을 것이다. 물론 자기 공명을 이용하여 머리 속을 들여다보는 MRI와 같은 스캐너가 있지만, 휴대할 수 있는 의료용 스캐너는 그림의 떡이다. 하지만 미국 국토안보부에서 개발 중인 원격 환자 분류 도구가 있는데,[24] 이 장치는 최대 12m 떨어진 곳에서 활력 징후vital sign를 측정할 수 있어 '코로나19 시대에 임상적 가치가 매우 높은 장치' 목록에 이름을 올렸다.

국립우주생물의학연구소에서는 빛을 이용하여 혈액 및 조직의 화학적 성질을 측정할 수 있는 장치를 개발하고 있다.[25] 피부에 부착

해야 하는 방식이라 트라이코더와는 좀 다르지만 기능은 대동소이하다. 당뇨병, 심방잔떨림(심방세동), 요로감염, 폐렴 등 34개 질환을 진단할 수 있는 덱스터DxtER라는 의료 기기도 있는데, 이것은 인공지능, 환자 설문지, 센서를 사용하여 환자의 건강 상태를 빠르게 평가한다.[26] 최근 미국 임상화학협회가 트라이코더와 유사한 기능을 가진 장치를 개발하는 회사들을 대상으로 개최한 연례 경진 대회에서, 덱스터는 최고상(상금 260만 달러)을 받았다.

미래의 의학에 관해서라면 많은 진전을 기대할 수 있다. 3장에서 살펴보았듯 현재 막대한 자금과 자원이 의학 연구와 신약 개발 노력에 투입되고 있으므로 앞으로도 엄청난 발전이 계속될 것이라는 데는 의심의 여지가 없다. 미국 국립보건원에서 운영하는 www.clinicaltrials.gov[27]라는 웹사이트는 이러한 모든 활동을 파악하는 데 유용하다. 현재 이 사이트에는 미국 50개 주와 209개국에서 진행 중인 32만 6,147건의 임상 연구가 나열되어 있다. 이 수치를 잠시 생각해 보면, 30만 건이 넘는 임상시험이 진행되고 있으며 그중 대부분은 질병 퇴치를 목표로 하고 있음을 알 수 있다. 2019년에 이 사이트의 월간 조회 수는 2억 1500만 회, 일일 순 방문자 수는 14만 5,000명에 달했다. 이 수치를 통해 의학적 노력의 규모가 어느 정도인지 능히 짐작할 수 있을 것이다.

수치를 세부적으로 분석해 보면 더욱 흥미롭다. 전체 연구 중 14만 4,342건은 특정 질병에 대한 신약 테스트와 관련된 것인데, 신약 중 일부는 소분자small molecule(경구용 정제)이고 나머지는 주사로 투여하는 생물학적 제제다. 또 8만 2,880건의 임상시험은 특정 질병이나 상태에 대한 효과를 검증하기 위해 시험 대상자의 식습관 또는 생활 방식 같은 일부 행동이 수정되는지 확인하는 것으로, 이를 '행동 시험behavioural trial'이라고 한다. 또 다른 2만 7,041건의 임상시험은 새로운 수술 절차에 대한 것이며, 3만 2,929건은 일반적으로 피험자의 신체에 이식하는 새로운 의료 기기와 관련된 것이다. 임상시험 건수는 2010년 이후 4배로 증가했다.[28]

아직도 많은 주요 질병의 치료법이 미흡하거나 아예 존재하지 않는다. 이를 '미충족 의료 수요'라고 하는데, 알츠하이머와 파킨슨병 같은 신경계 질환, 다양한 유형의 암, 심장 질환, 우울증과 조현병 등의 정신 건강 질환, 골관절염이나 염증성 장 질환 같은 염증성 질환, 말라리아와 결핵 등의 전염병이 여기에 해당한다. 이 밖에도 수많은 희소 질환이 있으며, 이러한 질병들을 치료하기 위해 많은 접근 방법을 시험하고 있다. 특히 특정 질병을 일으키는 결함 유전자를 대체하는 유전자 치료와 같은 최신 기술 연구가 진행 중인데, 현재 25가지 유망한 유전자 치료법에 대하여 임상시험이 진행되고 있으며, 일부 치료법은 이미 승인되었다. 어린이를 실명에 이르게 하고 근육 소모를 유발하는 질환도 유전자 치료가 효과가 있는 것으로 보이는 질병에 포함된다. 물론 이러한 치료법은 매우 비싸므로 '누가 비용을 지급할 것인가?' 하는 문제가 중요하다. 하지만 의학이 계속 발달해 나가는 추세를 고려할 때, 우리는 인류를 괴롭히는 주요 질병 중 대부분에서 진전을 보게 될 것이다.

나는 현재 염증성 질환에서 대사metabolism가 수행하는 역할을 밝히려고 노력하고 있는데, 염증이 진행되는 동안 인체의 면역 세포가 비정상적인 방식으로 영양분을 연소한다는 사실을 발견했다. 이런 비정상적인 과정을 표적으로 삼으면 관절염, 염증성 장 질환, 심지어 알츠하이머병과 같은 질병을 치료하는 완전히 새로운 방법을 개발할 수 있을 것으로 보인다. 그렇게 되면 암이나 심장병처럼 현재 우리를 사망에 이르게 하거나 매우 아프게 하는 주요 질병은 '과거의 질병'이 될 것이며, 많은 사람이 건강한 노년기를 보내게 될 것이다. 우리는 모두 언젠가 죽을 운명이지만, 오래도록 풍요롭고 충만한 삶을 살다가 우아하게 사라질 것이다.

〈스타트렉: 넥스트 제너레이션Star Trek: The Next Generation〉 시대에 발명된 기술인 홀로덱holodeck은 어떨까? 홀로덱은 시뮬레이션 된 가상현실 속으로 들어가는 기술이다. 만약 이것이 실현된다면 우리는 모두 가상의 삶을 살게 될 수도 있다. 이런 기술은 주로 게임 산업을 중심으로 점점 가까이 다가오고 있지만, 다른 분야 기업들도 관심을 기울이고 있다. 이쪽 벽에서 저쪽 벽까지 이어지는 고해상도 모니터, 정교한 프로젝터, 동작 센서를 비롯한 기술들이 점점 보편화하고 있다. 마이크로소프트는 최근 TV 주변 공간을 증강함으로써 가상과 현실 사이의 경계가 모호해지도록 만드는 '일루미룸'[29]을 발표했다. 마이크로소프트의 '홀로렌즈'나 페이스북의 '오큘러스 리프트', 애플의 '비전 프로' 같은 가상 또는 증강 현실 헤드셋도 출시되었다. 다만 아직은 복잡하고 불편해서 장시간 사용하기는 어려운 수준이다. 홀로덱은 아직 멀었다.

그러나 〈스타트렉〉에 등장하는 다양한 기술 중에는 현실에 가까운 것도 많다. 밧줄로 작동되던 자동문sliding door은 이런 이야기를 할 때면 항상 '가장 먼저 실현되었다'고 언급되는 기술로, 지금은 흔한 기술이 되었다. 또한 〈스타트렉〉에는 PADD로 알려진 휴대용 디스플레이 장치 '데이터 슬레이트data slate'가 있었는데, 지금 우리는 이것을 아이패드 형태로 사용하고 있다. 또 〈스타트렉〉 속 만능 번역기는 뇌파를 스캔함으로써 알려지지 않은 외계 언어를 사용자의 언어로 해석해 주었다. 현재는 그 정도까지는 아니어도 실시간 번역기를 사용하여 다른 사람들과 대화할 수 있게 도와주는 앱이 많이 개발되어 있다. 구글이 판매하는 '픽셀 버드'*는 더글러스 애덤스의 《은하수를 여행하는 히치하이커를 위한 안내서》에 나오는 '바벨 피시'와 조금 유사하다. 이 소설에서는 바벨 피시를 귀에 꽂으면 모든 언어를 번역해 준다.

아마도 우리가 향후 10년 동안 가장 큰 발전을 보게 될 분야는 로봇공학일 것이다. 〈스타트렉: 넥스트 제너레이션〉에는 '데이터'라는 이름의 로봇이 등장한다. 이 로봇은 인공지능을 갖춘 합성 생명체로, 양전자 두뇌positron brain를 통해 자기 자신을 인식할 수 있다. 초창기에는 인간 행동의 다양한 측면을 이해하는 데 어려움을 겪었고 감정을 느끼지도 못했지만, 데이터를 만든 누니언 숭 박사가 '감정 칩'을 추가해 이 문제를 해결해 주었다. '이론상으로In Theory'라는 에피소드에서 데이터는 관계 맺기를 위한 로맨틱 서브루틴romantic subroutine을 만듦으로써 승무원인 제나 디소라와 사랑에 빠진다. 데이터는 사랑에 관해 배우기 위해 수많은 로맨틱 소설과 영화를 내

---

* 동시통역 기능을 갖춘 무선 이어폰.

려받는다. 어느 시점에서는 의도적으로 제나와 말다툼을 벌인다. 제나가 그 이유를 묻자 데이터는 수천 건의 관계를 분석한 결과 '연인 간의 티격태격'을 하기에 최적의 시기였다고 대답한다. 두말할 필요도 없이 그 관계는 지속되지 않는다.

　섹스 로봇도 고민거리를 안겨 준다.[30] 현재 몇 가지 로봇이 개발 단계에 있는데, '하모니'라는 제품이 그중 진보된 것으로 꼽히며 '가정용 쾌락 장치'로 표현된다. 업계에서는 기존의 '스마트 섹스 토이'에 대한 수요를 바탕으로 섹스 로봇의 시장 규모를 2500만 유로로 내다봤다. 로봇의 외모는 사람과 더욱 비슷해지고 인공지능을 갖게 될 것으로 예상된다. 그리하여 궁극적으로 파트너가 로봇이라 할지라도 섹스 전후에 지능적인 대화를 나눌 수 있게 될 것이다! 순응적, 논쟁적, 침묵 모드, 언어 선택 등 다양한 옵션을 설정할 수도 있을 것이다. 섹스 로봇이라는 '이상한 세상'이 열리면서 윤리적 우려도 일고 있다. 로봇이 사람들을 더 이기적으로 만들지 않을까? 더 많은 섹스 중독으로 이어지지 않을까? 로봇의 외모에 제한을 두어야 할까(윤리학자들은 '전 애인과 같은 얼굴'을 가진 로봇을 허용해야 하는지 고민하고 있다)? 로봇 때문에 인간이 비인간화되고 실제 사람을 상대로 더 일탈적인 행동을 하게 되지는 않을까?

　로봇공학은 현재 활발히 연구되고 있는 분야이기는 하지만, 〈스타트렉〉 속 데이터와는 거리가 멀다. 2018년, 미국에서는 400개의 개별적인 프로젝트에 49억 달러의 벤처 캐피털 투자가 이루어졌다.[31] 중국에서도 이와 비슷한 규모의 투자가 이루어졌다. 2019년에는 아일랜드의 한 로봇이 많은 주목을 받았다. 트리니티 칼리지 더

블린의 로봇공학자 코너 맥긴Conor McGinn, 이몬 버크Eamonn Bourke, 앤
드루 머태그Andrew Murtagh, 마이클 컬리넌Michael Cullinan, 시안 도노반
Cian Donovan, 니암 도넬리Niamh Donnelly는 '첨단 인공지능을 갖춘 아일
랜드 최초의 사회적 돌봄 로봇'으로 불리는 '스티비'라는 로봇을 공
개했다.[32] 스티비는 노인 생활 공동체 및 기타 유형의 장기 요양 환
경에서 간병인과 노인을 지원하도록 설계되었다. 스티비는 이동성
과 손재주가 뛰어나고, 거리 측정기, 심도 카메라, 촉각 및 시각 센
서와 같은 감지 기술을 사용하여 주변 환경을 지능적으로 인식하고
상호 작용할 수 있다. 또 스티비는 개발자들이 '향상된 표현 능력'이
라고 부르는 기능을 발휘하는데, 이 기능 덕분에 사용자와 더욱 자
연스럽고 직관적인 의사소통을 할 수 있는 것으로 평가된다.

　스티비는 현재 미국과 영국의 노인 생활 공동체에서 시험받고 있
다. 그의 초기 업무는 빙고 게임이나 퀴즈 같은 그룹 활동을 수행하
는 간병인을 보조함으로써 간병인들이 노인들과 양질의 시간을 더
많이 보낼 수 있도록 돕는 것이었다. 스티비는 또한 기존 태블릿과
스마트폰 애플리케이션의 사용성 문제를 극복한 화상 통화 인터페
이스를 이용해 입주 노인과 가족을 연결하는 데 도움을 주었다. 고
급 컴퓨터 비전computer vision*과 언어 알고리즘을 사용하는 인공지
능 시스템을 통해 이루어진 스티비와의 상호 작용 경험은 특히 흥
미로운 것으로 입증되었으며, 많은 입주 노인과 직원이 로봇과 대
화하기를 즐겼다. 스티비 개발자들이 밝힌 향후의 핵심 목표는 스

---

* 컴퓨터를 이용하여 정지된 영상 또는 동영상에서 의미 있는 정보를 추출하는 방법을 말한다.

티비가 잡담이나 유머에 참여할 수 있도록 해서 그를 진정한 아일랜드인으로 만드는 것이라고 한다.

〈스타트렉〉과 SF물을 떠나서 미래학자들은 수정구슬을 응시하는 데 많은 시간을 보낸다(물론 문자 그대로는 아니다). 그리고 위에서 논의한 것에 더하여 여러 가지 예측이 이루어지고 있다. 1920년대에 시리즈로 발간된 책 《오늘과 내일 To-Day and To-Morrow》에서 미래를 예측했는데, 그중 일부는 놀라울 정도로 정확했다. 1924년, 아치볼드 로Archibald Low는 "몇 년 후에 우리는 주머니에 휴대할 수 있는 무선 세트로 비행기나 길거리에서 친구들과 채팅을 하게 될 것이다"라는 글을 써서 휴대전화를 예측했다.

1930년대에 분자생물학 분야에 엑스선결정학을 활용한 선구자 존 데즈먼드 버널John Desmond Bernal은 월드와이드웹(WWW)을 예측했다. 그는 《세계, 육체, 악마 The World, the Flesh and the Devil》[33]라는 제목의 책에서 미래를 논했는데, 혹자는 출판사가 판매 부수를 늘릴 요량으로 그런 제목을 붙였다고 생각할지도 모르겠다. 저명한 SF 작가이자 가장 위대한 과학 소설인 《2001: 스페이스 오디세이 2001: A Space Odyssey》를 쓴 아서 C. 클라크Arthur C. Clarke는 그 책을 "지금까지 시도된 것 중 가장 뛰어난 과학적 예측"이라고 평가했다. 버널은 사람이 죽기 직전에 뇌의 정보가 저장되어 호스트 머신host machine으로 전송되는 과정을 추론했으며, 인류를 개량해야 한다고 주장하는 트랜스휴머니즘을 지지했다. 그는 또 무선 주파수를 감지하는 작은 감각 기관, 적외선과 자외선, 심지어 엑스선까지 감지할 수 있도록 강화된 시력, 더 넓은 범위의 주파수를 감지할 수 있는 귀를 상상했

으며, 엄청나게 멀리 떨어져 있는 인간들이 무선 기술로 서로 소통
하게 되리라 예측했다.

하지만 그는 컴퓨터가 20세기의 주요 기술로 발전할 거라고는 예
측하지 않았는데, 이는 당시의 컴퓨터가 펀치 카드로 작동되었고
디지털이 아닌 아날로그 방식이었기 때문이다. 사실 그 당시에는
해당 기기를 '컴퓨터'라고 부르지도 않았으며, 그 누구도 전자 컴퓨
터가 출현할 것을 예측하지 못했다.

이런 사례는 우리가 어떻게 미래를 예측할 것인지에 대한 의문을
제기한다. 우리 삶에 이토록 큰 영향을 미치는 컴퓨터를 아무도 예
측하지 못했다면, 우리는 또 무엇을 놓치고 있을까? 코로나19는 어
떨까? 이전에 다른 팬데믹을 예측한 과학자는 있었지만, 코로나19
를 예상한 과학자는 아무도 없었다. 우리는 이제야 코로나19 같은
사건이 미래에 어떤 영향을 미칠지 이해하게 되었다. 앞으로 또 어
떤 사각지대가 있을지 누가 알겠는가?

그럼에도 연구자들은 금세기의 나머지 기간에 일어날 수 있는 일
들에 대한 타임라인을 구축했다.[34] 이것은 지금 우리가 처한 상황을
바탕으로 미래에 일어날 가능성 있는 일을 예상해 본 시나리오다.
이 시나리오는 '지금이 어떤 상황인가'에서 출발한다. 디지털 기술
은 확실히 우리 삶에 지배적인 영향을 미치는 요소로, 전 세계 인구
70억 명 중 50억 명이 스마트폰을 꾸준히 사용하고 있다.[35] X(트위
터)는 3억 3000만 명의 활성 사용자active user*를 보유하고 있는데, 그

---

* 로그인이나 기타 인증 방식을 통해 '광고를 볼 수 있는' 사용자를 말한다.

영국의 예술가 닐 하비슨Neil Harbisson은
선천적으로 색을 구별할 수 없는
전색맹全色盲으로 태어났다.
그는 빛의 파장을 소리 파장으로
바꾸어 주는 안테나를 두개골에 심어
주파수로 색을 인지하는
세계 최초의 사이보그 예술가다.
하비슨은 안테나를 통해 색을 '듣고'
그것을 시각 예술로 표현한다.

중 66%가 남성이고 34%는 여성이며, 매일 5억 건의 트윗이 전송된다.[36] 기쁨의 눈물을 흘리는 얼굴 이모티콘만 20억 번 사용되었다.[37] 페이스북의 일일 사용자 수는 15억 명이다.[38] 이런 기술이 발달하는 만큼 스마트폰 과다 사용으로 인한 스트레스와 반사회성 문제, 과도한 감시와 사생활 침해에 관한 우려도 큰 것이 지금의 현실이다.

가까운 미래의 타임라인을 본격적으로 살펴보자. 현재의 추세로 짐작건대, 2020년대에는 기후 변화가 점점 더 큰 문제가 될 것이며, 식량과 물 공급이 위협받기 시작할 것이다. 2030년대에는 나노 기술의 획기적인 발전에 힘입어 마침내 실질적인 에너지 전환이 이루어질 것이며, 이에 따라 재생 에너지가 더욱 저렴하고 효율적으로 공급될 것이다. 핵융합 기술 역시 에너지원으로 점점 더 많이 사용될 것이다. 2040년대에는 유전학, 나노 기술, 로봇공학의 결합으로 트랜스휴머니즘 사례가 점점 더 많이 등장할 것이다. 인간은 질병을 퇴치하고, 감각을 키우고, 다양한 형태로 의사소통을 하며, 엔터테인먼트를 즐기기 위해 인체에 장치를 이식해 트랜스휴먼이 될 것이다. 화성과 달에 식민지가 건설될 것이다. 인공지능은 기업과 정부가 의사 결정을 내리는 과정에 더 큰 몫을 하게 될 것이며, 궁극적으로 인간의 의사 결정을 대체할 것이다.

2060년이 되면 전 세계 인구는 정체기에 도달하여 감소하기 시작할 것이다. 2070년대에는 본격적인 환경 재앙이 일어날 것이다. 왜냐면 우리가 쏟는 최선의 노력에도 불구하고 기후 변화는 여전히 진행형일 것이기 때문이다. 해수면이 상승함에 따라 도시에서는 대규모 대피가 일어날 것이다. 하지만 2080년대에는 인공지능 덕분에 과학적 발견이 엄청나게 가속화될 것이다. 2090년대가 되면 호모 사피엔스는 지구의 지배적 종이 아닐지도 모른다. 국가의 일상적인 운영은 초고속·초지능 로봇과 가상 개체virtual entity가 수행할 것이다. 전 세계의 다양한 언어는 대부분 사용 빈도가 줄고, 영어·중국어·스페인어가 3대 언어로 자리 잡을 것이다. 회사원들의 평균 근무 시간은 주당 20시간 미만이 될 것이다.

서남극은 세계에서 가장 빠르게 발전하는 지역 중 하나가 될 것이다. 서남극의 기후는 오늘날의 알래스카와 비슷해져서 만년설이 녹아내리고, 기후 변화로 피해를 본 지역 사람들의 이민 지역으로 주목받을 것이다. 인구의 다양성을 고려할 때, 그곳의 도시는 예술적인 용광로가 될 것이다.

미래가 어때 보이는가? 우리의 자녀들과 손주들은 살아서 그 세상을 볼지도 모른다.

우리 인간은 호기심이 많은 종이다. 우리는 자연선택의 법칙에 따라 지금보다 원시적인 생명체로부터 진화했다. 생명은 생화학적 기계다. 우리가 현재의 모습으로 진화하는 데 필요한 것은 매우 복잡한 화학 반응, 적절한 조건, 공룡의 멸종(공룡이 멸종하지 않았다면 '작은 땃쥐 같은 생물'이었던 우리 조상이 번성할 수 없었을 것이다), 그리고 까마득히 긴 시간이 전부였다. 우리는 호기심에 이끌려 과학을 발명했고, 우리가 사는 세계에 관한 흥미로운 사실을 수도 없이 발견했다. 특히 디지털 시대가 도래한 지난 10여 년 동안 우리가 발명한 기계에 힘입어 놀라운 속도로 발견을 거듭하고 있다.

천문학자이자 과학 커뮤니케이터인 칼 세이건Carl Sagan은 "어딘가에서 놀라운 뭔가가 알려지기를 기다리고 있다"라고 말했다. 인간은 자기 내면을 들여다보고, 무엇이 자신을 움직이게 하는지 알아낼 수 있는 유일한(우리가 아는 범위에서) 종이다. 그리고 많은 과학자가 새로운 기술을 발명하는데, 대다수 사람은 그중 극소수밖에 이해하지 못한다. 불확실한 미래로 향하는 이 알쏭달쏭한 비즈니스는 앞으로도 고삐를 늦추지 않고 계속 진행될 것이다.

1980년대 후반 케임브리지대학교에서 연구 과학자가 되기 위한 훈련을 받을 때, 나의 가장 중요한 멘토는 뛰어난 과학자이자 류머티즘 전문의인 제리 사클라트발라Jerry Saklatvala였다. 그는 면역계에서 생성되는 TNF라는 단백질을 발견했다. 당시 TNF는 암과 관련이 있었는데, 과학적 발견이 종종 그렇듯이 더 많은 실험이 수행됨에 따라 이 연관성은 제한적인 것으로 판명되었다. 제리는 '돼지 족발(연골의 좋은 공급원이다)에서 추출한 연골에 TNF를 첨가하면 연골이 파괴된다'는 사실을 발견했다. 우리는 제리의 발견이 흥미를 끌 것으로 생각했다. 연골 손상은 류머티즘성관절염의 주요 특징이며, 손가락이 구부러지거나 지팡이를 사용하거나 휠체어 신세를 지게 되는 이유이기도 하다. 치료하지 않고 내버려두면 류머티즘성관절염은 환자의 관절을 가차 없이 갉아먹는다. 의학 연구에는 '가짜 새벽false dawn'*이 비일비재하다. 제리의 연구 결과는 흥미로웠지만, TNF가 류머티즘성관절염 치료제의 중요한 표적이 될 거라고 감히 희망하는 사람은 거의 없었다. 그런데 바로 그런 일이 일어났다. 현재 TNF를 차단하는 약물은 관절을 보호하고 류머티즘성관절염의 발병을 막아 줌으로써 수백만 명을 돕고 있다. 지난날 제리의 관찰은 이러한 신약 개발에 매우 중요한 것으로 밝혀졌다. 누가 알았겠는가? 그리고 지금 전 세계 실험실에서 진행되고 있는 모든 연구가 어디로 이어질지 누가 알겠는가?

나는 인류에게 유리한 쪽으로 계속해서 상황이 개선될 거라고 낙관한다. 이 꿈을 함께 이어 가자.

앞으로 무슨 일이 일어날지 정말 기대된다.

---

* 실상은 그렇지 않은데도 증상이 호전되는 것으로 간주되는 상황. 이는 그동안 이어져 온 어려움에 따른 기저 효과로 나타난 일종의 착시 현상에서 기인한다.

WIN THE ADMIRATION
OF YOUR FRIENDS!

감사의 글

'인류 앞에 놓인 커다란 문제에 과학이 어떻게 도움을 줄 수 있는지' 책으로 써 보는 것이 어떻겠냐고 나에게 제안해 준 길북스Gill Books의 사라 리디에게 감사드린다. (책 제목에 무례한 표현이 들어갈 줄은 상상도 못 했겠지만.) 사라, 당신의 끊임없는 성원에 감사드려요. 책을 훌륭하게 편집해 주고, 통찰력이 돋보이는 여러 의견을 내준 편집자 아이빈 몰럼비에게도 감사드린다.

고맙게도 여러 사람이 원고를 읽고 사실 확인을 해 주었으며, 부족한 부분을 바로잡는 수고를 마다하지 않았다. 게다가 몇 가지 훌륭한 제안도 해 주었다. 먼저, 동료 면역학자인 앤디 기어링. 나는 영국에서 일할 때 앤디를 만났고 그가 발견한 NOB 세포라는 면역 세포 유형에 대하여 과학적 협업을 시작했다. (워낙 전문적인 주제라 자세한 내용은 언급하지 않겠다.) 하지만 이보다 중요한 일은 따로 있다. 어느 날 점심을 얻어먹으러 그의 아파트에 갔을 때 그가 "냉장고에

뭐가 있는지 보세요"라고 말했는데, 그 안에는 샴페인 한 병과 라임 피클 한 병이 있었다. 나는 평생의 친구를 찾았다는 걸 알았다. 이 책을 처음부터 끝까지 두 번이나 읽은 앤디는 공동 저자가 될 의향이 있다고 여러 차례 말했다. 뜻은 고맙지만 사양해요, 앤디. 저작권료는 없으니 그렇게 알아요.

나의 누이 헬렌과 아내 마거릿은 성 고정관념을 다룬 내용에 훌륭한 조언을 해 주었다. 또 다른 동료 면역학자 클리오나 오패럴리는 몇 가지 주제에 대한 훌륭한 공명판이었다. 내 연구실의 박사 후 연구원인 즈비그니에프 자슬로나는 몇 가지 제안과 더불어 항상 좋은 결론을 도출해 주었다. 브라이언 맥마누스는 〈매트릭스〉와 《은하수를 여행하는 히치하이커를 위한 안내서》에서 힌트를 얻을 수 있게 도와주었는데, '무의미한 직업' 목록에는 학자들만 올려야 한다는 의견을 냈다. 브라이언은 또한 안락사와 인종 차별에 관해서도 중요한 제안을 해 주었다. 일자리에 관해서는 토머스 페인의 팬이자 경제학자인 앵거스 버클리와 호주 출신 좌파인 닐 토와트가 제안해 주었다. 또한 앵거스는 나보다 학위가 더 많은 프랜시스 글리슨과 함께 인종 차별과 자유의지에 관한 내용을 검토했다.

기후공학자 던컨 레비는 기후 위기에 관한 내용을 점검했고, 나의 동료이자 면역학자인 킹스턴 밀스는 백신 접종에 관하여 훌륭한 제안을 해 주었다. 외과 의사 켄 밀리와 내과 의사 콤 오도넬은 모두 안락사에 관하여 제안해 주었다. 마약에 관해 많은 것을 알고 있는 콤은 마약 합법화와 인종 차별에 관한 내용을 읽고 중요한 제안을 해 주었다. 내과 의사 도널 오셰이는 비만에 관하여 훌륭한 논평을

했으며, 뚱뚱한 사람의 수치심에 대해 언급할 것을 제안했다. 호리호리한 신사이자 전 교도소장인 크리스 매코맥은 범죄와 마약 합법화에 관한 내용을 제안했다. 그리고 신경과학자이자 나의 오랜 친구인 존 오코너는 약물 중독과 우울증에 관해 제안해 주었다.

마지막으로, 이 책을 전혀 읽지 않았지만 훌륭한 제안을 해 준 스티비 오닐과 샘 오닐에게 크나큰 감사를 전한다. 어쨌든 고마워, 얘들아.

참고 문헌

시작하며

1 World Health Organization (2019). Tobacco explained: the truth about the tobacco industry … in its own words. Available at: https://www.who.int/ tobacco/media/en/TobaccoExplained.pdf
2 R. Matthews (2000) Storks deliver babies (p= 0.008). Teaching Statistics, 22(2): 36–38. 3 Snopes (2016). Does this map show mad cow disease prevalence vs. Brexit voters? Available at: https://www.snopes.com/fact-check/mad-cowversus- brexit

1장 자유의지

1 M. McKenna and D. Pereboo (2016). Free Will (Routledge Contemporary Introductions to Philosophy). New York: Routledge.
2 R. Pippin (2012). Introductions to Nietzsche. Cambridge University Press.
3 A. Vilenkin and M. Tegmark (2011). The case for parallel universes. Scientific American, 19 July.
4 B. Gholipour (2019). Philosophers and neuroscientists join forces to see whether science can solve the mystery of free will. Science, 21 March. Available at: https://www.sciencemag.org/news/2019/03/philosophers-and-neuroscientists-join-forces- see-whether-science-can-solve-mystery-free
5 B. Libet et al. (1983). Time of conscious intention to act in relation to onset of cerebral activity (readiness-potential). The unconscious initiation of a freely voluntary act. Brain, 106: 623–642.
6 W.R. Klemm (2010). Free will debates: simple experiments are not so simple. Advances in Cognitive Psychology, 6: 47–65.
7 R.H. Anderberg (2016). The stomach-derived hormone ghrelin increases impulsive behavior. Neuropsychopharmacology, 41: 1199–1209.
8 J. Skrynka and B.T. Vincent (2019). Hunger increases delay discounting of food and non-food rewards. Psychonomic Bulletin and Review, 26: 1729–1737.
9 M. Reynolds (2014). When you should never make a decision. Psychology Today, 17 April.
10 A. Vyas et al. (2007). Behavioral changes induced by Toxoplasma infection of rodents are highly specific to aversion of cat odors. Proceedings of the National Academy of the Sciences of the USA, 104: 6442–6644.
11 J. Flegr (2007). Effects of toxoplasma on human behavior. Schizophrenia Bulletin, 33: 757–760.
12 A. Stock (2017). Humans with latent toxoplasmosis display altered reward modulation of cognitive control. Scientific Reports, 7: 10170.
13 C. Dixon (2018). How much control do we really have over how we think and act? Irish Examiner, 11 January.
14 J. Lindova et al. (2006). Gender differences in behavioural changes induced by latent toxoplasmosis. International Journal for Parasitology, 36: 1485–1492.
15 Better Explained (n.d.). Understanding the birthday paradox. Available at: https://betterexplained. com/articles/understanding-the-birthday-paradox/
16 V. Jessop (2007). Titanic Survivor: The Memoirs of Violet Jessop, Stewardess. History Press.
17 G. Adams (2006). How to live your life by numbers. The Independent, 26 November.
18 R. Gillett and I. De Luce (2019). Science says parents of successful kids have these 23 things in common. Business Insider, 23 May. Available at: https://www.businessinsider.com/how-parents-settheir-kids-up-for-success-2016-4?r=US&IR=T
19 Harvard Business School (2015). Having a working mother is good for you. 18 May. Available at: https://

www.hbs.edu/news/releases/Pages/having-working-mother.aspx

20 E.J. Dixon-Roman et al. (2013). Race, poverty and SAT scores: modeling the influences of family income on black and white high school students' SAT performance. Teachers College Record, 115(4).

21 T.R. Mitchell et al. (2003). 'Motivation' in Walter C. Borman et al. (eds), Handbook of Psychology, Vol. 12. John Wiley & Sons.

22 T.N. Robinson et al. (2007). Effects of fast-food branding on young children's taste preferences. Archives of Pediatric and Adolescent Medicine, 161: 792–797.

23 L. Donnelly (2019). Junk food giants must stop marketing to children – or see their ads banned entirely, says health chief. The Telegraph, 14 March.

24 D. Campbell (2017). Children seeing up to 12 adverts for junk food an hour on TV, study finds. The Guardian, 28 November.

25 World Health Organization (2019). Reducing the impact of marketing of foods and non-alcoholic beverages on children. Available at: https://www. who.int/elena/titles/food_marketing_children/en/

26 S. Boseley (2016). Junk food ads targeting children banned in non-broadcast media. The Guardian, 8 December.

27 J. Shannon (2018). Majority favour ban on junk food advertising to kids. Irish Heart Foundation Newsletter, 7 November.

28 E. Ring (2018). Junk food adverts have become a monster. Irish Examiner, 8 November.

29 C.C. Steele et al. (2017). Diet-induced impulsivity: effects of a high-fat and a high-sugar diet on impulsive choice in rats. PLOS One 12, e0180510.

30 D. Lynkova (2019). Key smartphone addiction statistics. Leftronic. Available at: https://leftronic. com/smartphone-addiction-statistics/

31 S.C. Matz (2017). Psychological targeting as an effective approach to digital mass persuasion. Proceedings of the National Academy of the Sciences of the USA, 114: 12714–12719.

32 R. Verkaik (2018). Cambridge Analytica: inside the murky world of swinging elections and advising dictators. iNews, 23 March (updated 6 September 2019). Available at: https://inews.co.uk/news/technology/ cambridge-analytica-facebook-data-protection- 312276.

33 J. Doward and A. Gibbs (2017). Did Cambridge Analytica influence the Brexit vote and the US election? The Guardian, 4 March.

34 N. Lomas (2018). Facebook finally hands over Leave campaign Brexit ads. Techcrunch, 26 July.

35 J. Doward and A. Gibbs.

2장 백신 접종

1 K. Mills and D. Ahlstrom (2019). Vaccines: a life-saving choice. Royal Irish Academy Expert Statement, Life and Medical Sciences Committee.

2 World Health Organization (2019). Immunization. 5 December. Available at: https://www.who.int/ news-room/facts-in-pictures/detail/immunization

3 J.L. Goodson. and J.F. Seward (2015). Measles 50 years after use of measles vaccine. Infectious Disease Clinics of North America, 29(4):725–743.

4 World Health Organization (2019) Ten threats to global health in 2019. Available at: https://www. who.int/emergencies/ten-threats-to-global-healthin- 2019

5 M. Ferren et al. (2019). Measles encephalitis: towards new therapeutics. Viruses, 11(11).

6 H. Wang et al. (2016). Global, regional, and national levels of maternal mortality, 1990–2015: a systematic analysis for the global burden of disease study 2015. Lancet. 388(10053): 1775–1812.

7 N. Nathanson and O.M. Kew (2010). From emergence to eradication: the epidemiology of poliomyelitis deconstructed. American Journal of Epidemiology, 172(11):1213–1229.

8   Centers for Disease Control and Prevention (2019). Polio elimination in the United States. Available at: https://www.cdc.gov/polio/what-is-polio/ polio-us.html

9   I. Grundy (2019). Montagu, Lady Mary Wortley. Oxford Dictionary of National Biography. Oxford University Press.

10 J.R. Smith (2006). Jesty, Benjamin. Oxford Dictionary of National Biography. Oxford University Press.

11 G. Williams (2019). The original anti-vaxxers. The Economist 1843, 30 August.

12 M. Arbyn et al. (2018). Prophylactic vaccination against human papillomaviruses to prevent cervical cancer and its precursors. Cochrane Database of Systematic Reviews, 5: CD009069.

13 J. Zheng et al. (2019). Prospects for malaria vaccines: pre-erythrocytic stages, blood stages, and transmission-blocking stages. BioMed Research International, 2019:9751471.

14 D. Malvy et al. (2019). Ebola virus disease. Lancet, 18: 936–948.

15 F. Amanat and F. Krammer (2020). SARS-CoV-2 vaccines: status report. Immunity. pii: S1074-7613(20)30120. Available at: https://www.ncbi.nlm. nih.gov/pubmed/32259480

16 A.J. Young (2019). Adjuvants: what a difference

15 years makes! Veterinary Clinics of North America: Food Animal Practice, 35(3): 391-403. doi: 10.1016/ j.cvfa.2019.08.005.

17 S. Marsh (2018). Take-up of MMR vaccine falls for fourth year in a row in England. The Guardian, 18 September.

18 National Vaccine Injury Compensation Program. Health Resources and Services Administration. Available at: https://www.hrsa.gov/vaccine-compensation/ index.html

19 Centers for Disease Control and Prevention (2014). Report shows 20-year US immunization program spares millions of children from disease. Available at: https://www.cdc.gov/media/releases/ 2014/p0424-immunization-program.html

20 Centers for Disease Control and Prevention (2019). Q&As about vaccination options for preventing measles, mumps, rubella, and varicella. Available at: https://www.cdc.gov/vaccines/vpd/ mmr/hcp/vacopt-faqs-hcp.html

21 Centers for Disease Control and Prevention (n.d.). Measles, mumps, and rubella diseases and how to protect against them. Available at: https://www. cdc.gov/vaccinesafety/vaccines/mmr-vaccine.html

22 N.P. Klein et al. (2012). Safety of quadrivalent human papillomavirus vaccine administered routinely to females. Archives of Pediatric and Adolescent Medicine 166(12):1140–1148. doi: 10.1001/archpediatrics.2012.1451

23 D. Gorski (2010). The fall of Andrew Wakefield. Science-Based Medicine, 22 February. Available at: https://sciencebasedmedicine.org/the-fall-of-andrew- wakefield/

24 American Academy of Pediatrics (n.d.). American Academy of Pediatrics urges parents to vaccinate children to protect against measles. Available at: https://www.aap.org/en-us/about-the-aap/aappress-room/Pages/American-Academy-of-Pediatrics- Urges-Parents-to-Vaccinate-Children-to-Protect- Against-Measles.aspx

25 L.E. Taylor et al. (2016). Vaccines are not associated with autism: an evidence-based meta-analysis of case-control and cohort studies. Vaccine 34: 3223–3224.

26 T. Leonard (2019) Rewards for the High Priest of MMR hysteria. Daily Mail, 10 October. Available at: https://www.dailymail.co.uk/news/article-7556279/ Andrew-Wakefield-struck-anti-MMR-science-millionaire- lifestyle.html

27 S. Pollak (2019). Number of Irish measles cases more than triples between 2017 and 2018. Irish Times, 25 April. Available at: https://www.irishtimes.com/news/health/number-of-irishmeasles- cases-more-than-triples-between-2017- and-2018-1.3871238

28 H. Holzmann (2016). Eradication of measles: remaining challenges. Medical Microbioogy and Immunology, 205(3):201–208. doi: 10.1007/s00430- 016-0451-4.

29 F. Rahimi and Amin Talebi Bezmin Abadi (2020). Practical strategies against the novel coronavirus and

COVID-19 – the imminent global threat. Archives of Medical Research, S0188-4409(2) 30287–3. Available at: https://www.sciencedirect.com/ science/article/abs/pii/S0188440920302873#!

30 Z. Horne et al. (2015). Countering anti-vaccination attitudes. Proceedings of the National Academy of Science of the USA 112: 10321–10324.

31 C.A. Bonville et al. (2017). Immunization attitudes and practices among family medicine providers. Human Vaccines and Immunotherapeutics, 13: 2646–2653.

32 M.F. Daley and J.M. Glanz (2011). Straight talk about vaccination. Scientific American, 1 September.

3장 신약 개발

1   D. Stipp (2013). Is fasting good for you? Scientific American, 308(1): 23–24.

2   W.F. Pirl and A.J. Roth (1999). Diagnosis and treatment of depression in cancer patients. Cancer Network, 13(9): 1293–1301.

3   S. Rezaei et al. (2019). Global prevalence of depression in HIV/AIDS: a systematic review and meta-analysis. BMJ Supportive and Palliative Care, 9: 404–412.

4   T. Sullivan (2019). A tough road: cost to develop one new drug is $2.6 billion; approval rate for drugs entering clinical development is less than 12%. Policy and Medicine, 21 March.

5   A. Nieto-Rodriguez (2017). Is the iPhone the best project in history? CIO. Available at: https://www. cio.com/article/3236171/is-the-iphone-the-bestproject- in-history.html

6   S. Held et al. (2009). Impact of big pharma organizational structure on R&D productivity. Schriften zur Gesundheitsoekonmie 17.

7   UK Medical Research Council (n.d.). Facts & figures. Available at: https://mrc.ukri.org/about/ what-we-do/spending-accountability/facts/

8   E.J. Emanuel (2019). Big pharma's go-to defense of soaring drug prices doesn't add up. Just how expensive do prescription drugs need to be to fund innovative research? The Atlantic. Available at: https://www.theatlantic.com/health/archive/ 2019/03/drug-prices-high-cost-research-anddevelopment/ 585253/

9   Blass, B. (2015). Basic Principles of Drug Discovery and Development. Elsevier.

10 Hilt, P.J. (2003). Protecting America's Health: The FDA, Business, and One Hundred Years of Regulation. Random House.

11 DTS Language Services (2018). How much does it cost to run a clinical trial? Available at: https:// www.dtstranslates.com/clinical-trials-translation/ clinical-trial-cost/

12 I. Torjesen (2015). Drug development: the journey of a medicine from lab to shelf. Pharmaceutical Journal. Available at: https://www.pharmaceutical- journal.com/publications/tomorrows-pharmacist/ drug-development-the-journey-of-a-medicinefrom- lab-to-shelf/20068196.article?firstPass=false

13 Biotechnology Innovation Organization (n.d.). Clinical Development Success Rates 2006–2015. Available at: https://www.bio.org/sites/default/files/ legacy/bioorg/docs/Clinical%20Development%20 Success%20Rates%202006-2015%20-%20BIO,%20 Biomedtracker,%20Amplion%202016.pdf

14 R. Imai Takebe, S. Ono et al. (2018). The current status of drug discovery and development as originated in United States academia: The influence of industrial and academic collaboration on drug discovery and development. Clinical and Translational Science, 11(6).

15 C. Hale (2018) New MIT study puts clinical research success rate at 14 percent. CenterWatch. Available at: https://www.centerwatch.com/articles/ 12702-new-mit-study-puts-clinical-researchsuccess- rate-at-14-percent

16 R. Bazell (1998). Her-2: The Making of Herceptin, a Revolutionary Treatment for Breast Cancer. Random House.

17 P.D. Risse (2017). Bet on biomarkers for better outcomes. Life Science Leader, 6 April.

18 Leber congentical amaurosis. Genetics Home Reference.

19 A.M. Maguire et al. (2008). Safety and efficacy of gene transfer for Leber's congenital amaurosis. New England Journal of Medicine, 358: 2240–2248.

20 Institute for Clinical and Economic Review (2018). Final Report: Broader benefits of Voretigene Neparvovec to affected individuals and society provide reasonable long-term value despite high price. Available at: https://icer-review.org/announcements/ voretigene-final-report/

21 M.E Condren and M. Bradshaw (2013). Ivacaftor: a novel gene-based therapeutic approach for cystic fibrosis. Journal of Pediatric Pharmacology and Therapeutics, 18: 8–13.

22 L.B. Feng et al. (2018). Precision medicine in action: the impact of Ivacaftor on cystic fibrosis-related hospitalizations. Health Affairs (Millwood), 37: 773–779.

23 D. Cohen and J. Raftery (2014). Paying twice: the 'charitable' drug with a high price tag. British Medical Journal, 348: 18–21.

24 J. Fauber (2013). Cystic fibrosis: charity and industry partner for profit. MedPage Today. Available at: https://www.medpagetoday.com/pulmonology/ cysticfibrosis/39217

25 B. Fidler (2014). CF Foundation cashes out on Kalydeco in $3.3B sale to Royalty Pharma. Xconomy. Available at: https://xconomy.com/ boston/2014/11/19/cf-foundation-cashes-out-onkalydeco- in-3-3b-sale-to-royalty-pharma/

26 D. Sharma et al. (2018). Cost-effectiveness analysis of Lumacaftor and Ivacaftor combination for the treatment of patients with cystic fibrosis in the United States. Orphanet Journal of Rare Diseases, 13: 172.

27 Orkambi monograph. Drugs. Available at: https:// www.drugs.com/monograph/orkambi.html

28 T. Ferkol and P. Quinton. (2015). Precision medicine: at what price? American Journal of Respiratory and Critical Care Medicine. 196, 15 September.

29 S.M. Hoy. (2019). Elexacaftor/Ivacaftor/Tezacaftor: first approval. Drugs, 79: 2001–2007.

30 Advisory Board (2019). FDA approves drug to treat cystic fibrosis in patients 12 and older – and it will cost $311,503. Available at: https://www.advisory. com/daily-briefing/2019/10/28/cf-drug

31 P. Cullen (2019). HSE agrees to reimburse cost of new cystic fibrosis treatment. Irish Times, 13 December.

32 I. Shahid (ed.) (2018). Hepatitis C: From Infection to Cure. InTechOpen.

33 M. Goozner (2014). Why Sovaldi shouldn't cost $84,000. Modern Healthcare, 44(18): 26.

34 E. Hafez (2018). A new potent NS5A inhibitor in the management of hepatitis C virus: Ravidasvir. Current Drug Discovery Technologies, 15(1): 24–31.

35 World Health Organization (2017). Close to 3 million people access hepatitis C cure. Available at: https:// www.who.int/news-room/detail/31-10-2017- close-to-3-million-people-access-hepatitis-c-cure

36 R.G. Frank and L.M. Nichols (2019). Medicare drug-price negotiation – why now … and how. New England Journal of Medicine 381: 1404–1406.

37 Drugs.com (2018). EpiPen costs and alternatives: what are your best options? Available at: https:// www. drugs.com/article/epipen-cost-alternatives. html

38 S. Gordon (2016). Cost of insulin rises threefold in just a decade: study. HealthDay. Available at: https:// consumer.healthday.com/diabetes-information- 10/insulin-news-414/cost-of-insulin-risesthreefold- in-just-a-decade-study-709697.html

39 L. Entis (2019). Why does medicine cost so much? Here's how drug prices are set. Time, 9 April.

40 P. Cullen (2019). Irish patients pay 'six times global average' for generic drugs. Cost of branded drugs almost 14% below average in 50 countries surveyed. Irish Times, 21 November.

41 E. Edwards (2018). Ireland urgently needs access to new drugs, says pharma body. Irish Times, 22 June.

42 E. Ring (2018). Warning to control costs of medicines. Irish Examiner, 7 April.

43 US Food and Drug Administration (2018). 2018 New Drug Therapy Approvals. Available at: https://www. fda.gov/files/drugs/published/ New-Drug-Therapy-Approvals-2018_3.pdf

44 R. Stein (2018). At $2.1 million, new gene therapy is the most expensive drug ever. NPR, 24 May 2019. Available at: https://www.npr.org/sections/ health-shots/2019/05/24/725404168/at-2-125-million-new-gene-therapy-is-the-most-expensivedrug-ever

45 World Health Organization (2019). WHO Model List of Essential Medicines, 21st List. Available at: https://www.who.int/medicines/publications/essentialmedicines/en/

4장 비만

1   J. Clarke (2018). Weight on the mind … Irish Health. Available at: http://www.irishhealth.com/ article. html?id=2354
2   T. O'Brien (2019). Two-thirds of men in Ireland are overweight or obese, report finds. Irish Times, 20 November.
3   Health Service Executive (n.d.) Healthy Eating and Active Living Programme. Available at: https:// www.hse.ie/eng/about/who/healthwellbeing/ our-priority-programmes/heal/
4   A. Harris (2018). Obesity in Irish men increasing at 'alarming' rate. Irish Times. 5 September.
5   World Health Organization (2020). Obesity and overweight. Available at: https://www.who.int/news-room/fact-sheets/detail/obesity-and-overweight
6   K. Donnelly (2015). Adolphe Quetelet, Social Physics and the Average Men of Science, 1796–1874. University of Pittsburgh Press.
7   N. Rasmussen (2019). Downsizing obesity: on Ancel Keys, the origins of BMI, and the neglect of excess weight as a health hazard in the United States from the 1950s to 1970s. Journal of the History of the Behavioral Sciences, 55: 299–318.
8   X. Pi-Sunyer (2009). The medical risks of obesity. Postgraduate Medical Journal 121: 21–33.
9   PSC Secretariat (2009) Body-mass index and cause-specific mortality in 900,000 adults: collaborative analyses of 57 prospective studies. Lancet 373: 1083–1096.
10 L. Donnelly (2019). Obesity overtakes smoking as the leading cause of four major cancers. Daily Telegraph, 3 July.
11 N. Devon (2017). You are your looks: that's what society tells girls. No wonder they're depressed. The Guardian, 22 September.
12 K. Miiler (2015). Sad proof that most women don't think they're beautiful. Women's Health, 7 April.
13 DoSomething.org (n.d.). 11 facts about body image. Available at: https://www.dosomething.org/us/facts/11-facts-about-body-image
14 K. Pallarito (2016). Many men have body image issues, too. WebMD. Available at: https://www.webmd.com/men/news/20160318/many-men-havebody-image-issues-too#1
15 C. Markey (2019). Teens, body image, and social media. Psychology Today, 14 February.
16 F. Rubino et al. (2020). Joint international consensus statement for ending stigma of obesity. Nature Medicine 26: 485–497. doi: 10.1038/s41591-020-0803-x. Available at: https://www.nature.com/articles/s41591-020-0803-x.
17 WebMD (n.d.). Estimated calorie requirements. Available at: https://www.webmd.com/diet/features/estimated-calorie-requirements
18 J.M. Friedman (2019). Obesity is in the genes. Scientific American Blog, 31 October. Available at: https://blogs.scientificamerican.com/observations/obesity-is-in-the-genes/
19 V.V. Thaker (2017). Genetic and epigenetic causes of obesity. Adolescent Medicine: State of the Art Reviews, 28(2): 379–405.
20 C.T. Montague et al. (1997). Congenital leptin deficiency is associated with severe early-onset obesity in humans. Nature, 387: 903–908.
21 A.E. Locke et al. (2015). Genetic studies of body mass index yield new insights for obesity biology. Nature, 518: 197–206.
22 S. Kashyap et al. (2010). Bariatric surgery for type 2 diabetes: weighing the impact for obese patients. Cleveland Clinic Journal of Medicine, 77: 468–476.

23 R.B. Kumar and L.J. Aronne (2017). Pharmacologic treatment of obesity, in K.R. Feingold, B. Anawalt, A. Boyce et al. (eds), Endotext, South Dartmouth (MA). Available at: https://www.ncbi.nlm.nih.gov/books/NBK279038.
24 G. Cheyne (1724). An Essay of Health and Long Life. George Strahan.
25 W. Banting (1864). Letter on Corpulence, Addressed to the Public.
26 L.H. Peters (1918). Diet and Health: With Key to the Calories. Reilly and Lee.
27 Boston Medical Center (n.d.). Weight management. Available at: https://www.bmc.org/nutrition-and-weight-management/weight-management
28 ABC News (2005). Oprah calls her biggest moment a big mistake. 11 November. Available at: https://abcnews.go.com/GMA/story?id=1299232
29 J. Owen (2010). Human meat: just another meal for early Europeans? National Geographic, 2 September.
30 J.J. Hidalgo-Mora et al. (2020). The Mediterranean diet: a historical perspective on food for health. Maturitas, 132: 65–66.
31 E. Rillamas-Sun et al. (2014). Obesity and survival to age 85 years without major disease or disability in older women. JAMA Internal Medicine 174: 98–106.
32 Harvard Medical School (2017). Abdominal obesity and your health. Available at: https://www.health.harvard.edu/staying-healthy/abdominal-obesity-and-your-health
33 K.A. Scott et al. (2012). Effects of chronic social stress on obesity. Current Obesity Reports, 1: 16–25.
34 A. Astrup (2000). The role of low-fat diets in body weight control: a meta-analysis of ad libitum dietary intervention studies. International Journal of Obesity and Related Metabolic Disorders, 24: 1545–1552.
35 L.F. Donze and L.J. Cheskin (2003). Obesity treatment. Encyclopedia of Food Sciences and Nutrition (2nd edition), 4232–4240.
36 Mayo Clinic (2017). Low-carb diet: can it help you lose weight? Available at: https://www.mayoclinic.org/healthy-lifestyle/weight-loss/in-depth/lowcarb-diet/art-20045831
37 C. Duraffourd et al. (2012). Mu-opioid receptors and dietary protein stimulate a gut-brain neural circuitry limiting food intake. Cell, 150: 377–388.
38 A.N. Friedman (2004). High-protein diets: potential effects on the kidney in renal health and disease. American Journal of Kidney Diseases, 44:950–962.
39 C.B. Ebbeling et al. (2018). Effects of a low carbohydrate diet on energy expenditure during weight loss maintenance: randomised trial. British Medical Journal, 363:k4583.
40 E. Finkler et al. (2012). Rate of weight loss can be predicted by patient characteristics and intervention strategies. Journal of the Academy of Nutrition and Diet, 112: 75–80.
41 National Heart, Lung and Blood Institute (1998). Clinical guidelines on the identification, evaluation, and treatment of overweight and obesity in adults. The evidence report. NIH Publication No. 98–4083.
42 2-4-6-8 Diet. Ana Diets. http://anadiets.blogspot. com/2008/12/2-4-6-8-diet.html
43 Weight Watchers (n.d.). About us – history and philosophy. Available at: https://www.weightwatchers.com/about/his/history.aspx
44 K.A. Gudzune et al. (2015). Efficacy of commercial weight loss programs: an updated systematic review. Annals of Internal Medicine, 162: 501–512.
45 Z.J. Ward et al. (2019). Projected U.S. state-level prevalence of adult obesity and severe obesity. New England Journal of Medicine, 381: 2440–2450.

5장 우울증

1   J. Menasche Horowitz and N. Graf (2019). Teens see anxiety and depression as a major problem among their peers. Pew Research Centre, 20 February 2019. Available at: https://www.pewsocialtrends.org/2019/02/20/most-u-s-teenssee-anxiety-and-depression-as-a-major-problemamong-their-peers/

2   Anxiety and Depression Association of America (n.d.). Facts and statistics. Available at: https://adaa.org/about-adaa/press-room/facts-statistics

3   C. O'Brien (2019). Mental health: record numbers of third-level students seek help. Irish Times, 17 June.

4   A.K. Ibrahim et al. (2013). A systematic review of studies of depression prevalence in university students. Journal of Psychiatric Research, 47: 391–400.

5   M. Casey Olseth (2018). Is success a risk factor for depression? Op-Med Doximity. Available at: https://opmed.doximity.com/articles/is-success-a-risk-factor-for-depression.

6   J.W. Barnard, (2009). Narcissism, over-optimism, fear, anger and depression: the interior lives of corporate leaders. University of Cincinnati Law Review, vol. 77: 405–430.

7   WebMD (2018). Depression diagnosis. Available at: https://www.webmd.com/depression/guide/depression-diagnosis

8   I. Kirsch (2019). Placebo effect in the treatment of depression and anxiety. Frontiers in Psychiatry. Available at: https://doi.org/10.3389/fpsyt. 2019.00407

9   O. Renick (2011). France, U.S. have highest depression rates in world, study finds. Bloomberg, 25 July. Available at: https://www.bloomberg.com/news/articles/2011-07-26/france-u-s-have-highestdepression-rates-in-world-study-suggests

10 C.T. Beck et al. (2006). Further development of the postpartum depression predictor inventory revised. Journal of Obstetric, Gynecologic and Neonatal Nursing, 35(6): 735–745.

11 M.L. Scott (1983). Ventricular enlargement in major depression. Psychiatry Research, 8(2): 91–3.

12 E. Bulmore (2018). The Inflamed Mind. Picador.

13 ClinCalc (n.d.). Fluoxetine hydrochloride drug usage statistics, United States, 2007–2017. Available at: https://clincalc.com/DrugStats/Drugs/FluoxetineHydrochloride

14 G. Iacobucci (2019). NHS prescribed record number of antidepressants last year. British Medical Journal 364: I15508.

15 S. McDermott (2018). HSE prescriptions for antidepressants and anxiety medications up by two thirds since 2009. The Journal, 1 August. Available at: https://www.thejournal.ie/ireland-antidepressant-anxiety-medicine-prescriptions-4157452-Aug2018/

16 S. Borges et al. (2014). Review of maintenance trials for major depressive disorder: a 25-year perspective from the US Food and Drug Administration. Journal of Clinical Psychiatry, 75(3): 205–14. doi: 10.4088/JCP.13r08722.

17 A. Cipriani et al. (2018). Comparative efficacy and acceptability of 21 antidepressant drugs for the acute treatment of adults with major depressive disorder: a systematic review and network meta-analysis. The Lancet 391, 1357–1366.

18 Harvard Health Publishing (2019). What causes depression? Available at: https://www.health.harvard.edu/mind-and-mood/what-causes-depression

19 E. Palmer et al. (2019). Alcohol hangover: underlying biochemical, inflammatory and neurochemical mechanisms. Alcohol 1; 54(3): 196–203.

20 F.W. Lohoff (2010). Overview of the genetics of major depressive disorder. Current Psychiatry Reports, 12(6): 539–546.

21 M.M. Weissman et al. (2005). Families at high and low risk for depression: a 3-generation study. Archives of General Psychiatry, 62(1): 29–36.

22 D.M. Howard et al. (2019). Genome-wide meta-analysis of depression identifies 102 independent variants and highlights the importance of the prefrontal brain regions. Nature, 22: 343–352.

23 N.R. Wray et al. (2018). Genome-wide association analyses identify 44 risk variants and refine the genetic architecture of major depression. Nature Genetics, 50(5): 668–681.

24 S.K. Adams and T.S. Kisler (2013). Sleep quality as a mediator between technology-related sleep quality, depression and anxiety. Cyberpsychology, Behavior and Social Networking, 16(1): 25–30. doi: 10.1089/cyber.2012.0157.

25 E. Driessen and S.D. Hollon (2010). Cognitive behavioral therapy for mood disorders: efficacy, moderators and mediators psychiatry. Medical Clinics of North America, 33(3): 537–555.

26 R. Haringsma et al. (2006). Effectiveness of the Coping With Depression (CWD) course for older adults provided by the community-based mental health care system in the Netherlands: a randomized controlled field trial. International Psychogeriatrics, 18(2): 307–325.

27 J. Spijker et al. (2002). Duration of major depressive episodes in the general population: results from the Netherlands general population: results from the Netherlands Mental Health Survey and Incidence Study (NEMESIS). British Journal of Psychiatry 181: 208–213.

28 US Department of Health and Human Services (n.d.). Does depression increase the risk of suicide? Available at: https://www.hhs.gov/answers/mental-health-and-substance-abuse/does-depression-increase-risk-of-suicide/index.html

29 Centers for Disease Control and Prevention (2015). Suicide – facts at a glance. Available at: https://www.cdc.gov/violenceprevention/pdf/suicide-datasheet-a.pdf

30 S. Thibault (2018). Suicide is declining almost everywhere. The Economist, 24 November.

31 J. Menasche Horowitz and N. Graf (2019). Teens see anxiety and depression as a major problem among their peers. Pew Research Centre, 20 February 2019. Available at: https://www.pewsocialtrends.org/2019/02/20/most-u-s-teens-see-anxiety-and-depression-as-a-major-problem-among-their-peers/

32 A. O'Donovan (2013). Suicidal ideation is associated with elevated inflammation in patients with major depressive disorder. Depression and Anxiety, 30: 307–314.

33 J.R. Kelly et al. (2016) Transferring the blues: depression associated gut microbiota induces neurobehavioral changes in the rat. Journal of Psychiatric Research, 82: 109–118.

34 F.S. Correia-Melo et al. (2020). Efficacy and safety of adjunctive therapy using esketamine or racemic ketamine for adult treatment-resistant depression: a randomized, double-blind, non-inferiority study. Journal of Affective Disorders, 264: 527–534.

35 J. Lawrence (2015). The secret life of ketamine. Pharmaceutical Journal, 21/28 March, 294(7854/5). doi 10.1211/PJ.2015.20068151.

36 S.B. Goldberg et al. (2020). The experimental effects of psilocybin on symptoms of anxiety and depression: a meta-analysis. Psychiatry Research, 284:112749

37 SR Chekroud et al. (2018). Association between physical exercise and mental health in 1·2 million individuals in the USA between 2011 and 2015: a cross-sectional study. Lancet Psychiatry. 5(9):739-74.

6장 약물 중독

1 C. Pope (2019). Typical smartphone user in Ireland checks device 50 times a day. Irish Times, 4 December.

2 S. Johnson (2019). Almost a third of teenagers sleep with their phones, survey finds. Edsource, 28 May. Available at: https://edsource.org/2019/almost-a-third-of-teenagers-sleep-with-theirphones-survey-finds/612995

3 Business2Community (2014). 89% of us have PPV syndrome and we don't even know it. Available at: https://www.business2community.com/mobile-apps/89-us-ppv-syndrome-dont-evenknow-0757768

4 RescueTime Blog (2018). Here's how much you use your phone during the workday. Available at: https://blog.rescuetime.com/screen-timestats-2018/

5 Imaging Technology News (2018). Smartphone addiction creates imbalance in brain. 11 January. Available at: https://www.itnonline.com/content/smartphone-addiction-creates-imbalance-brain

6 S.S. Alavi et al. (2012). Behavioral addiction versus substance addiction: correspondence of psychiatric and psychological views. International Journal of Preventive Medicine, 3: 290–294.

7 M.G. Griswold et al. (2018). Alcohol use and burden for 195 countries and territories, 1990–2016: a systematic analysis for the Global Burden of Disease Study 2016. Lancet. 392, 1015–1035.

8   World Health Organization (2014). Global status report on alcohol and health: country profiles. World Health Organization. Available at: https://www.who.int/substance_abuse/publications/global_alcohol_report/msb_gsr_2014_2.pdf?ua=1

9   L. Delaney et al. (2013). Why do some Irish drink so much? Family, historical and regional effects on students' alcohol consumption and subjective normative thresholds. Review of Economics of the Household, 11: 1–27.

10 C. Feehan (2020). More women than men reporting benzo and opiate use when seeking help for alcohol addiction. Irish Independent, 1 February.

11 V. Preedy (2019). Neuroscience of Nicotine. Mechanisms and Treatment (1st edition). Academic Press.

12 Healthy Ireland Summary Report 2019. Irish Government Publications. Available at: https://assets.gov.ie/41141/e5d6fea3a59a4720b081893e11fe299e.pdf

13 HRB National Drugs Library. Health Research Board. Available at: https://www.drugsandalcohol.ie/30619/

14 E.J. Nesteler (2005). The neurobiology of cocaine addiction. Science and Practice Perspectives, 3(1): 4–10.

15 G. Battaglia et al. (1990). MDMA effects in brain: pharmacologic profile and evidence of neurotoxicity from neurochemical and autoradiographic studies. In S.J. Peroutka (ed.), Ecstasy: The Clinical, Pharmacological and Neurotoxicological Effects of the Drug MDMA, Topics in the Neurosciences, Vol. 9. Springer.

16 European Monitoring Centre for Drugs and Drug Addiction (2019). Ireland Country Drug Report 2019. Available at: http://www.emcdda.europa.eu/countries/drug-reports/2019/ireland_en

17 L.A. Parker (2017). Cannabinoids and the Brain. MIT Press.

18 J.L. Cadet et al. (2014). Neuropathology of substance use disorders. Acta Neuropathologica, 127: 91–107.

19 RTÉ (2019). 56% of drug addicts abuse prescription drugs, survey suggests, 22 February. Available at: https://www.rte.ie/news/dublin/2019/0222/1032123-drugs

20 National Safety Council (2020). Opioids drive addiction, overdose. Available at: https://www.nsc.org/home-safety/safety-topics/opioids

21 B. Meier (2018). Pain Killer: An Empire of Deceit and the Origins of America's Opioid Epidemic. Random House.

22 N. Ohler (2015). Blitzed: Drugs in the Third Reich. Kiepenheuer & Witsch.

23 P. Radden Keefe (2017). The family that built an empire of pain. New Yorker, 23 October. Available at: https://www.newyorker.com/magazine/2017/10/30/the-family-that-built-an-empireof-pain

24 A.V. Zee (2009) The promotion and marketing of OxyContin: commercial triumph, public health tragedy. American Journal of Public Health, 99: 221–227.

25 Walters, J. (2019). OxyContin maker expected 'a blizzard of prescriptions' following drug's launch. The Guardian, 16 January.

26 Rutland Centre (n.d.). Treating gambling addiction. Available at: https://www.rutlandcentre.ie/addictions-we-treat/gambling

27 Fresh Air (2019). A neuroscientist explores the biology of addiction in 'never enough'. Interview with Judith Grisel, 12 February. Available at: https://www.npr.org/transcripts/693814827

28 N.D. Volkow and M. Muenke (2012). The genetics of addiction. Human Genetics, 131: 773–777.

29 D. Demontis et al. (2019). Genome-wide association study implicates CHRNA2 in cannabis use disorder. Nature Neuroscience, 22(7): 1066–1074.

30 C. Pickering et al. (2008). Sensitization to nicotine significantly decreases expression of GABA transporter GAT-1 in the medial prefrontal cortex. Progress in Neuro-Psychopharmacology and Biological Psychiatry, 32: 1521–1526.

31 C.N. Simonti et al. (2016). The phenotypic legacy of admixture between modern humans and Neanderthals. Science, 351: 737–774.

32 American Psychiatric Association (2013). Diagnostic and Statistical Manual of Mental Disorders: DSM-5 (5th edition), 490–497.

33 A. Agrawal et al. (2012). The genetics of addiction – a translational perspective. Translational Psychiatry,

2:e140.

34 Foundations Recovery Network (2018). Pros and cons of decriminalizing drug addiction, 23 April. Available at: https://www.foundationsrecoverynetwork. com/pros-and-cons-of-decriminalizing-drug-addiction/

35 J.M. Solis et al. (2012). Understanding the diverse needs of children whose parents abuse substances. Current Drug Abuse Reviews 5: 135–147.

36 M. Liu et al. (2019). Association studies of up to 1.2 million individuals yield new insights into the genetic etiology of tobacco and alcohol use. Nature Genetics 51, 237–244.

37 J. Mennis et al. (2016). Risky substance use environments and addiction: a new frontier for environmental justice research. International Journal of Environmental Research and Public Health, 13: 607.

38 M. Enoch (2011). The role of early life stress as a predictor for alcohol and drug dependence. Psychopharmacology (Berlin), 214: 17–31.

39 Child maltreatment and alcohol. World Health Organization. Available at: https://www.who.int/violence injury_prevention/violence/world_report/factsheets/fs_child.pdf

40 G.P. Lee et al. (2012). Association between adverse life events and addictive behaviors among male and female adolescents. American Journal on Addictions, 516–523.

41 National Institute on Drug Abuse (2016). Principles of substance abuse prevention for early childhood: a research-based guide. Chapter 1: Why Is Early Childhood Important to Substance Abuse Prevention?

42 E.G. Spratt et al. (2012) The effects of early neglect on cognitive, language, and behavioral functioning in childhood. Psychology, 3: 175–182.

43 A.G.P. Wakeford et al. (2018). A review of nonhuman primate models of early life stress and adolescent drug abuse. Neurobiology of Stress, 9: 188–198.

44 L.I. Sederer (2019). What does 'Rat Park' teach us about addiction? Psychiatric Times, 10 June.

45 H. Carliner (2016). Childhood trauma and illicit drug use in adolescence: a population-based national comorbidity survey replication-adolescent supplement study. Journal of the American Academy of Child and Adolescent Psychiatry, 55, 701–708.

46 C.J. Hammond (2014). Neurobiology of adolescent substance use and addictive behaviors: prevention and treatment implications. Adolescent Medicine: State of the Art Reviews, 25: 15–32.

47 Age and substance abuse. Alcohol Rehab. Available at: https://alcoholrehab.com/drug-addiction/ageand-substance-abuse/48 J.S. Fowler et al. (2007). Imaging the addicted human brain. Science and Practice Perspectives, 3: 4–16.

49 M. Ushe and J.S. Perlmutter (2013). Sex, drugs and Parkinson's disease. Brain, 136: 371–373.

50 L. Holmes (2018). A reminder that addiction is an illness, not a character flaw. HuffPost, 26 July. Available at: https://www.huffpost.com/entry/addiction-stigma-how-to help_n_5b58806ae4b0b15aba942161

51 J. Hartmann-Boyce et al. (2018). Nicotine replacement therapy versus control for smoking cessation. Cochrane Systematic Review. Available at: https://www.cochranelibrary.com/cdsr/doi/10.1002/14651858. CD000146.pub5/full

52 P. Hajek et al. (2019). A randomized trial of e-cigarettes versus nicotine-replacement therapy. New England Journal of Medicine, 380: 629–637.

7장 마약 합법화

1 United Nations Office on Drugs and Crime (2019). World Drug Report 2019. Available at: https://wdr. unodc.org/wdr2019/

2 Monarch Shores. How much does the war on drugs cost? Available at: https://www.monarchshores.com/drug-addiction/how-much-does-the-war-ondrugs-cost

3 Drug Policy Alliance (n.d.). Drug war statistics. Available at: http://www.drugpolicy.org/issues/drug-war-statistics

4   G. Borsa (2019). Drug markets in Europe estimated to be worth $30 billion. A thriving market that empowers organized crime, posing a threat to society as a whole. SIR: Agenzia d'Informatizone, 26 November.

5   C.J. Coyne and A.R. Hall (2017). Four decades and counting: the continued failure of the war on drugs. CATO Institute report, 12 April.

6   A. Lockie (2019). Top Nixon adviser reveals the racist reason he started the 'war on drugs' decades ago. Business Insider, 31 July. Available at: https://www.businessinsider.com/nixon-adviser-ehrlichman-anti-left-anti-black-war-on-drugs-2019-7?r=US&IR=T

7   W.H. Park (1898). Opinions of Over 100 Physicians on the Use of Opium in China.

8   E. Trickey (2018). Inside the story of America's 19th-century opiate addiction. Smithsonian Magazine, 4 January.

9   E. Brecher et al. (1972). The Consumers Union report on licit and illicit drugs. UK Cannabis Internet Activist. Available at: https://www.ukcia.org/research/cunion/cu6.htm

10   B. Fairy (n.d.). How marijuana became illegal. Available at: http://www.ozarkia.net/bill/pot/blunderof37.html

11   United States Congress Senate Committee on the Judiciary (1955). Communist China and illicit narcotic traffic. United States Government Printing Office.

12   J. Clear (2018). Atomic Habits: An Easy & Proven Way to Build Good Habits & Break Bad Ones. Penguin Random House.

13   S.X. Zhang and K.L. Chin (2016). A people's war: China's struggle to contain its illicit drug problem. Foreign Policy at Brookings. Available at: https://www.brookings.edu/wp-content/uploads/2016/07/A-Peoples-War-final.pdf

14   M.A. Lee and B. Shlain (1992). Acid Dreams: The Complete Social History of LSD: The CIA, the Sixties, and Beyond. Grove Press.

15   M.P. Bogenschutz and S. Ross (2018). Therapeutic applications of classic hallucinogens. Current Topics in Behavioral Neuroscience, 36: 361–391.

16   US Congressional Record. Controlled Substances Act. Available at: https://www.congress.gov/congressional-record/congressional-record-index/114th-congress/1st-session/controlled-substances-act/7918

17   Misuse of Drugs (Amendment) Act 2015. Available at: http://www.irishstatutebook.ie/eli/2015/act/6/enacted/en/html

18   F. Schifano (2018). Recent changes in drug abuse scenarios: the new/novel psychoactive substances (NPS) phenomenon. Brain. Sciences, 8(12): 221.

19   K. Holland (2018). Almost 75% of drugs offences last year were 'possession for personal use'. Irish Times, 24 June.

20   E. Dufton (2017). Grass Roots: The Rise and Fall and Rise of Marijuana in America. Hachette.

21   Sentencing Project (2018). Report to the United Nations on Racial Disparities in the U.S. Criminal Justice System. Available at: https://www.sentencingproject.org/publications/un-report-on-racial-disparities/

22   American Civil Liberties Union (2020). Marijuana arrests by the numbers. Available at: https://www.aclu.org/gallery/marijuana-arrests-numbers

23   Jenny Gesley (2016). Decriminalization of Narcotics: Netherlands. Library of Congress, July.

24   A. Bell (1999). Deaths soar as Dutch drugs flood in. The Observer, 5 September.

25   A. Ritter et al. (2013). Government drug policy expenditure in Australia 2009–2010. Drug Policy Modelling Program Monograph Series. Sydney: National Drug and Alcohol Research Centre.

26   T. Makkai et al. (2018). Report on Canberra GTM Harm Reduction Service. Available at: https://www.harmreductionaustralia.org.au/wp-content/uploads/2018/06/Pill-Testing-Pilot-ACT-June-2018-Final-Report.pdf

27   Australian Criminal Intelligence Commission (2018). Illicit Drug Data Report 2016–17. Available at: https://

www.acic.gov.au/publications/intelligence-products/illicit-drug-data-report-2016-17

28 Drug Policy Alliance (2019). Drug decriminalization in Portugal: learning from a health- and human-centered approach. Available at: http://www.drugpolicy.org/resource/drug-decriminalization-portugal-learning-health-and-human-centered-approach

29 N. Bajekal (2018). Want to win the war on drugs? Portugal might have the answer. Time, 1 August.

30 D.J. Nutt et al (2010). Drug harms in the UK: a multicriteria decision analysis. Lancet. 376 1558–1565

31 Foundations Recovery Network (2018). Pros and cons of decriminalizing drug addiction, 23 April. Available at: https://www.foundationsrecoverynetwork.com/pros-and-cons-of-decriminalizing-drug-addiction/

32 Partnership for Drug-Free Kids. Preventing teen drug use: risk factors & why teens use. Available at: https://drugfree.org/article/risk-factors-why-teens-use

33 L.M. Squeglia et al. (2009). The influence of substance use on adolescent brain development. Clinical EEG and Neuroscience, 40: 31–38.

34 Substance Abuse and Mental Health Services Administration (USA) (1999). Treatment Improvement Protocol (TIP) Series, No. 33. Chapter 2: How Stimulants Affect the Brain and Behavior. Available at: https://www.ncbi.nlm.nih.gov/books/NBK64328/

35 F. Muller et al. (2018). Neuroimaging of chronic MDMA ('ecstasy') effects: a meta-analysis. Neuroscience and Biobehavioral Reviews, 96: 10–20.

36 M.D. Wunderli et al. (2018). Social cognition and interaction in chronic users of 3,4-Methylenedioxymethamphetamine (MDMA, 'Ecstasy'). International Journal of Neuropsychopharmacology, 21: 333–344.

37 G. Gobbi et al. (2019). Association of cannabis use in adolescence and risk of depression, anxiety and suicidality in young adulthood: a systematic review and meta-analysis. JAMA Psychiatry, 76: 426–434.

38 C.L. Odgers (2008). Is it important to prevent early exposure to drugs and alcohol among adolescents? Psychological Science, 19, 1037–1044.

39 A. Jaffe (2018). Is marijuana a gateway drug? Psychology Today, 24 July.

40 D.M. Anderson (2019). Association of marijuana laws with teen marijuana use: new estimates from the youth risk behavior surveys. JAMA Pediatrics, 173: 879–881.

41 M. Cerda et al. (2019). Association between recreational marijuana legalization in the United States and changes in marijuana use and cannabis use disorder from 2008 to 2016. JAMA Psychiatry, 13 November. doi:10.1001/jamapsychiatry. 2019.3254.

42 F. Tennant (2013). Elvis Presley: Head trauma, autoimmunity, pain, and early death. Practical Pain Management, 13(5).

43 K. Harmon (2011). What is Propofol and how could it have killed Michael Jackson? Scientific American, 3 October.

44 M. Puente (2018). Prince's death: Superstar didn't know he was taking fentanyl; no one charged with a crime. USA Today, 19 April.

45 A. Topping (2013). Amy Winehouse died of alcohol poisoning, second inquest confirms. The Guardian, 8 January.

46 J. Elflein (2019). Drug use in the U.S. – statistics and facts. Statista, 10 September. Available at: https://www.statista.com/topics/3088/drug-use-in-the-us/

8장 범죄

1   M. Hamer (1990). No forensic evidence against Birmingham Six. New Scientist, 24 November.

2   Alpha-1 Foundation Ireland (n.d.). New study shows health benefits of the smoking ban in Ireland. Available at: https://www.alpha1.ie/newsevents/latest-news/149-new-study-shows-thesmoking-ban-improves-health

3   J.K. Hamlin and K. Wynn (2011). Young infants prefer prosocial to antisocial others. Cognitive

Development, 26: 30–39.

4   G. Carra (2004). Images in psychiatry: Cesare Lombroso, M.D. 1835–1909. American Journal of Psychiatry, 161: 624

5   G.F. Vito, J.R. Maahs and R.M. Holmes (2007). Criminology: Theory, Research, and Policy. Jones and Bartlett.

6   L. Moccia (2018). The Experience of Pleasure: A perspective between neuroscience and psychoanalysis. Fronrs in Human Neuroscience, 12: 359.

7   Population Reference Bureau (2012). U.S. has world's highest incarceration rate. Available at: https://www.prb.org/us-incarceration/

8   Irish Penal Reform Trust (2020). Facts & figures. Available at: https://www.iprt.ie/prison-facts-2/

9   Statista (2017). The prison gender gap. Available at: https://www.statista.com/chart/11573/gender-of-inmates-in-us-federal-prisons-and-general-population/

10 S. Kang (2014). Why do young men commit more crimes? Economics of Crime online course, Hanyang University. FutureLearn.

11 UNODC Global Study on Homicide 2013: Trends, Context, Data (2013). UNODC. Available at: https://www.unodc.org/documents/data-and-analysis/statistics/GSH2013/2014_GLOBAL_HOMICIDE_BOOK_web.pdf

12 H.J. Janssen et al. (2017). Sex differences in longitudinal pathways from parenting to delinquency. European Journal on Criminal Policy and Research, 23: 503–521.

13 Lexercise (n.d.) Do more boys than girls have learning disabilities? Available at: https://www.lexercise.com/blog/boys-girls-learning-disabilities

14 M.L. Batrinos (2012). Testosterone and aggressive behavior in man. International Journal of Endocrinology and Metabolism, 10: 563–568.

15 D. Hollman and E. Alderman (2008). Fatherhood in adolescence. Pediatrics in Review, 29: 364–366.

16 S. Scheff (2017). More boys admit to cyberbullying than girls. Psychology Today, 5 October.

17 B. Bell (2015). Do recessions increase crime? World Economic Forum report, 4 March.

18 A. Burke and D. Chadee (2018). Effects of punishment, social norms, and peer pressure on delinquency: spare the rod and spoil the child? Journal of Social and Personal Relationships 36(9): 2714–2737.

19 A. Raine (2014). The Anatomy of Violence: The Biological Roots of Crime. Vintage Books.

20 K.O. Christiansen (1970). Crime in a Danish twin population. Acta Geneticae Medicae et Gemellologiae (Roma), 19: 323–326.

21 R.R. Crowe (1972). The adopted offspring of women criminal offenders. A study of their arrest records. Archives of General Psychiatry, 27: 600–603.

22 M. Bohman (1978). Some genetic aspects of alcoholism and criminality. Archives of General Psychiatry. 35, 269–276.

23 S.A. Mednick, W.F. Gabrielli and B. Hutchings (1983). Genetic Influences in Criminal Behavior – Evidence from an Adoption Cohort. Prospective Studies on Crime and Deliquency. Kluwer-Nijhoff.

24 S. Sohrabi (2015). The criminal gene: the link between MAOA and aggression. BMC Proceedings, 9 (Suppl. 1): A49.

25 H.G. Brunner (1993). Abnormal behavior associated with a point mutation in the structural gene for monoamine oxidase A. Science, 262: 578–80.

26 V. Nikulina, C. Spatz Widom and L.M. Brzustowicz (2012). Child abuse and neglect, MAO-A, and mental health outcomes: a prospective examination. Biological Psychiatry, 71: 350–357.

27 E. Salinsky (2018). Violence is preventable. Grantmakers in Health, March.

28 Central Statistics Office (2019). Recorded crime victims 2018. Available at: https://www.cso.ie/en/releasesandpublications/ep/p-rcv/recordedcrimevictims2018/

29 D.A. Stetler et al. (2014). Association of low-activity MAOA allelic variants with violent crime in incarcerated offenders. Journal of Psychiatric Research, 58: 69–75.

30 S.C. Godar et al. (2011). Maladaptive defensive behaviours in monoamine oxidase A-deficient mice.

International Journal of Neuropsychopharmacology, 14: 1195–1207.

31 Y. Kuepper et al. (2013). MAOA-uVNTR genotype predicts interindividual differences in experimental aggressiveness as a function of the degree of provocation. Behavioural Brain Research, 247:73–78.

32 L.M. Williams (2009). A polymorphism of the MAOA gene is associated with emotional brain markers and personality traits on an antisocial index. Neuropsychopharmacology, 34: 1797–1809.

33 D.M. Fergusson et al. (2011). MAO-A, abuse exposure and antisocial behaviour: 30-year longitudinal study. British Journal of Psychiatry, 198: 457–463.

34 T.K. Newman et al. (2005). Monoamine oxidase A gene promoter variation and rearing experience influences aggressive behavior in rhesus monkeys. Biological Psychiatry, 15 January; 57(2): 167–172.

35 F.E.A. Verhoeven et al. (2012). The effects of MAOA genotype, childhood trauma, and sex on trait and state-dependent aggression. Brain and Behavior, 2: 806–813.

36 S. McSwiggan, B. Elger and P.S. Appelbaum (2017). The forensic use of behavioral genetics in criminal proceedings: case of the MAOA L genotype. International Journal of Law and Psychiatry, 50: 17–23.

37 M.L. Baum (2009). The Monoamine Oxidase A (MAOA) genetic predisposition to impulsive violence: is it relevant to criminal trials? Neuroethics, doi 10.1007/s12152-011-9108-6.

38 D.A. Crighton and G.J. Towl (2015). Forensic Psychology. John Wiley & Sons.

39 V.A. Toshchakova et al. (2018). Association of polymorphisms of serotonin transporter (5HTTLPR) and 5-HT2C receptor genes with criminal behavior in Russian criminal offenders. Neuropsychobiology, 75(4): 200–210.

40 N. Larsson (2015). 24 ways to reduce crime in the world's most violent cities. The Guardian, 30 June.

9장 성 고정관념

1 Intersex Society of North America (n.d.). How common is intersex? Available at: https://isna.org/faq/frequency/

2 A. Alvergne (2016). Do women's periods really synch when they spend time together? The Conversation, 14 July. Available at: https://theconversation.com/do-womens-periods-really-synch-when-theyspend-time-together-61890

3 Usable Stats (n.d.). Fundamentals of statistics 2: the normal distribution. Available at: https://www.usablestats.com/lessons/normal

4 La Griffe du Lion (2000). Aggressiveness, criminality and sex drive by race, gender and ethnicity, 2(11). Accessible at: http://lagriffedulion.f2s.com/fuzzy.htm

5 S.T. Ngo et al. (2014). Gender differences in autoimmune disease. Frontiers in Neuroendocrinology, 35 (3): 347–69. doi:10.1016/j.yfrne.2014.04.004

6 T.M. Wizemann and M.L. Pardue (2001). Committee on Understanding the Biology of Sex and Gender Differences: Exploring the Biological Contributions to Human Health: Does Sex Matter? National Academy Press.

7 Harvard Men's Health Watch (2019). Mars vs. Venus: the gender gap in health. Available at: https://www.health.harvard.edu/newsletter_article/marsvs-venus-the-gender-gap-in-health

8 G. Lawton (2020). Why are men more likely to get worse symptoms and die from COVID-19? New Scientist, 16 April.

9 O. Ryan (2018). Men account for eight in ten suicides in Ireland. The Journal,4 October. Available at: https://www.thejournal.ie/suicide-rates-ireland-4267893-Oct2018/

10 S. Naqvi et al. (2019). Conservation, acquisition, and functional impact of sex-biased gene expression in mammals. Science, 365(6450) pii: eaaw7317.

11 S. McDermott (2019). Life expectancy: Gap narrows between Irish men and women (but both are living longer than before). The Journal, 23 December. Available at: www.thejournal.ie/lifeexpectancy-ireland-

2019-4947423-Dec-2019

12 S.N. Austad (2006). Why women live longer than men: sex difference in longevity. Gender Medicine 3(2): 79–92.

13 M. Roser et al. (2019). Life expectancy. Our World in Data. Available at: https://ourworlddata.org/why-do-women-live-longer-than-men

14 S.H. Preston and H. Wang (2006). Sex mortality differences in the United States? The role of cohort smoking patterns. Demography 43(4): 631–646.

15 D. Iliescu ct al. (2016). Sex differences in intelligence: A multi-measure approach using nationally representative samples from Romania. Intelligence, 58: 54–61.

16 J. Shibley Hyde (2005). The gender similarities hypothesis. American Psychologist, Vol. 60: 581–592.

17 A. Grant (2019). Differences between men and women are vastly exaggerated. Human Resources, 1 July. Available at: https://www.humanresourcesonline.net/differences-between-men-and-women-are-vastly-exaggerated

18 T. Kaiser et al. (2019). Global sex differences in personality: replication with an open online dataset. Journal of Personality, 2019; 00: 1–15.

19 C. Fine (2010). Delusions of Gender: How Our Minds, Society and Neurosexism Create Difference. W.W. Norton.

20 D. Joseph and D.A. Newman (2010). Emotional intelligence: an integrative meta-analysis and cascading model. Journal of Applied Psychology, 95(1): 54–78. doi:10.1037/a0017286.

21 D. Goleman (2011). Are women more emotionally intelligent than men? Psychology Today, 20 April.

22 C.V. Mitchell and R. Koonce (2019). Leadership traits that transcend gender. Chief Learning Officer, 10 June. Available at: https://www.chieflearningofficer.com/2019/06/10/leadership-traits-that-transcend-gender/

23 F. de Waal (2019). What animals can teach us about politics. The Guardian, 12 March.

24 Z. Mejia (2018). Just 24 female CEOs lead the companies on the 2018 Fortune 500 – fewer than last year. CNBC Make It, 21 May. Available at: https://www.cnbc.com/2018/05/21/2018s-fortune-500-companies-have-just-24-female-ceos.html

25 S. Gausepohl (2016). 3 steps women can take to blaze a leadership trail. Business Daily News, 15 December.

26 M. Staines (2019). Survey warns women in senior roles more likely to face discrimination at work than men. Newstalk, 13 September. Available at: https://www.newstalk.com/news/women-discrimination-workplace-904130

27 All Diversity (n.d.) 17 reasons women make great leaders. Available at: https://alldiversity.com/news/17-Reasons-Women-Make-Great-Leaders

28 R. Riffkin (2014). Americans still prefer a male boss to a female boss. Gallup Poll (Economics), 14 October.

29 R.J. Haier et al. (2005). The neuroanatomy of general intelligence: sex matters. Neuroimage, 25(1): 320–327.

30 L. Eliot (2019). Bad science and the unisex brain. Nature, 566: 454–455.

31 D.F. Swaab and E. Fliers (1985). A sexually dimorphic nucleus in the human brain. Science, 228, 1112–1115.

32 M. Price (2017). Study finds some significant differences in brains of men and women. Science, 11 April doi:10.1126/science.aal1025.

33 M. Ingalhalikar et al. (2014). Sex differences in the structural connectome of the human brain. Proceedings of the National Academy of Sciences, 111(2): 823–828.

34 M.M. Lauzen et al. (2008). Constructing gender stereotypes through social roles in prime-time television. Journal of Broadcasting & Electronic Media, 52: 200–214.

35 J. McCabe et al. (2011). Gender in twentieth-century children's books: patterns of disparity in titles and central characters. Gender and Society, 25: 197–226.

36 OECD (2015). The ABC of Gender Equality in Education: Aptitude, Behaviour, Confidence. OECD. Available at: https://www.oecd.org/pisa/keyfindings/pisa-2012-results-gender-eng.pdf

37 V. LoBue (2019). Are boys really better than girls at math and science? Psychology Today, 8 April.

38 C. O'Brien (2019). Girls outperform boys in most Leaving Cert subjects at higher level. Irish Times, 15 August.

39 S. Kuper and E. Jacobs (2019). The untold danger of boys falling behind in school. Daily Dose, 13 January. Available at: https://www.ozy.com/fast-forward/the-untold-danger-of-boys-falling-behind-in-school/91361

40 J. McCurry (2018). Two more Japanese medical schools admit discriminating against women. The Guardian, 12 December.

41 J. Marcus (2017). Why men are the new college minority. The Atlantic, 8 August. Available at: https://www.theatlantic.com/education/archive/2017/08/why-men-are-the-new-college-minority/536103/

42 A. Harris (2018). The problem with all-girls' schools. Irish Times, 27 February.

43 O. James (2009). Family under the microscope. the alarming rate of distress among 15-year-old girls affects all classes. The Guardian, 25 July.

44 E. Smyth (2010). Single-sex education: what does research tell us? Revue Française de Pédagogie, 171: 47–55.

45 G. Hamman (2013). German government campaigns for more male kindergarten teachers. DW, 8 October. Available at: https://www.dw.com/en/german-government-campaigns-for-more-male-kindergarten-teachers/a-17143449

46 M.J. Perry (2018). Chart of the day: the declining female share of computer science degrees from 28% to 18%. American Enterprise Institute, 6 December. Available at: https://www.aei.org/carpe-diem/chart-of-the-day-the-declining-femaleshare-of-computer-science-degrees-from-28-to-18

47 OECD (2017). Women make up most of the health sector workers but they are under-represented in high-skilled jobs. OECD, March. Available at: https://www.oecd.org/gender/data/women-makeup-most-of-the-health-sector-workers-but-theyare-under-represented-in-high-skilled-jobs.htm

48 Eurostat Press Office (2018). Women in the EU earned on average 16% less than men in 2016. Eurostat News Release, 8 March. Available at: https://ec.europa.eu/eurostat/documents/2995521/8718272/3-07032018-BP-EN.pdf/fb402341-e7fd-42b8-a7cc-4e33587d79aa

49 J. Doward and T. Fraser (2019). Hollywood's gender pay gap revealed: male stars earn $1m more per film than women. The Guardian, 15 September.

50 YouGov (2013). Women do all the work this Christmas. YouGov, 22 December. Available at: https://yougov.co.uk/topics/politics/articles-reports/2013/12/22/women-do-all-the-work-christmas

51 R. Jensen and E. Oster (2009). The power of TV: cable television and women's status in India. Quarterly Journal of Economics, 124: 1057–1094.

52 AFP (Paris) (2019). French toymakers sign pact to rid games and toys of gender stereotypes. The Journal, 24 September. Available at: https://www.thejournal.ie/gender-stereotypes-toys-france-4823655-Sep2019/

53 S. Murray (2020). Two lads from Cork have won this year's BT Young Scientists top award. The Journal, 10 January. Available at: https://www.thejournal.ie/young-scientist-2020-4961513-Jan2020/

54 K. Langin (2018). What does a scientist look like? Children are drawing women more than ever before. Science, 20 March.

55 L.W. Wilde (1997) Celtic Women in Legend, Myth and History. Sterling Publishing Co.

10장 인종 차별

1 C. Stringer and J. Galway-Witham (2018). When did modern humans leave Africa? Science, 359: 389–390.

2 J. Gabbatiss (2017). Nasty, brutish and short: are humans DNA-wired to kill? Scientific American, 19 July.

3 F. Marlowe (2010). The Hadza Hunter-Gatherers of Tanzania. University of California Press.

4　S. Müller-Wille (2014). Linnaeus and the Four Corners of the World: The Cultural Politics of Blood, 1500–1900. Palgrave Macmillan.

5　R. Bhopal (2007). The beautiful skull and Blumenbach's errors. British Medical Journal, 22–29 December.

6　W.H. Goodenough (2002). Anthropology in the 20th century and beyond. American Anthropologist, 104: 423–440.

7　T. Ott (2019). How Jesse Owens foiled Hitler's plans for the 1936 Olympics. Biography, 20 June.

8　E. Kolbert (2018). There's no scientific basis for race – it's a made-up label. National Geographic. Available at: https://www.nationalgeographic.com/magazine/2018/04/race-genetics-science-africa/

9　A.R. Templeton (2019). Human Population Genetics and Genomics. Academic Press.

10　A. Gibbons (2015). How Europeans evolved white skin. Science, 2 April. doi: 10.1126/science.aab2435.

11　R.P. Stokowski et al. (2007). A genome-wide association study of skin pigmentation in a South Asian population. American Journal of Human Genetics, 81: 1119–1132.

12　J.K. Wagner (2017). Anthropologists' views on race, ancestry, and genetics. American Journal of Physical Anthropology, 162: 318–327.

13　A. Arenge et al. (2018). Poll: 64 percent of Americans say racism remains a major problem. NBC News, 29 May. Available at: https://www.nbcnews.com/politics/politics-news/poll-64-per cent-americans-say-racism-remains-major-problem-n877536

14　A. Brown (2019). Key findings on Americans' views of race in 2019. Pew Research Centre, 9 April. Available at: https://www.pewresearch.org/facttank/2019/04/09/key-findings-on-americans-viewsof-race-in-2019/

15　M. Snow (2019). Trump is racist, half of US voters say. Quinnipiac University Poll. Available at: https://poll.qu.edu/national/release-detail?Release-ID=3636

16　G. Armstrong (2003). Football Hooligans: Knowing the Score. Explorations in Anthropology. Berg.

17　D. Kilvington (2019). Racist abuse at football games is increasing, Home Office says – but the sport's race problem goes much deeper. The Conversation, 9 October. Available at: https://theconversation.com/racist-abuse-at-football-gamesis-increasing-home-office-says-but-the-sportsrace-problem-goes-much-deeper-124467

18　Bridge Initiative Team (2019). Factsheet: polls on Islam, Muslims and Islamophobia in Canada. Georgetown University. Available at: https://bridge.georgetown.edu/research/factsheet-polls-on-islam-muslims-and-islamophobia-in-canada/

19　R. Reeve (2015). Infamy: The Shocking Story of theJapanese American Internment in World War II. Henry Holt & Co.

20　S. Yamoto (1997). Personal Justice Denied. Report of the Commission on Wartime Relocation and Internment of Civilians. University of Washington Press.

21　Pew Research Center (2011). Muslim-Western tensions persist: common concerns about Islamic extremism. Pew Research Center. Available at: https://www.pewresearch.org/global/2011/07/21/muslim-western-tensions-persist/

22　Human Rights Watch (2012). World Report 2012: Israel/Occupied Palestinian Territories: Events of 2011. Human Rights Watch. Available at: https://www.hrw.org/world-report/2012/country-chapters/israel/palestine

23　M.G. Bard (2020). Human rights in Israel: background and overview. Jewish Virtual Library. Available at: https://www.jewishvirtuallibrary.org/background-and-overview-of-human-rights-in-israel

24　T. Stafford (2017). This map shows what white Europeans associate with race – and it makes for uncomfortable reading. The Conversation, 2 May. Available at: https://theconversation.com/this-mapshows-what-white-europeans-associate-with-raceand-it-makes-for-uncomfortable-reading-76661

25　World Bank et al. (2018). Overcoming Poverty and Inequality in South Africa. International Bank for Reconstruction and Development, and World Bank. Available at: http://documents.worldbank.org/curated/en/530481521735906534/pdf/124521-REV-OUO-South-Africa-Poverty-and-Inequality-Assessment-Report-

2018-FINAL-WEB.pdf

26　M. O'Halloran (2019). Ireland has 'worrying pattern' of racism, head of EU agency warns. Irish Times, 27 September.

27　Department of Justice and Equality (2017). National Traveller and Roma Inclusion Strategy 2017–2021. Department of Justice and Equality. Available at: http://www.justice.ie/en/JELR/National%20 Traveller%20and%20Roma%20Inclusion%20Strategy,%202017-2021.pdf/Files/National%20Traveller%20 and%20Roma%20Inclusion%20Strategy,%202017-2021.pdf

28　J. O'Connell (2013). Our casual racism against Travellers is one of Ireland's last great shames. Irish Times, 27 February.

29　IrishHealth.com (n.d.). Health and the Travelling community. IrishHealth.com. Available at: http://www. irishhealth.com/article.html?id=1079

30　B. Shoot (2019). Immigrants founded nearly half of 2018's Fortune 100 companies, new data analysis shows. Fortune, 15 January.

31　D. Kosten (2018). Immigrants as economic contributors: immigrant entrepreneurs. National Immigration Forum. 11 July. Available at: https://immigrationforum.org/article/immigrants-as-economic-contributors-immigrant-entrepreneurs/

32　T. Jawetz (2019). Building a more dynamic economy: The benefits of immigration. Testimony before the US House Committee on the Budget. Centre for American Progress. Available at: https://docs.house.gov/ meetings/BU/BU00/20190626/109700/HHRG-116-BU00-Wstate-JawetzT-20190626.pdf

33　The Sentencing Project (2019). Criminal justice facts. Sentencing Project. Available at: https://www. sentencingproject.org/criminal-justice-facts/

34　C. Kenny (2017). The data is in: Young people are increasingly less racist than old people. Quartz, 24 May. Available at: https://qz.com/983016/the-dataare-in-young-people-are-definitely-less-racistthan-old-people/

35　Reni Eddo-Lodge, Guardian, 30 May 2017 https://www.theguardian.com/world/2017/may/30/why-imno-longer-talking-to-white-people-about-race

11장 직업

1　AO Show (2018). 83% of Irish workers think about quitting their job every day. iRadio, 20 November. Available at: https://www.iradio.ie/jobdone/

2　K. Iwamoto (2017). East Asian workers remarkablydisengaged. Nikkei Review, 25 May.

3　A. Adkins (2015). Majority of US employees not engaged despite gains in 2014. Gallup, 28 January. Available at: https://news.gallup.com/poll/181289/majority-employees-not-engaged-despite-gains-2014. aspx

4　D. Spiegel (2019). 85% of American workers are happy with their jobs, national survey shows. CNBC, 2 April. Available at: https://www.cnbc.com/2019/04/01/85percent-of-us-workers-are-happy-with-their-jobs-national-survey-shows.html

5　B. Rigoni and B. Nelson (2016). Few millennials are engaged at work. Gallup, 30 August. Available at: https://news.gallup.com/businessjournal/195209/few-millennials-engaged-work.aspx

6　T. Kohler et al (2017). Greater post-Neolithic wealth disparities in Eurasia than in North America and Mesoamerica. Nature, 551: 619–622.

7　The Economist (2019). Redesigning the corporate office. The Economist, 28 September. Available at: https://www.economist.com/business/2019/09/28/redesigning-the-corporate-office

8　M. Guta (2018). 68 per cent of workers still get most work done in traditional offices. Small Business Trends, 13 June.

9　K2Space (n.d.). The history of office design. K2Space. Available at: https://k2space.co.uk/knowledge/

history-of-office-design

10 Goldman Sachs (2019). A new European headquarters for Goldman Sachs. Goldman Sachs. Available at: https://www.goldmansachs.com/careers/blog/posts/goldman-sachs-london-plumtree-court.html

11 British Council for Offices (2018). The rise of flexible workspace in the corporate sector. Available at: http://www.bco.org.uk/Research/Publications/The_Rise_of_Flexible_Workspace_in_the_Corporate_Sector.aspx

12 S. Bevan and S. Hayday (2001). Costing Sickness Absence in the UK. Institute for Employment Studies. Available at: https://www.employment-studies.co.uk/system/files/resources/files/382.pdf

13 Unilever (n.d.). Improving employee health & well-being. Unilever. Available at: https://www.unilever.com/sustainable-living/enhancing-livelihoods/fairness-in-the-workplace/improving-employee-health-nutrition-and-well-being/

14 S. Bean (2016). Two-thirds of British workers more productive working in the office. Insight, 26 October. Available at: https://workplaceinsight.net/two-thirds-of-british-workers-more-productiveworking-in-the-office/

15 J. Oates (2019). Hot desk hell: staff spend two weeks a year looking for seats in open-plan offices Register, 21 June. Available at: https://www.theregister.co.uk/2019/06/21/staff_hot_desk_seats/16 Gallup (2017). State of the Global Workplace. Gallup. Available at: https://www.gallup.de/183833/state-the-global-workplace.aspx

17 J. Butler (2018). Link between earnings and happiness is a tenuous one. Financial Times, 7 February.

18 S. Nasiripour (2016). White House predicts robots may take over many jobs that pay $20 per hour. HuffPost, 24 June. Available at: https://www.huffpost.com/entry/white-house-robot-workers_n_56cdd89ce4b0928f5a6de955

19 U. Gentilini et al. (2020). Exploring Universal Basic Income: A Guide to Navigating Concepts, Evidence, and Practices. World Bank Group.

20 IGM Economic Experts Panel. Universal Basic Income. IGM Forum. Available at: http://www.igmchicago.org/surveys/universal-basic-income/

21 A. Kauranen (2019). Finland's basic income trial boosts happiness but not employment. Reuters, 8 February. Available at: https://www.reuters.com/article/us-finland-basic-income/finlands-basic-income-trial-boosts-happiness-but-not-employment-idUSKCN1PX0NM

22 A.H. Maslow (1943). A theory of human motivation. Psychological Review, 50(4): 370–396.

23 J. Gabay (2015). Brand Psychology: Consumer Perceptions, Corporate Reputations. Kogan Page.

24 R.T. Kreutzer and K.H. Land (2013). Digital Darwinism: Branding and Business Models in Jeopardy. Springer Publishing.

25 D. Graeber (2018). Bullshit Jobs: A Theory. Simon & Schuster.

26 S. Cook (2019). Making a Success of Managing and Working Remotely. IT Governance Publishing.

27 R. Biederman et al. (2018). Reimagining Work: Strategies to Disrupt Talent, Lead Change, and Win with a Flexible Workforce. Wiley.

28 S. Russell (2019). How remote working can increase stress and reduce well-being. The Conversation, 11 October. Available at: http://theconversation.com/how-remote-working-can-increasestress-and-reduce-well-being-125021

29 J. Grenny and D. Maxfield (2017). A study of 1,100 employees found that remote workers feel shunned and left out. Harvard Business Review, 2 November.

30 J. Holmes and M. Stubbe (2014). Power and Politeness in the Workplace. Routledge.

31 S. Pinker (2015). The Village Effect: How Face-to-Face Contact can Make Us Healthier and Happier. Vintage Canada.

32 P. Gustavson and S. Liff (2014). A Team of Leaders: Empowering Every Member to Take Ownership, Demonstrate Initiative and Deliver Results. American Management Association.

33 A. Grant (2011). How customers can rally your troops. Harvard Business Review, June.

34 H.P. Gunz and M. Peiperi (2007). Handbook of Career Studies. Sage.

35 L. Kellaway (2012). Manual work holds the key to spiritual bliss. Financial Times, 3 June.

36 B. Mitchell (2017). Unemployment is miserable and doesn't spawn an upsurge in personal creativity. Bill Mitchell – Modern Monetary Theory, 21 November. Available at: http://bilbo.economicoutlook.net/blog/?p=37429

12장 빈부 격차

1   Credit Suisse (2019). Global Wealth Report 2019. Available at: https://www.credit-suisse.com/aboutus/en/reports-research/global-wealth-report.html

2   M. Goldring (2017). Eight men own more than 3.6 billion people do: our economics is broken. The Guardian, 16 January.

3   Wikipedia (n.d.). Distribution of wealth. Available at: https://en.wikipedia.org/wiki/Distribution_of_wealth

4   Wealth-X Billionaire Census 2019. Available at: https://www.wealthx.com/report/the-wealth-x-billionaire-census-2019/

5   E. Horton (2019). Female billionaires: the new emerging growth market. Financial News. 8 November.

6   P. Jacobs (2014). The 20 universities that have produced the most billionaires. Business Insider Australia, 18 September. Available at: https://www.businessinsider.com.au/universities-with-most-billionaire-undergraduate-alumni-2014-9

7   L. Stangel (2018). Stanford mints more billionaires than any other college on the planet – except one. Silicon Valley. Business Journal, 18 May.

8   Forbes (n.d.). World's billionaires list. Available at: https://www.forbes.com/billionaires/#2db-1b704251c

9   F. Reddan (2019). Number of Irish millionaires rises by 3,000 to nearly 78,000. Irish Times, 13 March.

10 C. Clifford (2016). 62 percent of American billionaires are self-made. Entrepreneur Europe. 14 January.

11 M. Henney (2019). How much do billionaires donate to charity? Fox Business, 26 November.

12 Wealth-X Philanthropy Report 2019. Available at: https://www.wealthx.com/report/uhnw-giving-philanthropy-report-2019/

13 Giving Pledge (website). https://givingpledge.org/14 Donald Read (1994). The Age of Urban Democracy: England 1868–1914. Routledge.

15 P. Malpass (1998). Housing, Philanthropy and the State: A History of the Guinness Trust. University of the West of England

16 Iveagh Trust (website). http://www.theiveaghtrust.ie/?m=2018

17 National Philanthropic Trust (2019). The 2019 DAF Report. Available at: https://www.nptrust.org/philanthropic-resources/charitable-giving-statistics/

18 O. Ryan (2018). Irish charities have an annual income of €14.5 billion and employ 189,000 people. The Journal, 25 July. Available at: https://www.thejournal.ie/irish-charities-4145144-Jul2018/

19 H. Waleson (2017). Atlantic Insights: Giving While Living. Atlantic Philanthropies.

20 D. Russakoff (2015). The Prize: Who's in Charge of America's Schools? Houghton Mifflin Harcourt.

21 C. Fiennes (2017). We need a science of philanthropy. Nature, 546: 187.

22 Center for Effective Philanthropy. Philanthropy Awards, 2017. Available at: https://cep.org/2017-inthe-news/

23 Bill & Melinda Gates Foundation (n.d.) Who we are: foundation fact sheet. Available at: https://www.gatesfoundation.org/who-we-are/general-information/foundation-factsheet

24 V. Goel and N. Wingfield (2015). Mark Zuckerberg vows to donate 99% of his Facebook shares for charity. New York Times, 1 December.

25 Bezos Day One Fund (website). https://www.bezosdayonefund.org/

26 C. Clifford (2019). Billionare Ray Dalio: 'Of course' rich people like me should pay more taxes. CNBC Make

It, 8 April. Available at: https://www.cnbc.com/2019/04/08/bridgewaters-ray-dalio-of-courserich-people-should-pay-more-taxes.html

27 PATH group (2015). The Meningitis Vaccine Project: a groundbreaking partnership. 13 June. https://www.path.org/articles/about-meningitis-vaccine-project/

28 D. Fluskey (2019). Why fewer people are giving to charity and what we can do about it. Civil Society, 8 May. Available at: https://www.civilsociety.co.uk/voices/daniel-fluskey-why-fewer-people-are-giving-to-charity-and-what-we-can-do-about-it.html

29 State Street Global Advisers (2018). Global Retirement Reality Report Ireland 2018: Ireland Snapshot. State Street Corporation.

30 GiveWell (n.d.) Top charities. Available at: https://www.givewell.org/charities/top-charities

31 F. Reddan (2016). Charities reveal how every €1 donated is spent. Irish Times. 2 January.

32 C. Mortimer (2015). One in five charities spends less than half their total income on good causes, says new report. The Guardian.

33 Charities Aid Foundation (2019). Charity Landscape Report 2019. Available at: https://www.cafonline.org/about-us/publications/2019-publications/charity-landscape-2019

34 O.F. Williams (2016). Sustainable Development: The UN Millennium Development Goals, the UN Global Compact, and the Common Good, John W. Houck Notre Dame Series in Business Ethics. University of Notre Dame Press.

35 M.B. Weinberger (1987.) The relationship between women's education and fertility: selected findings from the world fertility surveys. International Family Planning Perspectives, Vol. 13, 35–46.

36 S. Konrath (2017). Six reasons why people give their money away, or not. Psychology Today, 26 November.

37 S. Konrath and F. Handy (2017). The development and validation of the motives to donate scale. Non-profit and Voluntary Sector Quarterly, 47: 347–375.

38 H. Cuccinello (2020). Jack Dorsey, Bill Gates and at least 75 other billionaires donating to pandemic relief. Forbes, 15 April. Available at https://www.forbes.com/sites/hayleycuccinello/2020/04/15/jackdorsey-bill-gates-and-at-least-75-other-billionaires-donating-to-pandemic-relief/#6700456621bd

39 Charities Aid Foundation (2019). CAF UK Giving 2019. Available at: https://www.cafonline.org/docs/default-source/about-us-publications/caf-uk-giving-2019-report-an-overview-of-charitable-givingin-the-uk.pdf

13장 기후 위기

1 Adventures in Energy (n.d.). How are oil and natural gas formed? Available at: http://www.adventuresinenergy.org/What-are-Oil-and-Natural-Gas/How-Are-Oil-Natural-Gas-Formed.html

2 M. Vassiliou (2018). Historical Dictionary of the Petroleum Industry (2nd edition). Rowman & Littlefield.

3 Wikipedia (n.d.) List of countries by proven oil reserves. Available at: https://en.wikipedia.org/wiki/List_of_countries_by_proven_oil_reserves

4 G. Liu (ed.) (2012). Greenhouse Gases. IntechOpen.

5 R. Jackson (2018). The Ascent of John Tyndall: Victorian Scientist, Mountaineer and Public Intellectual. Oxford University Press.

6 S. Arrhenius (1896). On the influence of carbonic acid in the air upon the temperature of the ground. London, Edinburgh, and Dublin Philosophical Magazine and Journal of Science, 41:251, 237–276.

7 Z. Hausfather (2017). Analysis: Why scientists think 100% of global warming is due to humans. Available at: https://www.carbonbrief.org/analysiswhy-scientists-think-100-of-global-warming-isdue-to-humans

8 D. Lüthi, M. Le Floch, B. Bereiter, T. Blunier, J.M. Barnola et al. (2008). High-resolution carbon dioxide concentration record 650,000–800,000 years before present. Nature, 453: 379–382.

9 MuchAdoAboutClimate (2013). 4.5 billion years of the earth's temperature. 3 August. Available at: https://

muchadoaboutclimate.wordpress.com/2013/08/03/4-5-billion-years-of-the-earthstemperature/

10 J. Watts (2019). 'No doubt left' about scientific consensus on global warming, say experts. The Guardian, 24 July. Available at: https://www.theguardian.com/science/2019/jul/24/scientific-consensus-on-humans-causing-global-warming-passes-99

11 J. Hansen et al. (2006). Global temperature change. Proceedings of the National Academy of Sciences of the United States of America, 103(39): 14288–14293. doi:10.1073/pnas.0606291103

12 J. Mouginot et al. (2019). Forty-six years of Greenland ice sheet mass balance from 1972 to 2018. Proceedings of the National Academy of Sciences of the United States of America, Vol. 116: 9239–9244.

13 C. Nunez (2019) Sea level rise, explained. National Geographic. Available at: https://www.nationalgeographic. com/environment/global-warming/sea-level-rise/

14 V. Masson-Delmotte et al. (2018) IPCC Report 2018: Global Warming of 1.5°C. An IPCC Special Report on the impacts of global warming of 1.5°C above pre-industrial levels and related global greenhouse gas emission pathways. Available at: https://www.ipcc.ch/site/assets/uploads/sites/2/2019/06/SR15_Full_Report_High_Res.pdf

15 M. Bevis et al. (2019). Accelerating changes in ice mass within Greenland, and the ice sheet's sensitivity to atmospheric forcing. Proceedings of the National Academy of Sciences of the United States of America. Vol. 116, 1934–1939.

16 P. Griffen (2017). CDP Carbon Majors Report 2017. Available at: https://b8f65cb373b1b7b-15feb-c70d8ead6ced550b4d987d7c03fcdd1d.ssl.cf3.rackcdn.com/cms/reports/documents

17 The Economist (2019) Leader: A warming world. 21 September.

18 H. Ritchie and M. Roser (2020). Renewable energy. Our World in Data. Available at: https://ourworldindata.org/renewable-energy

19 D. Cross (2019). Engulfed in plastic: life is at risk in the planet's oceans sustainability. The Times. 3 September.

20 Green Home (n.d.). Energy – carbon footprint. Available at: https://www.greenhome.ie/Energy/Carbon-Footprint

21 S. Wynes and K.A. Nicholas (2017). The climate mitigation gap: education and government recommendations miss the most effective individual actions Environmental Research Letters 12: 074024.

22 J. Chen et al. (2019). Methane emissions from the Munich Oktoberfest. Atmospheric Chemistry and Physics Discussions, https://doi.org/10.5194/acp-2019-709

23 E. Chenoweth and M. Stephan (2012). Why Civil Resistance Works: The Strategic Logic of Nonviolent Conflict, Columbia Studies in Terrorism and Irregular Warfare. Columbia University Press.

14장 존엄한 죽음

1 E.J. Emanuel et al. (2016). Attitudes and practices of euthanasia and physician-assisted suicide in the United States, Canada and Europe. JAMA 316(1), 79–90.

2 S. Andrew (2020). Where is euthanasia legal? Three terminally ill minors choose to die in Belgium, new report finds. Newsweek, 18 January.

3 Irish Hospice Foundation (n.d.). Study Session 3: Healthcare Decision-making and the Role of Rights. Available at: http://hospicefoundation.ie/wp-content/uploads/2013/06/Module_3.pdf

4 D. McDonald (2013). Marie Fleming loses Supreme Court 'Right-to-die' case. Independent, 29 April.

5 P. Hosford (2015). Gail O'Rourke found not guilty of assisting the suicide of her friend. The Journal, 28 April. Available at: https://www.thejournal.ie/assisted-suicide-a-crime-if-suicide-isnt-2073607-Apr2015/

6 Health Service Executive (n.d.). Euthanasia and assisted suicide. Available at: https://www.hse.ie/eng/health/az/e/euthanasia-and-assisted-suicide/alternatives-to-euthanasia-and-assisted-suicide.html

7 I. Dowbiggin (2005). A Concise History of Euthanasia: Life, Death, God, and Medicine, Critical Issues in

World and International History. Rowman & Littlefield.

8   J. Lelyveld (1986). 1936 secret is out: doctor sped George V's death. New York Times, 28 September.

9   ProCon.org (2019). History of euthanasia and physician-assisted suicide. Available at: https://euthanasia. procon.org/historical-timeline/

10 A.M.M. Eggermont et al. (2018). Combination immunotherapy development in melanoma. American Society of Clinical Oncology Education Book, 38: 197–207.

11 BBC (n.d.) Ethics of euthanasia – introduction. Available at: http://www.bbc.co.uk/ethics/euthanasia/ overview/introduction.shtml

12 J.A. Colbert et al. (2013). Physician-assisted suicide – polling results. New England Journal of Medicine, 369: e15.

13 J. Wood and J. McCarthy (2017). Majority of Americans remain supportive of euthanasia. Gallup. Available at: https://news.gallup.com/poll/211928/majority-americans-remain-supportive-euthanasia. aspx

14 O. Bowcott (2019). Legalise assisted dying for terminally ill, say 90% of people in UK. The Guardian. 3 March. Available at: https://www.theguardian.com/society/2019/mar/03/legalise-assisted-dyingfor-terminally-ill-say-90-per-cent-of-people-in-uk

15 Populus (2019). Largest ever poll on assisted dying conducted by Populus finds increase in support to 84% of the public. Available at: https://www.populus.co.uk/insights/2019/04/largest-ever-pollon-assisted-dying-conducted-by-populus-finds-increase-in-support-to-84-of-the-public/

16 H. Halpin (2019). 3 in 5 people in Ireland support the legalisation of euthanasia. The Journal, 1 December. Available at: https://www.thejournal.ie/legalisation-euthanasia-ireland-poll-4913894-Dec2019/

17 J. Pereira (2011). Legalising euthanasia or assisted suicide: the illusion of safeguards and controls. Current Oncology, 18, e38–e45.

18 M. Erdek (2015). Pain medicine and palliative care as an alternative to euthanasia in end-of-life cancer care. Linacre Quarterly, 82(2): 128–134.

19 S. Dierickx et al. (2018). Drugs used for euthanasia: a repeated population-based mortality follow-back study in Flanders, Belgium, 1998–2013. Journal of Pain and Symptom Management, 56: 551–559.

20 R.W. Olsen (1986.) Barbiturate and benzodiazepine modulation of GABA receptor binding and function. Life Sciences 39: 1969–76.

21 A. von Baeyer (1864). Untersuchungen über die Harnsäuregruppe. Annalen, 130:129.

22 C. de Bellaigue (2019). Death on demand: has euthanasia gone too far? The Guardian, 18 January. Available at: https://www.theguardian.com/news/2019/jan/18/death-on-demand-has-euthanasia-gone-too-far-netherlands-assisted-dying.

23 C. de Lore (2019). The Dutch ethics professor who changed his mind on euthanasia. New Zealand Listener,19 October.

24 S. Caldwell (2018). Dutch euthanasia regulator quits over dementia killings. Catholic Herald, 23 January.

25 S. Boztas (2018). Dutch doctor reprimanded for 'asking family to hold down euthanasia patient'. The Telegraph, 25 July.

26 G. Blobel (2013). Christian de Duve (1917–2013): biologist who won a Nobel Prize for insights into cell structure. Nature, 498: 300.

27 Le Soir (Belgium) (2013). Christian de Duve a choisi le moment de sa mort. Available at: https://www. lesoir.be/art/237537/article/actualite/belgique/2013-05-06/christian-duve-choisi-moment-sa-mort NeverMindtheBollocksLayout.indd 334 27/10/2020 14:28 Endnotes 335

15장 미래

1   M. Blitz (2018). We already know how to build a time machine. Popular Mechanics.

2   J. Knight (2018). France has a brand new Defense Innovation Agency. Open Organization. Available

at: https://open-organization.com/en/2018/11/03/ francais-la-france-a-son-agence-de-linnovationde-defense/

3 C. Fernández (2019). New Arup report reveals best and worst scenarios for the future of our planet. Arup. https://www.arup.com/news-and-events/ new-arup-report-reveals-best-and-worst-scenarios- for-the-future-of-our-planet

4 M. Venables (2013). Why Captain Kirk's call sparked a future tech revolution. Forbes, 3 April.

5 A. Boyle (2017). Make it so, Alexa: Amazon adds a few new Star Trek skills to AI assistant's repertoire. GeekWire. 21 September. Available at: https://www.geekwire.com/2017/make-alexa-amazonadds-star-trek-skills-ai-assistants-repertoire/

6 J. Merkoski (2013). Burning the Page: The eBook Revolution and the Future of Reading. Sourcebooks Inc.

7 C. Peretti (2020). Instagram CEO Adam Mosseri says an episode of 'Black Mirror' inspired the decision to test hiding likes. Business Insider, 18 January.

8 D. Mosher (2018). The US military released a study on warp drives and faster than light travel. Here's what a theoretical physicist thinks of it. IFLScience! Available at: https://www.iflscience.com/physics/the-us-military-released-a-study-on-warp-drivesand-faster-than-light-travel-heres-what-a-theoretical-physicist-thinks-of-it/

9 NASA (n.d.) Explore Moon to Mars. Available at: https://www.nasa.gov/topics/moon-to-mars/lunar-gateway

10 K. O'Sullivan (2019). Aviation emissions set to grow sevenfold over 30 years, experts warn. Irish Times. 26 January.

11 T. Gabriel (2017). Ryanair crisis: aviation industry expert warns 600,000 new pilots needed in next 20 years. The Conversation, 28 September. Available at: https://theconversation.com/ryanair-crisis-aviation-industry-expert-warns-600-000-new-pilotsneeded-in-next-20-years-84852

12 J. Stewart (2018). A better motor is the first step towards electric planes. Wired, 27 September. Available at: https://www.wired.com/story/magnix-electric-plane-motor/

13 P. Birch (1982). Orbital ring systems and Jacob's ladders. Journal of the British Interplanetary Society, 35: 475–497.

14 J. Grant (2019). How will we travel the world in 2050? Irish Examiner. 1 September.

15 C. Loizos (2019). Boom wants to build a supersonic jet for mainstream passengers: here's its game plan. TechCrunch, 23 May. Available at: https://techcrunch.com/2019/05/22/boom-wants-to-builda-supersonic-jet-for-mainstream-passengers-heres-its-game-plan/

16 C. Edwardes (2019). 'Spaceplane' that flies 25 times faster than the speed of sound passes crucial test. News.com.au, 10 April. Available at: https://www.news.com.au/technology/innovation/inventions/ spaceplane-that-flies-25-times-faster-thanthe-speed-of-sound-passes-crucial-test/news-story/97a982116 66d58448981cf636f0dc619

17 E. Seedhouse (2016). SpaceX's Dragon: America's Next Generation Spacecraft. Springer International.

18 SpaceX (website). Starlink Mission. Available at: https://www.spacex.com/webcast

19 NASA (n.d.). Moonbase alpha overview. Available at: https://www.nasa.gov/offices/education/programs/ national/ltp/games/moonbasealpha/mbalpha-landing-collection1-overview.html

20 BBC (2020). Yusaku Maezawa: Japanese billionaire seeks 'life partner' for Moon voyage. 13 Jaunary. Available at: https://www.bbc.com/news/worldasia-51086635

21 D. Palanker, A. Vankov and S. Baccus (2005). Design of a high-resolution optoelectronic retinal prosthesis. Journal of Neural Engineering, 2: S105–20.

22 C. Chang et al. (2019). Stable Immune Response Induced by Intradermal DNA Vaccination by a Novel Needleless Pyro-Drive Jet Injector. AAPS PharmSciTech, 21: 19.

23 S.M. McKinney, M. Sieniek and S. Shetty (2020). International evaluation of an AI system for breast cancer screening. Nature, 577: 89–94.

24 Phys.org (2009). Triage technology with a Star Trek twist. 27 May. Available at: https://phys.org/

news/2009-05-triage-technology-star-trek.html

25 NASA (n.d.). National Space Biomedical Research Institute. Available at: https://www.nasa.gov/exploration/humanresearch/HRP_NASA/research_at_nasa_NSBRI.html

26 B. Curley (2017). Medical device used in 'Star Trek' is now a reality. Healthline, 11 August. Available at: https://www.healthline.com/health-news/medicaldevice-used-in-star-trek-is-now-a-reality#5

27 ClinicalTrials.gov (website). https://clinicaltrials.gov/

28 ClinicalTrials.gov (2020). Trends, charts and maps. Available at: https://clinicaltrials.gov/ct2/resources/trends

29 Microsoft (2013). IllumiRoom: peripheral projected illusions for interactive experiences. Available at: https://www.microsoft.com/en-us/research/project/illumiroom-peripheral-projected-illusions-for-interactive-experiences/

30 J. Danaher and N. McArthur (2017). Robot Sex: Social and Ethical Implications. MIT Press.

31 K. Dowd (2019). Automation takes flight: a look at VC's soaring interest in robotics & drones. Pitch-Book. 25 March. Available at: https://pitchbook.com/news/articles/automation-takes-flight-alookat-vcs-soaring-interest-in-robotics-drones

32 C. Purtill (2019). Stop me if you've heard this one: a robot and a team of Irish scientists walk into a senior living home. Time, 4 October. Available at: https://time.com/longform/senior-care-robot/33 J.D. Bernal (1929). The World, the Flesh and the Devil: An Enquiry into the Future of the Three Enemies of the Rational Soul. Kegan Paul, Trench, Trubner & Co.

34 FutureTimeline.net (n.d.) The 21st century. Available at: https://www.futuretimeline.net/21stcentury/21stcentury.htm

35 Bank My Cell (n.d.) How many smartphones are in the world? Available at: https://www.bankmycell.com/blog/how-many-phones-are-in-the-world

36 L. Ying (2019). 10 Twitter Statistics Every Marketer Should Know in 2020. Oberlo, 30 November. Available at: https://ie.oberlo.com/blog/twitter-statistics

37 J. D'Urso (2018). What's the least popular emoji on Twitter? BBC Trending, 29 July. Available at: https://www.bbc.com/news/blogs-trending-44952140

38 D. Noyes (2020) The top 20 valuable Facebook statistics. Zephoria, April. Available at: https://zephoria.com/top-15-valuable-facebook-statistics/

허튼소리에 신경 쓰지 마라,
여기 과학이 있다

1판 1쇄 펴냄 2024년 6월 20일

지은이 | 루크 오닐
옮긴이 | 양병찬

펴낸이 | 박미경
펴낸곳 | 초사흘달
출판신고 | 2018년 8월 3일 제382-2018-000015호
주소 | (11624) 경기도 의정부시 의정로40번길 12, 103-702호
이메일 | 3rdmoonbook@naver.com
네이버포스트, 인스타그램, 페이스북 | @3rdmoonbook

ISBN 979-11-977397-6-7 03400

* 이 책은 초사흘달이 저작권자와의 계약에 따라 펴낸 것이므로
책 내용의 전부 또는 일부를 재사용하려면 반드시 양측의 동의를 받아야 합니다.
* 잘못된 책은 구매하신 곳에서 바꾸어 드립니다.